# Kinematisch-getriebeanalytisches Praktikum

## Hand- und Übungsbuch zur Analyse ebener Getriebe

### Für den Konstrukteur, die Vorlesung und das Selbststudium

Von

## Dr. phil. habil. Rudolf Beyer

apl. Professor für Getriebelehre und Kinematik
an der Technischen Hochschule München
Oberstudienrat a. D. des Oskar v. Miller-Polytechnikums
Akademie für angewandte Technik, München

Mit 162 Abbildungen

# Springer-Verlag

Berlin / Göttingen / Heidelberg

1958

ISBN-13: 978-3-642-92721-8          e-ISBN-13: 978-3-642-92720-1
DOI:  10.1007/978-3-642-92720-1

# Vorwort

Bücher über Kinematik oder Getriebelehre, die sich mit den getriebeanalytischen Verfahren beschäftigen, z. B. die Geschwindigkeits-, Beschleunigungs- und Krümmungsverhältnisse „ebener" Getriebe behandeln und diese Methoden an einfachen Getrieben, insbesondere an den Grundgetrieben erläutern, sind in genügender Anzahl vorhanden.

Bei der Anwendung dieser „Grundlagen" auf kompliziertere Getriebe, z. B. bereits bei Siebengelenkgetrieben in Form der Zweistandgetriebe, bei Zehn- und Mehrgelenkgetrieben und in erhöhtem Maße bei zusammengesetzten Getrieben, wie Zahnrad-Kurbelgetrieben, Band-Kurbelgetrieben, Kombinationen von Kurvengetrieben mit Kurbelgetrieben, Schaltgetrieben usw. erkennt der „zeitarme" Konstrukteur sehr bald, daß zur Lösung solcher Aufgaben ein beachtlicher Gedanken- und Zeitaufwand gehört, bis man diese Grundlagen in geeigneter Weise zu kombinieren und anzuwenden versteht. Gestützt auf fast vierzigjährige Unterrichtserfahrungen und auf solche, die als Berater der Industrie, als gerichtlicher Sachverständiger und als Mitarbeiter in technischen Organisationen und Verbänden gemacht wurden, will der Verfasser mit dem vorliegenden „Kinematisch-getriebeanalytischen Praktikum" dem Konstrukteur helfend beistehen und ihm die Wege weisen, wie auch in komplizierten Fällen die oben gekennzeichneten Schwierigkeiten verhältnismäßig mühelos und zeitsparend zu überwinden sind.

Hierzu dienen die gewissermaßen rezeptartige Zusammenstellung der Grundlagen, die Beigabe von solchen zeichnerischen Methoden, die in den sonstigen Lehrbüchern fehlen, z. B. Winkelgeschwindigkeits- und Winkelbeschleunigungspläne, ferner die Einbeziehung neuerer Verfahren (komplexe Methode), der Zahnrad-Kurbelgetriebe, Kurvengetriebe, Bandgetriebe und der Schraubgetriebe, die betonte Anwendung der Theorie auf die verschiedensten Getriebe der Arbeits- und Verarbeitungsmaschinen, erläutert durch wirklich durchgeführte Zahlenbeispiele unter weitgehender Beachtung der „Maßstäbe".

Darüber hinaus beschränkt sich das vorliegende Buch bewußt nicht auf die rein kinematischen, z. B. bewegungsgeometrischen Erfordernisse, es bringt auch einzelne getriebestatische und getriebedynamische Anwendungen, um die vielseitigen Vorteile der rechnerischen und zeichnerischen kinematischen Methoden zu beweisen und ihre Bedeutung für den maschinenbaulichen Entwurf herauszustellen.

Der Ermittlung derjenigen Größen, die für getriebestatische und getriebedynamische Anwendungen besonders wichtig sind, wie Winkelgeschwindigkeiten und Winkelbeschleunigungen usw. wurde erhöhte Aufmerksamkeit gewidmet.

Die weit verästelten Anwendungsmöglichkeiten getriebeanalytischer Methoden sind auch aus dem beigegebenen Übungsstoff in Form von 40 Aufgaben ersichtlich. Im Schrifttumsverzeichnis wurden im allgemeinen nur diejenigen Abhandlungen aufgeführt, die sich auf neuere Verfahren beziehen. Umfangreiches früheres Schrifttum enthält die „Kinematische Getriebesynthese" des Verfassers, auf die mehrfach verwiesen wird.

Die Tafeln I bis III des Anhangs sollen dem Konstrukteur beim Entwurf von Kurvengetrieben die Wahl eines für den jeweiligen Zweck günstigen Bewegungsgesetzes erleichtern und ihm gleichzeitig einen raschen Überblick über die zu erwartenden Geschwindigkeits- und Beschleunigungshöchstwerte vermitteln.

Da das Matrizenkalkül in letzter Zeit bei getriebeanalytischen Untersuchungen wiederholt mit Vorteil benutzt worden ist, wurde im Anhang auch eine rezeptartige Kurzeinführung in dieses Kalkül für notwendig und wünschenswert erachtet.

Es ist mir noch eine angenehme Pflicht, dem Springer-Verlag für seine wertvollen Anregungen bei der Gestaltung des Buches und für die sorgfältige Drucklegung meinen verbindlichsten Dank auszusprechen. Herrn Dipl.-Ing. H. Sieber, München, sei für seine Hilfe beim Lesen der Umbruchkorrektur ebenfalls bestens gedankt.

Olching vor München, im Frühjahr 1958 **Rudolf Beyer**

# Inhaltsverzeichnis

## II. Beschleunigungsverhältnisse in Getrieben

## III. Aufgaben



## IV. Anhang

# I. Geschwindigkeits- und Krümmungsverhältnisse

## A. Ermittlung der Getriebestellung aus gegebener Ausgangsstellung. Ersatzgetriebe

### 1. Allgemeine Richtlinien

Während bei den Grundgetrieben der ebenen Kinematik das Auffinden der neuen Getriebestellung aus einer Ausgangslage heraus, also für einen neuen Kurbelwinkel der Antriebskurbel, im allgemeinen keine Schwierigkeiten bereitet, z. B. bei zwangläufigen Viergelenkgetrieben und deren Sonderfällen, sind bereits bei Siebengelenkgetrieben, z. B. in Form des *Wattschen* oder *Stephensonschen Mechanismus* nach Abb. 1 bzw. 2, dann gewisse Vorüberlegungen anzustellen, wenn ein Getriebeglied mit zwei Gelenken, mit anderen Worten ein *binäres* Glied als „*Standglied*" oder „*Gestell*" ge-

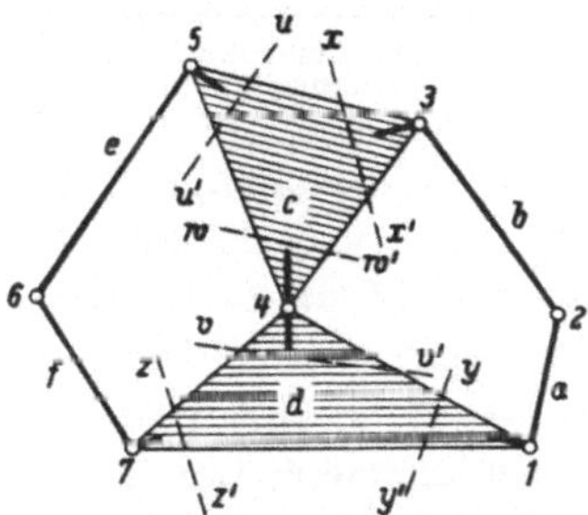

Abb. 1. Siebengelenkgetriebe WATTscher Bauart, gebildet aus zwei Dreibindern, einem Einzelgelenk 4 und zwei Dreigelenkketten 1, 2, 3 und 5, 6, 7.

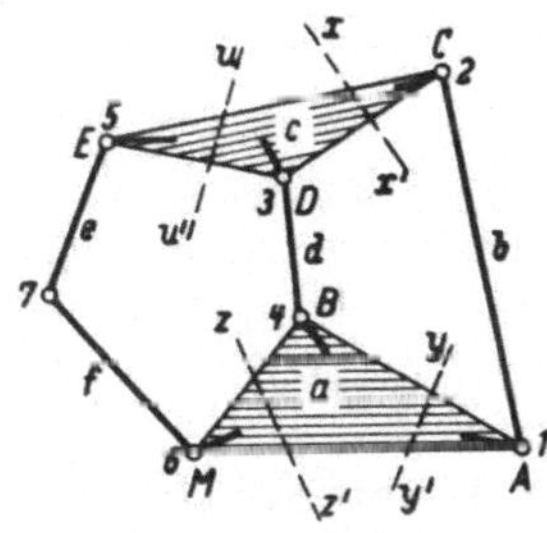

Abb. 2. Siebengelenkgetriebe STEPHENSONscher Bauart, gebildet aus zwei Dreibindern, zwei Zweigelenkketten 1, 2 und 3, 4 und einer Dreigelenkkette 5, 7, 6.

wählt wird, beispielsweise im STEPHENSONschen Mechanismus von Abb. 2 bei Wahl von $f = \overline{67}$ als „Gestell", ein Fall, der am Getriebe von Abb. 3 noch näher erläutert werden soll.

In solchen Fällen führen *mehrere Wege* zum Ziel:

a) Ableitung von sogenannten „*Ersatzgetrieben*", gültig für *alle* Getriebestellungen, meist in Form von Kurvengetrieben.

b) Beiziehung von „*Standwechsel*", d. h. Ermittlung der gegenseitigen Relativlagen der einzelnen Getriebeglieder gegeneinander und Abgreifen von charakteristischen Meßwerten, deren Kenntnis für das Ausgangsgetriebe wichtig ist. Mit diesen kann dann die Getriebestellung gezeichnet werden.

c) Verwendung zusätzlicher Hilfsmittel, wie Koppeldreiecke auf Transparentpapier u. a.

d) Kombiniert zeichnerisch-rechnerische Verfahren, z. B. bei Stirnrad-Planetengetrieben.

e) Zurückführung des gegebenen Getriebes auf Ersatzgetriebe anderer Bauform für Teilbereiche des Bewegungsablaufes.

Besondere Aufmerksamkeit verdient ferner die Ermittlung von sog. „*Totlagen*" von Getriebegliedern und von *Sonder-Getriebestellungen*, beispielsweise von solchen einer Kurbelschwinge, in denen Kurbel und Schwinge zueinander parallel sind oder die Koppel auf dem Steg senkrecht steht.

## 2. Ersatzgetriebe für alle Getriebestellungen

**Beispiel. Zweistillstandgetriebe für Supportantrieb und Bewegungsableitung für Support- und Gestellgreifer.** Abb. 3 zeigt ein im Gestell $f = \overline{67}$ gelagertes Siebengelenkgetriebe mit der Antriebskurbel $a$, dem Schieber (Support) $e$, geführt in $f$

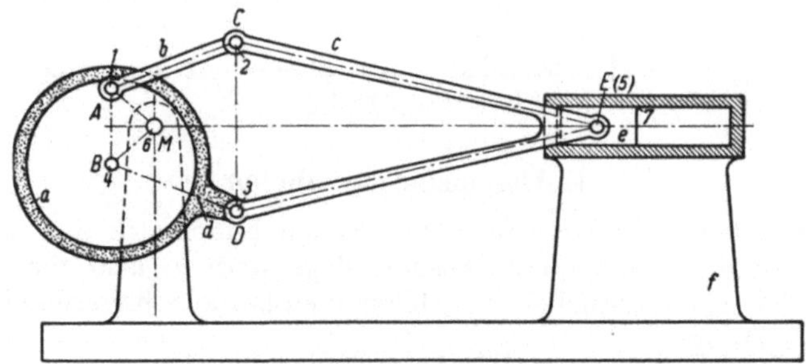

Abb. 3. Siebengelenkgetriebe nach Abb. 2 mit dem binären Glied 6—7 als Gestell (Zweistandgetriebe) und Zapfenerweiterung 6 in 4.

längs Schubgelenk 7, beide miteinander gekoppelt durch die Viergelenkgetriebeanordnung 1, 2, 3, 4 mit *Dreibinder* 1, 4, 6 als Antriebskurbel $a$ und *Dreibinder* 2, 3, 5 als Koppel $c$. Die Bauform dieses sechsgliedrigen Siebengelenkgetriebes stimmt mit der von Abb. 2 überein, wenn das binäre Glied $e = \overline{75}$ durch einen Schieber $e$ ersetzt und $\overline{67}$ als Gestell gewählt wird.

Denkt man sich das Viergelenkgetriebe 1, 2, 3, 4 = $ACDB$ aus dem getrieblichen Verband des Siebengelenkgetriebes gelöst und für sich betrachtet (Abb. 3a), so beschreibt bei Wahl von $a = \overline{AB}$ als Gestell der Punkt $E$ des Koppeldreiecks

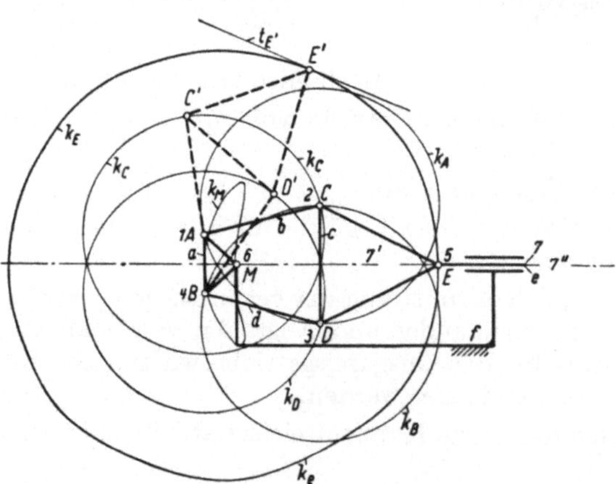

Abb. 3a. Ermitteln einzelner Getriebestellungen durch Koppelkurve $k_E$ von $E$ bei Bewegung von $c$ gegen $a$ als Gestell für ein Zweistandgetriebe nach Abb. 3.

$c = 235 = CDE$ die Koppelkurve $k_E$, die also mit dem Glied $a$ starr verbunden zu denken ist und — als Kurvenscheibe gedeutet — mit Glied $a$ um Gelenk 6 ($M$) umläuft. Glied $e$ ist durch einen Schieber $e$ ersetzbar, der in Schubrichtung $7'\,7''$ bewegt wird. Damit ist das in Abb. 4 dargestellte Kurvenschubgetriebe, bestehend aus den Gliedern $a$ mit Kurve $k_E$, dem Schieber $e$ und dem Gestell $f$, als „*Ersatzgetriebe*" für die Bewegung von $E$ bzw. $e$ gefunden. Es sei noch darauf hingewiesen, daß durch die Viergelenkgetriebe-Anordnung auch in jedem Punkt $E'$ von $k_E$ die Tangente $t_{E'}$ als Relativbahntangente der Kurve $k_E$ vorliegt (Abb. 3a), so daß die Geschwindigkeit und die Beschleunigung des Punktes $E$ mittels dieses Ersatzgetriebes nach bekannten Verfahren (Relativbewegung, Satz von CORIOLIS) auffindbar sind.

Nach Ermittlung der Lage von Zapfenmitte $E$ für jede beliebige Getriebestellung bzw. Kurbelstellung $a$ sind auch die Lagen der übrigen Getriebeglieder konstruierbar. So zeigt Abb. 5 das Getriebe von Abb. 3 in den beiden Hauptstellungen (Vierecklage und Überkreuzlage der Viergelenkanordnung in Form einer gleichschenkligen Doppelkurbel- bzw. Doppelschwinge). Außerdem sind für die Punkte $D$, $H$, $I$, $L$ (des Gestellgreifers $m$) und $F$ (des Supportgreifers $h$) die von

ihnen beschriebenen Bahnkurven für einen vollen Arbeitsgang eingetragen, z. B. $\gamma_D$, $\gamma_F$.

Während einer vollen Umdrehung der Antriebswelle $a$ um $M$ befindet sich der Support $e$, wie das Weg-Kurbelwinkeldiagramm und auch das $v$-$\varphi$-Diagramm von $E$ der Abb. 6 erkennen läßt, beim Durchlaufen der Vierecklage $ABCD$ und der Überkreuzlage $A'B'C'D'$ der Viergelenkanordnung jeweils in Ruhe (*Koppel-Rastgetriebe mit zwei angenäherten Stillständen*).

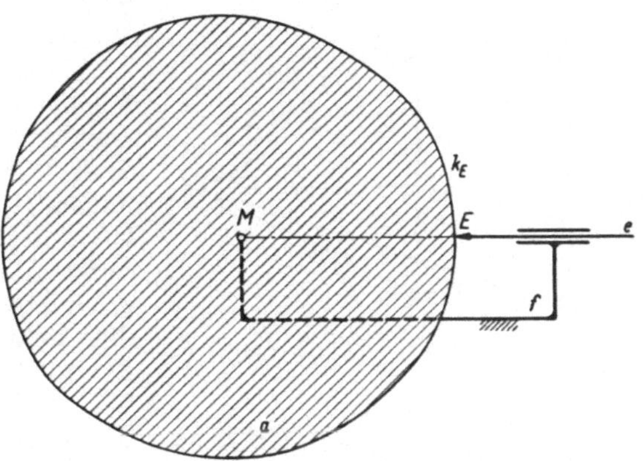

Abb. 4. Ebenes Kurvenscheibengetriebe als Ersatzgetriebe zum Getriebe von Abb. 3 für das Ermitteln der Schieberstellungen $E$ von $e$.

Wie siebengelenkige *Zweistandgetriebe* solcher Art entworfen werden können, haben K. RAUH [14] und der Verfasser [2b] gezeigt ([2b] S. 150 u. S. 210, Ziff. 64).

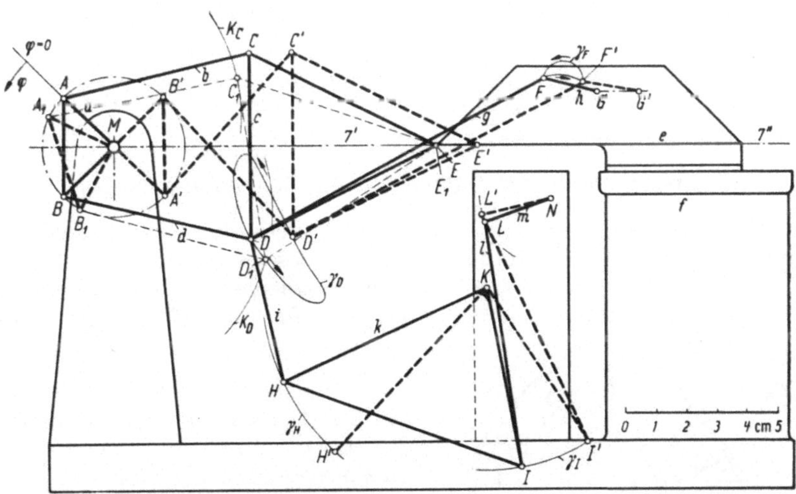

Abb. 5. Siebengelenkgetriebe als Zweistandgetriebe für Supportantrieb und Bewegungsableitung für Support- und Gestellgreifer. [Abb. 5 K. RAUH, Praktische Getriebelehre, Bd. 1 (1951) entlehnt.]

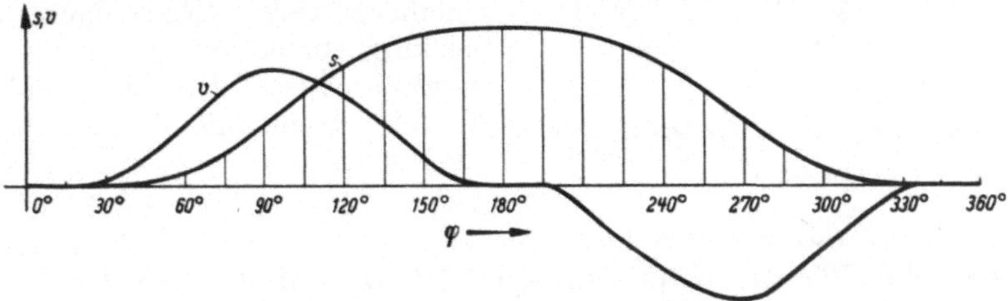

Abb. 6. Weg $s$ und Geschwindigkeit $v$ des Supports $e$ von Abb. 5 in Abhängigkeit von Kurbelwinkel $\varphi$. Koppelrastgetriebe mit zwei angenäherten Stillständen.

1*

Der Schwingenzapfen $L$ des Gestellgreifers $m$ führt nur eine Schwingbewegung mit kleinem Schwingwinkel aus. Seine Bewegung könnte als Antrieb einer Transportspindel für den Werkstücktisch dienen. Supportgreifer $h$ könnte als Werkzeughalter ausgebildet werden, wobei das Werkzeug während des Supportrückganges und des Tischtransportes vom Werkstück abgehoben werden würde.

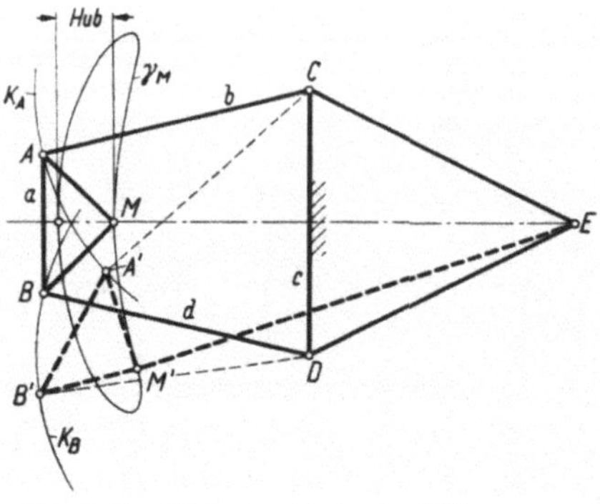

Ein anderes Verfahren gemäß Nr. 1c ist folgendermaßen durchführbar. Man bringt nach Abb. 5 Glied $a$ in die Kurbelstellung $MA_1B_1$ und schlägt um die Kurbelzapfenmitten $A_1$ und $B_1$ mit den Halbmessern $b = d$ die Kreise $K_C$ bzw. $K_D$. Dann benutzt man ein auf Transparentpapier gezeichnetes Dreieck $DCE$ und verschiebt dies solange auf dem Zeichenblatt, bis $C$, $D$ und $E$ dieses Dreiecks auf $K_C$, $K_D$ bzw. $7'7''$ zu liegen kommen; in dieser Lage des Transparentpapierblattes werden dann die Punkte $C$, $D$, $E$ auf das darunterliegende Zeichenblatt durchgestochen.

Abb. 7. Ermitteln des Abstandes $\overline{ME}$ mittels der Koppelkurve $\gamma_M$ von $M$, wenn Glied $c$ als Gestell gewählt wird.

Schließlich könnte Glied $c$ festgehalten und die Koppelkurve $\gamma_M$ von $M$ bezüglich $c$ ermittelt werden (Abb. 7). Jeder Punkt $M'$ von $\gamma_M$ liefert mit dem jeweiligen Abstand $\overline{M'E}$ die Lage von $E$ im Ausgangsgetriebe (Abb. 3) als Schnittpunkt des um $M$ mit $\overline{M'E}$ von Abb. 7 geschlagenen Kreisbogens mit der Schubrichtung $7'7''$.

Der „dazugehörige" Kurbelwinkel $AME$ des Ausgangsgetriebes ist mit $\sphericalangle\, A'M'E$ von Abb. 7 identisch.

## 3. Ersatzgetriebe für Teilbereiche des Bewegungsablaufes

Für zahlreiche Aufgaben, insbesondere für solche der Getriebeanalyse, z. B. zur Ermittlung der Geschwindigkeits- und Beschleunigungsverhältnisse des Abtriebsgliedes, genügt oft ein Ersatzgetriebe für ein endlich begrenztes Teilbewegungsgebiet.

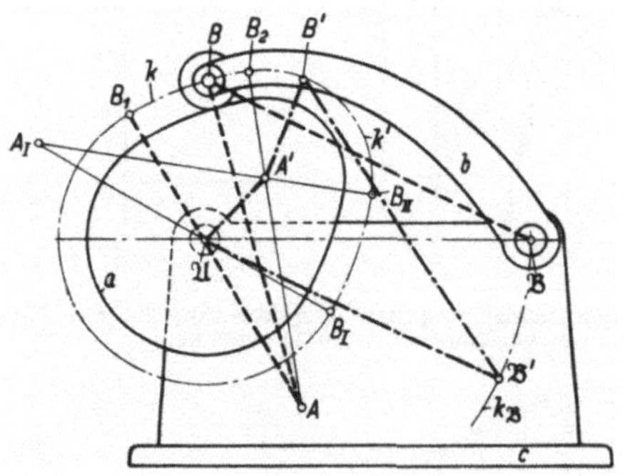

Beispiele solcher Art sind:

*Kurvenscheibengetriebe (Nockengetriebe) mit aus Kreisbögen oder Geraden zusammengesetztem Kurvenprofil.*

Das in Abb. 8 dargestellte Kurvenscheibengetriebe (Nockengetriebe) mit Schwinghebelbewegung $b$ im Abtrieb ist ersetzbar durch das Viergelenkgetriebe $\mathfrak{A}AB\mathfrak{B}$, wenn die Rollenmitte $B$ den Kreisbogen $k = B_1B_2$ vom Halbmesser $\overline{AB_1} = \overline{AB_2} = \overline{AB} = r$ durchläuft, wobei $r$

Abb. 8. Viergelenkgetriebe als Ersatzgetriebe für Nockengetriebe mit Schwinghebel. Kurvenflanken als Kreisbögen.

den Halbmesser des kreisförmigen Kurvenprofils mit $A$ als Krümmungsmittelpunkt bedeutet. Für das Kuppenkreisprofil $B_2B_{II}$ gilt dagegen das Viergelenkgetriebe $\mathfrak{A}A'B'\mathfrak{B}'$ als Ersatzgetriebe mit $A'$ als Mittelpunkt des Kuppenkreisprofils $k'$.

Bei teilweise geradlinigem Flankenprofil nach Art des Nockengetriebes von Abb. 9 kann das *geschränkte Winkelschleifengetriebe* von Abb. 9a mit der im Gestell $c$ gelenkig angeordneten geradlinigen Kulisse $a'$ – fest mit $a$ verbunden –

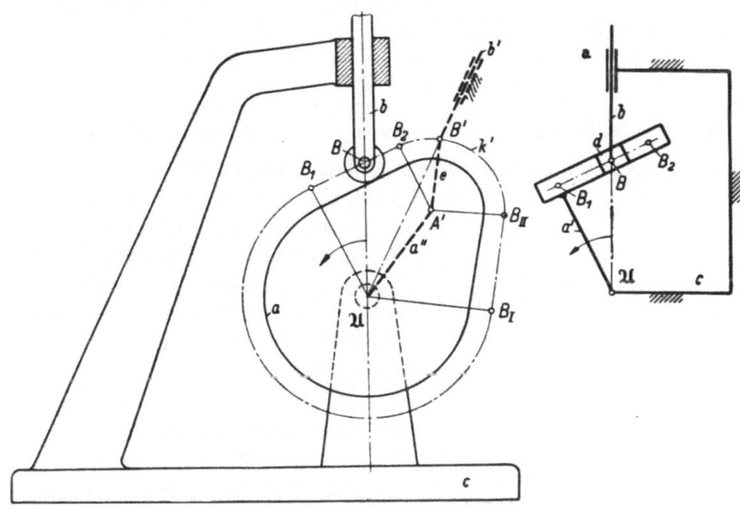

Abb. 9. Geschränktes Winkelschleifengetriebe als Ersatzgetriebe für Kurvengetriebe mit geradliniger Kurvenflanke und Schubbewegung im Abtrieb.

mittels des Gleitsteines $d$ die Ersatzbewegung des Schiebers $b$ bewirken. Dies gilt, solange die Rollenmitte $B$ den Flankenbereich von $B_1$ bis $B_2$ durchläuft.

Im Bereich des Kuppenkreis-Profils $B_2 B' B_{II} = k'$ kann das in Abb. 9 gestrichelt eingetragene „Schubkurbelgetriebe" mit Kurbel $a'' = \overline{\mathfrak{A} A'}$, Schubstange $e = \overline{A' B'}$ als Ersatzgetriebe dienen.

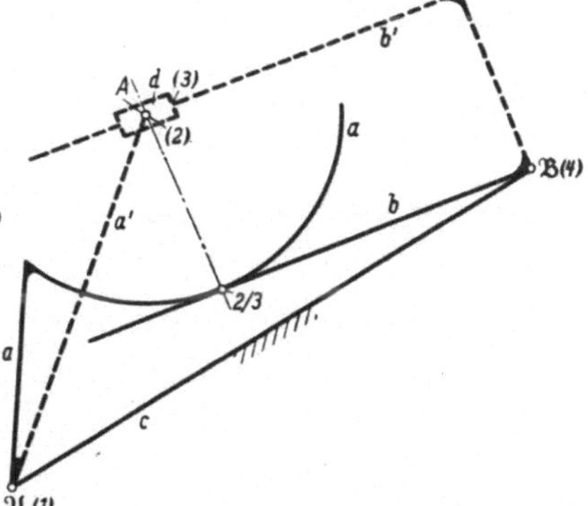

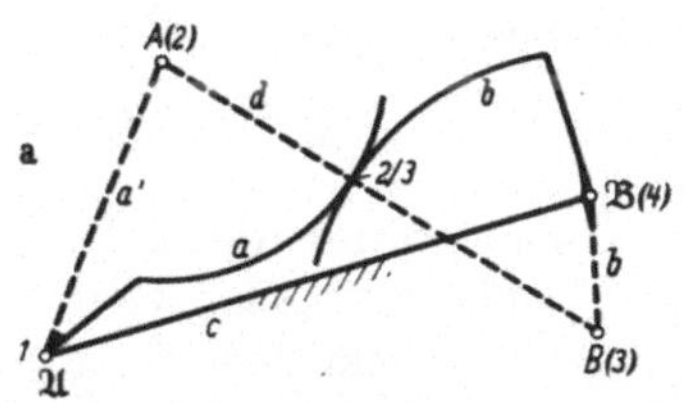

Abb. 10a u. b. Wälzhebelgetriebe mit Wälzzwiegelenken 2/3 (Freiheitsgrad $f = 2$). a) Viergelenkgetriebe als Ersatzgetriebe, b) schwingende Kurbelschleife als Ersatzgetriebe.

*Wälzzwiegelenke.* „*Höhere Elementenpaare*" (Paare ebener Kurven) nach Art von Abb. 10a und b mit kreisförmigem oder geradlinigem Profil des einen Partners, nach R. FRANKE [6, Bd. I) als „*Wälzzwiegelenke*" bezeichnet, besitzen den Freiheitsgrad $f = 2$ und sind durch Viergelenkgetriebe $\mathfrak{A} A B \mathfrak{B}$ nach Abb. 10a bzw. je nach Gestellwahl durch die Mechanismen der Schubkurbelgetriebe ersetzbar (Abb. 10b).

In Abb. 10b hat das Ersatzgetriebe $(a', d, b', c)$ die Bauform einer geschränkten *schwingenden Kurbelschleife*. Weitere Ersatzgetriebe in [2a], S. 204.

## B. Durchlaufen zweier infinitesimal benachbarter Getriebegliedlagen

### 4. Geschwindigkeitsvektor. Momentanpol. Winkelgeschwindigkeitsvektor

Durchläuft Gliedpunkt $A$ die Bahnkurve $\alpha$ (Abb. 11), so besitzt er zur Zeit $t$ in der Bahnstelle $A$ die Geschwindigkeit

$$\mathfrak{v} = d\mathfrak{r}/dt \tag{1}$$

dargestellt durch den in der Bahntangente $t_A$ liegenden Geschwindigkeitsvektor $\mathfrak{v} = A\overline{A}$. Der den Ort von $A$, beurteilt vom Gestell $d$, bestimmende Vektor $\mathfrak{r} = \overrightarrow{OA}$ heißt der „*Ortsvektor*" des Punktes $A$.

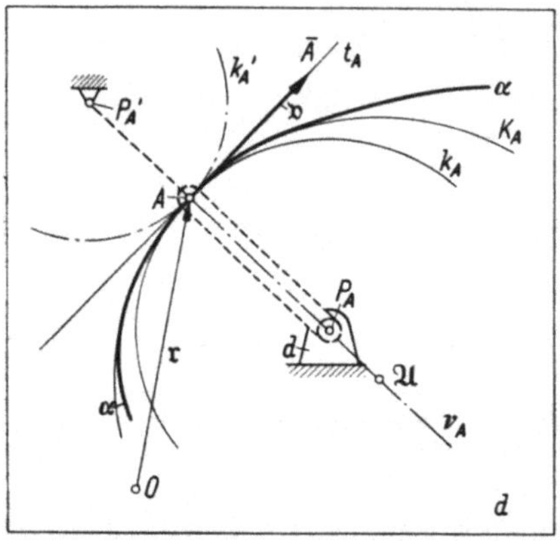

Jeder die Bahntangente $t_A$ berührende Kreis $k_A$ mit Mittelpunkt $P_A$ auf der Bahnnormale $v_A$ hat mit $\alpha$ zwei infinitesimal benachbarte Punkte gemeinsam. Ein in $P_A$ des Gestells $d$ drehbar angeordnetes Getriebeglied $a$ (Kurbel) von der Länge $a = \overline{P_A A}$ führt bei Drehung von $a$ um $P_A$ den Gliedpunkt $A$ durch zwei infinitesimal benachbarte Punktlagen von $A$ auf $\alpha$.

Für das durch $A$ von Getriebeglied $b$ längs $\alpha$ und durch $B$ von $b$ längs $\beta$ gegenüber dem Gestell $d$ bewegte Getriebeglied $b$ liefert nach Abb. 12 der Schnittpunkt der Bahnnormalen $v_A$, $v_B$ den im Gestell $d$ liegenden Punkt $P$. In ihm kann $b$ „momentan" drehbar gelagert werden. Die Drehung von $b$ um $P = P_{bd}$ stellt also eine „zweipunktig-infinitesimal benachbarte" Ersatzbewegung der „*Zweipunktführung*" von $b$ gegenüber dem Gestell $d$ dar.

Abb. 11. Ortsvektor $\mathfrak{r}$ und Geschwindigkeitsvektor $\mathfrak{v}$ beim Durchlaufen der Bahnkurve $\alpha$ vom Krümmungshalbmesser $\varrho = \overline{\mathfrak{A} A}$ des Krümmungskreises $K_A$ in $A$.

Gehört zu dieser infinitesimalen Drehung (Elementardrehung) der infinitesimale Drehwinkel $d\varphi$, so ist ihr die *momentane Winkelgeschwindigkeit*

$$\omega = d\varphi/dt \tag{2}$$

zugeordnet, die die Richtungsänderung jeder Geraden des Getriebegliedes $b$ gegenüber dem Gestell $d$ darstellt und deshalb mit

$$\omega_{bd} = d\varphi_{bd}/dt \tag{2a}$$

bezeichnet werden soll. Entsprechend soll $P$, der sog. *Momentanpol*, durch $P = P_{bd}$ gekennzeichnet sein.

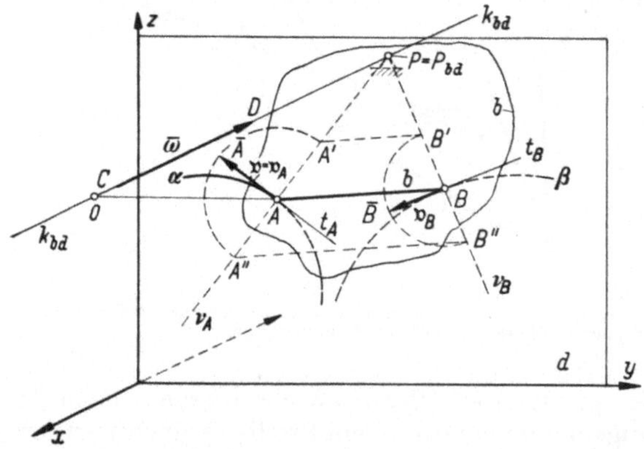

Abb. 12. Zweipunktführung eines komplan bewegten Getriebegliedes. Momentanpol $P$. Winkelgeschwindigkeitsvektor $\overline{\omega}$. Ermitteln von $v_B$ aus $v_A$ mittels der gedrehten Geschwindigkeiten.

Der in $P = P_{bd}$ zur Bewegungsebene von $b$ gegen $d$ senkrecht angeordneten Drehachse $k_{bd}$ wird der in ihr liegende *Winkelgeschwindigkeitsvektor* $\overline{\omega} = \overline{\omega}_{bd} = \overrightarrow{CD}$

so zugeordnet[1], daß für einen in Pfeilrichtung blickenden Beobachter die Drehung von $b$ gegenüber $d$ im „*Uhrzeigersinn*" geschieht (Abb. 12).

*Hinweise.* In ebenen Getrieben, bei denen sämtliche Drehachsen einander parallel sind, sollen im Uhrzeigersinn drehende Winkelgeschwindigkeiten stets durch das positive Vorzeichen gekennzeichnet sein; gegen den Uhrzeigersinn drehende Winkelgeschwindigkeiten sollen das negative Vorzeichen erhalten; $\overline{\omega}_{b\,d} = -10$ sek$^{-1}$ heißt: $b$ dreht gegen $d$ mit der Winkelgeschwindigkeit vom Betrag $|\overline{\omega}_{b\,d}| = \omega_{b\,d} = 10$ sek$^{-1}$ im Gegensinn des Uhrzeigers.

Für die bildhafte Kennzeichnung der betreffenden Drehrichtungen kann die Darstellung nach Abb. 12a vorgeschlagen werden.

$\otimes$ = Drehung im Uhrzeiger,
$\odot$ = Drehung im Gegensinn des Uhrzeigers.

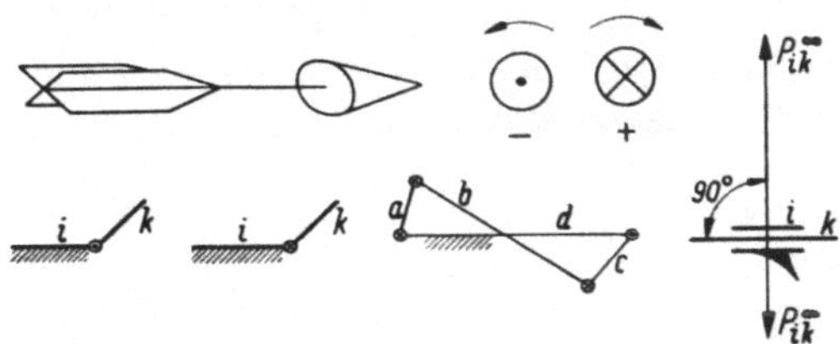

Abb. 12a. Symbolische Darstellung verschiedenen Drehsinns von Glied $k$ gegen $i$, Schubgelenk $i, k$ mit $P_{ik}$ im Unendlichen.

Für relative Winkelgeschwindigkeiten in bewegten Gelenken, z.B. $\overline{\omega}_{e\,g}$ am Gelenk zwischen den Gliedern $e, g$, soll sich das Pfeilsymbol stets auf die Drehung von $e$ gegen $g$ beziehen, d.h. auf die Drehung desjenigen Gliedes, dessen Buchstabe in alphabetischer Reihenfolge vor dem anderen steht, gegenüber dem anderen.

Die Bezeichnung $P_{i\,k}$ soll auch für jedes Drehgelenk gelten, in dem $i, k$ gelenkig miteinander verbunden sind, auch wenn dies dauernd, also nicht nur „momentan", der Fall ist.

Auch ist $P_{k\,i}$ gleichwertig mit $P_{i\,k}$, mit anderen Worten $P_{k\,i} = P_{i\,k}$; dagegen gilt

$$\overline{\omega}_{k\,i} = -\overline{\omega}_{i\,k} \qquad \overline{\omega}_{k\,i} + \overline{\omega}_{i\,k} = 0 \tag{3}$$

Man beachte ferner:

$$\overline{\omega} = d\,\overline{\varphi}/dt \tag{2b}$$

*Sonderfall.* Für *Schubbewegung* von $i$ gegen $k$ liegt $P_{i\,k}$ im Unendlichen mit Richtung senkrecht zur Schubrichtung (Abb. 12a). Man schreibt symbolisch: $P_{i\,k}^{\infty}$; außerdem ist dann $\overline{\omega}_{i\,k} = 0$.

## 5. Die Eulersche Gleichung für Drehbewegung

Abb. 13 zeigt das Getriebeglied $k$, das im Getriebeglied $i$ um die „Drehachse" $k_{k\,i}$ drehbar angeordnet ist; Glied $k$ führe gegenüber dem Glied $i$ eine Momentandrehung aus. Die Winkelgeschwindigkeit sei $\overline{\omega}_{k\,i}$, dargestellt durch den $\omega$-Vektor $\overline{\omega}_{k\,i} = \overrightarrow{OO'}$, liegend in der Drehachse $k_{k\,i}$, senkrecht zur Bildebene ($yz$-Ebene). Punkt $A$ von $k$ habe den Ortsvektor $\Re = \overrightarrow{OA}$, gezeichnet von einem beliebigen Punkt 0 von $k_{k\,i}$ nach $A$. Werden $i$ und $k$ als ebene Scheiben gedeutet, der Durchstoßpunkt von $k_{k\,i}$ mit ihrer Bewegungsebene (Bildebene) mit $P_{k\,i} = P_{i\,k}$ bezeichnet

---

[1] *Anmerkung:* Im folgenden sollen „gerichtete" technische Größen, die durch griechische Buchstaben bezeichnet werden, zur Kennzeichnung ihres vektoriellen Charakters einen Querstrich über dem Buchstaben erhalten. Es ist also $\overline{\omega}$ der Winkelgeschwindigkeitsvektor und $|\overline{\omega}| = \omega$ dessen absoluter Betrag. Gleiches soll für Drehwinkel $\varphi_{i\,k}$ gelten, denen durch $\overline{\varphi}_{i\,k}$ ein bestimmter Drehsinn zugeordnet wird. Dreht sich in ebenen Getrieben Glied $i$ gegen $k$ z.B. um $\varphi_{i\,k} = 30°$ im Gegensinn des Uhrzeigers, so sei $\overline{\varphi}_{i\,k} = -30°$. Für Drehung im Uhrzeigersinn wäre dagegen $\overline{\varphi}_{i\,k} = +30°$. Sind ferner $A$ und $B$ Anfangs- bzw. Endpunkt des Vektors $\mathfrak{a} = \overrightarrow{AB}$, gerichtet von $A$ nach $B$, so sei hierfür die Kurzschreibweise $\mathfrak{a} = A\,B$ vorgeschlagen; $\overline{A\,B}$ bedeutet dagegen die Strecke zwischen $A$ und $B$. Also z.B. $\mathfrak{v}_A = A\,\overline{A}$ statt $\mathfrak{v}_A = \overrightarrow{A\,A}$.

und $\overrightarrow{P_{ki}A} = \mathfrak{r}$ gesetzt, so gelten zwischen $r = |\mathfrak{r}|$, $R = |\mathfrak{R}|$, $\omega_{ki} = |\bar{\omega}_{ki}|$, $\sphericalangle P_{ki}OA = \alpha$ und dem Geschwindigkeitsvektor $\mathfrak{v} = \mathfrak{v}_A = A\bar{A}$ mit $\mathfrak{v} \perp P_{ki}A$ wegen $\sphericalangle OP_{ki}A = 90°$ die folgenden Beziehungen:

$$v = r\,\omega_{ki} \qquad r = R \sin \alpha \qquad\qquad (3\,\mathrm{a,b})$$

also

$$v = R \sin \alpha\,\omega_{ki} = \omega_{ki} R \sin \alpha \qquad\qquad (4)$$

$$v = \omega_{ki} R \sin \sphericalangle (\bar{\omega}_{ki}, \mathfrak{R}) \qquad\qquad (4\,\mathrm{a})$$

Außerdem bilden die Vektoren $\bar{\omega}_{ki}$, $\mathfrak{R}$ und $\mathfrak{v}$ in dieser Reihenfolge ein sog. *Rechtssystem* (*Rechte-Hand-Regel*: $\bar{\omega}_{ki}$ in Richtung des Zeigefingers, $\mathfrak{R}$ in Richtung des Mittelfingers und $\mathfrak{v}$ in Richtung des Daumens).

In der Sprache der Vektoralgebra kann also $\mathfrak{v}$ als das Vektorprodukt

$$\mathfrak{v} = [\bar{\omega}_{ki}\mathfrak{R}] = \left[\bar{\omega}_{ki},\, \overrightarrow{OA}\right] \qquad (5)$$

angeschrieben werden.

Für den Sonderfall der „*ebenen Kinematik*" gilt auch

$$\mathfrak{v} = [\bar{\omega}_{ki}\mathfrak{r}] = \left[\bar{\omega}_{ki},\, \overrightarrow{P_{ki}A}\right] \qquad (6)$$

Abb. 13a u. b. Die EULERsche Gleichung für die Drehbewegung von $k$ gegen $i$ mit der Winkelgeschwindigkeit $\omega_{ki}$ in der Drehachse $P_{ki}x$, senkrecht zur Bildebene (Schrägbild). b) Drehachse $k_{ki}$ in die Bildebene gedreht.

wobei $\mathfrak{r}$ den Fahrstrahl von der Gelenkzapfenmitte $P_{ki}$ des Drehgelenks nach dem Gliedpunkt $A$ bedeutet.

Für das Rechnen mit derartigen Vektorprodukten gelten die nachstehenden wichtigen Regeln:

$$[\mathfrak{a}\mathfrak{b}] = - [\mathfrak{b}\mathfrak{a}] \qquad\qquad (7)$$

$$[\mathfrak{a} \pm \mathfrak{b},\, \mathfrak{c}] = [\mathfrak{a}\mathfrak{c}] \pm [\mathfrak{b}\mathfrak{c}] \qquad\qquad (8)$$

$$d[\mathfrak{a}\mathfrak{b}]/dt = [d\mathfrak{a}/dt,\, \mathfrak{b}] + [\mathfrak{a},\, d\mathfrak{b}/dt] \qquad\qquad (9)$$

In Abb. 13b ist die räumliche Figur von Abb. 13a im „*Zweitafelsystem*" dargestellt, wobei die Drehachse $k_{ki}$ und der ihr zugeordnete Vektor $\bar{\omega}_{ki}$ im „Grundriß" liegen mit $\bar{\omega}'_{ki} = \bar{\omega}_{ki}$ und $\bar{\omega}''_{ki} = 0$. Diese zeichnerische Darstellung ist wichtig für die Aufstellung von „*Winkelgeschwindigkeitsplänen*" ($\bar{\omega}$-Plänen) der ebenen Kinematik (Nr. 10).

## 6. Geschwindigkeitsvektor als Momentvektor

Ist in Abb. 14 $\mathfrak{P} = \overrightarrow{OO'}$ ein Kraftvektor und $A$ ein beliebiger Punkt außerhalb der Wirkungslinie $p$ von $\mathfrak{P}$, so ist das Moment $\mathfrak{M}$ der Kraft $\mathfrak{P}$ bezüglich $A$ bekanntlich definiert als ein Vektor $\mathfrak{M}$, der auf der von $A$ und $p$ gebildeten Ebene,

d.h. sowohl auf $\mathfrak{P}$, als auch auf $\overrightarrow{AO} = \mathfrak{R}_1$ senkrecht steht und den Betrag

$$|\mathfrak{M}| = M = |\mathfrak{R}_1||\mathfrak{P}|\sin\left(\sphericalangle \overrightarrow{AO},\, \mathfrak{P}\right) = R_1 P \sin \alpha \qquad (10)$$

besitzt; die Vektoren $\overrightarrow{AO}$, $\mathfrak{P}$ und $\mathfrak{M}$ müssen in dieser Reihenfolge ein Rechtssystem bilden.

In der Sprache der Vektoralgebra ist also

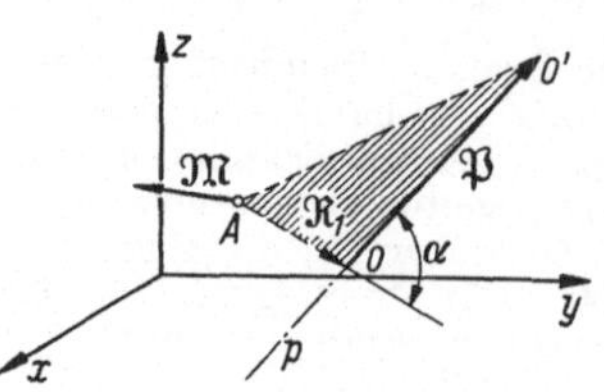

Abb. 14. Der Momentvektor $\mathfrak{M}$ des Vektors $\mathfrak{P}$ für Bezugspunkt $A$, dargestellt als Vektorprodukt $\mathfrak{M} = [\mathfrak{R}_1\,\mathfrak{P}]$.

$$\mathfrak{M} = \left[\overrightarrow{AO},\, \mathfrak{P}\right] = [\mathfrak{R}_1\,\mathfrak{P}] \qquad (11)$$

Wegen $[\mathfrak{a}\,\mathfrak{b}] = -\,[\mathfrak{b}\,\mathfrak{a}]$ folgt aus Gl. (5) und Abb. 13

$$\mathfrak{v} = \left[\bar{\omega}_{ki}, \overrightarrow{OA}\right] = -\left[\overrightarrow{OA}, \bar{\omega}_{ki}\right] = \left[-\overrightarrow{OA}, \bar{\omega}_{ki}\right]$$

$$\mathfrak{v} = \left[\overrightarrow{AO}, \omega_{ki}\right] \tag{12}$$

Der Geschwindigkeitsvektor ist also deutbar als Momentvektor des in der Dreh-achse $k_{ki}$ liegenden Winkelgeschwindigkeitsvektors $\bar{\omega}_{ki}$ für Gliedpunkt $A$ als Bezugspunkt.

*Hinweis.* Diese Darstellung des Geschwindigkeitsvektors $\mathfrak{v}$ als Momentvektor ist für die zeichnerische Ermittlung des momentanen Geschwindigkeitszustandes räumlicher Getriebe von grundlegender Bedeutung.

## 7. Relativbewegung eines Gliedpunktes gegen ein komplan bewegtes Getriebeglied

In Abb. 15 ist die Teilanordnung einer Kulissensteuerung dargestellt. Die Kulisse $b$ führt bei Antrieb am Glied $a$ gegenüber dem Gestell $d$ eine bestimmte zwangläufige Bewegung aus. Die Zapfenmitte $A$ des Gleitsteines $g$ wandert dabei, von $b$ aus beurteilt, längs der Kreisbogen-Mittellinie $r$ der kreisbogenförmigen Kulisse $b$; gegenüber dem Gestell $d$ beschreibt $A$ die absolute Bahn $\alpha\,\alpha'$ (Schub-richtung des Schiebers $h$). In der gezeichneten Ge-triebestellung sei $(A)$ der-jenige Punkt von $b$, der momentan mit $A$ zusam-menfällt. Punkt $A$ befindet sich also momentan in $(A)$ von $b$, von dem er sich aber im weiteren Bewegungs-ablauf entfernt.

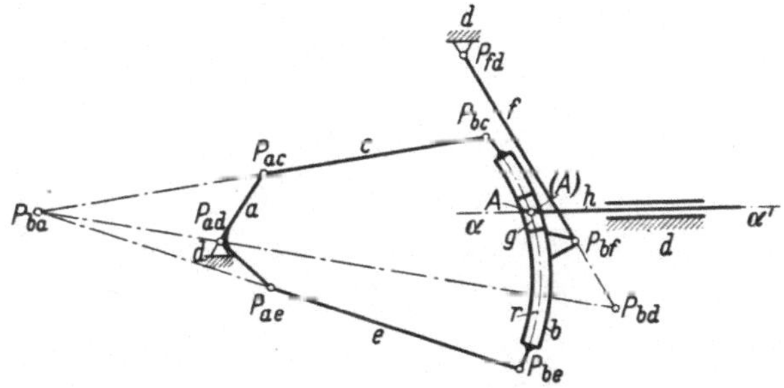

Abb. 15. Polkonfiguration für das Schema einer Kulissensteuerung. Ermitteln von Momentanpol $P_{bd}$.

Dieser Vorgang einer sog. *Relativbewe-gung des Gliedpunktes A gegenüber einem anderen „bewegten" Getriebeglied b* ist in Abb. 16 schematisch dargestellt. Sie zeigt Getriebeglied $b$, gekennzeichnet durch Halbkreis $r$ mit Durchmesser $\overrightarrow{CD}$ zur Zeit $t$ in Lage $\overrightarrow{CD}$, zur Zeit $t_1$ in Lage $\overrightarrow{C_1D_1}$ in

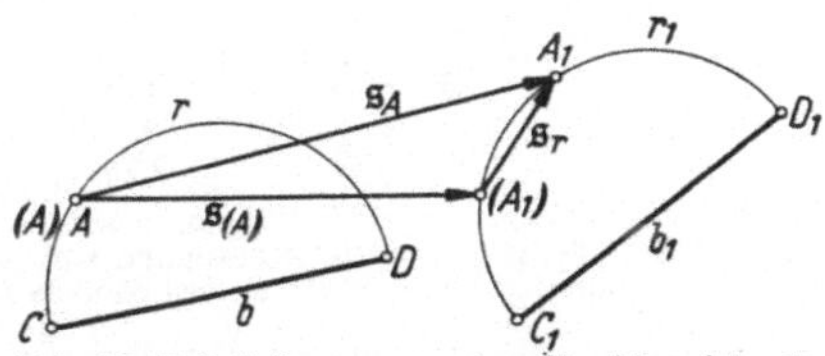

Abb. 16. Relativbewegung eines Punktes $A$ bezüg-lich des gegen Gestell $d$ bewegten Gliedes $b$.

seiner Lagenänderung bezüglich des Gestells $d$. Ein Punkt $A$ wandert gleichzeitig auf $r$, befindet sich zur Zeit $t$ bei $(A)$ von $b$ auf $r$, zur Zeit $t_1$ hat $A$, wandernd auf $r$, den Punkt $A_1$ erreicht. Aus Abb. 16 folgt ohne weiteres

$$\overrightarrow{AA_1} = \overrightarrow{(A)(A_1)} + \overrightarrow{(A_1)A_1} \quad \text{oder} \quad \mathfrak{s}_A = \mathfrak{s}_{(A)} + \mathfrak{s}_r \tag{13}$$

Division von Gl. (13) durch $\Delta t = t_1 - t$ liefert

$$\overrightarrow{AA_1}/\Delta t = \overrightarrow{(A)(A_1)}/\Delta t + \overrightarrow{(A_1)A_1}/\Delta t \tag{13 a}$$

Grenzübergang zu einander infinitesimal benachbarten Gliedlagen $\overrightarrow{CD}, \overrightarrow{C_1D_1}$ ergibt aus Gl. (13 a)

$$\mathfrak{v}_A = \mathfrak{v}_{(A)} + \mathfrak{v}_r \tag{14}$$

oder

$$\mathfrak{v}_A = \mathfrak{v}_f + \mathfrak{v}_r \qquad (14\,a)$$

mit

$\mathfrak{v}_A$ = Absolutgeschwindigkeit von $A$ bezüglich Gestell $d$,
$\mathfrak{v}_{(A)} = \mathfrak{v}_f$ = Führungsgeschwindigkeit von $(A)$ gegenüber dem Gestell $d$,
$v_r$ = Relativgeschwindigkeit von $A$, beurteilt vom bewegten Glied $b$ aus.

Es liegen (vgl. Abb. 17):

$\mathfrak{v}_A$ tangential zur Absolutbahn $\alpha$,
$\mathfrak{v}_{(A)} = \mathfrak{v}_f$ tangential zur Führungsbahn $(\alpha)$,
$\mathfrak{v}_r$ tangential zur Relativbahn $\mathfrak{r}$.

Ist $P_{bd}$ der Momentanpol für die Bewegung $b$ gegen $d$, so ist $\mathfrak{v}_{(A)} = \mathfrak{v}_f$ senkrecht auf $(A)P_{bd}$; außerdem ist

$$\omega_{bd} = v_{(A)} / \overline{(A)P_{bd}} \qquad (15)$$

**Beispiel. Getriebe für Shaping-Maschine** (Abb. 17). Bei dem vorliegenden Getriebeschema treibt Kurbel $a$ mittels Gleitstein $c$ die Kulisse $b$ an, die ihrerseits bei $C$ an den Schlitten $f$ und bei $B$ an die Ausgleich-Schwinge $e$, in $\mathfrak{B}$ von $d$ drehbar angeordnet, angelenkt ist.

Gegeben $\mathfrak{v}_A = A\bar{A}$. Gesucht Winkelgeschwindigkeit $\omega_{bd}$ und Relativgeschwindigkeit $v_r$ des Gleitsteines $c$ gegenüber Kulisse $b$.

Momentanpol $P_{bd}$ ist Schnittpunkt von $\mathfrak{B}B$ mit der in $C$ zur Schubrichtung $\gamma, \gamma'$ von $f$ gezeichneten Senkrechten. Die in $(A)$ zu $(A)P_{bd}$ gezeichnete Senkrechte $(f)$ ist Tangente an Führungsbahn $[f]$; Relativbahn $(r)$ ist Mittellinie $CB$ der Kulisse $b$.

Zerlegung von $\mathfrak{v}_A = A\bar{A}$ in Richtung $(f)$ und $(r)$ ergibt

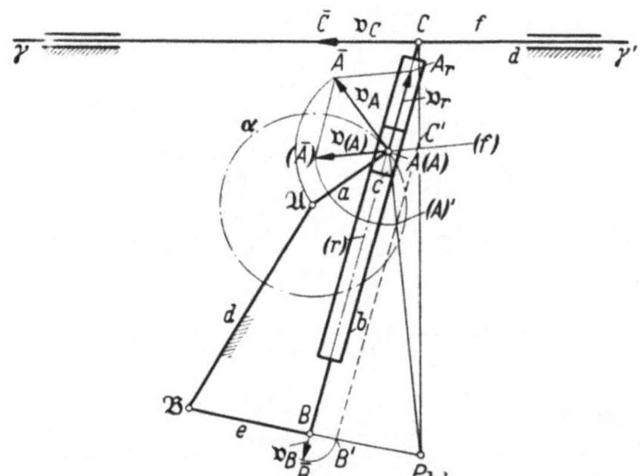

Abb. 17. Getriebeschema einer Shapingmaschine. Relativbewegung von Gleitsteinzapfenmitte $A$ bezüglich Kulisse $b$. Ermitteln der Geschwindigkeit $v_g$ des Stößels $f$.

$$\mathfrak{v}_f = \mathfrak{v}_{(A)} = (A)(\bar{A}) \quad \text{und} \quad v_r = A\,A_r$$

## 8. Relativbewegung in der ebenen Zweigelenkkette

Die Anordnung dreier Glieder $a$, $b$, $c$, die durch zwei Drehgelenke $A$, $C$ getrieblich miteinander verbunden sind, heißt nach R. FRANKE eine „*Zweigelenkkette*", z. B. $a$, $b$, $c$ von Abb. 2, wenn $c$ und $a$ durch Schnitte $x$, $x'$ bzw. $y$, $y'$ aus dem getrieblichen Verband gelöst werden. Symbolische Bezeichnung der Zweigelenkkette sei „$Z$". Das STEPHENSONsche Getriebe von Abb. 2 ist zusammengebaut aus den beiden Zweigelenkketten $Z_1(a, b, c)$, $Z_2(a, d, c)$, der *Dreigelenkkette* $D(a, f, e, c)$ und den beiden „*Dreibindern*" $MAB = a$ und $DCE = c$.

Die drehgelenkige Verbindung zweier „Binder", z. B. $c$, $d$ des WATTschen Getriebes von Abb. 1, zählt nach der FRANKEschen[1] Lehre ([6], Bd. I) als „*Einzelgelenk*" $(E)$.

---

[1] Die „*Bauketten*" des STEPHENSONschen Getriebes sind „zwei" Zweigelenkketten und „eine" Dreigelenkkette und liefern die „*Kettenformel*": $Z_2 D$. Das WATTsche Getriebe von Abb. 1 hat die „Kettenformel": $D_2 E$.

Abb. 18 zeigt die aus den Gliedern $i$, $k$, $l$ bestehende ebene Zweigelenkkette mit den Gelenken $P_{ik} = P_{ki}$ zwischen $i$ und $k$ und $P_{lk} = P_{kl}$ zwischen $l$ und $k$.

Dreht sich $k$ gegen $i$ mit der Winkelgeschwindigkeit $\overline{\omega}_{ki}$ und gleichzeitig $l$ gegen $k$ mit der Winkelgeschwindigkeit $\overline{\omega}_{lk}$, so kann nach einer momentanen Ersatzbewegung des Gliedes $l$ gegen $i$ bzw. $i$ gegen $l$ gefragt werden.

$A$ sei ein Punkt von $l$ und koinzidiere in der gezeichneten Getriebestellung mit $(A)$ von $k$.

Aus Gl. (14) folgt dann

$$v_A = v_{(A)} + v_r \qquad (16)$$

wobei die Relativbewegung von $A$ gegen $k$ in einer Drehung von $A$ um $P_{lk}$ mit $\overline{\omega}_{lk}$ besteht, während $(A)$ von $k$ um $P_{ki}$ mit $\overline{\omega}_{ki}$ rotiert.

Anwendung der EULERschen Gleichung für beide Drehbewegungen liefert

$$v_A = [\overline{\omega}_{ki}\,\Re_1] + [\overline{\omega}_{lk}\,\Re_2] \qquad (17)$$

mit

$$\Re_1 = \overrightarrow{P_{ki}(A)} \qquad \Re_2 = \overrightarrow{P_{lk}A}$$

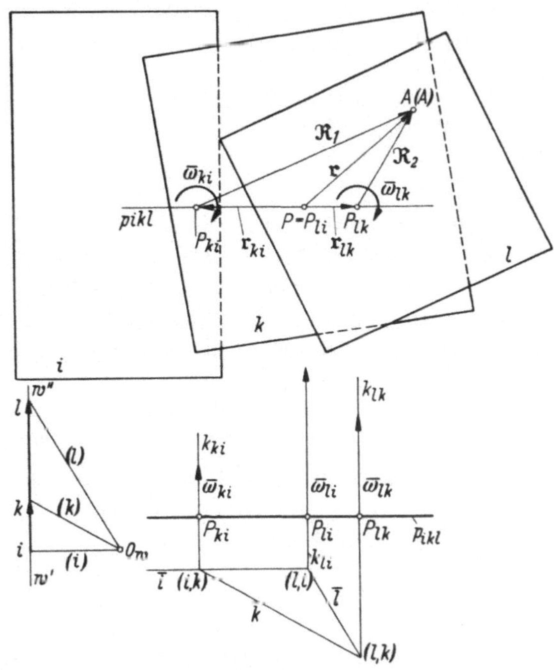



Abb. 18. Winkelgeschwindigkeitsverhältnisse der Zweigelenkkette. Winkelgeschwindigkeitsplan. Seileckverfahren.

Wählt man auf der Geraden $p_{ikl}$ durch $P_{ki}$, $P_{lk}$ den zunächst beliebigen Punkt $P$ und setzt man

$$\overrightarrow{PP_{ki}} = r_{ki} \qquad \overrightarrow{PP_{lk}} = r_{lk} \qquad \overrightarrow{PA} = r$$

so folgt wegen

$$\Re_1 = -r_{ki} + r \qquad \Re_2 = -r_{lk} + r$$

aus Gl. (17)

$$v_A = [\overline{\omega}_{ki}, -r_{ki} + r] + [\overline{\omega}_{lk}, -r_{lk} + r] \qquad (18)$$

und nach Umformung gemäß Gl. (8) und Gl. (7)

$$v_A = [-\overline{\omega}_{ki}r_{ki}] + [-\overline{\omega}_{lk}r_{lk}] + [\overline{\omega}_{lk} + \overline{\omega}_{ki}, r] \qquad (19)$$

$$v_A = [r_{ki}\overline{\omega}_{ki}] + [r_{lk}\overline{\omega}_{lk}] + [\overline{\omega}_{lk} + \overline{\omega}_{ki}, r] \qquad (19\,a)$$

Gl. (19a) wird dann besonders einfach, wenn

$$[r_{ki}\overline{\omega}_{ki}] + [r_{lk}\overline{\omega}_{lk}] = 0 \qquad (20)$$

gesetzt wird; d.h. wenn $P$ auf der Geraden durch $P_{ki}$, $P_{lk}$ so gewählt wird, daß Gl. (20) erfüllt ist. Dann ist

$$v_A = [\overline{\omega}_{lk} + \overline{\omega}_{ki}, r] \qquad (21)$$

Dies besagt, daß $v_A$, das ist die Geschwindigkeit des Punktes $A$, beurteilt von Glied $i$ aus, auffindbar ist als das Ergebnis einer Drehung um $P$ mit der Winkelgeschwindigkeit $\overline{\omega}_{lk} + \overline{\omega}_{ki}$, die als $\overline{\omega}_{li}$ zu bezeichnen ist, also

$$v_A = [\overline{\omega}_{li}\,r] \qquad (22)$$

mit

$$\bar{\omega}_{li} = \bar{\omega}_{lk} + \bar{\omega}_{ki} \tag{23}$$

Die Drehung um $P$ mit $\bar{\omega}_{li}$ ist also die momentane Ersatzbewegung von $l$ gegen $i$ um die Drehachse durch $P$; $P$ sei deshalb mit $P_{li}$ bezeichnet, und die dazugehörige Drehachse mit $k_{li}$.

Die Lage von $P_{li}$ auf der Geraden $p_{ikl}$ ist durch Gl. (20) festgelegt, die bezüglich der Beträge mit

$$\omega_{ki}r_{ki} - \omega_{lk}r_{lk} = 0 \qquad \frac{r_{ki}}{r_{lk}} = \frac{\omega_{lk}}{\omega_{ki}} \tag{20 a}$$

angeschrieben werden kann, d. h.

*Die Abstände des Ersatzpoles $P_{li}$ von den Polen $P_{ki}$ und $P_{lk}$ verhalten sich umgekehrt wie die diesen Polen zugeordneten Winkelgeschwindigkeiten.*

Der Zusammenhang dieses Ergebnisses mit der „*Statik*" ist offensichtlich, d. h. der Vektor $\bar{\omega}_{li}$ ist die Resultierende aus den in $P_{ki}$, $P_{lk}$ angeordneten Vektoren $\bar{\omega}_{ki}$, $\bar{\omega}_{lk}$.

Die graphostatischen Verfahren von *Vektor- und Seilpolygon* sind also ohne weiteres auf die „*Zusammensetzung von Winkelgeschwindigkeiten*" übertragbar.

Man zeichnet im sog. „*Winkelgeschwindigkeitsplan*" der Abb. 18 $\overrightarrow{ik} = \bar{\omega}_{ki}$ und $\overrightarrow{kl} = \bar{\omega}_{lk}$, wählt einen beliebigen Punkt $o_w$ als Pol des „Winkelgeschwindigkeitszuges", dargestellt durch den Streckenzug $i$, $k$, $l$ in dem Winkelgeschwindigkeits-Träger $w'w''$ und zieht die dazugehörigen „*Polstrahlen*" $(i)$, $(k)$, $(l)$, denen die dazu

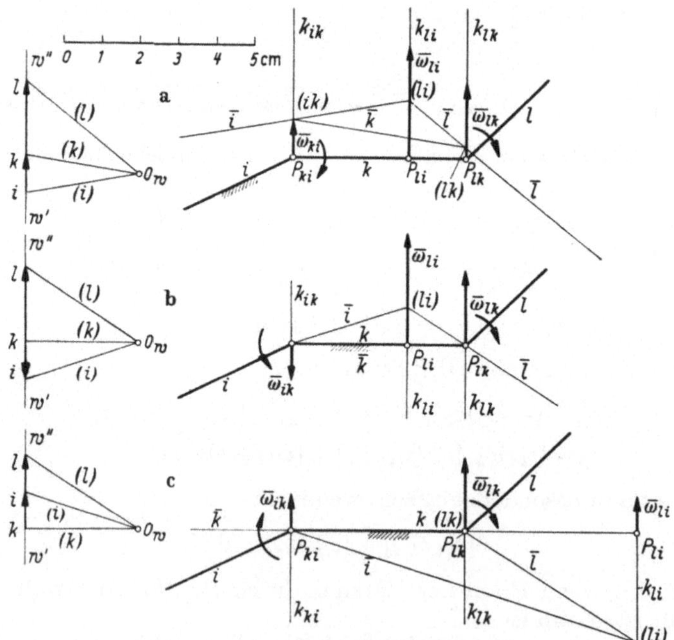

Abb. 19a–c. Winkelgeschwindigkeitsplan für eine Zweigelenkkette nach Abb. 18. Pläne für verschiedenen Drehsinn der relativen Winkelgeschwindigkeiten.

parallelen „*Seilstrahlen*" $\bar{i}$, $\bar{k}$ und $\bar{l}$ zugeordnet werden. Die zu $\bar{\omega}_{ki}$ gehörigen Seilstrahlen $\bar{i}$ und $\bar{k}$, parallel zu $(i)$ bzw. $(k)$, schneiden sich in einem beliebig wählbaren Punkt $(i, k)$ der fiktiven Drehachse $k_{ki}$. Seilstrahl $\bar{k}$ trifft dann $k_{lk}$ in $(l, k)$, und der durch $(l, k)$ gelegte und zu $(l)$ parallele Seilstrahl $\bar{l}$ schneidet den Seilstrahl $\bar{i}$ im Punkt $(l, i)$ der gesuchten fiktiven Drehachse $k_{li}$, die $P_{ki}P_{lk}$ im Pol $P_{li}$ trifft.

*Hinweise.* Die Richtung von $w'w''$ und die dazu parallelen Achsenrichtungen sind beliebig wählbar, bisweilen ist es vorteilhaft, sie senkrecht zu einer Geraden durch zwei gestellfeste Punkte (Lager) anzunehmen.

Der Richtungssinn auf $w'w''$ $\left(\overrightarrow{w'w''} \text{ vom unteren zum oberen Bildrand}\right)$ entspreche einer Winkelgeschwindigkeit, drehend im Uhrzeigersinn (z. B. $\bar{\omega}_{ki} = \overrightarrow{ik}$ in Abb. 18 sei positiv).

Beachte für den „$\omega$-Plan", daß $\bar{\omega}_{ki}$ durch Pfeil von $i$ nach $k$ dargestellt wird, also stets

$$\bar{\omega}_{ki} = \overrightarrow{ik}$$

Für Doppelantrieb eines Getriebes vom Freiheitsgrad $F = 2$, z. B. $a$ und $c$ drehend gegen Gestell $d$ um $P_{ad}$ bzw. $P_{cd}$ mit $\bar{\omega}_{ad} = \overrightarrow{da}$, $\bar{\omega}_{cd} = \overrightarrow{dc}$ dient $\omega$-Plan zur Ermittlung des Poles $P_{ca}$ und damit zur Ergänzung der Polkonfiguration.

Abb. 19 zeigt die *Zweigelenkkette* $i$, $k$, $l$ mit verschiedenen Antriebsmöglichkeiten.

Abb. 19 a. Äußeres Glied $i$ als Gestell, $\bar{\omega}_{ki} = + 1$ sek$^{-1}$ und

$$\bar{\omega}_{lk} = + 2 \text{ sek}^{-1}; \text{ Pol } P_{li} \text{ innerhalb } P_{ki}P_{lk}$$

Abb. 19 b. Mittleres Glied $k$ als Gestell, $\bar{\omega}_{ik} = - 1$ sek$^{-1}$,

$$\bar{\omega}_{lk} = + 2 \text{ sek}^{-1}; \text{ Pol } P_{li} \text{ innerhalb } P_{ki}P_{lk}$$

Abb. 19 c. Mittleres Glied $k$ als Gestell, $\bar{\omega}_{ik} = + 1$ sek$^{-1}$,

$$\bar{\omega}_{lk} = + 2 \text{ sek}^{-1}; \text{ Pol } P_{li} \text{ außerhalb } P_{ki}P_{lk}$$

## 9. Polkonfiguration ebener Getriebe

Bei einem zwangläufigen ebenen Getriebe mit $n$ Gliedern und $g$ Gelenken gibt es

$$z_1 = \binom{n}{2} = \frac{n(n-1)}{1 \cdot 2} \text{ Pole} \tag{24}$$

$$z_2 = \binom{n}{3} = \frac{n(n-1)(n-2)}{1 \cdot 2 \cdot 3} \tag{25}$$

Polgerade $p_{ikl}$ durch je drei Pole $P_{ik}$, $P_{kl}$, $P_{li}$, ferner durch jeden Pol der so erhaltenen Polkonfiguration

$$z_3 = (n-2) \tag{26}$$

Polgerade.

**Beispiel 1. Viergelenkgetriebe** (Abb. 20 a und b). Zerlegung in die beiden Zweigelenkketten $a$, $b$, $c$ mit $P_{ba}$, $P_{cb}$ und $a$, $d$, $c$ mit $P_{da} = P_{ad}$, $P_{cd}$ liefert Pol $P_{ac}$ als Schnittpunkt der Polgeraden $p_{abc}$ und $p_{adc}$, schematisch wie folgt angeschrieben:

$$\left.\begin{matrix} P_{ba} \; P_{cb} \\ P_{da} \; P_{cd} \end{matrix}\right\} \to P_{ac} \quad \text{oder} \quad \left.\begin{matrix} ba \; cb \\ da \; cd \end{matrix}\right\} \to ac \tag{27}$$

Zerlegung in die Zweigelenkketten $b$, $a$, $d$ mit $P_{ba}$, $P_{ad}$ und $b$, $c$, $d$ mit $P_{cb}$, $P_{cd}$

ergibt $P_{bd}$ als Schnittpunkt der Polgeraden $p_{bad}$ und $p_{bcd}$ (Abb. 20 b) oder gemäß Darstellung Gl. (27)

$$\left.\begin{array}{l} P_{ba}\ P_{ad} \\ P_{bc}\ P_{cd} \end{array}\right\} \rightarrow P_{bd} \quad \text{oder} \quad \left.\begin{array}{l} ba\ ad \\ bc\ cd \end{array}\right\} \rightarrow bd \tag{28}$$

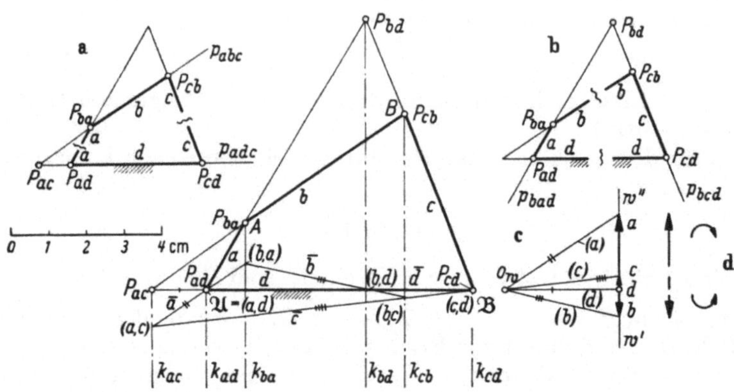

Abb. 20a–d. Winkelgeschwindigkeitsplan für ein Viergelenkgetriebe. a) u. b) Viergelenkgetriebe, zerlegt in Zwei-gelenkketten.  c) Winkelgeschwindigkeitsplan.  d) Drehsinn, zugeordnet dem Richtungssinn der $\bar{\omega}$-Vektoren in $w'\ w''$.

Nach Gl. (24) bis (26) ist Anzahl der Pole $z_1 = 6$, Anzahl der Polgeraden $z_2 = 4$, und $z_3 = 2$.

*Hinweis.* Für das systematische Aufsuchen der sämtlichen Pole, insbesondere bei Mehrkurbelgetrieben, ist das Anlegen eines Kontrollschemas nach Art von Abb. 21a zu empfehlen, das ohne weiteres verständlich ist.

In das linke Diagonalfeld des quadratischen Schemas werden zunächst alle Pole eingetragen, die als Gelenke (Dauerpole) durch das Getriebe gegeben sind, z. B. durch den Buchstaben $G$ gekennzeichnet. In der Reihenfolge, wie die restlichen Pole (Momentanpole) gefunden werden, sind dann in die leeren quadratischen Einzelfelder die Ziffern 1, 2, 3, ... einzutragen;

|   | a | b | c | d |
|---|---|---|---|---|
| a |   |   |   |   |
| b | G |   |   |   |
| c | ① | G |   |   |
| d | G | ② | G |   |

|   | a | b | c | d | e | f |
|---|---|---|---|---|---|---|
| a |   |   |   |   |   |   |
| b | G |   |   |   |   |   |
| c | ① | G |   |   |   |   |
| d | G | ② | G |   |   |   |
| e | ⑥ | ⑤ | G | ③ |   |   |
| f | ⑧ | ⑦ | ④ | G | G |   |

Abb. 21a u. b. Schema zum Auffinden der Polkonfiguration a) für Viergelenkgetriebe,  b) für Siebengelenkgetriebe.

d. h. nach Abb. 21a wurde zunächt $P_{ac}$ (Spalte a, Zeile c) ermittelt, dann $P_{bd}$.

**Beispiel 2. Siebengelenkgetriebe in Wattscher Anordnung** (Abb. 22). Das Aufsuchen der $z_1 = \binom{6}{2} = 15$ Pole, angeordnet in „Triplen" auf $z_2 = \binom{6}{3} = 20$ Polgeraden mit je $z_3 = 6 - 2 = 4$ Polgeraden durch jeden Pol geschieht nach dem Schema von Abb. 21b, z. B. in der Reihenfolge 1 bis 8.

$$P_{ac} = P_{ad}P_{cd} \times P_{ba}P_{bc} = 1 \times 1'$$
$$P_{bd} = P_{ad}P_{ba} \times P_{cd}P_{bc} = 2 \times 2'$$
$$P_{ed} = P_{ef}P_{df} \times P_{ce}P_{cd} = 3 \times 3'$$
$$P_{cf} = P_{ce}P_{ef} \times P_{cd}P_{df} = 4 \times 4'$$

$$P_{be} = P_{bd}P_{ed} \times P_{bc}P_{ce} = 5 \times 5'$$
$$P_{ae} = P_{ac}P_{ce} \times P_{ad}P_{ed} = 6 \times 6'$$
$$P_{bf} = P_{bd}P_{df} \times P_{bc}P_{cf} = 7 \times 7'$$
$$P_{af} = P_{ad}P_{df} \times P_{ae}P_{ef} = 8 \times 8'$$

wobei die Ziffern 1 bis 4 und 1′ bis 4′ reine Viergelenkanordnungen betreffen und bezüglich 5 bis 8 auch noch andere Reihenfolgen möglich sind, z.B.

$$P_{be} = P_{bf}P_{ef} \times P_{ba}P_{ae} = \ 9 \times \ 9'$$
$$P_{af} = P_{ba}P_{bf} \times P_{ae}P_{ef} - 10 \times 10'$$

Weitere Angaben bei R. Beyer ([2a], S. 263) und L. Burmester ([4], S. 430 ff.).

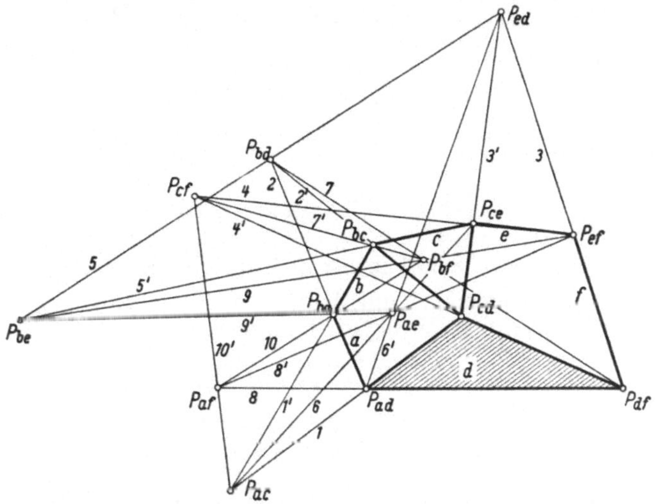

Abb. 22. Polkonfiguration des Siebengelenkgetriebes Wattscher Bauart.

**Beispiel 3. Zweigelenkkette mit Dreh- und Schubgelenk.** Zusammensetzung von Drehung und Schubbewegung kann nach Abb. 23 geschehen.

Schubbewegung $l$ gegen $k$ um den Pol $P_{lk}^{\infty}$, liegend im Unendlichen auf der Normalen $n'n$ zur Schubrichtung $P_{ki}Z$ von $l$ gegen $k$. Die Polgerade $p_{ikl}$ ist also die

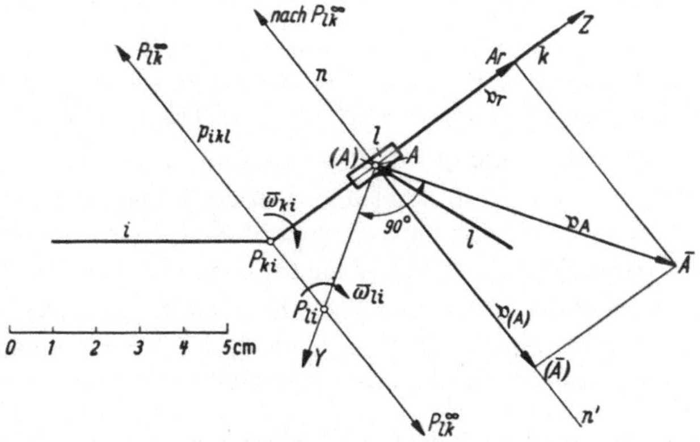

Abb. 23. Zweigelenkkette aus Dreh- und Schubgelenk. Ermitteln des Relativpols $P_{li}$ aus $\bar{\omega}_{ki}$ und Relativgeschwindigkeit $v_r$ von $l$ gegen $k$.

in $P_{ki}$ zu $P_{ki}Z$ gezeichnete Senkrechte. Auf ihr liegt $P_{li}$; $(A)$ von $k$, momentan zusammenfallend mit $A$ von $l$, hat $v_{(A)} = \left[\bar{\omega}_{ki}, \overrightarrow{P_{ki}(A)}\right]$. Besitzt $l$ gegen $k$ die relative Geschwindigkeit $v_r = AA_r$, so folgt

$$v_A = v_{(A)} + v_r = \left[\bar{\omega}_{ki}, \overrightarrow{P_{ki}(A)}\right] + v_r \tag{29}$$

Also Pol $P_{li}$ als Schnittpunkt von $p_{ikl}$ mit der in $A$ zu $v_A$ gezeichneten Senkrechten $AY$.

Da
$$v_A = \left[\overline{\omega}_{li}, \overrightarrow{P_{li}A}\right] \tag{30}$$

und wegen $\overline{\omega}_{li} = \overline{\omega}_{lk} + \overline{\omega}_{ki}$ und $\overline{\omega}_{lk} = 0$
Glied $l$ gegen $i$ die Winkelgeschwindigkeit $\overline{\omega}_{li} = \overline{\omega}_{ki}$ besitzt, so folgt aus Gl. (29) und (30)
$$v_r = \left[\overline{\omega}_{ki}, \overrightarrow{P_{li}A}\right] - \left[\overline{\omega}_{ki}, \overrightarrow{P_{ki}(A)}\right] = \left[\overline{\omega}_{ki}, \overrightarrow{P_{li}P_{ki}}\right] \tag{31}$$

oder für die Beträge
$$\overline{P_{li}P_{ki}} = \frac{v_r}{\omega_{ki}} \tag{32}$$

*Zahlenbeispiel:* $M_z = 10\,\mathrm{cm/m}$, $\overline{\omega}_{ki} = +2\,\mathrm{sek}^{-1}$, $v_r = 0{,}4\,\dfrac{m}{s}$

$$\overline{P_{li}P_{ki}} = \frac{0{,}4}{2} = 0{,}2\,\mathrm{m} \triangleq 2\,\mathrm{cm}$$

**Beispiel 4. Geschränktes Schubkurbelgetriebe.** Für das in Abb. 24 dargestellte geschränkte Schubkurbelgetriebe mit Kurbel $a = \overline{\mathfrak{A}A}$, Koppel $b = \overline{AB}$, Gleitstein $c$ und Gestell $d$ ist die Polkonfiguration zu ermitteln.

$$P_{bd} = P_{ba}P_{ad} \times P_{bc}P_{cd}^{\infty}$$

Die durch $\mathfrak{A} = P_{ad}$ zur Schubrichtung $c$ gegen $d$ gezeichnete Senkrechte schneidet die Gerade durch $P_{ba}P_{bc}$ in $P_{ac}$ (Anwendung von Abb. 23).

## 10. Winkelgeschwindigkeitspläne ebener Getriebe [22a]

**Beispiel 1. Das Viergelenkgetriebe** (Abb. 20). Im Viergelenkgetriebe $\mathfrak{A}AB\mathfrak{B}$ von Abb. 20 seien gegeben: Zeichenmaßstab $M_z = 10\,\mathrm{cm/m}$ und $\bar{n}_{ad} = +392\,\mathrm{U/min}$. Es sind die sämtlichen relativen Winkelgeschwindigkeiten durch Zeichnung eines $\overline{\omega}$-Planes zu ermitteln.

*Lösung.* Aus $\bar{n}_{ad}$ folgt $\overline{\omega}_{ad} = +40\,\mathrm{sek}^{-1}$. Gewählt: Winkelgeschwindigkeitsmaßstab $M_{\omega} = 0{,}05\,\mathrm{cm/sek}^{-1}$.

Zeichne durch die gemäß Nr. 9 ermittelten Pole $P_{ik}$ die in die Bildebene hineingedrehten Drehachsen $k_{ik}$, z. B. $k_{bd}$ als Senkrechte durch $P_{bd}$ zu $\mathfrak{A}\mathfrak{B}$ usw.

Zeichne in Abb. 20c die Gerade $w'w'' \parallel k_{ik}$ als Träger der $\omega$-Vektoren. Richtungssinn $\overrightarrow{w'w''}$ bedeute Drehung im Uhrzeigersinn, mache $\overrightarrow{da} = \overline{\omega}_{ad}$. Wähle den Pol $o_w$ des $\overline{\omega}$-Planes z. B. so, daß $\overline{o_w d} \parallel \mathfrak{A}\mathfrak{B}$. Der Anfangspunkt $(a, d)$ der Seileckkonstruktion wird zweckmäßig nach $\mathfrak{A}$ gelegt. Ziehe also durch $\mathfrak{A} = (a, d)$ die Seilstrahlen $\bar{a}$, $\bar{d}$ parallel zu den Polstrahlen $(a)$ bzw. $(d)$, wobei $\bar{d}$ mit der Geraden durch $\mathfrak{A}$, $\mathfrak{B}$ zusammenfällt, schneide Seilstrahl $\bar{a}$ mit $k_{ba}$ in $(b, a)$ und Seilstrahl $\bar{d}$ mit $k_{bd}$ in $(b, d)$. Die Gerade durch $(b, a)$ und $(b, d)$ ist der gesuchte Seilstrahl $\bar{b}$. Dieser schneidet $k_{cb}$ in $(b, c)$ und liefert so den Seilstrahl $\bar{c}$ als Gerade durch $(b, c)$ und $\mathfrak{B} = (c, d)$.

Die durch $o_w$ des $\overline{\omega}$-Planes zu $\bar{b}$ und $\bar{c}$ gezeichneten parallelen Polstrahlen $(b) \parallel \bar{b}$, $(c) \parallel \bar{c}$ schneiden $w'w''$ in $b$ bzw. $c$.

*Ergebnis*

$$\overline{\omega}_{bd} = \overrightarrow{db} \qquad \overline{\omega}_{cd} = \overrightarrow{dc} \qquad \overline{\omega}_{ba} = \overrightarrow{ab} \qquad \overline{\omega}_{cb} = \overrightarrow{bc}$$

*Zahlenbeispiel.* $\overline{\omega}_{bd} = -0{,}68\,\mathrm{cm} \triangleq -0{,}68/0{,}05 = -13{,}6\,\mathrm{sek}^{-1}$; $\overline{\omega}_{ba} = -2{,}7\,\mathrm{cm}$ $\triangleq -2{,}7/0{,}05 = -54\,\mathrm{sek}^{-1}$, $\overline{\omega}_{ca} = \overrightarrow{ac} = -1{,}66/0{,}05 = -33{,}2\,\mathrm{sek}^{-1}$.

*Kontrollen.* Die Seilstrahlen $\bar{a}$ und $\bar{c}$ schneiden sich auf $k_{ac}$ in $(a, c)$. Liegt $P_{bd}$ außerhalb der Zeichenebene, ist also $k_{bd}$ nicht erfaßbar, so wird man $\bar{a}$ mit $k_{ac}$ schneiden und Seilstrahl $\bar{c}$ als Gerade durch $(a, c)$ und $(c, d) = \mathfrak{B}$ finden; Schnittpunkt $\bar{c}$ mit $k_{cb}$ liefert $(b, c)$ und dann $(b, d)$ als Schnittpunkt der Geraden durch $(b, \mathfrak{a})$, $(b, c)$ mit $\bar{d} = \mathfrak{A}\mathfrak{B}$. Hierdurch ist ein Punkt von $k_{bd}$ gefunden.

**Beispiel 2. $\bar{\omega}$-Plan für Schubkurbelgetriebe (Abb. 24).**

*Zahlenbeispiel.* $M_s = 20$ cm/m; $\bar{n}_{ad} = +191$ U/min; $M_\omega = 0,1$ cm/sek$^{-1}$.

*Gesucht.* $\bar{\omega}_{bd}$ und $\bar{\omega}_{ba}$.

*Lösung.* Zeichne $\omega$-Träger $w'w'' \perp \overline{OB}$, $\vec{da} = 20$ sek$^{-1} \triangleq 2$ cm,

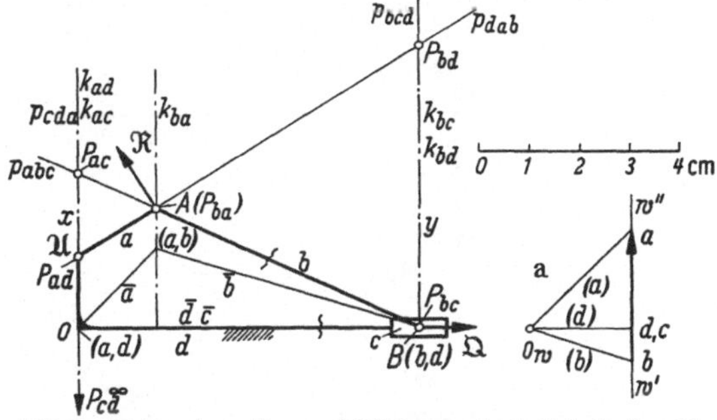

Abb. 24. Polkonfiguration und Winkelgeschwindigkeitsplan für ein geschränktes Schubkurbelgetriebe.

wähle $o_{w}d \parallel OB$ und $O$ als Anfang der Seileckkonstruktion; $OB = \bar{d}$. Seilstrahl $\bar{a}$ schneidet $k_{ba}$ in $(a, b)$, Seilstrahl $\bar{d}$ trifft $k_{bd}$ in $B = (b, d)$; Gerade durch $(a, b)$ und $B$ ist Seilstrahl $\bar{b}$; Polstrahl $(b) \parallel \bar{b}$ schneidet $w'w''$ in $b$.

*Ergebnis.* $\bar{\omega}_{bd} = \vec{db} = 0,65$ cm $\triangleq 0,65/0,1 = -6,5$ sek$^{-1}$, $\quad \bar{\omega}_{ba} = \vec{ab} = 2,65$ cm $\triangleq -2,65/0,1 = -26,5$ sek$^{-1}$.

Ist $\mathfrak{Q}$ eine am Glied $c$ wirkende Kraft und $\mathfrak{R}$ die dazugehörige, an Kurbel $u$ angreifende Gleichgewichtskraft, so gilt nach dem Prinzip der virtuellen Leistungen

$$\mathfrak{R}\,v_A + \mathfrak{Q}\,v_B = 0$$

oder mit

$$|\mathfrak{R}| = R \qquad |\mathfrak{Q}| = Q \quad \text{und} \quad v_A = a\,\omega_{ad}$$

$$v_B = y\,\omega_{bd} \qquad y = \overline{BP_{bd}} \qquad \overline{\mathfrak{A}P_{ac}} = x \text{ mit } Ra = M \text{ als Moment von } \mathfrak{R}$$

$$R\,a\,\omega_{ad} = Q\,y\,\omega_{bd}$$

$$\frac{M}{Q} = y\,\frac{\omega_{bd}}{\omega_{ad}} = y\,\frac{\overline{db}}{\overline{da}}$$

oder:

$$\frac{M}{Q} = x \qquad\qquad M = Q\,x$$

Winkelgeschwindigkeitspläne sind also bei „*getriebestatischen*" Aufgaben mit Vorteil anwendbar. Bei Grundgetrieben gibt es – auch ohne $\bar{\omega}$-Plan – oft überraschend einfache Lösungen, wie die letzte Gleichung zeigt. Beispiele für Kräfteermittlung unter Beiziehung der Polkonfiguration gab K. Hain [*30 m*] und der Verf. [*22 i*].

**Beispiel 3. Zahnrad-Kurbelgetriebe.** Das in Abb. 25 dargestellte Zahnrad-Kurbelgetriebe, im Schrifttum auch als „*Dreiradgetriebe*" bekannt, hat das bei $\mathfrak{A}$ im Gestell $d$ außermittig gelagerte Zahnrad $a$, das mit dem im Schwingenzapfen $B$ des Viergelenkgetriebes $\mathfrak{A}AB\mathfrak{B}$ drehbar angeordneten Zahnrad $e$ kämmt. Dieses steht mit dem bei $\mathfrak{B}$ im Gestell $d$ drehbar gelagerten Zahnrad $f$ im Eingriff.

Nach Ermittlung der Pole $P_{bd}$, $P_{ac}$ des Viergelenkgetriebes $\mathfrak{A}AB\mathfrak{B}$, dessen Kurbel $\overline{\mathfrak{A}A} = a'$ vom Zahnrad $a$ gebildet wird, ist – unter Beachtung der Relativpole $P_{ea}$, $P_{ef}$ (Berührungspunkte der Teilkreise von $a$, $e$ bzw. $e$, $f$) – der Pol $P_{ed} = P_{ec}P_{cd} \times P_{ad}P_{ea}$.

Im $\bar{\omega}$-Plan (Abb. 25a) ist $\bar{\omega}_{ad} = \overrightarrow{da}$ (Uhrzeigersinn) als gegeben angenommen und $o_w d$ parallel $\mathfrak{A}\mathfrak{B}$ gewählt. Der Seileckplan (Abb. 25b) ist zur besseren Übersicht außerhalb des Getriebeplans gezeichnet $\bar{\omega}$-Plan für Viergelenkgetriebe $\mathfrak{A}AB\mathfrak{B}$ ist nach Abb. 20 aufzustellen; $\bar{a}$ schneidet $k_{ea}$ in $(e, a)$ und $\bar{d}$ trifft $k_{ed}$ in $(e, d)$,

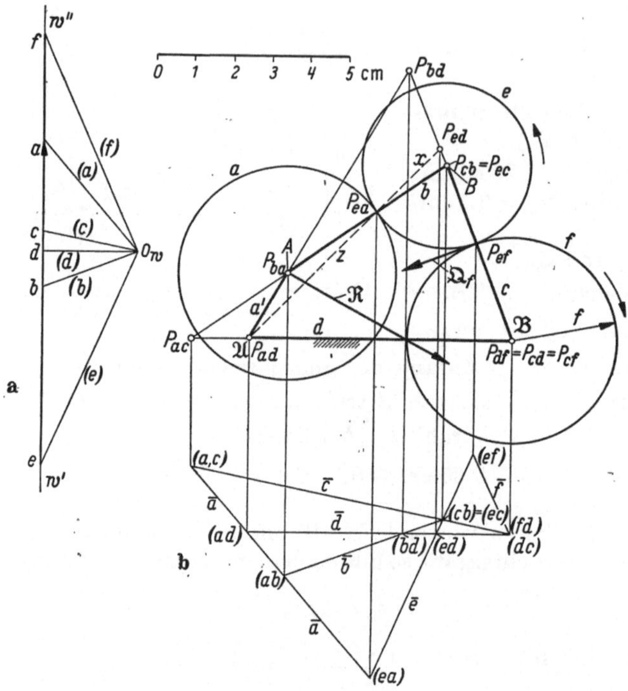

Abb. 25a u. b. Winkelgeschwindigkeitsplan für ein Zahnradkurbelgetriebe.

wodurch $\bar{e}$ als Gerade durch $(e, a)$, $(e, d)$ bestimmt ist. Schnittpunkt $(e, f)$ von $\bar{e}$ mit $k_{ef}$ liefert Seilstrahl $\bar{f}$ als Gerade durch $(e, f)$, $(f, d)$.

*Zahlenbeispiel.* Gegeben: $\bar{\omega}_{ad} = + 3 \text{ sek}^{-1}$ mit $M_\omega = 1 \text{ cm/sek}^{-1}$.

*Ergebnis.* $\bar{\omega}_{fd} = + 5{,}8 \text{ sek}^{-1}$, $\bar{\omega}_{ad} = + 0{,}52 \text{ sek}^{-1}$, $\bar{\omega}_{ed} = - 5{,}76 \text{ sek}^{-1}$, $\omega_{fc} = + 5{,}3 \text{ sek}^{-1}$.

*Hinweis.* $P_{ad}$, $P_{ea}$, $P_{ef}$, $P_{fd}$ kann für die Ermittlung des Geschwindigkeitszustandes als „*Ersatz-Viergelenkgetriebe*" der Glieder $d, a, e, f$ angesprochen werden.

*Anwendung.* Für Abtriebskraft $\mathfrak{Q}_f$ am Rad $f$ vom Moment $M_f = Q_f \cdot f$ und Antriebskraft $\mathfrak{R}$ in $A \perp \overline{\mathfrak{A}A}$ folgt

$$M_a \omega_{ad} = M_f \omega_{fd} \qquad R a \omega_{ad} = Q_f f \omega_{fd} \qquad (33\,\text{a, b})$$

Umformung von Gl. (33) liefert

$$\frac{Ma}{M_f} = \frac{\omega_{fd}}{\omega_{ad}} = \left(\frac{\omega_{fd}}{\omega_{ed}}\right)\left(\frac{\omega_{ed}}{\omega_{ad}}\right) = \left(\frac{y}{f}\right)\left(\frac{z}{x}\right) \tag{33}$$

mit

$$\overline{P_{ea}P_{ed}} = x \qquad \overline{P_{ed}P_{ef}} = y \qquad \overline{P_{ad}P_{ea}} = z$$

und

$$\overline{P_{df}P_{ef}} = f$$

**Beispiel 4. Winkelgeschwindigkeitsplan bei Doppelantrieb.** Abb. 26 zeigt das im Gestell $e$ gelagerte Fünfgelenkgetriebe $\mathfrak{A}ACB\mathfrak{B}$ vom Freiheitsgrad $F = 3\,(5\text{–}5\text{–}1) + 5 = 2$.

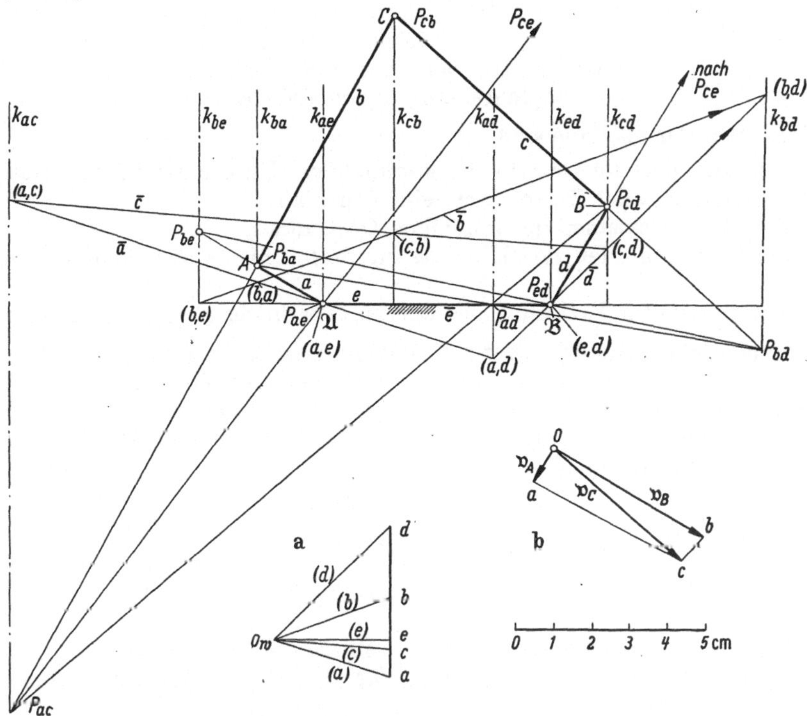

Abb. 26a u. b. Fünfgelenkgetriebe mit Doppelantrieb an $a$ u. $d$
a) Winkelgeschwindigkeitsplan, b) Geschwindigkeitsplan.

Gegeben seien: $\overline{\omega}_{ae} = \overrightarrow{ea}$ (Gegensinn des Uhrzeigers) und $\overline{\omega}_{de} = \overrightarrow{ed}$ (Uhrzeigersinn).

Nach Abb. 19 wird $P_{ad}$ auf $P_{ae}P_{ed}$ durch $\overline{P_{ae}P_{ad}} : \overline{P_{ed}P_{ad}} = \omega_{de} : \omega_{ae}$ ermittelt. Pol $o_w$ des Winkelgeschwindigkeitsplanes (Abb. 26a) ist so gewählt, daß $o_w e \parallel \mathfrak{A}\mathfrak{B}$.

Ergänzung der Polanordnung liefert $P_{ac} = P_{ba}P_{cb} \times P_{ad}P_{cd}$ und $P_{bd} = P_{cb}P_{cd} \times P_{ba}P_{ad}$ und damit die Achsen $k_{ac}$ und $k_{bd}$.

$\overline{\omega}$-Plan dann, wie folgt:

$\bar{a} \parallel (a)$ schneidet $k_{ba}$ in $(b, a)$, $k_{ac}$ in $(a, c)$ und $k_{ad}$ in $(a, d)$; $\bar{d} \parallel (d)$ schneidet $k_{ed}$ in $\mathfrak{B} = (e, d)$, $k_{ad}$ in $(a, d)$ und $k_{cd}$ in $(c, d)$.

Hierdurch ist Seilstrahl $\bar{c}$ als Gerade durch $(c, d)$ und $(a, c)$ festgelegt mit Schnittpunkt $(c, b)$ auf $k_{cb}$; Seilstrahl $\bar{b}$ ist die Gerade durch $(b, a)$ und $(c, b)$. Damit sind wegen $(b) \parallel \bar{b}$ und $(c) \parallel \bar{c}$ die Polstrahlen $(b)$, $(c)$ bestimmt und liefern $\overline{\omega}_{be} = \overrightarrow{eb}$, $\overline{\omega}_{ce} = \overrightarrow{ec}$.

Mit Hilfe der Seilstrahlen und der bereits festgestellten Pole $P_{ik}$ sind die übrigen Pole leicht auffindbar.

$P_{be}$, der Schnittpunkt von $P_{ba}P_{ae}$ und $P_{bd}P_{ed}$, liefert $k_{be}$, auf der sich die Seilstrahlen $\bar{b}$ und $\bar{e}$ schneiden.

Weitere Kontrolle: $P_{ce} = P_{ac}P_{ae} \times P_{ed}P_{cd}$; auf $k_{ce}$ müssen sich $\bar{c}$, $\bar{e}$ schneiden usw.

2*

Abb. 26b zeigt zur Kontrolle außerdem den Geschwindigkeitsplan, ermittelt aus $v_A = \overrightarrow{oa}$ und $v_B = \overrightarrow{ob}$, z. B. $v_C = \overrightarrow{oc}$, $v_{CA} = \overrightarrow{ac}$, $v_{CB} = \overrightarrow{bc}$, wodurch z. B. $\omega_{b\,e} = v_{CA}/\overline{AC}$ gefunden werden kann.

### 11. $\overline{\omega}$-Pläne für die Anwendung getriebestatischer Verfahren. Zapfenreibung in den Gelenken

**a) Vorteile der $\overline{\omega}$-Pläne sind**

a) Kenntnis aller im Getriebe vorkommenden Winkelgeschwindigkeiten,

b) Vereinigung aller $\overline{\omega}_{i\,k}$ in einem einzigen Plan,

c) Sofortiges Erkennen des jeweiligen Drehsinnes,

d) Leichtes Abgreifen des Übersetzungsverhältnisses zwischen An- und Abtrieb,

e) Möglichkeit für Erfassung des Leistungsverlustes in den Gelenkzapfen.

**b) Zapfenreibungsleistungsverlust in einem Gelenk.** Ist $(mn) = Z_{mn}$ die Gelenkkraft (Zapfenkraft) des Gliedes $m$, ausgeübt auf das Glied $n$ im Gelenk $P_{mn}$, ferner $\omega_{mn}$ die relative Winkelgeschwindigkeit zwischen den Gliedern $m, n$ des Gelenks $P_{mn}$ vom Zapfendurchmesser $d_{mn}$, so ist bei der Zapfenreibungsziffer $\mu_z$ das Zapfenreibungsmoment

$$\mathfrak{M}_{mn} = Z_{mn} \frac{d_{mn}}{2} \mu_z \tag{34}$$

der Leistungsverlust durch Zapfenreibung

$$N_{mn} = \mathfrak{M}_{mn} \omega_{mn} = Z_{mn} \frac{d_{mn}}{2} \mu_z \omega_{mn} \tag{35}$$

**c) Zapfenreibungsleistungsverlust in einem Gelenkgetriebe.** Also ist der Leistungsverlust durch Zapfenreibung für die sämtlichen Drehgelenke eines Kurbelgetriebes mit Drehgelenken

$$N_Z = \frac{\mu_z}{2} \sum Z_{mn} d_{mn} \omega_{mn} \tag{36}$$

wobei die $\omega_{mn}$ ohne Rücksicht auf das Vorzeichen (Drehsinn), d. h. sämtliche Summanden mit dem positiven Vorzeichen einzusetzen sind.

*Ersatzkraft* $R_Z$, z. B. angreifend im Kurbelzapfen $A = P_{b\,a}$ der Kurbel $a = \overline{\mathfrak{A}A}$, drehend mit $\omega_{a\,d}$ gegen Gestell $d$, hat bei Wahl der Wirkungslinie senkrecht auf $\mathfrak{A}A$ den Betrag

$$R_Z v_A = N_Z \qquad R_Z a \omega_{ad} = N_Z \tag{37}$$

$$R_Z = \frac{1}{a} \frac{N_z}{\omega_{ad}} = \frac{\mu_z}{2a} \sum Z_{mn} d_{mn} \left( \frac{\omega_{mn}}{\omega_{ad}} \right) \tag{38}$$

Die $(\omega_{mn}/\omega_{a\,d})$ sind dem $\overline{\omega}$-Plan zu entnehmen, und zwar als in „cm" abgreifbare Streckenverhältnisse $\left(\overline{nm}/\overline{da}\right)$. Diese Art der Reibungsberücksichtigung wurde von M. Tolle [60] vorgeschlagen und zur Ermittlung des Unempfindlichkeitsgrades von Fliehkraft-Reglern herangezogen. Die Zapfenkräfte werden dabei einem Kräfteplan entnommen, der „in erster Annäherung" ohne Berücksichtigung der Reibung aufgestellt wird.

**d) Kraftübertragung in einem Viergelenkgetriebe.** Ist im „*Viergelenkgetriebe*" von Abb. 20, angetrieben an Kurbel $a$ durch Antriebsmoment $\mathfrak{M}'_{An}$, (bei verlustloser Kraftübertragung), das Abtriebsmoment $\mathfrak{M}_{Ab}$ an Schwinge $c$ und $\mathfrak{M}_z = a R_Z$ das Ersatz-Reibungsmoment an der Kurbel $a$, so ist wegen

$$\mathfrak{M}_{An} = \mathfrak{M}'_{An} + \mathfrak{M}_z \tag{39}$$

der Wirkungsgrad $\eta$ des Getriebes gegeben durch

$$\eta = \frac{\mathfrak{M}_{Ab}\,\omega_{cd}}{\mathfrak{M}_{An}\,\omega_{ad}} = \frac{\mathfrak{M}_{Ab}\,\omega_{cd}}{(\mathfrak{M}'_{An} + \mathfrak{M}_z)\,\omega_{ad}} \tag{40}$$

$$= \frac{\mathfrak{M}_{Ab}}{\mathfrak{M}'_{An} + \mathfrak{M}_z}\,\frac{1}{i} \tag{40 a}$$

mit dem *Übersetzungsverhältnis*

$$i = \frac{\omega_{An}}{\omega_{Ab}} = \frac{\omega_{ad}}{\omega_{cd}} \tag{41}$$

Ohne Berücksichtigung der Reibung $(\mathfrak{M}_z = o)$ folgt wegen $\eta = 1$

$$\frac{\mathfrak{M}'_{An}}{\mathfrak{M}_{Ab}} = \frac{\omega_{cd}}{\omega_{ad}} \qquad \mathfrak{M}_{Ab} = \mathfrak{M}'_{An}\,\frac{\omega_{ad}}{\omega_{cd}} = \mathfrak{M}'_{An}\,\frac{\overline{da}}{\overline{dc}} \tag{42}$$

wobei $\overline{da}/\overline{dc}$ dem $\overline{\omega}$-Plan zu entnehmen ist.

Für diesen Sonderfall kann nach Nr. 8 auch

$$\mathfrak{M}_{Ab} = \mathfrak{M}'_{An}\,\frac{\overline{P_{ac}P_{cd}}}{\overline{P_{ac}P_{ad}}} \tag{43}$$

gesetzt, also das Abtriebsmoment (verlustlos!) der Polkonfiguration des Getriebe-
planes entnommen werden.

Für das reduzierte Zapfenreibungsmoment $\mathfrak{M}_z$ folgt beim Viergelenkgetriebe
nach Gl. (38) z. B. bei Annahme gleich großer Zapfendurchmesser $d$

$$R_Z a = \mathfrak{M}_z = \left(Z_{ad}\,\frac{\omega_{ad}}{\omega_{ad}} + Z_{ba}\,\frac{\omega_{ba}}{\omega_{ad}} + Z_{cb}\,\frac{\omega_{cb}}{\omega_{ad}} + Z_{cd}\,\frac{\omega_{cd}}{\omega_{ad}}\right)\frac{d\,\mu_z}{2} \tag{44}$$

$$\mathfrak{M}_z = \left(Z_{ad} + Z_{ba}\,\frac{\overline{ab}}{\overline{da}} + Z_{cb}\,\frac{\overline{bc}}{\overline{da}} + Z_{cd}\,\frac{\overline{dc}}{\overline{da}}\right)\frac{d\,\mu_z}{2} \tag{44 a}$$

wobei die Beiwerte $\overline{ab}/\overline{da}$ usw. dem $\overline{\omega}$-Plan zu entnehmen sind.

Setzt man

$$\overline{P_{bd}P_{ba}} = a_1 \qquad \overline{P_{bd}P_{ad}} = a_2 \qquad \overline{P_{ac}P_{ad}} = d_1 \qquad \overline{P_{ac}P_{cd}} = d_2$$

$$\overline{P_{bd}P_{cb}} = c_1 \qquad \overline{P_{bd}P_{cd}} = c_2 \qquad \overline{P_{ac}P_{ba}} = b_1 \qquad \overline{P_{ac}P_{cb}} = b_2$$

die als Strecken im Getriebeplan abzugreifen sind, so folgt nach Nr. 8

$$\frac{\omega_{ba}}{\omega_{ad}} = \frac{a_2}{a_1} \qquad \frac{\omega_{cb}}{\omega_{ad}} = \frac{\omega_{cb}}{\omega_{cd}}\,\frac{\omega_{cd}}{\omega_{ad}} = \frac{c_2}{c_1}\,\frac{d_1}{d_2} \qquad \frac{\omega_{cd}}{\omega_{ad}} = \frac{d_1}{d_2}$$

und aus Gl. (44a)

$$\mathfrak{M}_z = \left(Z_{ad} + Z_{ba}\,\frac{a_2}{a_1} + Z_{cb}\,\frac{c_2}{c_1}\,\frac{d_1}{d_2} + Z_{cd}\,\frac{d_1}{d_2}\right)\frac{d\,\mu_z}{2} \tag{44 b}$$

oder auch

$$\mathfrak{M}_z = \left(Z_{ad} + Z_{ba}\,\frac{a_2}{a_1} + Z_{cb}\,\frac{b_1}{b_2}\,\frac{a_2}{a_1} + Z_{cd}\,\frac{d_1}{d_2}\right)\frac{d\,\mu_z}{2} \tag{44 c}$$

Also nach Gl. (40) der Wirkungsgrad

$$\eta = \frac{\mathfrak{M}_{Ab}}{\mathfrak{M}_{Ab} + \mathfrak{M}_z\,i} \tag{45}$$

## 12. Stirnrad-Planetengetriebe

Das in Abb. 27 dargestellte Stirnrad-Planetengetriebe besteht aus den beiden im Gestell $g$ drehbar gelagerten Sonnen- oder Zentralrädern $a$ und $d$ und dem ebenfalls im Gestell drehbar angeordneten Steg $s$. In diesem ist bei $A$ das Planetenräderpaar $b$, $c$ auf gemeinsamer Achse drehbar gelagert, wobei $b$ mit $a$ und $c$ mit $d$ im Eingriff steht. Das Getriebe hat

$g_1 = $ *vier Drehgelenke* $(P_{ag}, P_{dg}, P_{sg}, P_{bs} = P_{cs} = A)$,

$g_2 = $ *zwei Wälzzwiegelenke* (Zahneingriffsstellen $P_{ba} = B$, $P_{cd} = C$, jede vom Freiheitsgrad 2),

also $g = g_1 + g_2 = 6$ Gelenke mit $\sum f_i = 4.1 + 2.2 = 8$.

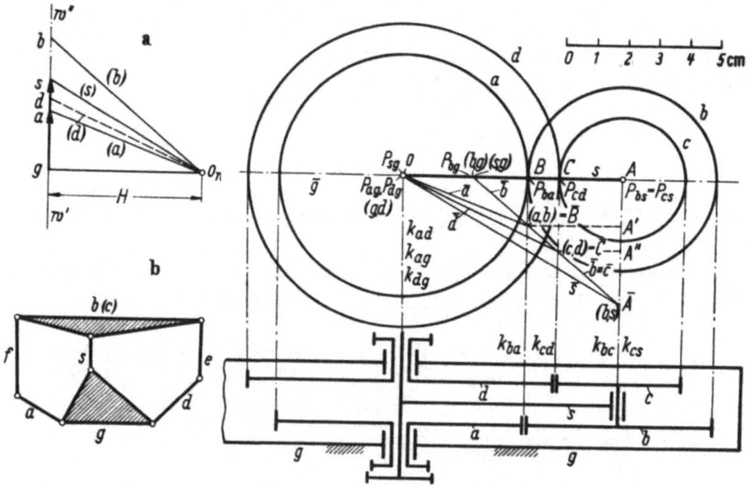


Abb. 27a u. b. Stirnrad-Planetengetriebe mit Doppelantrieb am Zentralrad $a$ und am Steg $s$. Abtrieb am Zentralrad $d$.   a) Winkelgeschwindigkeitsplan, b) Kettenbild.

Es besitzt $n = 5$ Glieder $(a, b \equiv c, d, s, g)$ und hat gemäß

$$F = 3(n - g - 1) + \sum f_i \qquad (46)$$

den Freiheitsgrad $F = 2$.

Werden die *Wälzzwiegelenke* (Bezeichnung nach R. FRANKE) durch „*Zweigelenkketten*" $a$, $f$, $b$ bzw. $d$, $e$, $c$ ersetzt, so entsteht die „*Kettenform*" von Abb. 27 b, die nur noch Drehgelenke enthält und mit $n' = 7$ Gliedern und $g' = 8$ Gelenken ebenfalls $F = 3(7{-}8{-}1) + 8 = 2$ ergibt.

Das Getriebe ist wegen $F = 2$ an zwei Gliedern anzutreiben, beispielsweise durch $\bar{\omega}_{ag} = \overrightarrow{ga}$ und $\bar{\omega}_{sg} = \overrightarrow{gs}$ ($\bar\omega$-Plan Abb. 27 a mit $o_w g \parallel \overline{OA} = s$).

Mittels der Achsen $k_{mn} \perp OA$ ist der $\bar\omega$-Plan wie folgt aufstellbar: Ziehe $\bar a \parallel (a)$, $\bar s \parallel (s)$ durch $O$ von Abb. 27, die $k_{ba}$ in $(a, b)$ bzw. $k_{bs} = k_{cs}$ in $(b, s)$ schneiden. Gerade durch $(a, b)$ und $(b, s)$ ist Seilstrahl $\bar b$ und schneidet $\bar g$ in $(b, g) = (c, g) = P_{bg} = P_{cg}$; $\bar c$ – mit $\bar b$ identisch – schneidet $k_{cd}$ in $(c, d)$ und liefert die Gerade durch $(g, d)$ und $(c, d)$ als Seilstrahl $\bar d$.

Die durch $o_w$ zu $\bar b$, $\bar d$ gezeichneten parallelen Polstrahlen $(b)$, $(d)$ bestimmen $\bar\omega_{bg} = \overrightarrow{gb}$ und $\bar\omega_{dg} = \overrightarrow{gd}$ im $\bar\omega$-Plan von Abb. 27 a.

Wegen $v_B = a\,\omega_{ag}$ mit $B$ als Punkt von $a$, $\bar{B} = (a, b)$ und $\bar{a} \parallel (a)$ folgt aus den Dreiecken $o_w g a$ und $O B \bar{B}$

$$\frac{\overline{g a}}{H} = \frac{\overline{B \bar{B}}}{a} \qquad a\,\overline{g a}\,\frac{1}{H} = \overline{B \bar{B}}$$

oder

$$\overline{B \bar{B}} = \frac{1}{H}\,(a\,\omega_{ag}) = \frac{1}{H}\,v_B$$

d. h. die Strecke $B\bar{B}$ kann – unter Berücksichtigung der Maßstäbe als Geschwindigkeit des Punktes $B$ gedeutet werden.

Werden die Teilkreishalbmesser der Glieder $a$, $d$, $b$, $c$ mit den gleichen Buchstaben bezeichnet, außerdem

$$\overline{O A} = s = a + b = c + d \tag{47}$$

gesetzt, so ist also

$$v_B = a\,\omega_{ag}$$

Analog

$$v_A = \overline{A \bar{A}} = s\,\omega_{sg} \qquad v_C = \overline{C \bar{C}} = d\,\omega_{dg}$$

Die ähnlichen Dreiecke $\bar{B} A' \bar{A}$ und $\bar{C} A'' \bar{A}$ liefern

$$\frac{(a + b)\,\omega_s - a\,\omega_a}{b} = \frac{(a + b)\,\omega_s - d\,\omega_d}{c} \tag{48}$$

wobei der Einfachheit halber der Index $g$ weggelassen wurde. Unter Beachtung von Gl. (47) folgt aus Gl. (48)

$$\omega_d = \frac{a\,c}{b\,d}\,\omega_a + \left(1 - \frac{a\,c}{b\,d}\right)\omega_s \tag{49}$$

Für die Winkelgeschwindigkeit $\omega_{bg} = \omega_{cg}$ des Planetenräderpaares gegenüber dem Gestell $g$ ergibt sich

$$\omega_{bg} = \frac{v_A}{A P_{bg}} = \frac{A \bar{A}}{A P_{bg}} = \frac{A' \bar{A}}{A' \bar{B}} = \frac{(a + b)\,\omega_{sg} - a\,\omega_{ag}}{b}$$

$$\omega_{bg} = -\frac{a}{b}\,\omega_{ag} + \left(1 + \frac{a}{b}\right)\omega_{sg} \tag{50}$$

Die Gl. (49) und (50) gelten ganz allgemein in der Form

$$\bar{\omega}_{dg} = \frac{a\,c}{b\,d}\,\bar{\omega}_{ag} + \left(1 - \frac{a\,c}{b\,d}\right)\bar{\omega}_{sg} \tag{49 a}$$

$$\bar{\omega}_{bg} = -\frac{a}{b}\,\bar{\omega}_{ag} + \left(1 + \frac{a}{b}\right)\bar{\omega}_{sg} \tag{50 a}$$

Der Querstrich über den $\bar{\omega}_{mn}$ bedeutet, daß den betreffenden Winkelgeschwindigkeiten ein bestimmter Drehsinn zugeordnet ist, gekennzeichnet durch das Pluszeichen bei Drehung im Uhrzeigersinn; für Drehungen im Gegensinn des Uhrzeigers erhalten die Zahlenwerte der $\bar{\omega}_{mn}$ das negative Vorzeichen.

Bei gleichförmig übersetzenden Getrieben (Rädergetrieben) gelten die Gl. (49 a), (50 a) auch für die Drehzahlen

$$\bar{n}_{mn} = \frac{30}{\pi}\,\bar{\omega}_{mn} \tag{51}$$

desgl. für die den Drehzahlen bzw. Winkelgeschwindigkeiten proportionalen Drehwinkel $\bar{\varphi}_{mn}$.

*Ergebnis*

$$\bar{n}_{dg} = \frac{ac}{bd}\,\bar{n}_{ag} + \left(1 - \frac{ac}{bd}\right)\bar{n}_{sg} \tag{49 b}$$

$$\bar{n}_{bg} = -\frac{a}{b}\,\bar{n}_{ag} + \left(1 + \frac{a}{b}\right)\bar{n}_{sg} \tag{50 b}$$

und

$$\bar{\varphi}_{dg} = \frac{ac}{bd}\,\bar{\varphi}_{ag} + \left(1 - \frac{ac}{bd}\right)\bar{\varphi}_{sg} \tag{49 c}$$

$$\bar{\varphi}_{bg} = -\frac{a}{b}\,\bar{\varphi}_{ag} + \left(1 + \frac{a}{b}\right)\bar{\varphi}_{sg} \tag{50 c}$$

## 13. Methode der unbestimmten Koeffizienten

Besonders rasch und sicher führt die vom Verfasser entwickelte „Methode der unbestimmten Koeffizienten" zur Aufstellung der Übersetzungsverhältnisse bei Stirnrad-Planetengetrieben [22c]. Ein kleiner Kunstgriff gestattet des weiteren, auch diejenigen Fälle, in denen Außenverzahnung gegen Innenverzahnung ausgetauscht wird, auf bequeme Weise zu behandeln.

Dies gelingt durch Einbeziehung des Drehsinnes, indem man bei Standrädergetrieben im Fall der

*Außenverzahnung* (Abb. 28 a) $a\,n_a = -\,b\,n_b$; oder $a\,\omega_a = -\,b\,\omega_b$      (52 a, b)

*Innenverzahnung* (Abb. 20 b) $a\,n_a = b\,n_b$; oder $a\,\omega_a = b\,\omega_b$      (53 a, b)

ansetzt, worin $a$ und $b$ – wie bisher – sowohl die betreffenden Glieder kennzeichnen, als auch gleichzeitig die Teilkreishalbmesser bedeuten und die Drehzahlen $n_a = n_{ag}$, $n_b = n_{bg}$ auf das Glied $g$ bezogen sind.

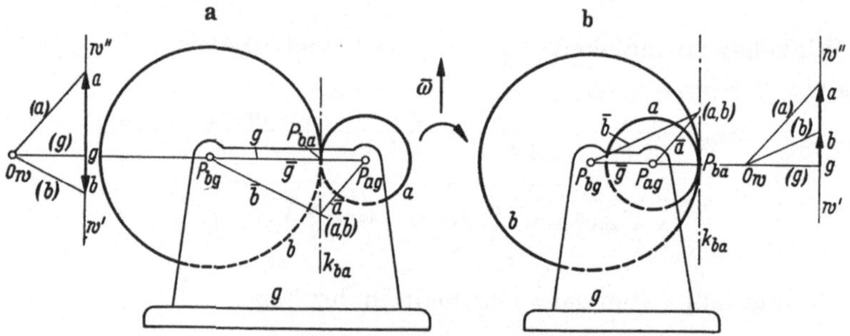

Abb. 28a u. b. Winkelgeschwindigkeitspläne für Standrädergetriebe.
a) Außenverzahnung, b) bei Innenverzahnung.

Gegeben: $\bar{\omega}_{ag} = \overrightarrow{g\,a}$, gesucht: $\bar{\omega}_{bg} = \overrightarrow{g\,b}$

Das negative Vorzeichen des Ansatzes der Gl. (52 a, b) bringt zum Ausdruck, daß die Drehzahl des Rades $b$ gegenüber der des Rades $a$ entgegengesetzten Drehsinn besitzt, da bei gegebenem Wert $n_a$ die Drehzahl $n_b$ das negative bzw. das zu $n_a$ entgegengesetzte Vorzeichen erhält. Bei Innenverzahnung laufen dagegen die beiden Räder in der gleichen Drehrichtung. In den Gl. (52) und (53) und im folgenden sei der Einfachheit halber der Gestellindex $g$ weggelassen; alle $n_i$ sind also (wie oben) auf das Gestell $g$ bezogen. Da das Getriebe von Abb. 27 den Freiheitsgrad $F = 2$ besitzt, kann man ansetzen

$$n_{dg} = A\,n_{ag} + B\,n_{sg} \tag{54 a}$$

oder kürzer

$$n_d = A\,n_a + B\,n_s \tag{54}$$

wobei die Beiwerte (Koeffizienten) $A$ und $B$ der gegebenen Drehzahlen $n_a$ und $n_s$ zunächst unbekannt sind und so bestimmt werden müssen, daß die Formel für alle möglichen Bewegungszustände des Getriebes Allgemeingültigkeit besitzt. Zu diesem Zweck macht man zwei Annahmen, deren Auswirkung auf die Bewegungsverhältnisse leicht zu ermitteln ist.

*Annahme 1.* Man sperrt (im Getriebe von Abb. 27) die gegenseitige Beweglichkeit derjenigen Glieder, deren Drehzahlen gegeben sind, im vorliegenden Fall also die Glieder $a$ und $s$, kurz ausgedrückt: Man kuppelt $a$ mit $s$, d.h. man setzt $n_s = n_a$. Dadurch wird jede gegenseitige Relativbewegung der Räder gegenüber dem Steg verhindert. Das Zentralrad $d$ hat dann die gleiche Drehzahl wie das Rad $a$. Gleiches gilt für das Planetenrad $b$ bzw. für das mit ihm fest verbundene Planetenrad $c$. Irgendein als Marke geltender Vektor, gezeichnet in $b$ von der Planetenrad-Wellenmitte nach einem Umfangspunkt des Teilkreises $b$, ändert bei einer Umdrehung von $a$ ebenfalls seine Richtung um 360°, führt also auch nur eine Umdrehung aus; d.h. $n_b = n_c = n_a$.

Mit $n_s = n_a$ und $n_d = n_a$ folgt aus Gl. (54)

$$n_a = A\,n_a + B\,n_a$$

oder

$$1 = A + B \tag{55}$$

*Annahme 2.* Man kuppelt den Steg $s$ mit dem Gestell $g$, macht also $n_s = n_{sg} = 0$. Es liegen dann dieselben Bewegungsverhältnisse wie bei einem *Standräderwerk* vor, auf das die Formeln (52) bzw. (53) anzuwenden sind.

Man erhält so die Gleichungen

$$a\,n_a = -\,b\,n_b \tag{56}$$

$$c\,n_c = -\,d\,n_d \tag{57}$$

wobei $n_c = n_b$, also

$$n_d = \frac{a\,c}{b\,d}\,n_a \tag{58}$$

Setzt man außer $n_s = 0$ für $n_d$ den Wert aus Gl. (58) in Gl. (54) ein, so folgt

$$\frac{a\,c}{b\,d}\,n_a = A\,n_a + B\cdot 0 \qquad \frac{a\,c}{b\,d}\,n_a = A\,n_a$$

oder

$$A = \frac{a\,c}{b\,d} \tag{59}$$

und bei Beachtung von Gl. (55) für $B$ den Wert

$$B = 1 - \frac{a\,c}{b\,d} \tag{60}$$

Damit sind die Beiwerte $A$ und $B$, abhängig von den Getriebeabmessungen, gefunden und auch

$$n_d = \frac{a\,c}{b\,d}\,n_a + \left(1 - \frac{a\,c}{b\,d}\right) n_s \tag{61}$$

die mit Gl. (49b) übereinstimmt.

In entsprechender Weise kann auch die Drehzahl $n_b = n_{bg}$ des Planetenrades $b$ gegenüber dem Gestell $g$ ermittelt werden.

Man setzt hierzu

$$n_b = C\,n_a + D\,n_s \tag{62}$$

*Annahme 1.* $n_s = n_a$, folglich auch (wie oben erläutert) $n_b = n_a$, also nach Gl. (62).

$$n_a = C\,n_a + D\,n_a \quad \text{oder} \quad 1 = C + D \tag{63}$$

*Annahme 2.* $\qquad\qquad\qquad n_s = 0$

Für das so erhaltene Standrädergetriebe folgt wie in Gl. (56)

$$a\,n_a = -\,b\,n_b \quad \text{oder} \quad n_b = -\,\frac{a}{b}\,n_a$$

Gl. (62) geht über in

$$-\,\frac{a}{b}\,n_a = C\,n_a + D \cdot 0$$

oder

$$C = -\,\frac{a}{b} \quad \text{und wegen Gl. (63)} \quad D = 1 + \frac{a}{b}$$

*Ergebnis*

$$n_b = -\,\frac{a}{b}\,n_a + \left(1 + \frac{a}{b}\right) n_s \tag{64}$$

Für die mit Drehsinn eingesetzten Drehzahlen (positiv im Uhrzeigersinn, negativ bei Drehung im Gegensinn des Uhrzeigers) oder die sog. *„Drehzahlvektoren"*, gekennzeichnet durch $\bar{n}$, gilt wiederum die Gleichung

$$\bar{n}_{ik} = \bar{n}_{il} + \bar{n}_{lk} \tag{65}$$

beispielsweise

$$\bar{n}_{bs} = \bar{n}_{bg} + \bar{n}_{gs} = \bar{n}_{bg} + (-\,\bar{n}_{sg}) = \bar{n}_{bg} - \bar{n}_{sg} = \bar{n}_b - \bar{n}_s \tag{66}$$

$$\bar{n}_{as} = \bar{n}_{ag} + \bar{n}_{gs} = \bar{n}_{ag} + (-\,\bar{n}_{sg}) = \bar{n}_{ag} - \bar{n}_{sg} = \bar{n}_a - \bar{n}_s \tag{67}$$

oder nach Gl. (66) mit Benutzung von Gl. (64)

$$n_{bs} = -\,\frac{a}{b}\,n_a + \left(1 + \frac{a}{b}\right) n_s - n_s = \frac{a}{b}\,(n_s - n_a) \tag{68}$$

und gemäß Gl. (67)

$$n_{bs} = \frac{a}{b}\,(-\,n_{as}) \qquad n_{bs} = -\,\frac{a}{b}\,n_{as} \tag{69}$$

Ferner:

$$\bar{n}_{ds} = \bar{n}_{dg} + \bar{n}_{gs} = \bar{n}_{dg} + (-\,\bar{n}_{sg}) = \bar{n}_{dg} - \bar{n}_{sg} = \bar{n}_d - \bar{n}_s \tag{70}$$

und nach Gl. (49) bzw. (61)

$$\bar{n}_{ds} = \frac{a\,c}{b\,d}\,\bar{n}_a + \left(1 - \frac{a\,c}{b\,d}\right)\bar{n}_s - \bar{n}_s = \frac{a\,c}{b\,d}\,(\bar{n}_a - \bar{n}_s)$$

$$\boxed{\bar{n}_{ds} = \frac{a\,c}{b\,d}\,\bar{n}_{as}} \tag{71}$$

Von $s$ aus beurteilt, d.h. das Rädergetriebe der im Steg $s$ drehbar gelagerten Räder $a$, $b$, $c$, $d$ als *„Standrädergetriebe"* mit $s$ als Standglied gedeutet, wäre bei Antrieb am Rad $d$ das *Übersetzungsverhältnis* $i_{st} = n_{ds}/n_{as}$ nach Gl. (58)

$$i_{d/a} = i_{st} = \frac{a\,c}{b\,d} \tag{72}$$

d. h. die *„innere"* Übersetzung bei zwei laufenden Wellen (mit der Bezeichnung nach A. WOLF [19]).

*Sonderfälle* (Abb. 27)

$$n_a = O: \quad i_{d/s} = (1 - i_{st})  \tag{73a}$$

$$i_{s/d} = \frac{1}{1 - i_{st}}  \tag{73b}$$

$$n_d = O: \quad i_{a/s} = 1 - \frac{1}{i_{st}}  \tag{73c}$$

$$i_{s/a} = \frac{1}{1 - \frac{1}{i_{st}}}  \tag{73d}$$

$$n_s = O: \quad i_{d/a} = i_{st}  \tag{73e}$$

$$i_{a/d} = \frac{1}{i_{st}}  \tag{73f}$$

Setzt man

$$z_1 = 0 \qquad z_2 = a + b = c + d \qquad z_3 = a \qquad z_4 = d  \tag{74}$$

so liefert das Doppelverhältnis der Zahlen $z_1$, $z_2$, $z_3$, $z_4$, definiert durch

$$(z_1 z_2 z_3 z_4) = \frac{z_4 - z_2}{z_4 - z_1} : \frac{z_2 - z_0}{z_3 - z_1} = \frac{a\,c}{b\,d} = i_{st}  \tag{75}$$

*Zahlenbeispiel zum Planetengetriebe von Abb. 27.* Teilkreishalbmesser: $a = 40$ mm, $b = 30$ mm, $c = 20$ mm, $d = 50$ mm. Gegeben: $n_a = n_{ag} = + 120$ U/min, $n_s = n_{sg} = - 90$ U/min (Gegensinn des Uhrzeigers).

$$n_d = n_{dg} - \frac{8}{15}(+120) + \left(1 - \frac{8}{15}\right)(-90) = +22\ \text{U/min}$$

$$n_{bg} = n_b = -\frac{40}{30}(+120) + \left(1 + \frac{40}{30}\right)(-90) = -370\ \text{U/min}$$

$$n_{ds} = \frac{40}{30} \cdot \frac{20}{50}[+120 - (-90)] = +112\ \text{U/min}$$

$$n_{bs} = \frac{40}{30}(-90 - 120) = -280\ \text{U/min}$$

$$n_{as} = +120 - (-90) = 210\ \text{U/min}$$

$$n_{bs}/n_{as} = -4/3 = -a/b$$

Wie das Zahlenbeispiel erkennen läßt, sind die Drehzahlen mit den entsprechenden Vorzeichen einzusetzen (+ bei Uhrzeigersinn, negativ bei Drehung im Gegensinn des Uhrzeigers). Die Ergebnisse lassen dann durch das betreffende Vorzeichen den Drehsinn des betreffenden Getriebegliedes erkennen.

Die abgeleiteten Formeln können auch dazu dienen, die Lage irgendeines Punktes $F$ des Planetenrades $b$ zu bestimmen, wenn das Getriebe aus einer Anfangslage (z. B. aus der von Abb. 27) in eine neue Lage übergeführt wird, bei-

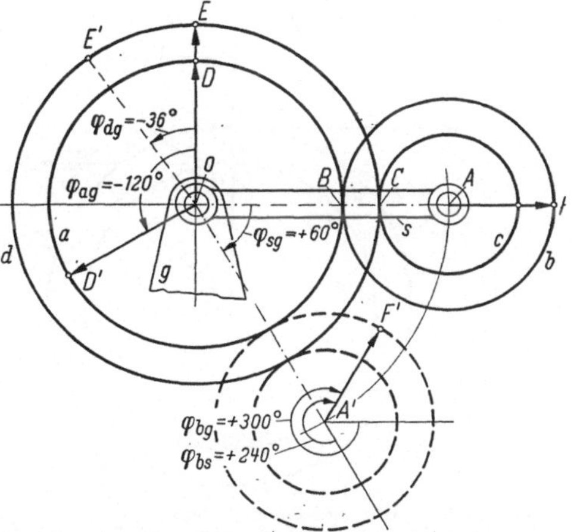


Abb. 29. Stirnrad-Planetengetriebe nach Abb. 27. Überführung des Planetenräderpaares in eine neue Getriebestellung. Lagenänderung von $F$ nach $F'$.

spielsweise durch Drehung des Rades $a$ um $\bar\varphi_{ag} = -120°$ und des Steges $s$ um $\bar\varphi_{sg} = +60°$. In den sämtlichen Formeln sind dann die $\bar n_{ik}$ durch die $\bar\varphi_{ik}$ zu ersetzen, und man erhält $\bar\varphi_{bg} = +300°$ oder $\bar\varphi_{bs} = +240°$. Mit diesen Werten ist die neue Lage $F'$ von $F$ festgelegt, wie Abb. 29 zeigt.

*Hinweise.* Übergang zu Planetengetrieben mit einer Außen- und einer Innenverzahnung, z. B. Außenverzahnung zwischen $a$ und $b$ und Innenverzahnung zwischen $c$ und $d$, geschieht durch Vorzeichenwechsel in den Quotienten $a/b$ und $ac/bd$. Man erkennt dies aus den Gl. (56) und (57), wobei das Vorzeichen in (56) erhalten bleibt, dagegen in Gl. (57) wegen der Innenverzahnung zwischen $c$ und $d$ das negative Vorzeichen in das positive Vorzeichen umzuwandeln ist.

Für das Planetengetriebe von Abb. 30 folgt also, wenn $c/d$ durch $(-\,c/d)$ ersetzt wird,

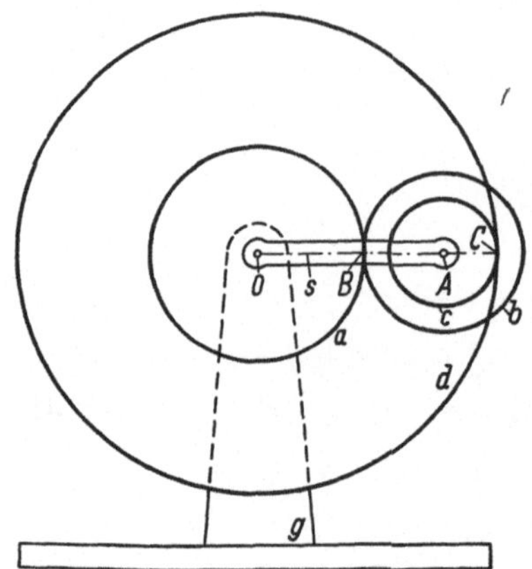

Abb. 30.  Stirnrad-Planetengetriebe mit Außen- und Innenverzahnung.

$$n_d = -\frac{ac}{bd}\,n_a + \left(1 + \frac{ac}{bd}\right)n_s \qquad (76)$$

$$n_{bg} = -\frac{a}{b}\,n_a + \left(1 + \frac{a}{b}\right)n_s \qquad (77)$$

Gl. (77) stimmt mit Gl. (50b) überein, da sich an der Art des Eingriffs zwischen $a$ und $b$ nichts geändert hat.

## 14. Wirkungsgrad von Stirnrad-Planetengetrieben

Nachstehend soll der Wirkungsgrad eines Stirnrad-Planetengetriebes nach Art des Getriebes von Abb. 27 untersucht werden, wenn in diesem das Zentralrad $a$ mit dem Gestell $g$ fest verbunden wird. Nach Abb. 31 soll der Steg $s = \overline{OA}$, durch

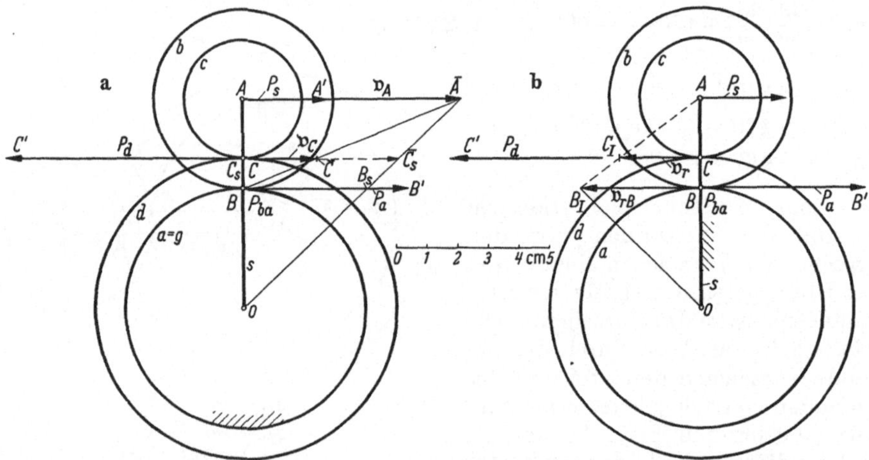

Abb. 31a u. b.  Stirnrad-Planetengetriebe nach Abb. 27 mit Sonnenrad $a$ als Gestell und Antrieb am Steg $s$, Abtrieb am Sonnenrad $d$, b) dem Stirnrad-Planetengetriebe von a) zugeordnetes Standrädergetriebe als Grundlage der Wirkungsgradberechnung.

die Kraft $P_s$ angetrieben, mit der Drehzahl $n_s = n_{sa}$ und der Antriebsleistung $N_{an}$ umlaufen. Die am Abtriebs-Zentralrad $d$ wirkende Kraft (Widerstandskraft) sei $P_d$. Es ist der Wirkungsgrad $\eta$ dieses Planetengetriebes für die vorliegenden Antriebsverhältnisse mit der Einschränkung zu ermitteln, daß nur die Leistungsverluste durch Reibung an den Zahneingriffsstellen berücksichtigt werden sollen. Auch sei der Wirkungsgrad $\eta_{st}$ desjenigen Standrädergetriebes als bekannt vorausgesetzt, das aus Abb. 31 entsteht, wenn der Steg $s$ zum Gestell (Standglied) gemacht wird und der Antrieb am Sonnenrad $d$ geschieht. Angaben bezüglich

$$\eta_{st} = 1 - V \tag{78}$$

z. B. in ([61], S. 279), wobei $V$ den sog. Verlustwert bedeutet.

**a) Zahlenangaben.** *Teilkreishalbmesser:* $a = 200$ mm, $b = 150$ mm, $c = 100$ mm, $d = 250$ mm, $n_{sa} = +382$ U/min; $N_{an} = 10$ PS (am Steg $s$), $\eta_{st} = 0{,}9$.

*Maßstäbe.* Zeichenmaßstab: $M_z = 20$ cm/m. Kräftemaßstab: $M_k = 0{,}05$ cm/kg. Geschwindigkeitsmaßstab: $M_v = 0{,}5$ cm/msek$^{-1}$.

**b) Übersetzungsverhältnisse.** Nach Gl. (49) mit $n_{ag} = n_a = 0$ folgt für das Planetengetriebe

$$\omega_d = \left(1 - \frac{ac}{bd}\right)\omega_s \tag{79}$$

und

$$i = \frac{\omega_s}{\omega_d} = \frac{1}{1 - \dfrac{ac}{bd}} \tag{79 a}$$

**c) Wichtiger Hinweis.** Antrieb dadurch gekennzeichnet, daß Kraftvektor und Geschwindigkeitsvektor gleichen Richtungssinn besitzen (Beispiel $\mathfrak{P}_s = AA'$ und $v_A = A\bar{A}$). Im Abtrieb haben Abtriebskraft $\mathfrak{P}_d$ und Abtriebsgeschwindigkeit $v_C = C\bar{C}$ entgegengesetzten Richtungssinn.

*Geschwindigkeitsverhältnisse* werden in bekannter Weise nach Abb. 31 ermittelt.

**d) Wirkungsgrad $\eta$ des Planetengetriebes**

$$\eta = \frac{N_{ab}}{N_{an}} \tag{80}$$

*Leistungsverlust $N_v$ durch Zahnreibung*

$$N_v = N_{an} - N_{ab} = \frac{N_{ab}}{\eta} - N_{ab} = N_{ab}\left(\frac{1}{\eta} - 1\right) \tag{81}$$

und mit

$$N_{ab} = P_d\, d\, \omega_d \qquad N_v = P_d\, d\, \omega_d\left(\frac{1}{\eta} - 1\right) \tag{81 a}$$

**e) Zugeordnetes Standrädergetriebe.** Leistungsverlust durch Zahnreibung, ermittelt nach Abb. 31 b aus dem Standrädergetriebe, das dem Planetengetriebe von Abb. 31 a zugeordnet werden kann und dieselben Relativbewegungen zwischen den einzelnen Gliedern (und auch Zahnflanken) besitzt.

Für einen auf dem Steg $s$ befindlichen und von diesem mitgeführten Beobachter $E$ arbeitet das Getriebe als Standrädergetriebe, da für $E$ bezüglich dessen Bezugssystems die Achsen des Getriebes ortsfest gelagert erscheinen. Die dazugehörigen Geschwindigkeitsverhältnisse sind aus Abb. 31 a ermittelt und in Abb. 31 b dargestellt.

$C_s$ von $s$ besitzt gegenüber dem Gestell $g = a$ die Geschwindigkeit $v_{C_s} = C_s\bar{C}_s$ vom Betrag $v_{C_s} = d\omega_{sg} = d\omega_s$, während unter ihm Punkt $C$ von Rad $d$ mit der kleineren Umfangsgeschwindigkeit $v_C = C\bar{C}$ vom Betrag $v_C = d\omega_d$ mit gleicher Bewegungsrichtung vorbeigeführt wird.

Von $s$ aus beurteilt, bewegt sich $C$ von $d$ wegen $v_C = v_{C_s} + (v_C - v_{C_s})$ für den Beobachter $E$ rückläufig gegen $s$ mit der relativen Geschwindigkeit

$$v_r = - (v_{C_s} - v_C) = v_C - v_{C_s}$$

vom Betrag

$$v_r = d\,\omega_s - d\,\omega_d = d\,(\omega_s - \omega_d) \tag{82}$$

und dem Richtungssinn von $v_r = \overrightarrow{CC_\mathrm{I}}$ (Abb. 31 b).

Für $E$ auf $s$ erscheint die frühere Abtriebskraft $\mathfrak{P}_d = \overrightarrow{CC'}$ jetzt als „Antriebskraft", da $\overrightarrow{CC'}$ und $v_r = \overrightarrow{CC_\mathrm{I}}$ gleichen Richtungssinn besitzen. Die bisherige Stützkraft $\mathfrak{P}_a = (ab)$, wirkend in Abb. 31 a von $a$ auf $b$, erscheint – von $s$ aus beurteilt – dagegen als Abtriebskraft, da $v_{r_B}$ des Punktes $B$ von $a$ gegenüber $s$ im Gegensinn des Uhrzeigers dreht, also $v_{r_B} = \overrightarrow{BB_\mathrm{I}}$ und $\mathfrak{P}_a = \overrightarrow{BB'}$ entgegengesetzten Richtungssinn besitzen.

Werden für diese Beurteilung des Leistungsverlustes $\bar{N}_v$ durch Zahnreibung die am Standrädergetriebe auftretenden An- und Abtriebsleistungen mit $\bar{N}_{an}$ bzw. $\bar{N}_{ab}$ bezeichnet, so gilt analog (Gl. 80)

$$\eta_{st} = \frac{\bar{N}_{ab}}{\bar{N}_{an}} \tag{83}$$

Der Leistungsverlust $\bar{N}_v$ vom Betrag

$$\bar{N}_v = \bar{N}_{an} - \bar{N}_{ab} \tag{84}$$

ist dabei in einer solchen Weise anzusetzen, daß in ihm dieselbe Kraft auftritt, mit deren Hilfe $N_v$ in Absatz $d$ berechnet wurde; d. h. $\bar{N}_v$ ist durch $\mathfrak{P}_d$ vom Betrag $P_d$ auf die „Antriebsverhältnisse" zurückzuführen. Also:

$$\bar{N}_v = \bar{N}_{an} - \eta_{st}\bar{N}_{an} = \bar{N}_{an}(1 - \eta_{st}) \tag{85}$$

Bei Beachtung von Gl. (82) folgt

$$\bar{N}_{an} = P_d\,v_r$$

$$\bar{N}_{an} = P_d\,d\,(\omega_s - \omega_d)$$

$$\bar{N}_v = P_d\,d\,(\omega_s - \omega_d)\,(1 - \eta_{st}) \tag{85 a}$$

**f) Wirkungsgrad des Planetengetriebes.** Der Leistungsverlust durch Zahnreibung ist selbstverständlich unabhängig davon, von welchem Bezugssystem (ob „ruhend" oder „bewegt") er beurteilt wird; wegen

$$\bar{N}_v = N_v \tag{86}$$

folgt deshalb nach Gl. (81 a) und (85 a)

$$P_d\,d\,\omega_d\left(\frac{1}{\eta} - 1\right) = P_d\,d\,(\omega_s - \omega_d)\,(1 - \eta_{st}) \tag{87}$$

und hieraus

$$\frac{1}{\eta} = 1 + \left(\frac{\omega_s}{\omega_d} - 1\right)(1 - \eta_{st}) \tag{88}$$

oder gemäß Gl. (79 a)

$$\eta = 1/[1 + (i - 1)(1 - \eta_{st})] \tag{89}$$

Einführung von $i_{st} = ac/bd$ nach Gl. (72) mit $i$ nach Gl. (79 a) ergibt dann die einfache Darstellung

$$\eta = \frac{1 - i_{st}}{1 - i_{st}\,\eta_{st}} \tag{89 a}$$

**g) Tangentiale Abtriebskraft.** Nach Gl. (80) folgt bei Berücksichtigung der tangentialen Abtriebskraft am Rad $d$, hier mit $P_d$ bezeichnet,

$$\overline{P}_d\, d\, \omega_d = \eta\, P_s\, s\, \omega_s$$

$$\overline{P}_d = \eta\, \frac{s}{d}\, \frac{\omega_s}{\omega_d}\, P_s$$

und nach Umformung gemäß Gl. (79)

$$\overline{P}_d = \frac{P_s b}{b - c}\, \eta \tag{90}$$

*Kontrolle* (verlustlos mit $\eta = 1$):

$$\overline{P}_{d_0} = P_d = \frac{P_s b}{b - c} \tag{91}$$

*Zahlenbeispiel*

$$i_{st} = \frac{a\,c}{b\,d} = \frac{200 \cdot 100}{150 \cdot 250} = \frac{8}{15} \qquad \eta = \frac{35}{39} = \underline{0{,}897}$$

$$\overline{\omega}_s = \pi\, 382/30 = 40\,\text{sek}^{-1}$$

$$\frac{P_s s \omega_s}{75} = N_{an} \qquad P_s = 750/(0{,}35 \cdot 40) = 53\frac{4}{7} = \underline{53{,}57\,\text{kg}}$$

$$\overline{P}_d = 144{,}23\,\text{kg} \qquad \overline{P}_{d_0} = P_d = 160{,}71\,\text{kg}$$

*Hinweise.* Wendet man das in Nr. 14 bereitgestellte Verfahren auf das Getriebe von Abb. 31a an, jedoch mit der Abwandlung, daß dieses Getriebe jetzt am Zentralrad $d$ angetrieben werde mit $s$ als Abtriebsglied, so ergibt sich für diesen Fall als Wirkungsgrad

$$\overline{\eta} = \frac{\eta_{st} - i_{st}}{\eta_{st}(1 - i_{st})} \tag{92}$$

Man erhält dieses Ergebnis, wenn in Gl. (89a) $\eta$ durch $(1/\overline{\eta})$ und $\eta_{st}$ durch $(1/\eta_{st})$ ersetzt werden. Beweise die Richtigkeit der Formel (92) bzw. dieser vereinfachten Ableitungsmöglichkeit. Umfassendes Schrifttum wurde durch R. POPPINGA [13] zusammengestellt. Zahlreiche durchgerechnete Beispiele findet man in der Dissertation von A. WOLF [19].

## 15. Das Räderknie

Das Räderknie von Abb. 32 besteht aus der „Zweigelenkkette" $g$, $s$, $s_1$ mit den Gelenken $P_{sg}$, $P_{s_1 s}$, den in $P_{sg}$, $P_{s_1 s}$ und $P_{c_1 s_1}$ drehbar gelagerten Rädern $a$, $c$, $c_1$ mit den in $P_{b s}$ und $P_{b_1 s_1}$ drehbar gelagerten Zwischenrädern $b$ zwischen $a$ und $c$ bzw. $b_1$ zwischen $a_1 = c$ und $c_1$.

Die Teilkreishalbmesser $a$, $b$, $c$, $a_1 = c$, $b_1$, $c_1$ seien zunächst beliebig angenommen. Das Getriebe hat mit $n = 8$ Gliedern, $g_1 = 7$ Drehgelenken (Gelenke bei $O$ und $B$ zählen doppelt), $g_2 = 4$ Wälzzweigelenken, je von $f = 2$, also mit insgesamt $g = 7 + 4 = 11$ Gelenken den Freiheitsgrad

$$F = 3(8 - 11 - 1) + 7 \cdot 1 + 4 \cdot 2 = 3$$

Es ist also „dreifacher" Antrieb erforderlich, wenn alle Glieder eindeutige (zwangläufige) Bewegungen ausführen sollen.

*Gegeben* seien: $\overline{\omega}_{1g}$, $\overline{\omega}_{sg}$ und $\overline{\omega}_{s_1 g}$. Gesucht wird $\overline{\omega}_{s_1 g}$.

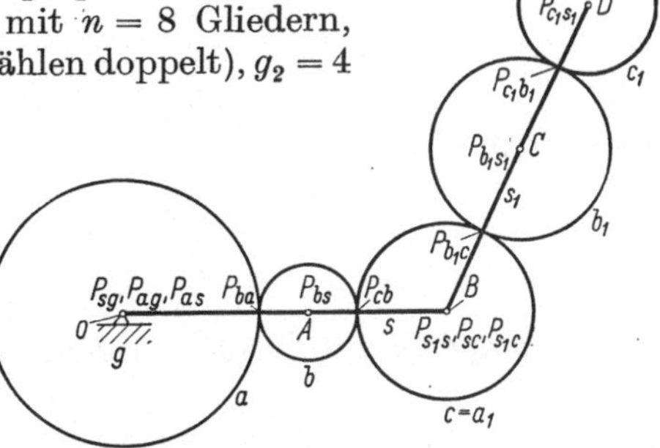


Abb. 32. Räderknie zur Übertragung gleichförmiger Drehbewegung von Zentralrad $a$ auf Zahnrad $c_1$ bei beliebiger Bewegung der Zapfenmitte $D$.

Für die Rädergetriebe-Anordnung $a$, $b$, $c$ sei unter Weglassung der Querstriche und bisweilen des Indexes $g$ angesetzt

$$\omega_{cg} = A\omega_{ag} + B\omega_{sg} \tag{93}$$

*Annahme 1.* $\omega_{ag} = \omega_{sg}$, dann $\omega_{cg} = \omega_{sg}$, also

$$\omega_{sg} = A\,\omega_{sg} + B\omega_{sg}, \quad 1 = A + B$$

*Annahme 2.* $\omega_{sg} = 0$

$$a\,\omega_a = -b\,\omega_b$$
$$\underline{-\,b\,\omega_b = c\,\omega_c}$$
$$a\,\omega_a = c\,\omega_c, \quad \omega_c = \frac{a}{c}\,\omega_a$$
$$\frac{a}{c}\,\omega_a = A\,\omega_a + B\cdot 0, \quad \text{d. h.} \quad A = \frac{a}{c} \quad \text{und}$$

$$\boxed{\omega_{cg} = \frac{a}{c}\,\omega_{ag} + \left(1 - \frac{a}{c}\right)\omega_{sg}} \tag{94}$$

*Ansatz für das Gesamtgetriebe*

$$\omega_{c_1 g} = A'\,\omega_{ag} + B'\,\omega_{sg} + C'\,\omega_{s_1 g} \tag{95}$$

*Annahme 1.* $\omega_{ag} = \omega_{sg}$, $\omega_{s_1 s} = \omega_{s_1 g} - \omega_{sg} = 0$, also auch $\omega_{s_1 g} = \omega_{sg}$.

Dann $\omega_{c_1 g} = \omega_{sg}$, also

$$\underline{1 = A' + B' + C'} \tag{96}$$

*Annahme 2.* $\omega_{sg} = \omega_{s_1 g} = 0$ (Standrädergetriebe)

$$a\,\omega_a = -b\,\omega_b$$
$$b\,\omega_b = -c\,\omega_c$$
$$c\,\omega_c = -b_1\,\omega_{b_1}$$
$$\underline{b_1\,\omega_{b_1} = -c_1\,\omega_{c_1}}$$
$$a\,\omega_a = c_1\,\omega_{c_1}, \quad \omega_{c_1} = \frac{a}{c_1}\,\omega_a$$

Gemäß Gl. (95) also

$$A' = \frac{a}{c_1} \tag{97}$$

*Annahme 3.* $\omega_{sg} = 0$.

Mit $\omega_{a_1} = \omega_c = \frac{a}{c}\,\omega_a$ folgt analog Gl. (94) für die Rädertrieb-Anordnung $a_1$, $b_1$, $c_1$

$$\omega_{c_1 g} = \frac{a_1}{c_1}\,\omega_{a_1 g} + \left(1 - \frac{a_1}{c_1}\right)\omega_{s_1 g}$$

$$\omega_{c_1 g} = \frac{a_1}{c_1}\,\frac{a}{c}\,\omega_{ag} + \left(1 - \frac{a_1}{c_1}\right)\omega_{s_1 g}$$

und wegen $a_1 = c$

$$\omega_{c_1 g} = \frac{a}{c_1}\,\omega_{ag} + \left(1 - \frac{c}{c_1}\right)\omega_{s_1 g} \tag{98}$$

Wegen

$$\omega_{c_1 g} = A'\,\omega_{ag} + B'\cdot 0 + C'\,\omega_{s_1 g} \tag{99}$$

liefert Vergleich mit Gl. (98) wiederum

$$A' = \frac{a}{c_1}$$
$$C' = \left(1 - \frac{c}{c_1}\right)$$

und hiermit nach Gl. (96)

$$B' = 1 - A' - C' = 1 - \frac{a}{c_1} - 1 + \frac{c}{c_1} = \frac{c - a}{c_1}$$

also

$$\omega_{c_1 g} = \frac{a}{c_1} \omega_{ag} + \left(\frac{c}{c_1} - \frac{a}{c_1}\right) \omega_{sg} + \left(1 - \frac{c}{c_1}\right) \omega_{s_1 g} \tag{100}$$

*II. Verfahren für Ableitung von $\omega_{c_1 g}$.*

Unter Benutzung von Gl. (94)

$$\omega_{cg} = \frac{a}{c} \omega_{ag} + \left(1 - \frac{a}{c}\right) \omega_{sg}$$

folgt

$$\omega_{c_1 s} = \frac{c}{c_1} \omega_{cs} + \left(1 - \frac{c}{c_1}\right) \omega_{s_1 s} \tag{101}$$

Wegen

$$\omega_{c_1 s} = \omega_{c_1 g} + \omega_{gs} = \omega_{c_1 g} - \omega_{sg}$$

$$\omega_{cs} = \omega_{cg} + \omega_{gs} = \omega_{cg} - \omega_{sg}$$

$$\omega_{s_1 s} = \omega_{s_1 g} + \omega_{gs} = \omega_{s_1 g} - \omega_{sg}$$

liefert Gl. (101)

$$\omega_{c_1 g} - \omega_{sg} = \frac{c}{c_1} (\omega_{cg} - \omega_{sg}) + \left(1 - \frac{c}{c_1}\right)(\omega_{s_1 g} - \omega_{sg})$$

$$\omega_{c_1 g} = \frac{c}{c_1} \omega_{cg} + \left(1 - \frac{c}{c_1}\right) \omega_{s_1 g}$$

und mit Gl. (94)

$$\omega_{c_1 g} = \frac{a}{c_1} \omega_{ag} + \frac{c}{c_1}\left(1 - \frac{a}{c}\right) \omega_{sg} + \left(1 - \frac{c}{c_1}\right) \omega_{s_1 g} \tag{102}$$

die mit dem Ergebnis von Gl. (100) übereinstimmt.

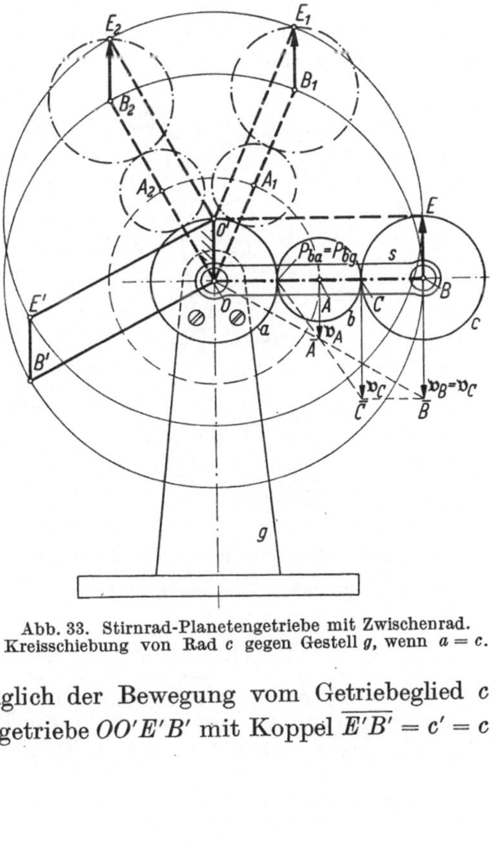

*Beachtenswerte Sonderfälle*

1. $a = c = c_1$.

Mit diesen Werten ist $\omega_{c_1 g} = \omega_{ag}$.

Wird also $D$ auf einer beliebigen Kurve $k$ von $g$ bewegt und $a$ mit $\omega_{ag}$ gleichförmig angetrieben, so wird diese Drehung durch das Zahnrad $c$ nach der Welle $D$ übertragen. Das Räderknie vermittelt in dieser speziellen Bauform die gleichförmige Bewegungsübertragung von einer festen Welle $O$ nach einer Welle $D$ veränderlichen Abstandes von $O$.

2. Für das durch $g$, $s$, $a$, $b$ und $c$ gebildete Planetengetriebe mit Zwischenrad $b$ erhält bei Festhaltung von $a$, (d. h. $\omega_{ag} = 0$), Antrieb am Steg $s$ und bei $a = c$ nach Gl. (94) die Winkelgeschwindigkeit $\omega_{cg}$ den Wert Null; d. h. Planetenrad $c$ führt gegenüber dem Gestell $g$ eine *Kreisschubbewegung* aus (Abb. 33), die bezüglich der Bewegung vom Getriebeglied $c$ gegen $g$ z. B. durch das Parallelkurbelgetriebe $OO'E'B'$ mit Koppel $\overline{E'B'} = c' = c$ erzeugt werden könnte.

Abb. 33. Stirnrad-Planetengetriebe mit Zwischenrad. Kreisschiebung von Rad $c$ gegen Gestell $g$, wenn $a = c$.

# C. Die Polkurven

## 16. Ersatzgetriebe für kontinuierliche Bewegung. Die Polkurven

**a) Die feststehende Kreuzschleife (Doppelschieber-Getriebe).** Dieses in Abb. 34 gezeichnete Getriebe liefert für die Koppelbewegung von $b$ gegen $d$ den Momentanpol $P = P_{bd}$ als Schnittpunkt von $p_{adb}$ durch $P_{ad}^{\infty}$, $P_{ba}$ mit $p_{bcd}$ durch $P_{cd}^{\infty}$, $P_{bc}$.

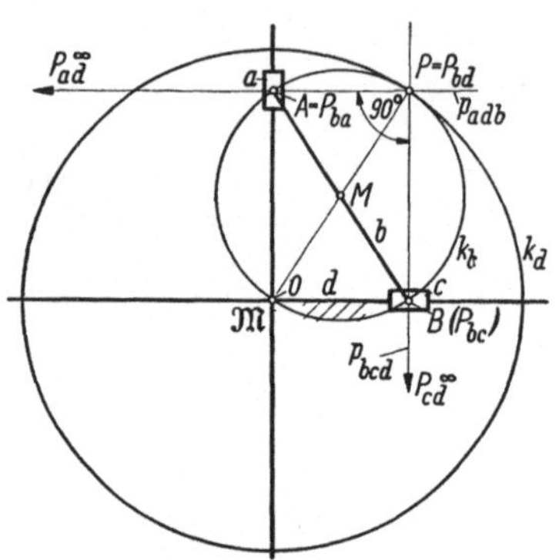

Abb. 34. Polkurven des feststehenden Kreuzschleifengetriebes (Doppelschieber). Kardankreisräderpaar als Polkurven.

Der geometrische Ort aller Punkte $P = P_{bd}$ des Gestells $d$, die nacheinander zum Momentanpol werden, also beurteilt vom Gestell $d$ aus, ist der Kreis $k_d$ um $O$ mit Halbmesser $\overline{OP} = \overline{AB}$ als gleichgroße Diagonalen des Rechtecks $OAPB$. Der Kreis $k_d$ heißt die „*ruhende Polkurve*" und ist im Gestell $d$ fest angeordnet zu denken.

Vom Glied $b$ aus beurteilt, ist $\sphericalangle APB$ stets gleich einem Rechten. Also ist der geometrische Ort aller derjenigen Punkte der Koppel $b$, die nacheinander Momentanpole $P$ für die Bewegung $b$ gegen $d$ werden, mit anderen Worten die „*bewegte Polkurve*", der über $AB$ als Durchmesser geschlagene Kreis $k_b$ (Thales-Kreis).

**b) Zeichnerische Ermittlung der Polkurven. Beispiel Doppelkurbel.** Sind – wie im behandelten Beispiel – die geometrischen Gesetzmäßigkeiten nicht so leicht erkennbar oder so einfacher Natur, so können Punkte der ruhenden und bewegten Polkurve rein zeichnerisch ermittelt werden, wie an Abb. 35 für das Beispiel einer *Doppelkurbel* gezeigt wird.

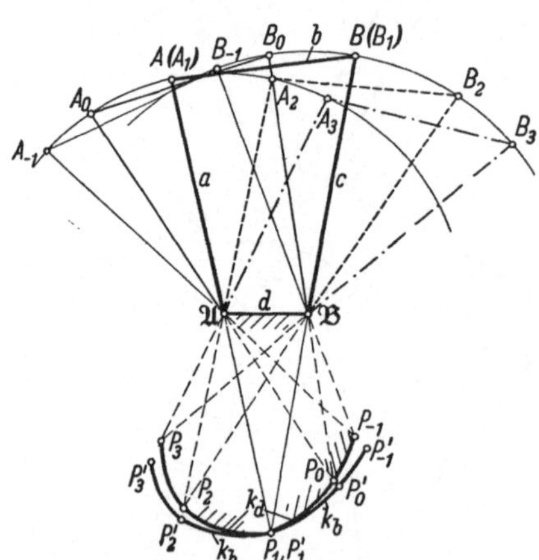

Abb. 35. Ermitteln von ruhender und bewegter Polkurve für Koppel $b$ einer Doppelkurbel, $k_d$ ruhende Polkurve, $k_b$ bewegte Polkurve.

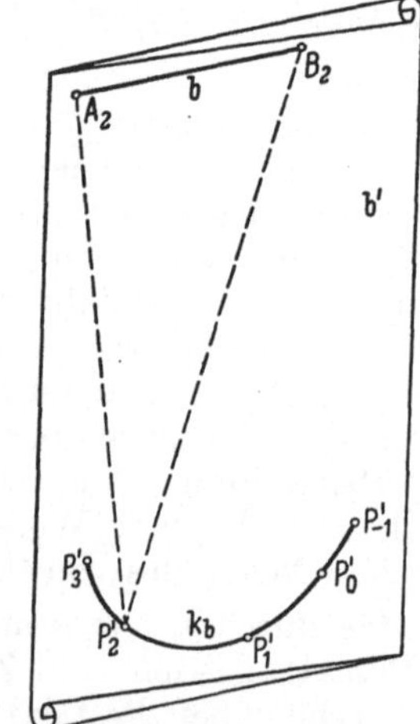

Abb. 36. Hilfsfigur zum Ermitteln der bewegten Polkurve $k_b$ für Koppel $b$ von Abb. 35.

Man bringt das Getriebeglied $\overline{AB} = b$ aus der Lage $\overline{A_1B_1} = b_1$ in die endlich benachbarten Lagen $\overline{A_2B_2} = b_2$, $\overline{A_3B_3} = b_3$, ..., ermittelt die Momentanpole $P_{bd} = P$ zu diesen Lagen und erhält die Punkte $P_1, P_2, P_3, ...$ der *ruhenden Polkurve* $k_d$. Dann zeichnet man $\triangle A_1B_1P_2' \cong \triangle A_2B_2P_2$, $\triangle A_1B_1P_3' \cong \triangle A_3B_3P_3$ usw.

und erhält in der Aufeinanderfolge der Punkte $P_1' = P_1$, $P_2'$, $P_3'$, ... die *bewegte Polkurve* $k_b$, angeordnet am Glied $b$ in der Lage $A_1 B_1 = b_1$.

Zur Vereinfachung des Verfahrens kann man ein Blatt Transparentpapier ($b'$ von Abb. 36) nehmen, auf ihm die Strecke $\overline{AB} = \overline{A_1 B_1} = b$ einzeichnen, diese Strecke nacheinander mit $A_1 B_1$, $A_2 B_2$, $\overline{A_3 B_3}$ usw. von Abb. 35 zur Deckung bringen und jeweils die Punkte $P_1$, $P_2$, $P_3$, ... von Abb. 35, die man durchleuchten sieht, auf dem Transparentpapier-Hilfsblatt $b'$ durchstechen; auf $b'$ ist dann die Kurve $k_b$ durch die Aufeinanderfolge der Punkte $P_1'$, $P_2'$, $P_3'$, ... ermittelt, die noch als Kurve $k_b$ nach Abb. 35 übertragen werden kann.

Ein anderes Verfahren beruht auf dem Satz, daß bei *Standwechsel* ruhende und bewegte Polkurven ihre Rollen vertauschen. Man spricht auch von sog. „*kinematischer Umkehrung*", findet also die bewegte Polkurve $k_b$, indem man das Getriebe auf das Glied $b$ stellt und für die Bewegung von $d$ gegen $b$ den Ort der Momentanpole $P'$ in der Gliedebene $b$ ermittelt.

**c) Wichtige Eigenschaft der Polkurven.** Die mit dem bewegten Glied $b$ verbundene „*bewegte*" *Polkurve* $k_b$ rollt auf der „*ruhenden*" *Polkurve* $k_d$. Die kontinuierliche Bewegung des Gliedes $b$ gegenüber dem ruhenden Glied $d$ ist also durch das Abrollen der mit dem bewegten Getriebeglied verbundenen Polkurve $k_b$ auf der mit dem ruhenden Glied $d$ verbundenen Polkurve $k_d$ ersetzbar.

Sind beide Glieder bewegt, so wird von den *Relativpolkurven* $k_b$ und $k_d$ gesprochen. Die Bewegung eines beliebigen Gliedes $p$ eines ebenen Getriebes gegenüber einem anderen Glied $q$ desselben zwangläufigen Getriebes ist also stets durch das Abrollen zweier Polkurven $k_p$, $k_q$ ersetzbar.

Rollen Kurven $k_b$ des Gliedes $b$ und $k_d$ des Gliedes $d$ aufeinander ab, so ist der gemeinsame Berührungspunkt $P$ beider Kurven der Momentanpol $P = P_{bd}$ für die Momentanbewegung von $b$ gegen $d$ bzw. von $d$ gegen $b$. Die im Berührungspunkt $P$ gezeichnete gemeinsame Tangente heißt die „*Polbahntangente*", kurz die „*Poltangente*". Die Normale zur Poltangente in $P$ ist die „*Polnormale*".

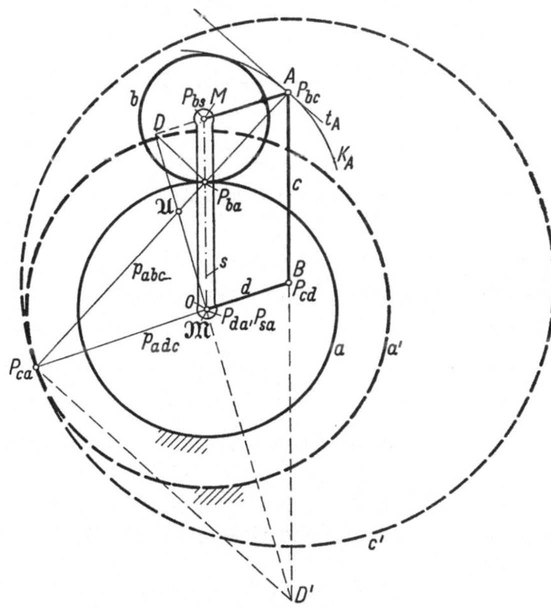

Abb. 37. Doppelte Erzeugung der zyklischen Kurven.

## 17. Doppelte Erzeugung der zyklischen Kurven

Abb. 37 zeigt ein *Stirnrad-Planetengetriebe* mit dem Sonnenrad $a$ als Gestell, dem Steg $\overline{OM} = s$ und dem Planetenrad $b$ mit $A$ als Gliedpunkt von $b$. Im Lager $O$ ist eine gegen $a$ frei drehbare Kurbel $d = \overline{OB}$ angeordnet, die durch Glied $c = \overline{AB}$ in $A$ an $b$ angelenkt ist; $MABO$ ist ein Gelenkparallelogramm.

*Gesucht.* Pol $P_{ca}$ für die Bewegung von $c$ gegen $a$ und die Polkurven von $P_{ca}$ bezüglich $a$ und $c$.

3*

Für das Abrollen von $b$ auf $a$ ist der Berührungspunkt der Teilkreise der Momentanpol $P_{ba}$. Momentanpol $P_{ca}$ ist Schnittpunkt der Geraden $p_{abc}$ und $p_{adc}$ durch $P_{ba}, P_{bc}$ bzw. $P_{cd}, P_{da}$. Mit $\overline{MP}_{ba} = R$, $\overline{OP}_{ba} = \mathfrak{R}$, $\overline{MA} = d$ folgt $\overline{OP}_{ca} : \mathfrak{R} = d : R$; $\overline{OP}_{ca} = (\mathfrak{R}d/R) = $ const.

Vom Gestell $a$ aus gesehen, wandert $P_{ca}$ also auf dem Kreis $a'$ um $O$ mit $\overline{OP}_{ca}$ als Halbmesser. Von dem bewegten Glied $c$ aus beurteilt, beschreibt $P_{ca}$ den Kreis $c'$, fest angeordnet auf $c$, vom Halbmesser $\overline{BP}_{ca} = d + (\mathfrak{R}d/R) = dc/R$; $a'$ ist also die „*ruhende*", $c'$ die „*bewegte*" Polkurve für die Bewegung von $c$ gegen $a$.

Die beim Abrollen von $b$ auf $a$ durch $A$ des Gliedes $b$ beschriebene *zyklische Kurve (Epizykloide)* $z_A$ ist also auch erzeugbar durch den Punkt $A$ von $c$ des Kreises $c'$, der um den Kreis $a'$ rollt (*Perizykloide*).

Umfassendes Schrifttum über zyklische Kurven z. B. bei F. Reuleaux ([*15*], Bd. II).

## 18. Analytische Ermittlung von Polkurven

**a) Beispiel. Doppelt geschränktes Winkelschleifengetriebe.** Für das in Abb. 38 dargestellte doppelt geschränkte Winkelschleifengetriebe, gestellt auf $d$, sind die Gleichungen der Polkurven der Koppelbewegung von Glied $b$ gegen Gestell $d$ zu ermitteln.

*Gegeben.* $\overline{AO} = d$, $\overline{BC} = k$.

*Gewählt.* Gestellfestes Achsenkreuz $xy$ des Gliedes $d$, mit Glied $b$ verbundenes (bewegtes) Achsenkreuz $\xi\eta$.

*Lösung.* Pol $P = P_{bd}$ ist Schnittpunkt der in $A$ zu $AC$ und in $B$ zu $BO$ gezeichneten Senkrechten $p_{dcb}$

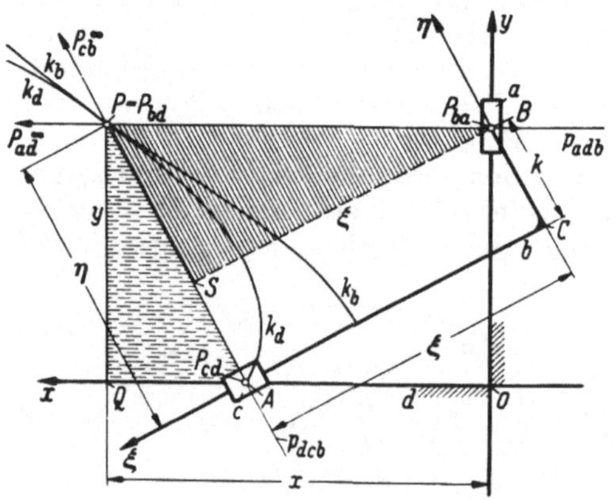

Abb. 38. Polkurven des doppelt geschränkten Winkelschleifengetriebes.

bzw. $p_{adb}$. Mit $\overline{OQ} = x$, $\overline{QP} = y$, $\overline{AP} = \sqrt{(x-d)^2 + y^2}$ folgt aus $\triangle AQP \sim \triangle PSB$ als Gleichung der ruhenden Polkurve $k_d$

$$\frac{x-d}{\sqrt{(x-d)^2 + y^2}} = \frac{\sqrt{(x-d)^2 + y^2} - k}{x} \tag{103}$$

$$k_d \equiv y^2\,[y^2 - 2d\,(x-d) - k^2] - (x-d)^2\,(k^2 - d^2) = 0 \tag{104}$$

Mit $\overline{BS} = \overline{CA} = \xi$, $\overline{AP} = \eta$, $\overline{PB} = \sqrt{\xi^2 + (\eta-k)^2}$, $\overline{PS} = \eta - k$ erhält man aus denselben ähnlichen Dreiecken für die bewegte Polkurve $k_b$

$$\frac{\sqrt{\xi^2 + (\eta-k)^2} - d}{\eta} = \frac{\eta - k}{\sqrt{\xi^2 + (\eta-k)^2}} \tag{105}$$

$$k_b \equiv \xi^2\,[\xi^2 - 2k\,(\eta-k) - d^2] + (\eta-k)^2\,(k^2 - d^2) = 0 \tag{106}$$

Vergleich der Gl. (104) und (106) läßt erkennen, daß $k_b$ aus $k_d$ durch „*kinematische Umkehrung*" ableitbar ist. Dies wird noch deutlicher, wenn die $\xi, \eta$-Achsen in $\eta$ bzw. $\xi$ umbenannt werden.

*Beachtenswerte Sonderfälle*

$b_1$) $k = 0$ (*einfach geschränktes Winkelschleifengetriebe*)

$$k_d \equiv y^2 - d\,(x - d) = 0 \tag{104a}$$

$$k_b \equiv \xi^4 - d^2\,(\xi^2 + \eta^2) = 0 \tag{106a}$$

Diese Polkurven, $k_d$ als Parabel und $k_b$ als Kurve vierter Ordnung, sind in Abb. 39 dargestellt.

$b_2$) $k = d$ (*Symmetrisches doppelt geschränktes Winkelschleifengetriebe*)

$$k_d \equiv y^2 - 2\,d\left(x - \frac{d}{2}\right) = 0 \tag{104b}$$

$$k_b \equiv \xi^2 - 2\,d\left(\eta - \frac{d}{2}\right) = 0 \tag{106b}$$

Die Polkurven sind also kongruente Parabeln.

**b) Polkurven des Schubkurbelgetriebes.**
Für andere Fälle ist die Einführung von Winkeln als Hilfsparameter zu empfehlen, wie beim geschränkten Schubkurbel-

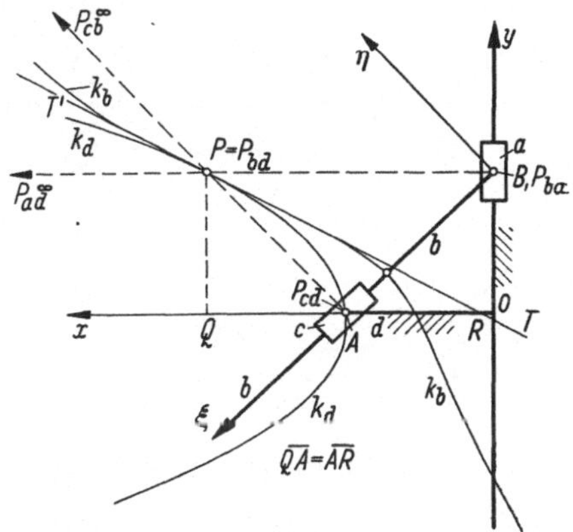


Abb. 39. Polkurven des einfach geschränkten Winkelschleifengetriebes.

getriebe von Abb. 40. Mit den eingetragenen Bezeichnungen folgt für die Koordinaten des Momentanpols $P = P_{bd}$ der Koppelbewegung $b$ gegen $d$

$$x = a \cos\varphi + b \cos\vartheta \tag{107a}$$

$$y = \frac{b \sin(\varphi + \vartheta)}{\cos\varphi} = b\,(\operatorname{tg}\varphi \cos\vartheta + \sin\vartheta) \tag{107b}$$

mit

$$e + a \sin\varphi = b \sin\vartheta$$

Elimination von $\vartheta$ unter Ersatz von

$$\cos\vartheta = \sqrt{1 - \left(\frac{e + a \sin\varphi}{b}\right)^2}$$

folgt:

$$x = a \cos\varphi + b \sqrt{1 - \left(\frac{e + a \sin\varphi}{b}\right)^2} \tag{108a}$$

$$y = b\operatorname{tg}\varphi \sqrt{1 - \left(\frac{e + a \sin\varphi}{b}\right)^2} + e + a \sin\varphi \tag{108b}$$

Für die bewegte Polkurve $k_b$ gelten

$$\xi = b - y \sin\vartheta$$

$$\eta = y \cos\vartheta$$

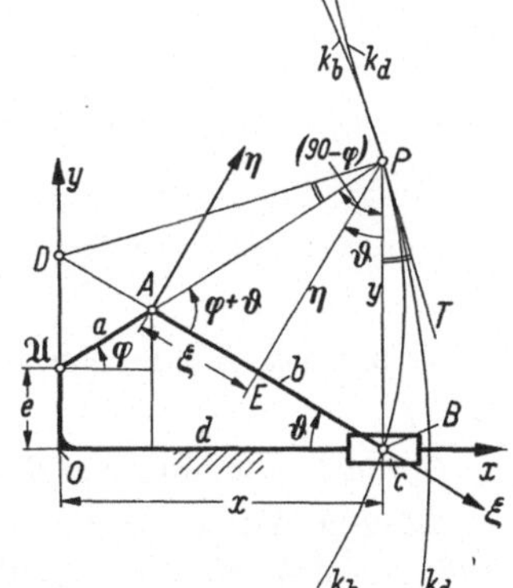


Abb. 40. Geschränktes Schubkurbelgetriebe. Koordinaten $x$, $y$ und $\xi$, $\eta$ für Punkt $P$ der ruhenden und bewegten Polkurve.

$$\xi = b - \left[b\operatorname{tg}\varphi \sqrt{1 - \left(\frac{e + a \sin\varphi}{b}\right)^2} + e + a \sin\varphi\right] \frac{e + a \sin\varphi}{b} \tag{109a}$$

$$\eta = \left[b\operatorname{tg}\varphi \sqrt{1 - \left(\frac{e + a \sin\varphi}{b}\right)^2} + e + a \sin\varphi\right] \sqrt{1 - \left(\frac{e + a \sin\varphi}{b}\right)^2} \tag{109b}$$

**c) Sonderfall. Das Kardankreispaar** (Abb. 41). Mit $e = 0$ und $b = a$ gehen die Gl. (108) und (109) über in

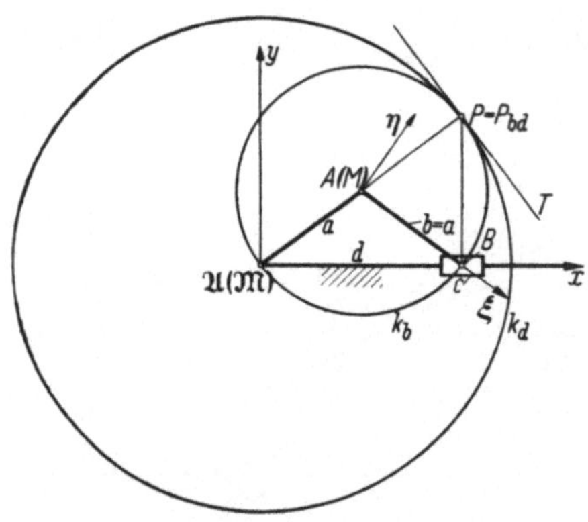

Abb. 41. Kardankreisräderpaar als Polkurven der gleichschenklig-zentrischen Schubkurbel.

$$\left.\begin{array}{l} x = 2\,a\cos\varphi \\ y = 2\,a\sin\varphi \end{array}\right\} \qquad (108\,\mathrm{c,d})$$

Also $x^2 + y^2 = (2a)^2$; Kreis um $\mathfrak{A}$ mit $2a$ als Halbmesser und $\vartheta = \varphi$

$$\left.\begin{array}{l} \xi = a\cos 2\varphi \\ \eta = a\sin 2\varphi \\ \xi^2 + \eta^2 = a^2 \end{array}\right\} \qquad (109\,\mathrm{c,d})$$

Dies ist der bekannte Fall des *Kardankreispaares* als Polkurven der *zentrischen gleichschenkligen Schubkurbel*. Vgl. auch Nr. 16a, Abb. 34.

## 19. Polkurven bei spezieller Führung des Getriebegliedes

Von dem gegenüber dem Gestell $d$ bewegten Getriebeglied $b$ seien bekannt: Geschwindigkeit $v = v_C = C\bar{C}$ des Punktes $C$ und die Winkelgeschwindigkeit $\omega = \omega_{bd}$ (Abb. 42)

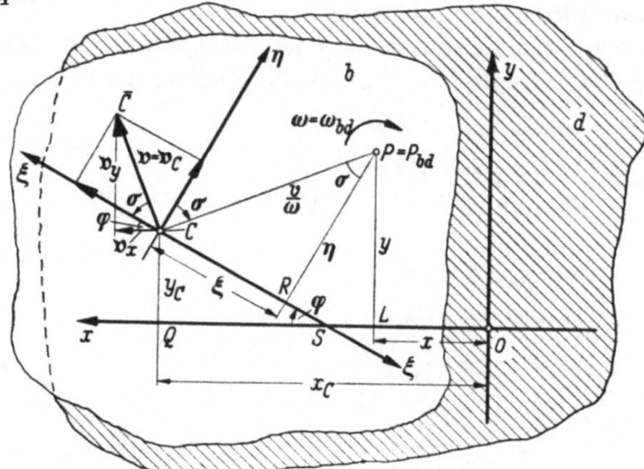

Abb. 42. Bestimmungsstücke für die analytische Aufstellung der Gleichungen der Polkurven des gegen $d$ bewegten Getriebegliedes $b$.

*Gesucht.* Gleichungen der ruhenden Polkurve $k_d$ und der bewegten Polkurve $k_b$

*Lösung.* Aus $v = \overline{CP} \cdot \omega$ mit $\omega = d\varphi/dt$, also $\overline{CP} = v/\omega$, folgt wegen $v = v_x + v_y$ und $v_x = dx_C/dt$, $v_y = dy_C/dt$ für die Koordinaten $x$, $y$ des Momentanpols $P = P_{bd}$, d.h. für die Gleichung der ruhenden Polkurve $k_d$

$$\boxed{\; x = x_C - \frac{dy_C}{d\varphi} \qquad y = y_C + \frac{dx_C}{d\varphi} \;} \qquad (110\,\mathrm{a,b})$$

Die Koordinatentransformation

$$x = x_C + \xi\cos\varphi - \eta\sin\varphi \qquad\qquad (111\,\mathrm{a})$$

$$y = y_C + \xi\sin\varphi + \eta\cos\varphi \qquad\qquad (111\,\mathrm{b})$$

liefert durch Auflösung nach $\xi$, $\eta$ unter Beachtung von Gl. (110a, b) für die bewegte Polkurve $k_b$

$$\left\|\ \xi = \frac{d\,x_C}{d\,\varphi}\sin\varphi - \frac{d\,y_C}{d\,\varphi}\cos\varphi\ \right\| \qquad (112\,\text{a})$$

$$\left\|\ \eta = \frac{d\,x_C}{d\,\varphi}\cos\varphi + \frac{d\,y_C}{d\,\varphi}\sin\varphi\ \right\| \qquad (112\,\text{b})$$

**Beispiel. Schleppkurve des einfach geführten Rades.** In der Fahrzeugtechnik spielen die „*Schleppkurven*" eine beachtenswerte Rolle. In Abb. 43 stellt $\overline{BC} = l$ die Deichsel und gleichzeitig das mit ihr verbundene bewegte Glied $b$ dar, dessen Punkt $B$ im vorliegenden Fall auf der Geraden $g_d$ des ruhenden Bezugssystems (Gestells) $d$ als Ursprungskurve geführt wird. Der Radmittelpunkt $C$ des Rades $c$ mit $C\eta$ als Radachse kann als Punkt der Deichsel $l$ von $b$ nur Bewegungen in Richtung der Radmittelebene ausführen; jede Bewegung senkrecht dazu sei ausgeschlossen. Die Deichselmittellinie $\overline{BC} = l$ muß deshalb stets Tangente an die von $C$ gegenüber $d$ beschriebene Kurve, die sog. „*Schleppkurve*" $s$, sein.

Zur weiteren Untersuchung seien eingeführt:

$\overline{OB} = x_B = f(\varphi)$, wobei $f(\varphi)$ zunächst eine beliebige Funktion des Winkels $\varphi = \sphericalangle\,xBC$ sein soll.

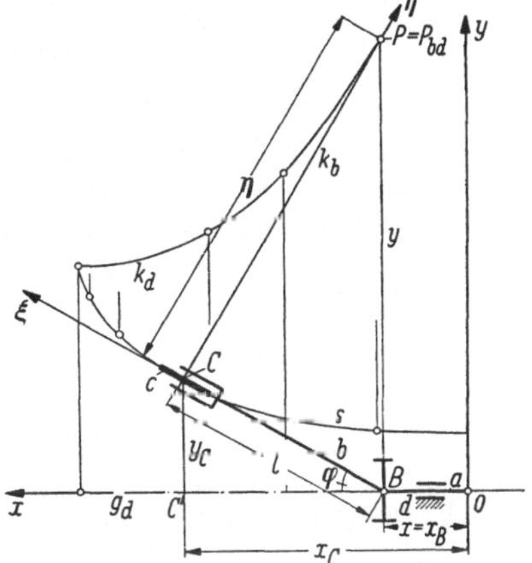


Abb. 43. Polkurven $k_d$ und $k_b$ für Schleppkurvenanordnung. Bewegte Polkurve $k_b$ eine Gerade.

Koordinaten von $C$ sind

$$x_C = f(\varphi) + l\cos\varphi \qquad y_C = l\sin\varphi \qquad (113\,\text{a, b})$$

Momentanpol $P = P_{bd}$ hat die Koordinaten $\overline{OB} = x = f(\varphi) = x_B$, $\overline{BP} = y$ und $\xi = 0$, $\overline{CP} = \eta$ im gestellfesten $x\,y$- bzw. bewegten $\xi\,\eta$-System.

Nach Gl. (110 a, b) folgt wegen

$$\frac{d\,x_C}{d\,\varphi} = f'(\varphi) - l\sin\varphi \qquad \frac{d\,y_C}{d\,\varphi} = l\cos\varphi$$

$$x = [f(\varphi) + l\cos\varphi] - (l\cos\varphi) = f(\varphi)$$

und

$$y = l\sin\varphi + f'(\varphi) - l\sin\varphi = f'(\varphi)$$

Also: *Gleichung der ruhenden Polkurve* $k_d$

$$x = f(\varphi) \qquad y = f'(\varphi) \qquad (114\,\text{a, b})$$

Für die *bewegte Polkurve* $k_b$ gilt wegen $\xi = 0$ nach Gl. (112 a)

$$0 = [f'(\varphi) - l\sin\varphi]\sin\varphi - l\cos\varphi\cos\varphi$$

$$f'(\varphi) = \frac{l}{\sin\varphi}$$

also

$$x = f(\varphi) = \int \frac{l}{\sin\varphi}\,d\varphi = l\ln\left(\operatorname{tg}\frac{\varphi}{2}\right) + C \qquad (115)$$

*Annahme.* Für $\varphi = \varphi_0$ sei $x = x_0 = f(\varphi_0)$

$$x_0 = l \ln \mathrm{tg}\left(\frac{\varphi_0}{2}\right) + C$$

$$C = x_0 - l \ln\left(\mathrm{tg}\,\frac{\varphi_0}{2}\right)$$

Also Gleichung der ruhenden Polkurve $k_d$

$$\left\| \quad x = x_0 + l \ln\left(\frac{\mathrm{tg}\left(\dfrac{\varphi}{2}\right)}{\mathrm{tg}\left(\dfrac{\varphi_0}{2}\right)}\right) \quad \right\| \tag{116a}$$

$$\left\| \quad y = \frac{l}{\sin\varphi} \quad \right\| \tag{116b}$$

Zeichnerische Verfahren zur Bestimmung der Schleppkurven, z. B. auch über Schleppkurven der Koppellenkung und Achsschenkellenkung gibt K. HAIN [*30b, c*].

Die *Gleichung der Schleppkurve s* ist also

$$x_C = x_0 + l \ln\left(\frac{\mathrm{tg}\,\dfrac{\varphi}{2}}{\mathrm{tg}\,\dfrac{\varphi_0}{2}}\right) + l \cos\varphi \tag{113c}$$

$$y_C = l \sin\varphi \tag{113d}$$

Die bewegte Polkurve $k_b$ ist die $\eta$-Achse.

## 20. Polwechselgeschwindigkeit

Wird in einem ebenen Getriebe, dem das Glied $b$ angehört, an einem anderen Glied (Antriebsglied, z. B. Kurbel) ein Geschwindigkeitszustand eingeleitet, so rollt die mit $b$ festverbundene Polkurve $k_b$ auf der dazugehörigen ruhenden Polkurve $k_d$ des Gestells $d$ ab.

Entsprechend diesem eingeleiteten Geschwindigkeitszustand werden nacheinander die Punkte der ruhenden Polkurve $k_d$ die Rolle des Momentanpoles $P$ übernehmen, wobei dieser Rollenwechsel mit einer bestimmten Geschwindigkeit u geschieht, die als „*Polwechselgeschwindigkeit*" bezeichnet wird.

**Wichtige Hinweise.** Diese Polwechselgeschwindigkeit ist also keineswegs die Geschwindigkeit irgendeines Gliedpunktes, sie kennzeichnet nur das Wandern des jeweiligen Berührungspunktes beider Polkurven, d. h. des Momentanpoles $P$, auf der ruhenden Polkurve.

Die Polwechselgeschwindigkeit u ist ein wertvolles Hilfsmittel zur Erfassung der Krümmungsverhältnisse von Punktbahnen (z.B. Koppelkurven) der Punkte eines bewegten Getriebegliedes.

## 21. Zeichnerische Ermittlung der Polwechselgeschwindigkeit

Sind die Polkurven Kreise oder Gerade, wie z.B. bei der Erzeugung der *zyklischen Kurven*, so liegen sehr einfache Verhältnisse vor.

**Beispiel 1. Planetengetriebe mit Innenverzahnung** (Abb. 44a). Rollt Rad $b$ vom Halbmesser $\overline{MP} = R$ im Hohlrad $d$ vom Halbmesser $\overline{\mathfrak{M}P} = \mathfrak{R}$ und ist $\omega_{bd} = \omega$ die momentane Winkelgeschwindigkeit von $b$ gegen $d$ um $P$, so hat $M$

die Geschwindigkeit $v_M = M\overline{M}$ vom Betrag $v_M = R\omega$. Da $P$ stets in Verlängerung von $\mathfrak{M}M$ im Abstand $\overline{\mathfrak{M}P} = \mathfrak{R}$ angeordnet ist, $\overline{\mathfrak{M}P}$ sich also wie eine Kurbel verhält, die um $\mathfrak{M}$ rotiert, so ist $\mathfrak{u} = P\overline{P}$ nach Abb. 44a konstruierbar oder durch

$$u = \frac{\mathfrak{R}R}{\mathfrak{R} - R}\,\omega \qquad (117)$$

zu berechnen.

Für spätere Untersuchungen und Anwendungen ist der Quotient $\delta$ aus der Polwechselgeschwindigkeit $u$ und der Winkelgeschwindigkeit $\omega$ des dazugehörigen bewegten Getriebegliedes

$$\delta = \frac{u}{\omega} = \frac{\mathfrak{R}R}{\mathfrak{R} - R} = \frac{1}{\dfrac{1}{R} - \dfrac{1}{\mathfrak{R}}} \qquad (118)$$

von besonderer Bedeutung; $\delta$ hat die Dimension einer Strecke.

Für außenverzahnte Planetengetriebe (Abb. 44c) folgt entsprechend

$$u = \frac{\mathfrak{R}R}{\mathfrak{R} + R}\,\omega = \frac{(-\mathfrak{R})R}{(-\mathfrak{R}) - R}\,\omega \qquad (118\,\text{a})$$

Dieser Wert entsteht also aus Gl. (117), indem man den Halbmesser $\mathfrak{R}$ der ruhenden Polkurve – wegen der entgegengesetzten Krümmung – in Gl. (117) durch $(-\mathfrak{R})$ ersetzt.

*Vorteil für den allgemeinen Fall.* Beschränkung auf Kreise $K_d$, $K_b$ – später Krümmungskreise der Polkurven $k_d$, $k_b$ – gleichgerichteter Krümmungshalbmesser. Setzt man

$$\boxed{\delta = \frac{u}{\omega}} \qquad (119)$$

von der „Dimension einer Strecke", so gilt nach Gl. (118) für gleichgerichtete Krümmung auch die Darstellung

$$\boxed{\frac{1}{\delta} = \frac{1}{R} - \frac{1}{\mathfrak{R}}} \qquad (120)$$

*Sonderfall.* $K_d$ eine Gerade (Abb. 44b); also $\mathfrak{R} = \infty$; $\delta = R$; $u = v_M = \omega R$.

**Beispiel 2. Polwechselgeschwindigkeit für Koppelbewegung beim Viergelenkgetriebe (Abb. 45).** Abb. 20 mit $P = P_{bd}$ als Schnittpunkt von $\mathfrak{A}A$ und $\mathfrak{B}B$ kann durch die getriebliche Abwandlung nach Abb. 45 ergänzt werden, bei der zwei um die Zapfenmitte $P$ des Zapfens $p$ drehbar angeordnete Gleitsteine $e$ und $f$ in den Kulissen $a_1$ bzw. $c_1$ der Glieder $a$ bzw. $c$ gleiten. $(Pa)$ und $(Pc)$ seien diejenigen Punkte von $a$ und $c$ bzw. $a_1$, $c_1$,

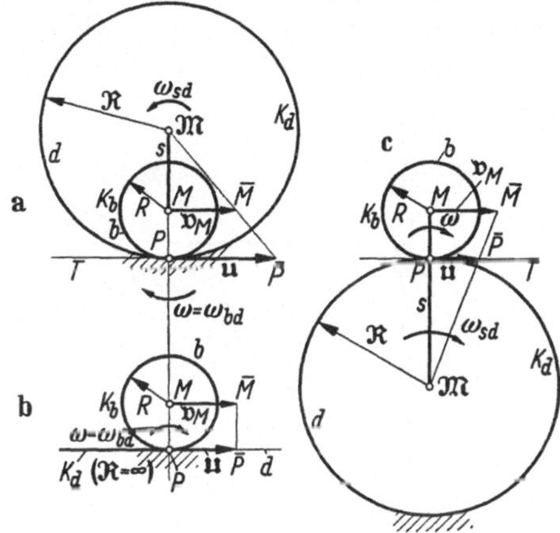

Abb. 44a–c. Ermitteln d. Polwechselgeschwindigkeit $\mathfrak{u}$
a) Rad $b$ rollt im Hohlrad $d$, b) Rad $b$ rollt auf Zahnstange $d$, c) Rad $b$ rollt auf Rad $d$.

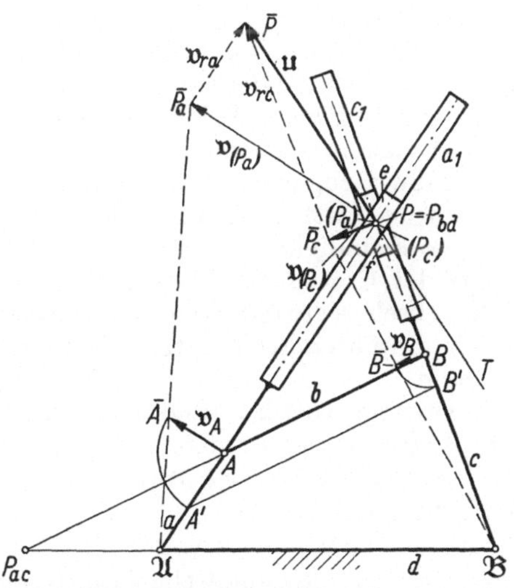

Abb. 45. Polwechselgeschwindigkeit $\mathfrak{u}$ für die Koppelbewegung $b$ gegen $d$ eines Viergelenkgetriebes.

die momentan mit der Zapfenmitte $P$ von $p$ zusammenfallen. Die Geschwindigkeit der Zapfenmitte $P$ von $p$ ist identisch mit der Polwechselgeschwindigkeit $\mathfrak{u} = \mathfrak{u}_{bd} = P\overline{P}$; nach Gl. (14) für die Relativbewegung gelten:

$$\mathfrak{u} = \mathfrak{v}_{(Pa)} + \mathfrak{v}_{ra} \qquad \mathfrak{u} = \mathfrak{v}_{(Pc)} + \mathfrak{v}_{rc}$$

$\mathfrak{u}$ wird also durch zweimalige Anwendung der Gl. (14) von Nr. 7 gefunden.

**Beispiel 3. Einfach geschränktes Winkelschleifengetriebe** (Abb. 46). Pol $P = P_{bd}$ wandert als Mitte des Zapfens $p$ des Gleitsteins $e$ einerseits auf der gedachten Gleitstange $a_1$ und andererseits als Zapfenmitte $p$ durch Gleitstein $f$ längs der Gleitstange $c_1$ von $c$, wobei er gleichzeitig mit $c$ über $c_1$ um den Zapfen $\mathfrak{B}$ des Gleitsteines $c$ gedreht wird. Diese Drehung geschieht mit der gleichen Winkelgeschwindigkeit $\omega_{bd}$, mit der sich $b$ gegenüber $d$ um $P$ dreht. Hieraus folgt $\mathfrak{v}_{(Pa)} = \mathfrak{v}_C$, die angenommen worden ist; aus dieser wird $\mathfrak{v}_B = B\overline{B}$ des Punktes $B$ von $b$ ermittelt. Wegen $\omega_{c_1 d} = \omega_{bd}$ ist als $\mathfrak{v}_{(Pc)} = P\overline{P}_c = -\mathfrak{v}_B$; $\mathfrak{v}_{rc} \,\|\, c_1$ und $\mathfrak{v}_{ra} \,\|\, a_1$ liefern $\overline{P}$ und damit $\mathfrak{u} = \mathfrak{u}_{bd} = P\overline{P}$ in der Poltangente $PT$ und $\overline{\mathfrak{B}R} = \overline{\mathfrak{B}Q}$ (Nr. 18, Gl. 104 a) als Kontrolle.

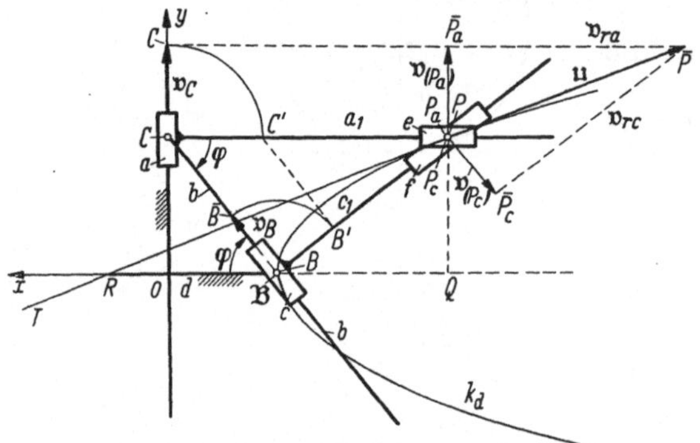

Abb. 46. Polwechselgeschwindigkeit $\mathfrak{u}$ für Koppelbewegung $b$ gegen $d$ im einfach geschränkten Winkelschleifengetriebe $a, b, c, d$.

*Hinweise.* Die Ermittlung von Polwechselgeschwindigkeiten geschieht also in anschaulicher Weise, wenn die gegebene Getriebeanordnung durch zusätzlich eingebaute gedachte Gleitstangen (oder auch Kulissen) ergänzt wird, in denen jeweils zwei im betreffenden Pol miteinander gelenkig verbundene Gleithülsen (bzw. Gleitsteine) gleiten. Mittellinien dieser Gleitstangen bzw. Kulissen sind „Polgerade" durch die dazugehörigen „Poltriple".

Würde man im Viergelenkgetriebe von Abb. 45 bei festgehaltenem Glied $d$ die Geschwindigkeit $\mathfrak{u}_{ac}$ ermitteln, mit der $P_{ac}$ als Schnittpunkt von $\mathfrak{A}\mathfrak{B}$ mit $AB$ längs der Gestellmittellinie $\mathfrak{A}\mathfrak{B}$ wandert, so wäre diese Geschwindigkeit keine Polwechselgeschwindigkeit im eigentlichen Sinne, also nicht tangential zu den sich in $P_{ac}$ berührenden Relativpolkurven $k_a$, $k_c$ für die Bewegung $c$ gegen $a$ bzw. $a$ gegen $c$.

Derartige Geschwindigkeiten, z. B. $\mathfrak{u}_{ac}$, sollen als *Polwechselgeschwindigkeiten II. Art* bezeichnet werden.

Sie werden bei der Aufstellung von *Winkelbeschleunigungsplänen* benötigt (vgl. Nr. 60, 61).

## 22. Rechnerische Ermittlung der Polwechselgeschwindigkeit

Bei einem gemäß Abb. 42 komplan bewegten Getriebeglied $b$ folgt aus den Koordinaten $x, y$ der ruhenden Polkurve für die *Komponenten* $u_x, u_y$ der *Polwechselgeschwindigkeit* $\mathfrak{u}$ wegen

$$u_x = \frac{dx}{dt} \qquad u_y = \frac{dy}{dt} \tag{121}$$

durch Differentiation der Gl. (110 a, b) nach der Zeit $t$ mit $\omega = d\,\varphi/dt = \omega_{b\,d}$

$$u_x = \frac{dx}{d\varphi}\frac{d\varphi}{dt} = \frac{dx}{d\varphi}\,\omega = \left(\frac{d\,x_C}{d\varphi} - \frac{d^2 y_C}{d\varphi^2}\right)\omega \qquad (122\,\text{a})$$

$$u_y = \frac{dy}{d\varphi}\frac{d\psi}{dt} = \frac{dy}{d\varphi}\,\omega = \left(\frac{d\,y_C}{d\varphi} + \frac{d^2 x_C}{d\varphi^2}\right)\omega \qquad (122\,\text{b})$$

**Beispiel 1. Feststehendes schiefes Kreuzschleifengetriebe** (Abb. 47). Mit $\overline{AC} = b$ und $\sphericalangle A\,\mathfrak{M}\,C = \alpha$ folgt $x_C = -\,b\sin\varphi\,\operatorname{ctg}\alpha$, $y_C = b\sin\varphi$.

Gl. (110 a, b) liefern für die *ruhende Polkurve* $k_d$

$$\left.\begin{array}{l} x = -\,b\operatorname{ctg}\alpha\sin\varphi - b\cos\varphi \\[4pt] y = b\sin\varphi - b\operatorname{ctg}\alpha\cos\varphi \end{array}\right\} \quad (123)$$

oder

$$x^2 + y^2 = b^2\,(1 + \operatorname{ctg}^2\alpha) = \left(\frac{b}{\sin\alpha}\right)^2$$

$$(123\,\text{a})$$

also den bekannten „*großen*" *Kardankreis* mit Halbmesser $\overline{\mathfrak{M}P} = (b/\sin\alpha)$ und nach Gl. (122 a, b)

$$\left.\begin{array}{l} u_x = (-\,b\operatorname{ctg}\alpha\cos\varphi + b\sin\varphi)\,\omega \\[4pt] u_y = (b\cos\varphi + b\operatorname{ctg}\alpha\sin\varphi)\,\omega \\[4pt] u = \sqrt{u_x^2 + u_y^2} = \dfrac{b\,\omega}{\sin\alpha} \\[8pt] \delta = \dfrac{u}{\omega} = \dfrac{b}{\sin\alpha} \end{array}\right\} \quad (124)$$

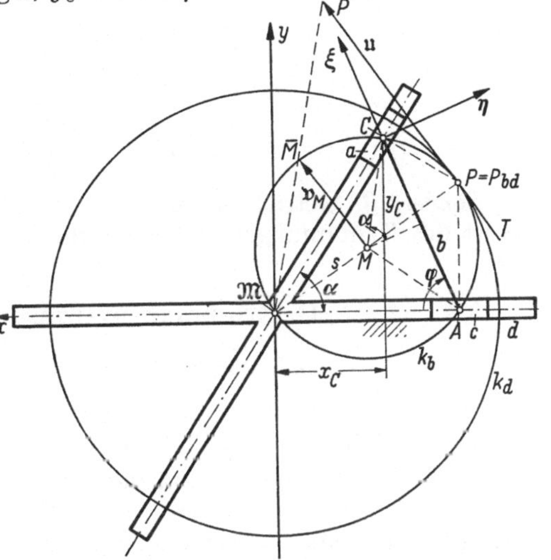


Abb. 47. Polkurven $k_d$ und $k_b$ und Polwechselgeschwindigkeit $\mathfrak{u}$ im schiefwinkligen Kreuzschleifengetriebe.

was auch aus der zeichnerischen Ermittlung von $\mathfrak{u}$ aus Abb. 47 ersichtlich ist. Die bewegte Polkurve $k_b$ hat nach Gl. (112) die Parameterdarstellung

$$\left.\begin{array}{l} \xi = -\,b\cos\varphi\,(\operatorname{ctg}\alpha\sin\varphi + \cos\varphi) = -\,\dfrac{b\cos\varphi\sin(\alpha + \varphi)}{\sin\alpha} \\[12pt] \eta = -\,b\cos\varphi\,(\operatorname{ctg}\alpha\cos\varphi - \sin\varphi) = -\,\dfrac{b\cos\varphi\cos(\alpha + \varphi)}{\sin\alpha} \end{array}\right\} \quad (125)$$

oder

$$\left(\xi + \frac{b}{2}\right)^2 + \left(\eta + \frac{b\operatorname{ctg}\alpha}{2}\right)^2 = \left(\frac{b}{2\sin\alpha}\right)^2$$

Gl. (125) liefert den „*kleinen*" *Kardankreis* $k_b$ als bewegte Polkurve.

*Hinweis:* Die rein geometrische Ableitung ist selbstverständlich einfacher; das durchgeführte Beispiel sollte zeigen, daß derartige Probleme auch rein rechnerisch behandelt werden können.

Das Kardankreispaar liefert also zu diesem „*Scharkreuzschleifengetriebe*" ein Ersatzgetriebe für den gesamten Bewegungsverlauf (Planetengetriebe: $k_d = $ fest, $k_b = $ Planetenrad, $\overline{\mathfrak{M}M} = s = $ Steg). Technische Anwendungen des Kardankreisräderpaares in [2a, S. 196], [2b, S. 35] und im AWF-Getriebeblatt „Kardankreispaar".

**Beispiel 2. Einfach geschränktes Winkelschleifengetriebe** (Abb. 46). Aus $x_C = 0$, $y_C = d\operatorname{tg}\varphi$ folgt mit $\overline{O\,\mathfrak{B}} = d$ nach Gl. (110a, b) für $P$ der ruhenden Polkurve $k_d$

$$x = -\,\frac{d}{\cos^2\varphi} \qquad\qquad y = d\operatorname{tg}\varphi \qquad (126)$$

oder

$$y^2 = -d\,(x + d) \tag{126a}$$

das ist die in Abb. 46 eingezeichnete Parabel.

Ferner mit $\omega = \omega_{b\,d} = d\varphi/dt$ nach Gl. (122 a, b)

$$u_x = -\frac{2\,d\,\sin\varphi}{\cos^3\varphi}\,\omega \qquad u_y = \frac{d}{\cos^2\varphi}\,\omega \tag{127}$$

und

$$u = \frac{d\,\sqrt{1 + 3\sin^2\varphi}}{\cos^3\varphi}\,\omega \tag{128}$$

$$\delta = \frac{u}{\omega} = \frac{d\,\sqrt{1 + 3\sin^2\varphi}}{\cos^3\varphi} \tag{128a}$$

*Sonderfall.* Getriebestellung mit $\varphi = 0$ liefert $\delta = d$, wobei $d$ den doppelten Wert des Krümmungshalbmessers der Parabel $k_d$ (ruhende Polkurve!) darstellt.

## D. Krümmungsverhältnisse der Punktbahnen

### 23. Das Hartmannsche Verfahren (Abb. 48, 49)

Bedeutet $A$ einen Punkt des bewegten Getriebegliedes $b$, dessen bewegte Polkurve $k_b$ auf der ruhenden Polkurve $k_d$ des Gestells $d$ abrollt mit $P$ als Momentanpol, $PT$ als Poltangente und der Polwechselgeschwindigkeit $\mathfrak{u} = P\overline{P}$, ist ferner $\gamma_A$ die von $A$ gegenüber dem Gestell $d$ beschriebene Bahnkurve (Punktbahn), die an der Bahnstelle $A$ durch den $\gamma_A$ *„dreipunktig" berührenden Krümmungskreis $K_A$* mit *Krümmungsmittelpunkt* $\mathfrak{A}$ ersetzt sei, so kann die Bewegung des Gliedpunktes $A$ während des Durchlaufens dreier infinitesimal benachbarter Gliedlagen aufgefaßt werden als die Kreisbewegung der Zapfenmitte $A$ einer in $\mathfrak{A}$ des Gestells $d$ drehbar gelagerten Kurbel $\overline{\mathfrak{A}A} = a$.

Da $K_A$ die Bahnkurve $\gamma_A$ berührt und die Geschwindigkeit $\mathfrak{v}_A = A\overline{A}$ auf dem „Polstrahl" $PA$ senkrecht steht, $A$, $\mathfrak{A}$ und $P$ also stets auf einer Geraden (Polstrahl) angeordnet sind, so wird der Momentanpol $P$ an der Drehung der gedachten Kurbel $a$ um $\mathfrak{A}$ teilnehmen, und zwar mit einer Geschwindigkeitskomponente $\mathfrak{u}_t = P\overrightarrow{P'}$, während er sich gleichzeitig mit einer Normalkomponente $\mathfrak{u}_n = P\overrightarrow{P''}$ in Richtung der Kurbelmittellinie

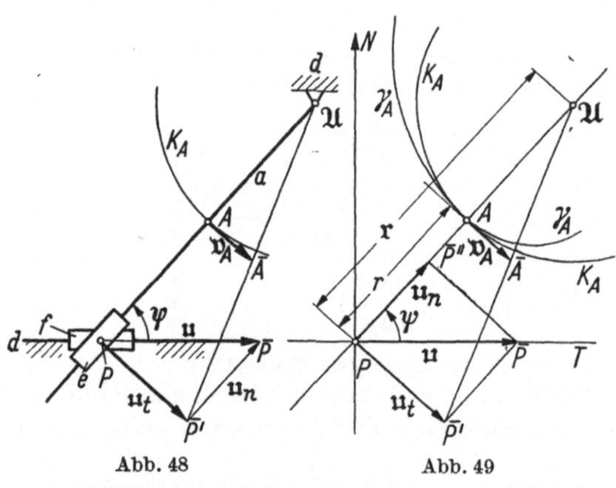

Abb. 48                Abb. 49

Abb. 48. Hilfsfigur zur Erläuterung des HARTMANNschen Verfahrens für das Ermitteln des Krümmungskreises von Punktbahnen.

Abb. 49. Das HARTMANNsche Verfahren zum Ermitteln des Krümmungsmittelpunktes $\mathfrak{A}$ der Bahnkurve $\gamma_A$ des Gliedpunktes $A$ aus Momentanpol $P$, $\mathfrak{v}_A$ und $\mathfrak{u}$.

$\mathfrak{A}A$ (Polstrahl, Bahnnormale) verschieben kann. Dieses Ersatzgetriebe ist für den Antrieb von $f$ durch $\mathfrak{u}$ in Abb. 48 dargestellt, wobei $\overline{P'}$, $\overline{A}$ auf einer Geraden durch $\mathfrak{A}$ liegen. Diese Feststellung bildet die theoretische Grundlage des *„Hartmannschen Verfahrens"* [62] von Abb. 49.

Sind umgekehrt $\mathfrak{u} = P\overline{P}$ und $A$ mit $\mathfrak{v}_A = A\overline{A}$ gegeben, so ist der Krümmungsmittelpunkt $\mathfrak{A}$ konstruierbar. Man zeichnet von $\mathfrak{u} = P\overline{P}$ die Komponente $\mathfrak{u}_t = P\overline{P}'$ und schneidet den Polstrahl durch $A$, $P$ mit der Geraden durch $\overline{P}'$, $\overline{A}$ in $\mathfrak{A}$.

**Beispiel. Zahnrad und Zahnstange** (Abb. 50).

*Gegeben.* $\mathfrak{v}_M = M\overline{M}$ (in Abb. 50a gleich Länge von Halbmesser $R$ des Rades $b$) und $A$ von $b$, rollend mit $k_b$ auf der Zahnstange $k_d$ des Gestells $d$.

*Gesucht.* Krümmungsmittelpunkt $\mathfrak{A}$ in $A$ der „*Orthozykloide*" $\gamma_A$ (Abb. 50a).

Aus $\mathfrak{v}_M = M\overline{M}$, gewählt von der Länge $\overline{M\overline{M}} = R$, folgt $\mathfrak{v}_A = A\overline{A}\,(|A\overline{A}| = \overline{PA})$ vom Betrag $\overline{AP}$ und $\mathfrak{u} = P\overline{P} = M\overline{M}$. Zerlegung von $\mathfrak{u}$ in Normal- und Tangentialkomponente liefert $\mathfrak{u}_t = P\overline{P}'$. Gerade durch $\overline{A}$, $\overline{P}'$ schneidet $PA$ in $\mathfrak{A}$. Mit $\overline{PA} = r$, $\sphericalangle\, TPA = \psi$ ergibt die Berechnung:

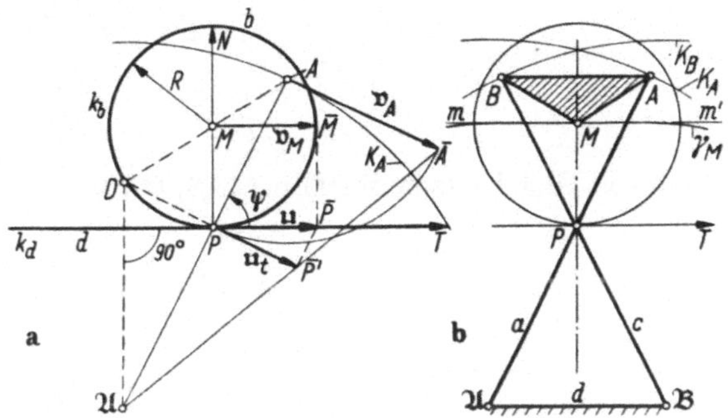

$$\varrho = \overline{A\,\mathfrak{A}} = \frac{r^2}{r - R\sin\psi}$$

Abb. 50a u. b. a). Rollendes Rad $b$ auf Zahnstange $d$. Krümmungsmittelpunkt $\mathfrak{A}$ ermittelt aus $\mathfrak{v}_M$ nach dem Hartmannschen Verfahren.

b) Angenäherte Geradführung von $M$, abgeleitet aus der zyklischen Bewegung der Punkte $A$ und $B$ von Rad $b$ durch Doppelschwinggetriebe. Zykloidenlenker.

*Anwendung* (Abb. 50b). *Angenäherte Lenkergeradführung* des Punktes $M$ längs mm' $\parallel PT$ mittels Koppeldreieck $ABM$, das durch die Lenker $c = \mathfrak{B}B$, $a = \mathfrak{A}A$ an Gestell $d$ angelenkt ist.

## 24. Die Euler-Savarysche Gleichung (Abb. 51)

In Abb. 51 sind für die allgemeine ebene Bewegung von $b$ gegen $d$ die Polkurven $k_d$ und $k_b$ mit Poltangente $PT$ und $\overline{\omega} = \overline{\omega}_{bd}$ um den Momentanpol $P$ als gegeben angenommen und diese Polkurven $k_d$ und $k_b$ durch die sie dreipunktig berührenden „*Polkurven-Krümmungskreise*" $K_d$ bzw. $K_b$ mit den Krümmungsmittelpunkten $\mathfrak{M}$ und $M$ und den dazugehörigen Polkurvenkrümmungshalbmessern

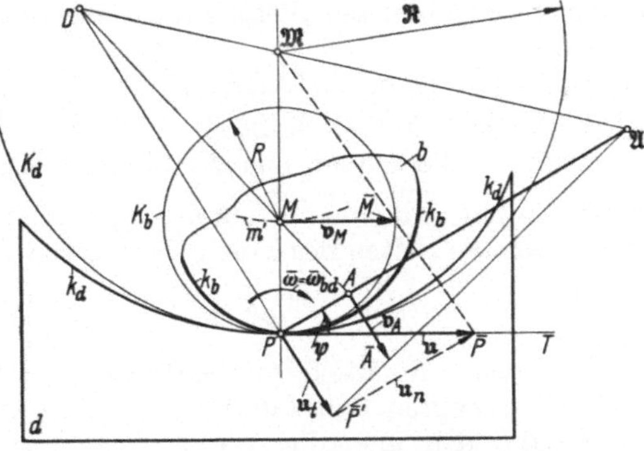

$$\mathfrak{R} = \overline{P\mathfrak{M}} \quad \text{und} \quad R = \overline{PM} \qquad (129)$$

ersetzt.

Für die Bewegung des Gliedes $b$ durch drei infinitesimal benachbarte Lagen ist Rollbewegung von

Abb. 51. Polkurven $k_d$ und $k_b$, ersetzt durch die Krümmungskreise $K_d$ und $K_b$. Hilfsfigur zur Ableitung der Euler-Savaryschen Gleichung.

$k_b$ auf $k_d$ ersetzbar durch das Abrollen von $K_b$ in $K_d$, wobei $M$ von $b$ den infinitesimalen Kreisbogen $m'$ um $\mathfrak{M}$ mit Halbmesser $(\mathfrak{R} - R)$ beschreibt. (Stirnrad-

Planetengetriebe-Bauform nach Art von Abb. 44 a.) Für die Polwechselgeschwindigkeit $u$ gilt also die gleiche Gl. (117) bzw. (118)

$$\frac{u}{\omega} = \frac{\Re R}{\Re - R} = \frac{1}{\dfrac{1}{R} - \dfrac{1}{\Re}} \tag{130}$$

Das *Hartmannsche* Verfahren liefert – rechnerisch dargestellt – aus den ähnlichen Dreiecken $P\overline{P}'\mathfrak{A}$ und $A\overline{A}\mathfrak{A}$ wegen $P\overline{P}' = u_t = u \sin\psi$, $\overline{PA} = r$, $\overline{P\mathfrak{A}} = \mathfrak{r}$ und $v_A = r\omega$

$$\frac{u \sin\psi}{r\omega} = \frac{\mathfrak{r}}{\mathfrak{r} - r}$$

oder

$$\frac{u}{\omega} = \frac{\mathfrak{r}\, r}{(\mathfrak{r} - r)\sin\psi} \tag{130 a}$$

also durch Gleichsetzen der Gln. (130), (130 a)

$$\frac{\Re R}{\Re - R} = \frac{\mathfrak{r}\, r}{(\mathfrak{r} - r)\sin\psi}$$

oder

$$\boxed{\left(\frac{1}{r} - \frac{1}{\mathfrak{r}}\right)\sin\psi = \frac{1}{R} - \frac{1}{\Re}} \tag{131}$$

oder

$$\boxed{\left(\frac{1}{r} - \frac{1}{\mathfrak{r}}\right)\sin\psi = \frac{1}{\delta}} \tag{132}$$

mit

$$\boxed{\frac{1}{\delta} = \frac{1}{R} - \frac{1}{\Re}} \tag{133}$$

und

$$\delta = \frac{u}{\omega} \tag{134}$$

Die Gl. (131) bzw. (132) ist die bekannte „*Euler-Savarysche*" Gleichung. Sie kann in der verschiedensten Weise zur Berechnung von $\mathfrak{r} = \overrightarrow{P\mathfrak{A}}$ oder $\varrho = (\mathfrak{r} - r) = \overrightarrow{A\mathfrak{A}}$ dienen.

*Hinweise.* Ist Krümmung von $K_d$ derjenigen von $K_b$ entgegengesetzt, so ist, wie in Nr. 21 erläutert, $\Re$ durch $(-\Re)$ zu ersetzen.

Ergibt $\mathfrak{r}$, berechnet aus den Polarkoordinaten $r$, $\psi$ von $A$, einen negativen Wert, so hat $\overrightarrow{P\mathfrak{A}}$ mit $\overrightarrow{PA}$ entgegengesetzten Richtungssinn, $\mathfrak{A}$ und $A$ liegen auf verschiedenen Seiten des Polstrahles durch $P$.

## 25. Der Wendekreis (Abb. 52)

Für welche Punkte $[A]$ im endlichen Bereich des Getriebegliedes $b$ besitzen die von $[A]$ erzeugten Bahnkurven $\gamma_{[A]}$ in der betrachteten Gliedlage Wendepunkte ihrer Bahn, d. h. unendlich großen Krümmungshalbmesser?

*Lösung.* Für endlich große Werte $r = \overline{PA}$ wird $\varrho$ nur dann unendlich groß, wenn $\overline{P\mathfrak{A}} = \mathfrak{r} = \infty$, also nach Gl. (132)

$$\left(\frac{1}{r} - \frac{1}{\infty}\right)\sin\psi = \frac{1}{\delta} \qquad r = \delta \sin\psi \tag{135}$$

Der Ort solcher Punkte $[A]$ ist also der über $\overline{PW} = \delta$ als Durchmesser geschlagene Kreis $k_W$, der als „*Wendekreis*" bezeichnet wird.

Die durch die Formeln (133) und (134) definierte Größe $\delta$ ist also der *Durchmesser des Wendekreises*. $W$ heißt der „*Wendepol*". Seine Geschwindigkeit $v_W = W\overline{W}$ hat den Betrag $v_W = \omega\,\delta = \omega\,\dfrac{u}{\omega} = u$,

unter Einbeziehung des Richtungssinnes $\overline{\delta} = \overrightarrow{PW}$ folgt

$$\mathfrak{u} = \left[\overline{\omega}\,\overline{\delta}\right] \qquad (134')$$

*Hinweise.* Krümmungsmittelpunkt $\mathfrak{W}$ von Wendepol $W$ liegt auf der Polnormale $PN$ im Unendlichen ($\mathfrak{W}^\infty$). Richtung von Gliedpunkt $A$ nach $\mathfrak{W}^\infty$ ist senkrecht auf der Poltangente $PT$. Bahntangenten der Punkte $[A]$ von $k_W$ (Wendetangenten) gehen sämtlich durch Wendepol $W$.

Wird ein Punkt $B$ des Getriebegliedes $b$ dauernd auf einer Geraden geführt, z. B. $B$ längs $O\,y$, so gehört dieser Punkt dem Wendekreis $k_W$ an. Abb. 52 erläutert dies am Beispiel des *doppelt geschränkten Winkelschleifengetriebes*. $\gamma_{[A]}$ und $\gamma_{[B]}$ von $[A]$ und $[B]$ haben in $[A]$ bzw. $[B]$ Wendepunkte.

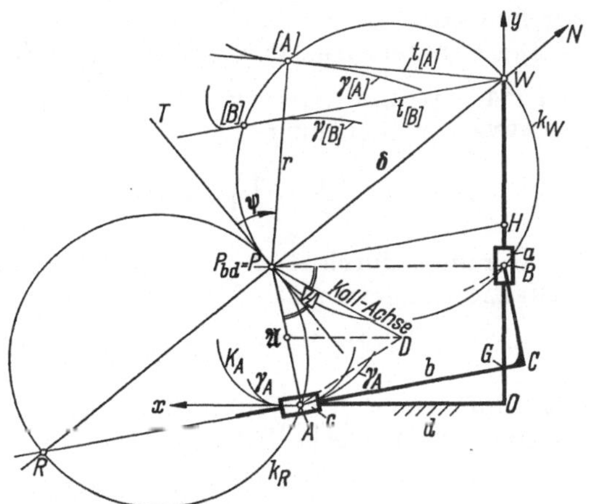

Abb. 52. Doppelt geschränktes Winkelschleifengetriebe. Wendekreis $k_W$, Rückkehrkreis $k_R$ für die Bewegung der Koppel $b$ gegen $d$. Konstruktion des Krümmungsmittelpunktes $\mathfrak{A}$ von $A$ als Punkt der Koppel $b$.

## 26. Satz des Menelaos (Abb. 53)

Die Kenntnis des Satzes von Menelaos erleichtert die Ableitung zahlreicher bewegungsgeometrischer Konstruktionen. Schneidet eine Gerade $g$ die Seiten

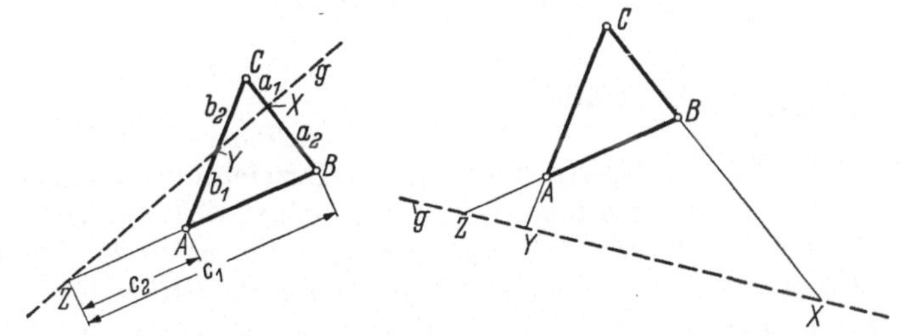

Abb. 53. Seiten des Dreiecks $ABC$, geschnitten von einer Geraden. Satz des Menelaos.

eines Dreiecks $ABC$ oder ihre Verlängerungen in den Punkten $X$, $Y$, $Z$ mit den Teilstrecken

$$\overline{CX} = a_1 \qquad \overline{BX} = a_2 \qquad \overline{AY} = b_1 \qquad \overline{CY} = b_2$$

$$\overline{BZ} = c_1 \qquad \overline{AZ} = c_2$$

so ist

$$a_1\,b_1\,c_1 = a_2\,b_2\,c_2 \qquad (136)$$

*Das Produkt aus je drei einander nicht benachbarter Teilstrecken ist konstant.*

### 27. Satz von Bobillier (Abb. 54)

In Abb. 54 sind $A$, $B$ zwei Punkte des Getriebegliedes $b$, $\mathfrak{A}$ und $\mathfrak{B}$ die dazugehörigen Krümmungsmittelpunkte ihrer Bahnkurven $\gamma_A$, $\gamma_B$, ferner $PT$ die Poltangente für die Bewegung von $b$ gegen $d$ und $\delta$ der dazugehörige Wendekreisdurchmesser.

Die Punktepaare $A\,(r, \psi)$, $\mathfrak{A}\,(\mathfrak{r}, \psi)$ und $B\,(r', \psi')$, $\mathfrak{B}\,(\mathfrak{r}', \psi')$ mit $r = \overrightarrow{PA}$, $\mathfrak{r} = \overrightarrow{P\mathfrak{A}}$, $\sphericalangle\, TPA = \psi$ und $r' = \overrightarrow{PB}$, $\mathfrak{r}' = \overrightarrow{B\mathfrak{B}}$ und $\sphericalangle\, TPB = \psi'$ genügen der EULER-SAVARYschen Gleichung.

$$\left(\frac{1}{r} - \frac{1}{\mathfrak{r}}\right)\sin\psi = \frac{1}{\delta} \qquad \left(\frac{1}{r'} - \frac{1}{\mathfrak{r}'}\right)\sin\psi' = \frac{1}{\delta} \qquad (137)$$

Die Gerade $g$ durch $A$, $B$ schneidet die Gerade durch $\mathfrak{A}$, $\mathfrak{B}$ in $D$. Der Satz des MENELAOS, angewandt auf $\triangle\, \mathfrak{A}\mathfrak{B}P$, geschnitten durch $g$, liefert

$$r\,\overline{D\mathfrak{A}}\,(\mathfrak{r}' - r') = (\mathfrak{r} - r)\,\overline{D\mathfrak{B}}\,r' \qquad (138)$$

Mit Einführung der Winkel $\sphericalangle\, PD\mathfrak{A} = \sphericalangle\, PD\mathfrak{B} = \alpha$ und $\sphericalangle\, DP\mathfrak{A} = \vartheta$ liefert Sinussatz der Dreiecke $D\mathfrak{A}P$ und $D\mathfrak{B}B$

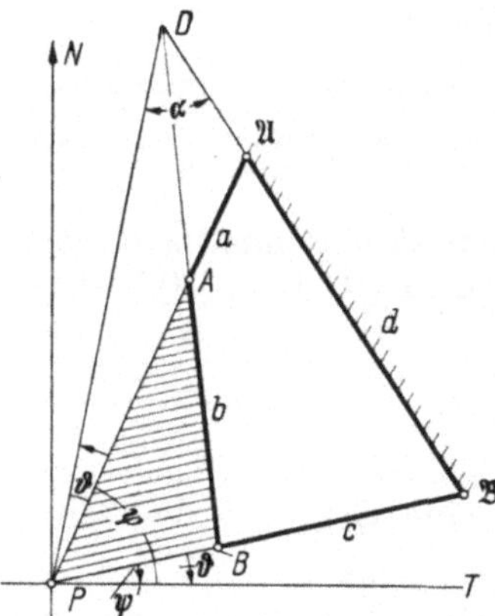

$$\overline{D\mathfrak{A}} = \frac{\mathfrak{r}\sin\vartheta}{\sin\alpha} \qquad \overline{D\mathfrak{B}} = \frac{\mathfrak{r}'\sin(\psi - \psi' + \vartheta)}{\sin\alpha} \qquad (139\,\mathrm{a, b})$$

und diese nach Gl. (138)

$$\frac{r\,\mathfrak{r}\sin\vartheta}{\sin\alpha}(\mathfrak{r}' - r') = \frac{(\mathfrak{r} - r)\,\mathfrak{r}'\sin(\psi - \psi' + \vartheta)}{\sin\alpha}\,r'$$

$$\sin\vartheta\left(\frac{1}{r'} - \frac{1}{\mathfrak{r}'}\right) = \sin(\psi - \psi' + \vartheta)\left(\frac{1}{r} - \frac{1}{\mathfrak{r}}\right)$$

oder bei Berücksichtigung von Gl. (137)

$$\sin\vartheta\,\sin\psi = \sin(\psi - \psi' + \vartheta)\sin\psi' \qquad (140)$$

Gl. (140) wird offenbar nur durch

$$\vartheta = \psi' \qquad (141)$$

erfüllt.

Dies ist der wesentlichste Inhalt des *Satzes von* BOBILLIER. Mit der Bezeichnung von $DP$ als „*Kollineationsachse*", zugeordnet $AB$, ergibt sich:

Abb. 54. Grundfigur für den Satz von BOBILLIER. $PT$ Poltangente, $PD$ Kollineationsachse, zugeordnet den Gliedpunkten $A$, $B$ des komplan bewegten Gliedes $b$.

*Die Polstrahlen $PA$, $PB$ zweier Gliedpunkte $A$, $B$ bilden mit der Poltangente $PT$ und der Kollineationsachse gleich große Winkel entgegengesetzten Drehsinns.*

*Hinweis:* $PT$ und $PD$ liegen entweder beide außerhalb des schraffierten Dreiecks $PAB$ oder auch beide innerhalb desselben. Beachte in Abb. 54 die Richtungspfeile von $\psi'$ und $\vartheta = \sphericalangle APD$!

### 28. Anwendungen des Bobillierschen Satzes

**Beispiel 1. Konstruktion der Poltangente.** Abb. 54 kann als Viergelenkgetriebe $\mathfrak{A}AB\mathfrak{B}$ mit $\overline{\mathfrak{A}\mathfrak{B}} = d$ als Gestell, $\overline{AB} = b$ als Koppel aufgefaßt werden.

Schneide $\mathfrak{A}A$ und $\mathfrak{B}B$ im Pol $P$, verbinde $P$ mit Schnittpunkt $D$ von $AB$ mit $\mathfrak{A}\mathfrak{B}$ und ziehe Kollineationsachse $PD$. Zeichne $\sphericalangle\, BPT = \sphericalangle\, APD$, so daß $PT$ und $PD$ außerhalb des schraffierten Dreiecks $ABP$, also auf entgegengesetzten Seiten von $PB$ bzw. $PA$ liegen.

*Sonderfälle.* $\mathfrak{A}$, $A$, $B$ auf einer Geraden (*Totlagen* der Schwinge $\mathfrak{B}B$); dann fällt $D$ nach $\mathfrak{A}$ und $P$ nach $B$, also Gerade durch $\mathfrak{B}B_i$ bzw. $\mathfrak{B}B_a$ (Schwingenmittellinie) ist Poltangente (Abb. 55 a, b).

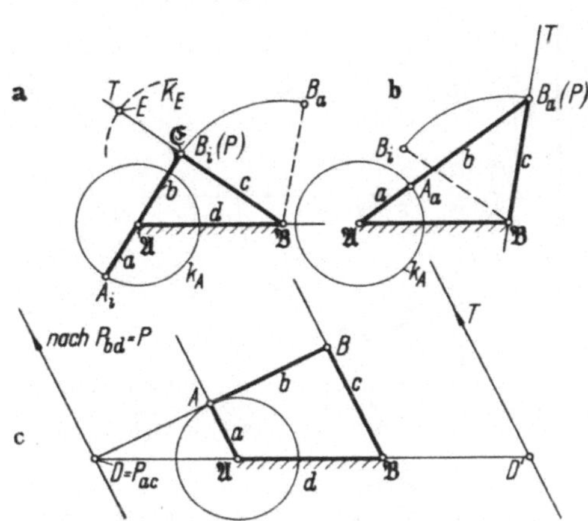

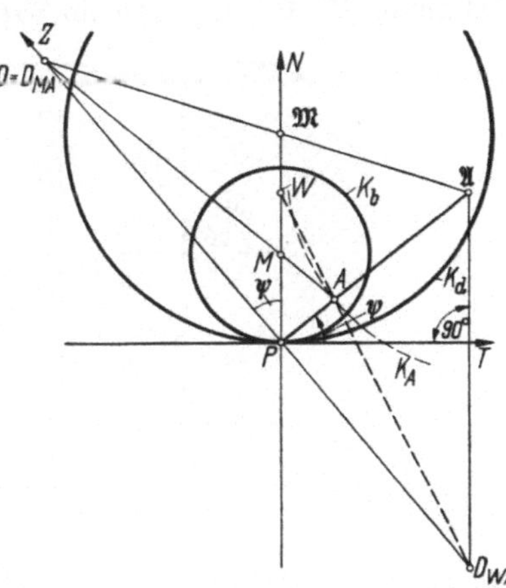

Abb. 55a—c. Poltangente für Koppelbewegung $b$ gegen $d$ in Sonderstellungen des Viergelenkgetriebes
a) innere Totlage der Schwinge $c$, b) äußere Totlage, c) Kurbel $a$ und Schwinge $c$ in Parallellage.

Abb. 56. Ermitteln des Krümmungsmittelpunktes $\mathfrak{A}$ von Gliedpunkt $A$ aus Krümmungsmittelpunkt $\mathfrak{M}$ der ruhenden und Krümmungsmittelpunkt $M$ der bewegten Polkurve. Kontrolle: Ermitteln von $\mathfrak{A}$ aus Poltangente $PT$ und Wendepol $W$.

Sind *Kurbel und Schwinge parallel* (Abb. 55 c): $\mathfrak{A}A \parallel \mathfrak{B}B$, so wird $D = \mathfrak{A}\mathfrak{B} \times AB$ bestimmt und $\overline{\mathfrak{B}D'} = \overline{\mathfrak{A}D}$ gezeichnet. $D'T' \parallel \mathfrak{B}B$ ist Poltangente.

**Beispiel 2** (Abb. 56). Gegeben Poltangente $PT$, $\mathfrak{M}$ und $M$ als Mittelpunkte der Polkurven-Krümmungskreise $K_d$ und $K_b$ und Gliedpunkt $A$ von $b$. Gesucht $\mathfrak{A}$.

Senkrechte $PZ$ auf Polstrahl $PA$ ist Kollineationsachse für Punktepaar $M$, $A$; $MA$ schneidet $PZ$ in $D = D_{MA}$; $\mathfrak{A} = D\mathfrak{M} \times PA$.

**Beispiel 3** (Abb. 57). **Wendepolkonstruktion.** Gegeben Poltangente $PT$, Wendepol $W$ auf Polnormale $PN$ und Gliedpunkt $A$. Zeichne $PZ \perp PA$ als Kollineationsachse zum Punktepaar $W$, $A$ und $D = WA \times PZ$; Senkrechte von $D$ auf $PT$ schneidet Polstrahl $PA$ im gesuchten Krümmungsmittelpunkt $\mathfrak{A}$ von $A$.

*Hinweise.* Sind vom bewegten Glied $b$ bekannt $PT$ und Punktepaar $A$, $\mathfrak{A}$, so ist hieraus $W$ konstruierbar.

Weitere „Wendepolkonstruktionen" in ([*2b*], S. 52).

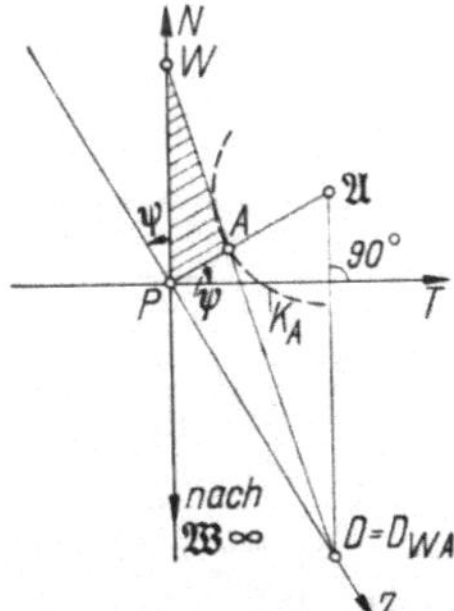

Abb. 57. Krümmungsmittelpunkt $\mathfrak{A}$ von Gliedpunkt $A$ aus Poltangente $PT$ und Wendepol $W$.

## E. Getriebetechnische Anwendungen der Krümmungsverhältnisse von Punktbahnen

### 29. Zahnradkurbelgetriebe als Rastgetriebe (Abb. 58)

Ausgangsgetriebe ist das Stirnradplanetengetriebe mit Hohlrad $K_d$ vom Halbmesser $\mathfrak{R}$, Planetenrad $b = K_b$ vom Halbmesser $R$, angetrieben durch Steg $s = \overline{\mathfrak{M}M}$. (Zahlenbeispiel $\mathfrak{R} = 3R$.) Wendekreisdurchmesser $\delta$ aus Gl. (133).

$$\frac{1}{\delta} = \frac{1}{R} - \frac{1}{\mathfrak{R}} = \frac{1}{R} - \frac{1}{3R} = \frac{2}{3R} \qquad \delta = \frac{3}{2}R$$

Wendepol $W$ beschreibt Hypozykloide $\gamma_W$ von der Form eines gleichseitigen Dreiecks mit abgerundeten Ecken und angenähertem geradlinigen Verlauf in den Stellungen $W$, $W'$, $W''$. Der im Zapfen $W$ angeordnete Gleitstein $c$ gleitet in Nut $e'$

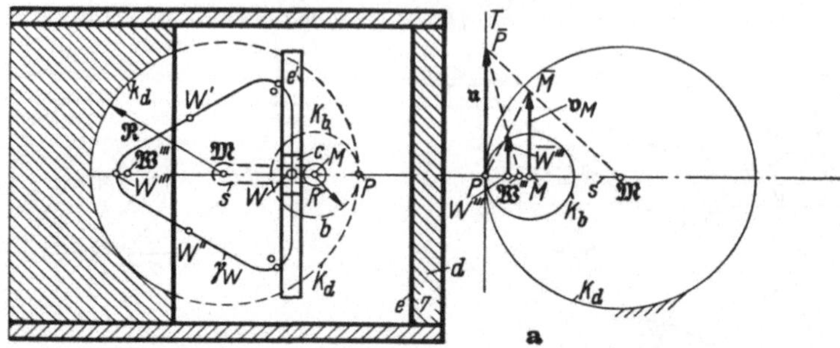

Abb. 58. Zahnradkurbelgetriebe für Schubbewegung von $e$ gegen $d$ und Stillstand in der gezeichneten Getriebestellung. Gleitsteinzapfenmitte $W$ von $c$ ist Wendepol $W$ der hypozykloidischen Bewegung von $b$ in $K_d$
a) Ermitteln des Krümmungsmittelpunktes $\mathfrak{W}'''$ von $W'''$ in der abgerundeten Ecke der Hypozykloide $\gamma_W$.

von Support $e$, geführt durch Schubgelenk 7 in $d$; dem Support $e$ wird eine Schubbewegung vom Hub $4R$ erteilt mit einem angenäherten Stillstand in der gezeichneten Getriebestellung.

In Abb. 58a ist für Zapfenmitte $W$ in Lage $W'''$ (Hubende) der Krümmungsmittelpunkt $\mathfrak{W}'''$ nach dem Hartmannschen Verfahren aus $\mathfrak{u} = P\overline{P}$ und $\mathfrak{v}_{W'''} = W'''\overline{W}'''$ ermittelt worden. Mit $\overline{PW'''} = R/2$ und $\psi = 90°$ folgt nach Euler-Savary für $P\mathfrak{W}''' = \mathfrak{r}'''$

$$\left(\frac{1}{\dfrac{R}{2}} - \frac{1}{\mathfrak{r}'''}\right)\sin 90 = \left(\frac{1}{\dfrac{3R}{2}}\right)$$

für $\mathfrak{r}''' = \dfrac{3}{4}R$, also $W'''\mathfrak{W}''' = \dfrac{R}{4}$.

In Abb. 59 dient das Stirnrad-Planetengetriebe mit $\overline{P\mathfrak{M}} = \mathfrak{R} = 4R = 4\overline{PM}$ mittels des auf dem Planetenrad $b$ angeordneten Zapfens $A$ und der Koppel $\overline{A\mathfrak{A}} = e$ zur Ableitung einer Schubbewegung von $f$ gegen $d$.

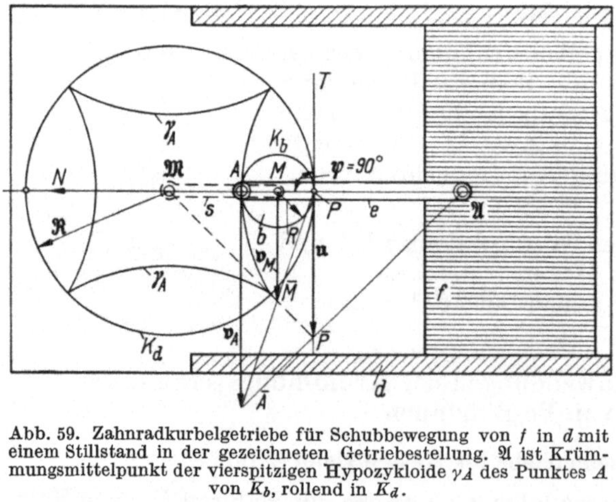

Aus $\mathfrak{v}_M = M\overline{M}$ werden $\mathfrak{u} = P\overline{P}$ und $\mathfrak{v}_A = A\overline{A}$ ermittelt; der Krümmungsmittelpunkt $\mathfrak{A}$ der Hypozykloide $\gamma_A$ ist Schnittpunkt der Geraden durch $\overline{A}$, $\overline{P}$ mit der Polnormale $PN$. Rechnerische Lösung ergibt mit $r = \overline{PA} = 2R$, $\mathfrak{R} = 4R$, $\psi = 90°$ aus

$$\left(\frac{1}{2R} - \frac{1}{\mathfrak{r}}\right)\cdot 1 = \frac{1}{R} - \frac{1}{4R}$$

für $\mathfrak{r} = -4R = \overline{P\mathfrak{A}}$. Das negative Vorzeichen bedeutet, daß $A$ und $\mathfrak{A}$ auf verschiedenen Seiten von $P$ liegen.

Abb. 59. Zahnradkurbelgetriebe für Schubbewegung von $f$ in $d$ mit einem Stillstand in der gezeichneten Getriebestellung. $\mathfrak{A}$ ist Krümmungsmittelpunkt der vierspitzigen Hypozykloide $\gamma_A$ des Punktes $A$ von $K_b$, rollend in $K_d$.

Abb. 60 zeigt die Anwendung der gleichen kinematischen Grundlagen für den Entwurf einer Schwingbewegung von $f$ mit einer angenäherten Rast in der äußersten Stellung $\mathfrak{F}\mathfrak{A}$.

*Hinweise.* Zahnradkurbelgetriebe der behandelten Art haben für die Ableitung von Bewegungen mit zeitweisem Stillstand den Vorteil, daß man Hub und Dauer der angenäherten Rast innerhalb gewisser Bereiche schon beim Entwurf leicht einplanen kann.

Bahntangente in $W$ von Abb. 58 berührt „vierpunktig" (vgl. BALLscher Punkt), ebenso ist $K_A$ in Abb. 59, 60 ein vierpunktig berührender Krümmungskreis, da $A$ einen Scheitel von $\gamma_A$ darstellt (vgl. [2b], S. 128).

Anwendungsmöglichkeiten auf das Fräsen von Dreikant mit abgerundeten Ecken [63].

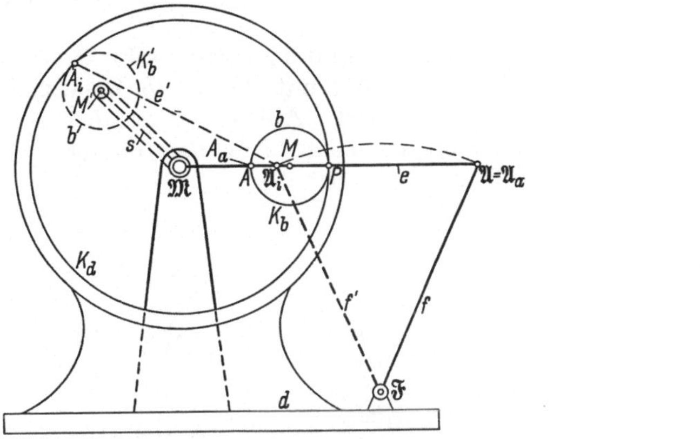

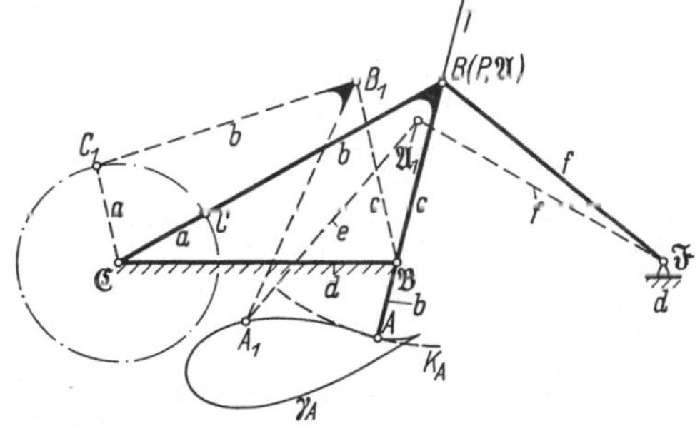

Abb. 60. Abwandlung des Zahnradkurbelgetriebes von Abb. 59 für schwingende Abtriebsbewegung des Hebels $f$ und Stillstand in der äußeren Totlage.

## 30. Rastgetriebe, abgeleitet von Kurbelgetrieben

*Vorbemerkung.* Liegt Punkt $A$ von Glied $b$ auf Poltangente $PT$ mit $PA = \mathfrak{r}$, $\psi = 0°$, so folgt aus

$$\frac{1}{r} - \frac{1}{\mathfrak{r}} = \frac{1}{\delta \sin \psi}$$

mit $\delta \neq 0$ wegen $\psi = 0$ für $\dfrac{1}{\mathfrak{r}} = \pm\infty$, also $\mathfrak{r} = 0$; d.h. $\overline{P\mathfrak{A}} = 0$, also $\mathfrak{A} \equiv P$.

*Ergebnis.* *Punkte $A$ der Poltangente $PT$ des Gliedes $b$ haben den Krümmungsmittelpunkt $\mathfrak{A}$ im Momentanpol $P$.*

**Beispiel. Koppelrastgetriebe,** abgeleitet aus Kurbelschwinge in äußerer Totlagenstellung der Schwinge (Abb. 61).

Abb. 61. Koppelrastgetriebe, abgeleitet von der Koppel $b$ des in der äußeren Totlage befindlichen Viergelenkgetriebes $\mathfrak{C}\,CB\,\mathfrak{B}$. Schwinge $\mathfrak{B}B$ in dieser Stellung Poltangente $PT$, $A$ ein Punkt von $PT$ mit Krümmungsmittelpunkt $\mathfrak{A}$ in $B = P$.

Nach Nr. 28 (Abb. 55b) ist in der Getriebestellung der Kurbelschwinge $\mathfrak{C}\,CB\,\mathfrak{B}$ (äußere Totlage) Schwingenzapfen $B$ der Momentanpol $P = P_{bd}$ mit $B\mathfrak{B}$ als Poltangente. Zu Punkt $A$ von $b$, liegend auf $PT$, ist Krümmungsmittelpunkt $\mathfrak{A}$ in $B \equiv P$. Krümmungshalbmesser $\varrho = \overline{A\mathfrak{A}}$ wird ausgebildet als zusätzliche Koppel $e$, angelenkt durch $f$ in $\mathfrak{F}$ an Gestell $d$.

Umfangreiches *Schrifttum über Koppelrastgetriebe* in [2b], S. 215, und [64a, b].

## 31. Archimedische Spirale als Kreisevolvente

a) *Krümmungshalbmesser der Archimedischen Spirale.* In Abb. 62 rollt die Gerade $b = K_b$ vom Krümmungshalbmesser $R = \infty$ auf dem festen Kreis $K_d$ vom Halbmesser $\mathfrak{R} = \overline{\mathfrak{M}P}$. Gliedpunkt $A$ von $b$ $\left(\overline{AB} = \mathfrak{R},\ \overline{PB} = m;\ PB \perp AB\right)$ beschreibt die Archimedische Spirale $\gamma_A$ von der Gleichung

$$\bar{r} = m - \mathfrak{R}\varphi = \left(m + \frac{\mathfrak{R}\pi}{2}\right) - \mathfrak{R}\varphi_{\mathrm{I}} = m_{\mathrm{I}} - \mathfrak{R}\varphi_{\mathrm{I}}$$

Nach Gl.(120) ist $\delta = - \Re$ und wegen $\sin \psi = \Re/r$ nach Gl.(132)

$$\left(\frac{1}{r} - \frac{1}{\mathfrak{r}}\right)\frac{\Re}{r} = - \frac{1}{\Re}$$

$$\mathfrak{r} = \frac{\Re^2 r}{\Re^2 + r^2} \qquad \varrho = \overline{\mathfrak{A}A} = \frac{r^3}{\Re^2 + r^2} \qquad\qquad (142\,\mathrm{a, b})$$

b) Da Krümmungsmittelpunkt $\mathfrak{B}$ von $B$ auf $PT$ nach $P$ fällt, ist Viergelenkgetriebe $\mathfrak{B}BA\mathfrak{A}$ mit Koppel $b$ Ersatzgetriebe für angenäherte Erzeugung von Kreisevolventen.  Abb. 62 zeigt das Getriebe in einer Nachbarstellung $\mathfrak{B}B''A''\mathfrak{A}$ (gestrichelt).

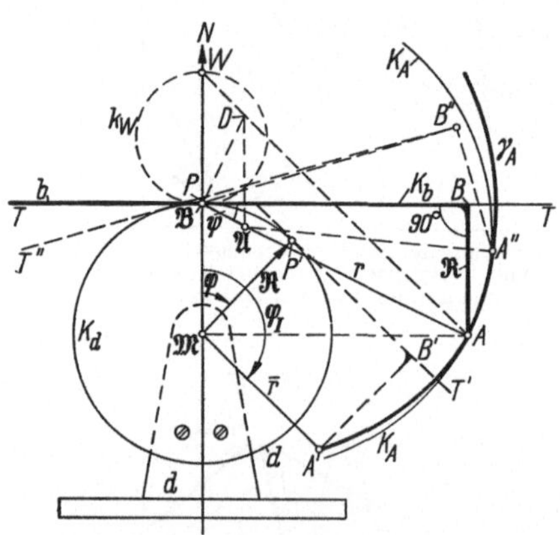

Abb. 62.  $A$ von Zahnstange $b$, rollend auf Rad $K_d$ von $d$ beschreibt eine Archimedische Spirale. Konstruktion des Krümmungsmittelpunktes $\mathfrak{A}$ von $A$.

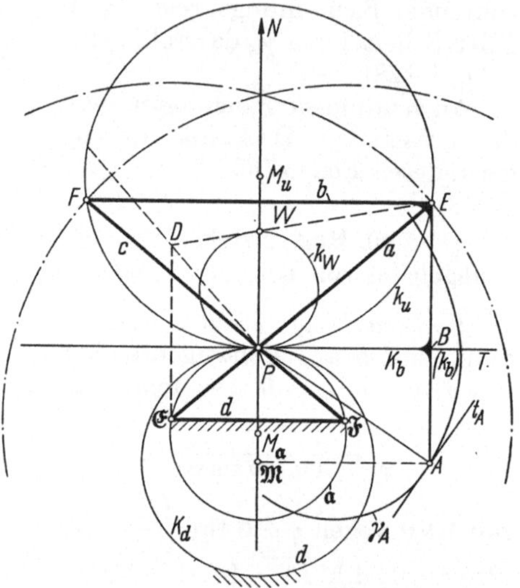

Abb. 63. Abrollen von $K_b$ auf $K_d$ wie in Abb. 62. Ersatzgetriebe $\mathfrak{E}EF\mathfrak{F}$ mit $E$ und $F$ auf der sog. Kreisungspunktkurve $k_u$. Angenäherte getriebliche Erzeugung von Evolventenbögen, z. B. der von $A$ beschriebenen Archimedischen Spirale $\gamma_A$.

c) Besonders gut angenäherte Evolventenerzeugung wird nach Abb. 63 erhalten, wenn die Krümmungskreise zu Punkten $E$ und $F$ des Gliedes $b$ so angenommen werden, daß sie auf dem Kreis $k_u$ mit Mittelpunkt $M_u$ auf der Polnormalen $PN$ liegen, wobei $\overline{M_u P} = 1{,}5\ \Re$ ($k_u$ ist die sog. *Kreisungspunktkurve* ([2b], S.116).

Die Krümmungsmittelpunkte $\mathfrak{E}$ und $\mathfrak{F}$ liegen dann auf dem Kreis $\mathfrak{a}$ um $M_\mathfrak{a}$ mit Halbmesser $\overline{M_\mathfrak{a} P} = 0{,}75\ \Re$; „$\mathfrak{a}$" ist ein Sonderfall der sog. „*Angelpunktkurve*" ([2b], S.118).

## 32. Die Schleppkurve

Da die bewegte Polkurve $k_b$ der Schleppkurve $s$ nach Nr. 19 (Abb.43) eine Gerade mit $\Re = \infty$, so folgt nach Gl.(122a, b) aus der Gl.(116a, b) von $k_d$

$$x = x_0 + l \ln\left(\frac{\operatorname{tg}\dfrac{\varphi}{2}}{\operatorname{tg}\dfrac{\varphi_0}{2}}\right) \qquad y = \frac{l}{\sin\varphi}$$

für die Polwechselgeschwindigkeit

$$u_x = \frac{l\,\omega}{\sin\varphi} \qquad\qquad u_y = - \frac{l\,\omega\cos\varphi}{\sin^2\varphi}$$

$$u = \frac{l\,\omega}{\sin^2\varphi} \quad \text{also} \quad \delta = \frac{u}{\omega} = \frac{l}{\sin^2\varphi} \qquad\qquad (143)$$

und nach Gl. (133) für den Krümmungshalbmesser $R$ der ruhenden Polkurve $k_d$

$$\frac{1}{\delta} = \frac{1}{R} - \frac{1}{\infty} \qquad R = \delta = \frac{l}{\sin^2 \varphi} \qquad (134\,\mathrm{a})$$

## 33. Kinematik des Rollpendels

Das Pendel $b$, abrollend mit $k_b$ vom Halbmesser $R = \overline{MP}$ in $k_d$ vom Halbmesser $\mathfrak{R} = \overline{\mathfrak{M}P}$, hat seinen Schwerpunkt $S$ im Abstand $\overline{PS} = r$ (Abb.64). Schwerpunktsbewegung ist für kleine Schwingungen ersetzbar durch Bewegung auf Krümmungskreis $K_s$ vom Halbmesser $\varrho = \overline{S\mathfrak{S}} = \mathfrak{r} - r$ mit $\overline{P\mathfrak{S}} = \mathfrak{r}$. Nach Euler-Savary ist

$$\left(\frac{1}{r} - \frac{1}{\mathfrak{r}}\right) \sin 90° = \frac{1}{\delta} = \frac{1}{R} - \frac{1}{\mathfrak{R}}$$

$$\mathfrak{r} = \frac{r\,\delta}{\delta - r}$$

also

$$\varrho = \frac{r^2}{\delta - r} \qquad (144)$$

Die „*dynamisch*" nach $S$ „*reduzierte*" Masse $m^*$ ([*18*], S. 675), bewegt mit $v_s = r\omega$ um $P$, besitzt die kinetische Energie

$$\frac{m^*}{2}(r\,\omega)^2 = \frac{m}{2}(r\,\omega)^2 + \frac{m\,i_s^2}{2}\,\omega^2$$

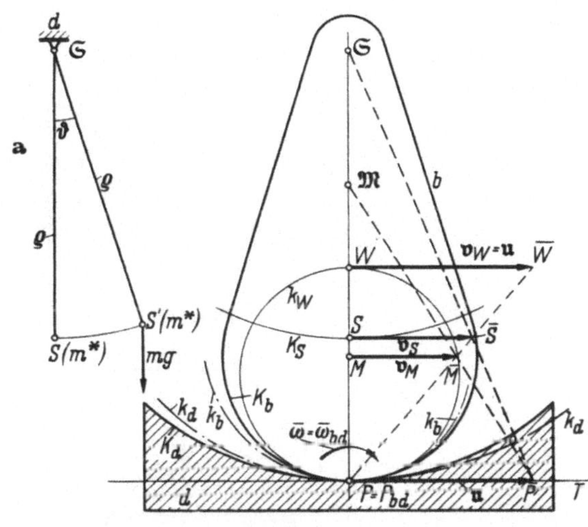

Abb. 64. Rollpendel. Kinematische Grundlagen unter Benutzung der Krümmungskreise $K_d$, $K_b$ der Polkurven $k_d$ bzw. $k_b$. $\mathfrak{S}$ Krümmungsmittelpunkt der vom Schwerpunkt $S$ beschriebenen Kurve $k_S$.

a) Ersatzpendel mit der nach $S$ reduzierten Masse $m^*$ und der Pendellänge $\varrho = \overline{\mathfrak{S}S}$.

wenn $m$ die Masse von $b$ und $i_s$ den Trägheitshalbmesser für die Achse durch $S$ bedeuten; also

$$m^* = m\,\frac{(r^2 + i_s^2)}{r^2} = m + m\left(\frac{i_s}{r}\right)^2 \qquad (145)$$

Nach Abb. 64a gilt für kleine Schwingungen

$$m^*\varrho^2\,\ddot{\vartheta} = -m\,g\,\varrho\,\vartheta \qquad (146)$$

$$\ddot{\vartheta} + \frac{g(\delta - r)}{r^2 + i_s^2}\,\vartheta = 0 \qquad (147)$$

Also Schwingungsdauer

$$T = 2\pi\sqrt{\frac{r^2 + i_s^2}{(\delta - r)g}} = 2\pi\sqrt{\frac{\lambda}{g}} \qquad (148)$$

und reduzierte Pendellänge

$$\lambda = \frac{r^2 + i_s^2}{\delta - r} = \boxed{\varrho + \frac{i_s^2}{\delta - r}} \qquad (149)$$

## 34. Kinematik und Dynamik des Koppelpendels

Bei dem in Abb. 65 dargestellten Koppelpendel ist die Pendellinse $L$ mit Schwerpunkt $S$ an der Koppel $b = \overline{AB}$ eines Viergelenkgetriebes $\mathfrak{A}AB\mathfrak{B}$ mit $\overline{\mathfrak{A}A} = \overline{\mathfrak{B}B} = a$, $\overline{\mathfrak{A}\mathfrak{B}} = d$ angeordnet. Das Viergelenkgetriebe befindet sich in der symmetrischen Vierecklage (gleichschenkliges Trapez).

*Gesucht.* Wendekreisdurchmesser $\delta$, Krümmungshalbmesser $\varrho = \overline{S\mathfrak{S}}$ der Koppelkurve $\gamma_s$ des Schwerpunktes $S$ aus $\overline{PS} = r$ und reduzierte Pendellänge $\lambda$, wenn nur die Masse $m$ der Linse $L$ berücksichtigt wird.

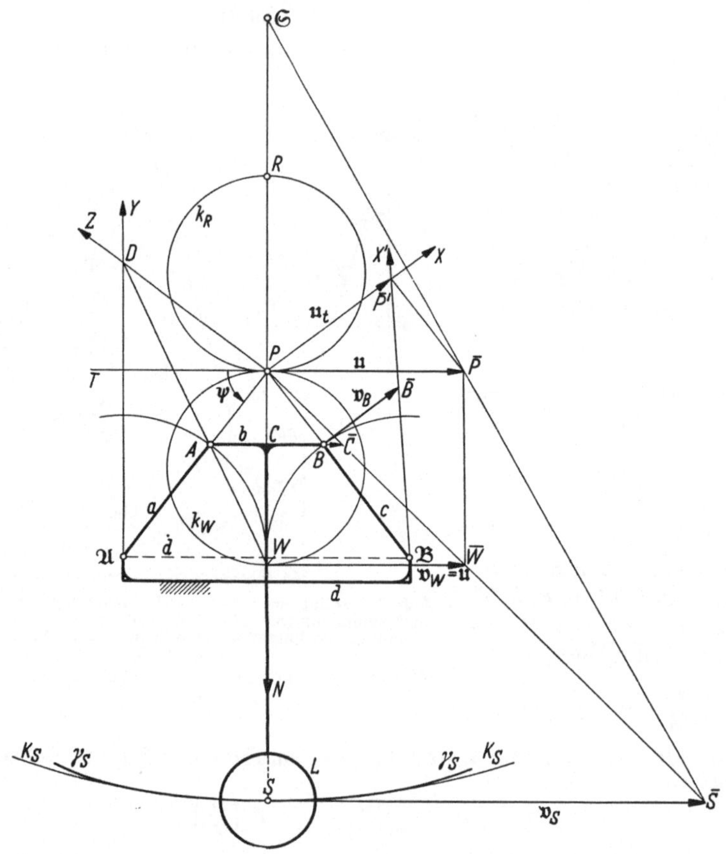

Abb. 65. Koppelpendel mit der Pendellinse $L$ an der Koppel $b$ eines Viergelenkgetriebes spezieller Abmessungen.

Mit $\psi = \sphericalangle\, TPA$, $\overline{PA} = \dfrac{b}{2\cos\psi}$, $\overline{P\mathfrak{A}} = a + \dfrac{b}{2\cos\psi}$ und $\cos\psi = \dfrac{(d-b)}{2a}$ folgt nach Gl. (132)

$$\left(\frac{2\cos\psi}{b} - \frac{2\cos\psi}{2a\cos\psi + b}\right)\sin\psi = \frac{1}{\delta}$$

$$\delta = \frac{2a^2 b d}{(d-b)^2 \sqrt{4a^2 - (d-b)^2}} \tag{150}$$

Mit $\overline{P\mathfrak{S}} = \mathfrak{r}$ und $\overline{PS} = r$ gilt ferner

$$\frac{1}{r} - \frac{1}{\mathfrak{r}} = \frac{1}{\delta} \qquad \mathfrak{r} = \frac{r\,\delta}{\delta - r}$$

Im Zahlenbeispiel von Abb. 65 ist $\delta = \overline{PW} < \overline{PS}$, also $\mathfrak{r}$ negativ und

$$\varrho = r + (-\mathfrak{r}) = -\frac{r^2}{\delta - r} = \frac{r^2}{r - \delta} \tag{151}$$

Analog Gl. (149) folgt unter Beachtung des Vorzeichens von r für

$$\lambda = \frac{r^2 + i_s^2}{r - \delta} \tag{152}$$

In Abb. 65 ist der Wendepol $W$ nach *Bobilliers Satz* ermittelt: $PZ \perp A\varGamma$, $\mathfrak{A}Y \perp PT$, Schnittpunkt $D$; Gerade durch $D$, $A$ schneidet $PN$ im Wendepol $W$.

*Kontrolle nach Hartmann.* Wähle $v_B = B\overline{B}$, $PX \perp \mathfrak{B}P$, $\mathfrak{B}X'$ Gerade durch $\mathfrak{B}$, $\overline{B}$ und $\overline{P'}\overline{P} \perp PX$; $P\overline{P} = \mathfrak{u} =$ Polwechselgeschwindigkeit. Als weitere Kontrolle dient $v_W = W\overline{W} = \mathfrak{u}$.

Andere getriebetechnische Anwendungen des symmetrischen Viergelenkgetriebes $\mathfrak{A}AB\mathfrak{B}$ nach Abb. 65 in ([2b], S. 150).

## 35. Das Blattfedergelenk

Das Blattfedergelenk der Abb. 66a bestehe aus der bei $O$ im Gestell $d$ eingespannten Blattfeder $f$ von der Länge $l$ und dem mit ihr am oberen Ende fest-

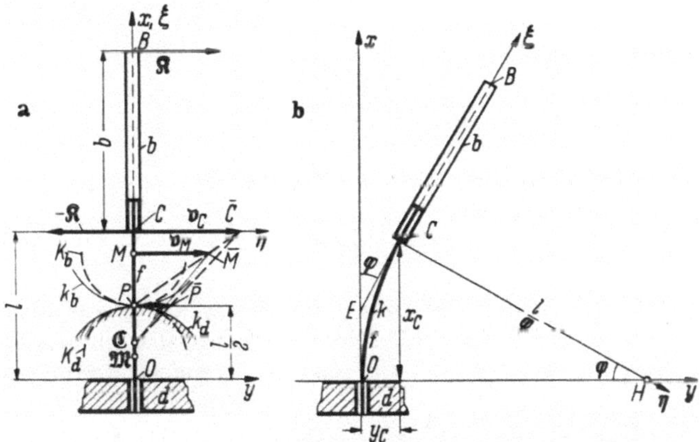

Abb. 66a u. b. Blattfedergelenk in Ausgangsstellung mit Polkurven $k_d$, $k_b$ für die Bewegung von $b$ gegen $d$. Konstruktion des Krümmungsmittelpunktes $\mathfrak{C}$ von $C$ des Gliedes $b$, b) Blattfedergelenk in ausgelenkter Stellung.

verbundenen „starren" Getriebeglied $b = \overline{CB}$. An ihm greife ein Kräftepaar $(\mathfrak{K}, -\mathfrak{K})$ vom Moment $M = Kb$ an, unter dessen Einwirkung ($M =$ Biegungsmoment $M_b$) wegen

$$\frac{EI}{\varrho} = M_b \tag{153}$$

die elastische Linie (Abb. 66b) die Form des Kreises $k$ vom Mittelpunkt $H$ und Halbmesser $EI/M_b = \varrho$ besitzt. Das starre Glied $b$ ist aus der Ausgangslage (Abb. 66a) in die Lage $\overline{CB} = b$ von Abb. 66b gelangt und bildet mit der $+ x$-Achse des im Gestell $d$ angeordneten $xy$-Systems den Winkel $xEC = \varphi$. Aus $\overline{CH} \perp \overline{CB}$, $\sphericalangle CHO = \varphi$ und Kreisbogen $\widehat{OC} = l$ folgt

$$\overline{CH} = \varrho = \frac{l}{\varphi} \tag{154}$$

also

$$x_C = \frac{l}{\varphi} \sin \varphi \qquad y_C = \frac{l}{\varphi} - \frac{l}{\varphi} \cos \varphi \tag{155a, b}$$

und

$$\frac{dx_C}{d\varphi} = \frac{l \cos \varphi}{\varphi} - \frac{l \sin \varphi}{\varphi^2} \qquad \frac{dy_C}{d\varphi} = -\frac{l}{\varphi^2} + \frac{l \sin \varphi}{\varphi} + \frac{l \cos \varphi}{\varphi^2} \tag{156a, b}$$

Die Gleichung der *ruhenden Polkurve* $k_d$ für die Bewegung von $b$ gegen $d$ ist nach Gl. (110) unter Beachtung der Gln. (155), (156)

$$x = \frac{l}{\varphi^2} (1 - \cos\varphi) \tag{157a}$$

$$y = \frac{l}{\varphi^2} (\varphi - \sin\varphi) \tag{157b}$$

Für die *bewegte Polkurve* $k_b$ bezüglich des $\xi$-$\eta$-Systems folgt

$$\xi = \frac{l}{\varphi^2} (\cos\varphi - 1) \qquad \eta = \frac{l}{\varphi^2} (\varphi - \sin\varphi) \tag{158a, b}$$

Für kleine Winkel $\varphi$ kann $\sin\varphi \sim \varphi - \varphi^3/6$ und $\cos\varphi \sim (1 - \varphi^2/2 + \varphi^4/24)$ gesetzt werden. Die ruhende Polkurve $k_d$ hat dann die Näherungsgleichung

$$x = \frac{l}{2} \left(1 - \frac{\varphi^2}{12}\right) \qquad y = \frac{l\varphi}{6} \tag{159}$$

oder nach Elimination von $\varphi$

$$y^2 = -\frac{2l}{3} \left(x - \frac{l}{2}\right) \tag{160}$$

Die bewegte Polkurve $k_b$ hat die Näherungsgleichung

$$\eta^2 = \frac{2l}{3} \left(\xi + \frac{l}{2}\right) \tag{161}$$

Abb. 66a zeigt diese beiden *Parabeln* in der Mittellage $y = 0$ mit den Scheiteln $(l/2 \mid 0)$ und $(-l/2 \mid 0)$ für $k_d$ bzw. $k_b$. Die Krümmungshalbmesser dieser Kurven im Scheitel $P$ sind: $\mathfrak{R} = -l/3$, $R = l/3$, also der *Wendekreisdurchmesser*

$$\frac{1}{\delta} = \frac{1}{R} - \frac{1}{\mathfrak{R}} = \frac{1}{\left(\dfrac{l}{3}\right)} - \frac{1}{\left(-\dfrac{l}{3}\right)} = \frac{6}{l} \qquad \delta = \frac{l}{6}$$

Mit

$$\overline{CP} = \frac{l}{2} \qquad \delta = \frac{l}{6} \qquad \psi = 90°$$

folgt nach Gl. (132)

$$\frac{1}{\left(\dfrac{l}{2}\right)} - \frac{1}{\mathfrak{r}} = \frac{6}{l} \qquad \mathfrak{r} = \overline{P\mathfrak{C}} = -\frac{l}{4}$$

d. h. $C$ und $\mathfrak{C}$ liegen auf verschiedener Seite von $P$, dem Mittelpunkt von $\overline{OC}$. Der Krümmungshalbmesser $\varrho_C$ der von $C$ des Gliedes $b$ beschriebenen Kurve $\gamma_C$ ist also

$$\varrho_C = \frac{3}{4} l \tag{162}$$

### 36. Das Kreuzfedergelenk

Das in Abb. 67 dargestellte *Kreuzfedergelenk*, gebildet aus dem Gestell $d$, den Blattfedern $f_1$ und $f_2$ und der Koppel $b = \overline{C_1 C_2}$ ist nach den Ergebnissen von Nr. 35 durch das Viergelenkgetriebe $\mathfrak{C}_1 C_1 C_2 \mathfrak{C}_2$ ersetzbar, wobei $\overline{\mathfrak{C}_1 C_1} = 3\,l/4$, $\overline{\mathfrak{C}_2 C_2} = 3\,l/4$. Momentanpol $P = P_{bd}$ ist Schnittpunkt von $\mathfrak{C}_1 C_1$ mit $\mathfrak{C}_2 C_2$. Mit

$\sphericalangle\, C_2 C_1 O_1 = \sphericalangle\, C_1 C_2 O_2 = \sphericalangle\, C_2 PT = \psi$ folgt nach der EULER-SAVARYschen Gleichung

$$\left( \frac{1}{\dfrac{b}{2}\Big/ \cos\psi} + \frac{1}{\dfrac{3l}{4} - \dfrac{b}{2}\Big/\cos\psi} \right) \sin\psi = \frac{1}{\delta}$$

$$\delta = b\,\frac{(3\,l\cos\psi - 2\,b)}{6\,l\sin\psi\cos^2\psi} \tag{163}$$

*Sonderfälle*

a) *Senkrecht kreuzende Federn* $\psi = 45°$, also $b = (l/2)\,\sqrt{2}$; dann

$$\delta = \frac{l\sqrt{2}}{6} \qquad \mathfrak{R} = R = \frac{l\sqrt{2}}{3} \tag{164}$$

b) $3\,l\cos\psi - 2\,b = 0$, also $\delta = 0$ und $\overline{PC_1} = \overline{PC_2} = (3/4)\,l$. Alle Punkte von Koppel $b$ haben Krümmungskreise mit gemeinsamem Mittelpunkt in $P$, werden

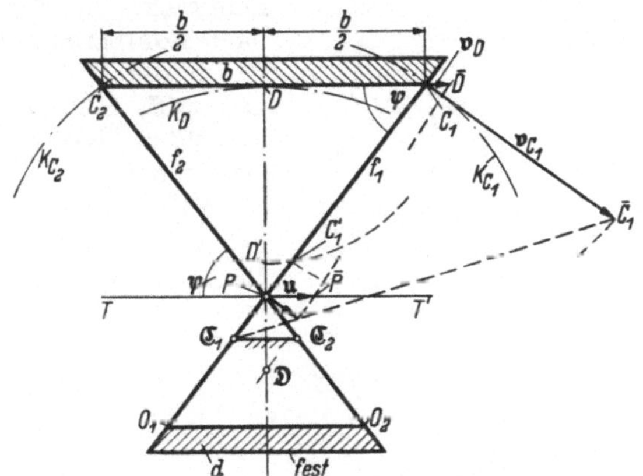

Abb. 67. Kreuzfedergelenk. Ersatz durch Viergelenkgetriebeanordnung.

also in dem der entspannten Ruhelage infinitesimal benachbarten Bewegungsgebiet wie bei einem Drehgelenk geführt.

## F. Hüllkurve und Hüllbahn

### 37. Allgemeines. Bezeichnungen

Eine im Getriebeglied $b$ angeordnete *Hüllkurve* $h_k$ erzeugt bei der ebenen Bewegung von $b$ gegenüber dem Gestell $d$ in $d$ eine „*Umhüllende*" (*Enveloppe*), die im folgenden „*Hüllbahn*" $h_b$ genannt werden soll. Hüllkurve $h_k$ im bewegten Glied $b$ und Hüllbahn $h_b$ im ruhenden Glied $d$ haben also in jeder Getriebestellung jeweils einen gemeinsamen Berührungspunkt, der als Punkt von $h_k$ mit $H_k$ und als Punkt von $h_b$ bzw. $d$ mit $H_b$ bezeichnet werden soll. Die gemeinsame Tangente sei *Hüllbahntangente* ($h_b$) genannt. *Folgende Sätze* sind ohne weiteres einleuchtend:

a) *Momentanpol* $P = P_{b\,d}$ liegt auf der Hüllbahnnormale $n$.

b) Geschwindigkeit $v_{H_k} = H_k\overline{H}_k$ des „*Gleitpunktes*" $H_k$ liegt in der Hüllbahntangente ($h_b$).

c) In jeder Getriebestellung ist Berührungspunkt $H_b$ auf $h_b$ der Schnittpunkt derjenigen durch $P$ gelegten Geraden, die $h_K$, also auch $h_b$ orthogonal schneidet.

d) Im Sonderfall, bei dem als Hüllkurve $h_K$ eine Gerade gewählt wird, ist $H_b$ der Fußpunkt des von $P$ auf die Gerade $h_K$ gefällten Lotes.

e) Der Krümmungsmittelpunkt $\mathfrak{H}_k$ des Punktes $H_K$ von $h_k$ und der Krümmungsmittelpunkt $\mathfrak{H}_b$ des Punktes $H_b$ von $h_b$ liegen auf der Normalen zu der Hüllkurventangente $(h_k)$ bzw. der mit ihr jeweils zusammenfallenden Hüllbahntangente $(h_b)$.

In Abb. 68 sind am bewegten Getriebeglied $b$ gegeben: Poltangente $PT$ und Wendepol $W$ auf der Polnormale $PN$, Hüllkurve $h_k$ mit Krümmungsmittelpunkt $\mathfrak{H}_k$ von $h_k$ des Krümmungskreises $K_{H_k}$ in $H_k$, ferner $v_{H_k} = H_k \overline{H}_k$ (in der Figur von der Länge $\overline{PH}_k$. Gesucht wird Krümmungsmittelpunkt $(\mathfrak{H}_k)$ von $\mathfrak{H}_k$. Senkrechte in $P$ zu $P\mathfrak{H}_k$ schneidet nach Bobillier $W\mathfrak{H}_k$ in $D$. Das von $D$ auf die Poltangente $PT$ gefällte Lot trifft Hüllkurvennormale $n$ im gesuchten Krümmungsmittelpunkt $(\mathfrak{H}_k)$ von $\mathfrak{H}_k$.

Abb. 68 zeigt noch die Ermittlung von $(\mathfrak{H}_k)$ nach dem Hartmannschen Verfahren aus $v_{\mathfrak{H}_k}$ und $u_l = P\overline{P}'$.

Abb. 68. Hüllkurve $h_k$ und Hüllbahn $h_b$. Krümmungshalbmesser der Hüllbahn. Hüllkurve $h'_k$ eine Gerade. Krümmungsmittelpunkt der dazugehörigen Hüllbahn auf dem Rückkehrkreis $k_R$.

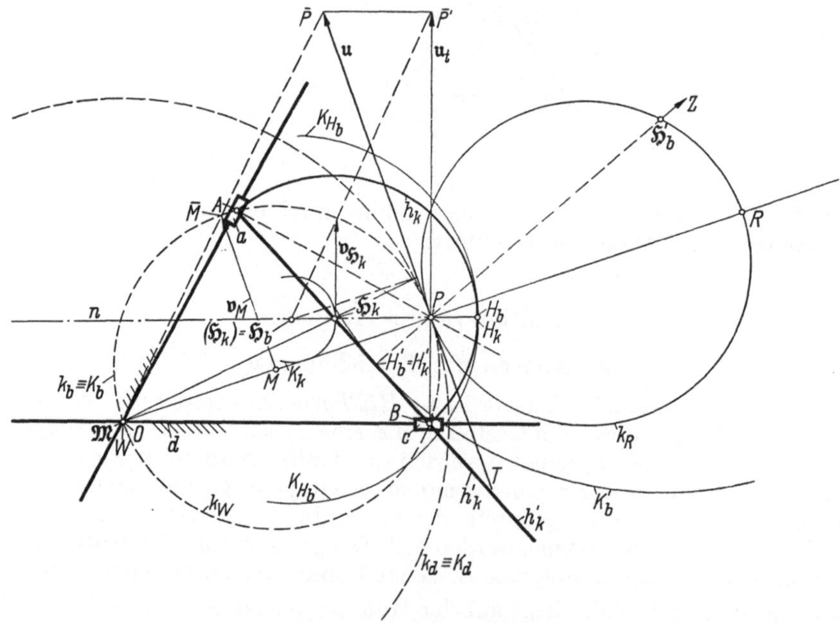

Abb. 69. Anwendung der theoretischen Grundlagen von Abb. 68 auf Hüllkurven der Koppel eines schiefwinkligen Kreuzschleifengetriebes.

Dreht man bei kinematischer Umkehrung Glied $d$ gegen $b$ um $P$, also mit gleichgroßer, aber entgegengesetzt drehender Winkelgeschwindigkeit $(-\overline{\omega})$, so ist der Krümmungsmittelpunkt der von $(\mathfrak{H}_k) = \mathfrak{H}_b$ des Gliedes $d$ beschriebenen Bahnstelle der Punkt $\mathfrak{H}_k$.

Hieraus ist folgender *Satz* erkennbar:

*Der Krümmungsmittelpunkt $\mathfrak{H}_b$ in $H_b$ der von der Hüllkurve $h_k$ erzeugten Hüllbahn $h_b$ ist mit dem Krümmungsmittelpunkt $(\mathfrak{H}_k)$ derjenigen Bahnstelle identisch, die als Punktbahn vom Krümmungsmittelpunkt $\mathfrak{H}_k$ der Hüllkurve $h_k$ in d erzeugt wird.*

**Beispiel.** Koppelbewegung von $b = \overline{AB}$ des *Scharkreuzschleifengetriebes* (Abb. 69).

Als Hüllkurve sei der Halbkreis $h_K$ über $\overline{AB}$ als Durchmesser gewählt. Pol $P$ und Polkurven $k_b$, $k_d$ sind gemäß Abb. 48 als die Kardankreise $K_b$ und $K_d$ bekannt. Die durch $\mathfrak{H}_k$ $(A\,\mathfrak{H}_k = \mathfrak{H}_k B)$ und $P$ gelegte Gerade (Hüllkurvennormale) $n$ schneidet $h_K$ in $H_K$, dem Berührungspunkt von Hüllkurve $h_k$ mit Hüllbahn $h_b$.

$\mathfrak{H}_k$ von $b$ beschreibt in $d$ die Koppelkurve (Ellipse) $\gamma_k$. Der Mittelpunkt $(\mathfrak{H}_k)$ des Krümmungskreises $K_k$ von $\gamma_k$ wird entweder mit Hilfe von $\mathfrak{v}_{\mathfrak{H}_k}$ und $\mathfrak{u} = P\overline{P}$ oder nach dem Verfahren von Abb. 57 gefunden. In Abb. 69 ist beides durchgeführt.

### 38. „Gerade" als Hüllkurve. Der Rückkehrkreis

Die Ermittlung von $\mathfrak{H}_b$ als $(\mathfrak{H}_k)$ führt, da $\mathfrak{H}_k$ auf der in $H_k$ zu $h_k$ errichteten Senkrechten $n$ im Unendlichen liegt, zu der Aufgabe, die Lage des Krümmungsmittelpunktes $\mathfrak{A}$ zu finden, der zu dem unendlich fernen Gliedpunkt $A$ eines unter $\psi$ gegen die Poltangente $PT$ geneigten Polstrahles gehört.

In Gl. (132) ist $\overline{PA} = r = \infty$ zu setzen und $\mathfrak{r}$ zu berechnen.

$$\left(\frac{1}{\infty} - \frac{1}{\mathfrak{r}}\right)\sin\psi = \frac{1}{\delta}$$

$$\mathfrak{r} = -\delta\sin\psi \qquad (165)$$

Der durch Gl. (165) dargestellte Kreis $k_R$, der sog. *Rückkehrkreis*, vom Durchmesser $\overline{PR} = \delta$ ist das Spiegelbild des Wendekreises $k_W$ bezüglich der Poltangente $PT$; Punkt $R$ heißt der *Rückkehrpol* (Abb. 68).

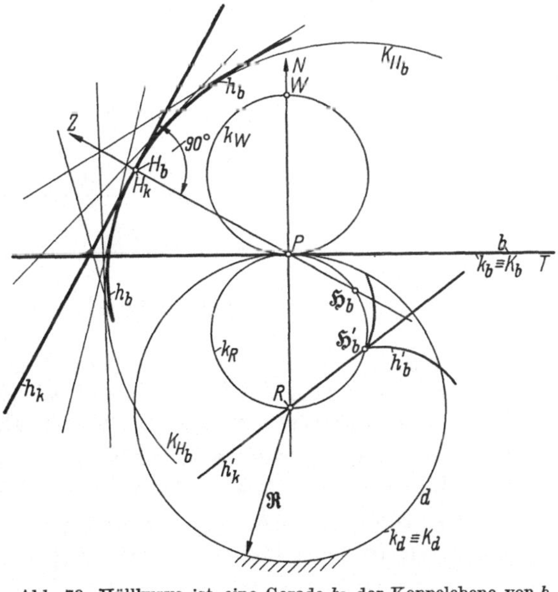

*Ergebnis.* Die von einer Geraden $h_k'$ als Hüllkurve erzeugte Hüllbahn $h_b'$ berührt $h_k'$ im Fußpunkt $H_b'$ des von $P$ auf $h_k'$ gefällten Lotes $n'$ und besitzt ihren Krümmungsmittelpunkt $\mathfrak{H}_b'$ im Schnittpunkt dieses Lotes mit dem Rückkehrkreis $k_R$ (Abb. 68).

Abb. 70. Hüllkurve ist eine Gerade $h_k$ der Koppelebene von $b$, abrollend mit $k_b = K_b$ auf Kreis $K_d$ des Gestells $d$. Sonderfall Hüllgerade $h_k'$ als Gerade von $b$ durch Rückkehrpol $R \equiv \mathfrak{M}$.

*Sonderfall. Geht die „Hüllgerade" $h_k''$ insbesondere durch den Rückkehrpol $R$, so besitzt die dazugehörige Hüllbahn $h_b''$ im Schnittpunkt $\mathfrak{H}_b''$ von $h_k''$ mit $k_R$ einen Rückkehrpunkt (Spitze). Dies ist der Grund für die Bezeichnung von $k_R$ als Rückkehrkreis.*

**Beispiel 1.** Hüllkurve eine beliebige Gerade, z. B. $h_k'$ durch $A$, $B$ von Abb. 69, Polstrahl $PZ \perp h_k'$ schneidet $h_k'$ in $H_b' = H_K'$ und $k_R$ in $\mathfrak{H}_b'$, dem Mittelpunkt des Krümmungskreises $K_b'$ von $h_b'$ in $H_b'$.

**Beispiel 2. Abwälzstoßen durch Abrollen eines zahnstangenförmigen Werkzeuges.** Abb. 70 zeigt theoretische Grundlagen dieses Verfahrens der Stirnrad-

Fertigung. Zahnstange (Glied $b$) rollt auf Rad $d$; Gerade $h_k$ in $b$ (geradlinige Werkzeugflanke) liefert Hüllbahn $h_b$ in $d$. Polstrahl $PZ \perp h_k$ (Hüllbahnnormale $n$) schneidet $h_K$ in $H_b$ und $k_R$ im Krümmungsmittelpunkt $\mathfrak{H}_b$ des Krümmungskreises $K_{H_b}$ von $h_b$ in $H_b$. Rückkehrkreis $k_R$ ist der über $\overline{P\mathfrak{M}}$ als Durchmesser geschlagene Kreis, da $\mathfrak{R} = \overline{\mathfrak{M}P}$, $R = \infty$, $1/\delta = 1/\infty - 1/\mathfrak{R}$; $\delta = -\mathfrak{R}$.

**Beispiel 3. Hüllgerade $h'_k$ durch Rückkehrpol $R$.** Hüllbahn $h'_b$ (Abb. 70) hat in $\mathfrak{H}'_b = k_R \times h'_k$ einen Rückkehrpunkt.

*Hinweise.* Wird eine Gerade $g_b$ des Gliedes $b$ getrieblich so geführt, daß sie stets durch einen im Gestell fest angeordneten Punkt $G$ geht, so ist $G$ ein Punkt des Rückkehrkreises $k_R$. *Beispiel* (Abb. 52): $A$ von $b$ liegt auf $k_R$ mit Rückkehrpol $R$ auf $AC$; $B$ von $b$ ist Punkt von $k_W$ und *Wendepol* $W$ auf $OB$; $R$ und $W$ sind auf den Geraden durch $A$, $C$ und $O$, $B$ so zu finden, daß $W$, $P$, $R$ auf einer Geraden durch $P$ und $\overline{PW} = \overline{PR}$, also $PH \parallel AG$ und $\overline{HW} = \overline{GH}$.

## G. Geschwindigkeitsermittlung in ebenen Getrieben

### 39. Geschwindigkeiten zweier Punkte $A$ und $B$ desselben Getriebegliedes

Mit $\overline{\omega} = \overline{\omega}_{b\,d}$ und $\overrightarrow{PA} = \mathfrak{r}_A$, $\overrightarrow{PB} = \mathfrak{r}_B$ der Punkte $A$, $B$ des Gliedes $b$ von Abb. 12 folgt nach Gl. (6)

$$v_B = [\overline{\omega}\,\mathfrak{r}_B] \qquad v_A = [\overline{\omega}\,\mathfrak{r}_A] \tag{166 a, b}$$

also

$$v_B - v_A = [\overline{\omega},\ \mathfrak{r}_B - \mathfrak{r}_A] = \left[\overline{\omega}\,\overrightarrow{AB}\right]$$

$$\boxed{v_B = v_A + v_{BA}} \tag{167}$$

mit

$$v_{BA} = \left[\overline{\omega}\,\overrightarrow{AB}\right] \qquad v_{BA} \perp AB \tag{168}$$

und

$$\omega = |\overline{\omega}| = |\overline{\omega}_{b\,d}| = \frac{v_{BA}}{\overline{AB}} \tag{169}$$

Der Vektor $v_{BA}$ (lies $v$, $B$ um $A$) ist die Geschwindigkeitskomponente von $v_B$, mit der sich $B$ um $A$ dreht, *und zwar mit der gleichen Winkelgeschwindigkeit* $\overline{\omega} = \overline{\omega}_{b\,d}$, *die $b$ gegenüber dem Gestell $d$ besitzt*, also um die durch $A$ gelegte und zu $k_{b\,d}$ parallele Achse $k_A$, senkrecht zur Ebene von Abb. 71; $v_{BA}$ ist senkrecht auf $\overline{AB}$.

Gl. (167) wird zweckmäßig im sog. *„Geschwindigkeitsplan"* (Abb. 71a) verwirklicht mit $v_A = \overrightarrow{oa}$, $v_B = \overrightarrow{ob}$, $v_{BA} = \overrightarrow{ab}$ und $\overline{ab} \perp \overline{AB}$.

Für einen dritten Gliedpunkt $C$ von $b$ gilt entsprechend

$$v_C = v_A + v_{CA} \qquad v_C = v_B + v_{CB}$$

$$\overrightarrow{oc} = \overrightarrow{oa} + \overrightarrow{ac} \qquad \overrightarrow{oc} = \overrightarrow{ob} + \overrightarrow{bc}$$

mit

$$\overline{ac} \perp \overline{AC} \qquad \overline{bc} \perp \overline{BC}$$

### 40. Gedrehte Geschwindigkeiten. Geschwindigkeitsplan. Sätze von Burmester und Mehmke

*Folgerungen aus den Verfahren von Abb. 71*

*Satz von Mehmke.* $\triangle abc \sim \triangle ABC$ (Abb. 71a).

*Satz von Burmester.* $\triangle \overline{A}\,\overline{B}\,\overline{C} \sim \triangle ABC$ (Abb. 71).

In beiden Fällen ist auf die „*gleichsinnige*" Ähnlichkeit der betreffenden Dreieckspaare zu achten. Durchläuft man z. B. $\triangle\,abc$ von $a$ über $b$ nach $c$ und $\triangle\,ABC$ von $A$ über $B$ nach $C$, so muß in beiden Fällen die Fläche dieser Dreiecke auf der gleichen Seite (z. B. in Abb. 71a zur Rechten) liegen.

*Praktische Hinweise.* Die ähnlichen Dreiecke $abc$, $\bar{A}\,\bar{B}\bar{C}$ werden zweckmäßig aus $\triangle\,ABC$ nach Abb. 71b ermittelt und dann an $\overline{ab}$ von Abb. 71a bzw. $\overline{\bar{A}\,\bar{B}}$ von Abb. 71 kongruent angefügt (ohne Umwendung!).

$$\overline{a_{\mathrm{I}}b_{\mathrm{I}}} = \overline{ab} \qquad b_{\mathrm{I}}c_{\mathrm{I}} \parallel BC \quad \text{und} \quad \overline{A_{\mathrm{I}}B_{\mathrm{I}}} = \overline{\bar{A}B_{\mathrm{I}}} = \overline{\bar{A}\,\bar{B}} \qquad B_{\mathrm{I}}C_{\mathrm{I}} \parallel BC$$

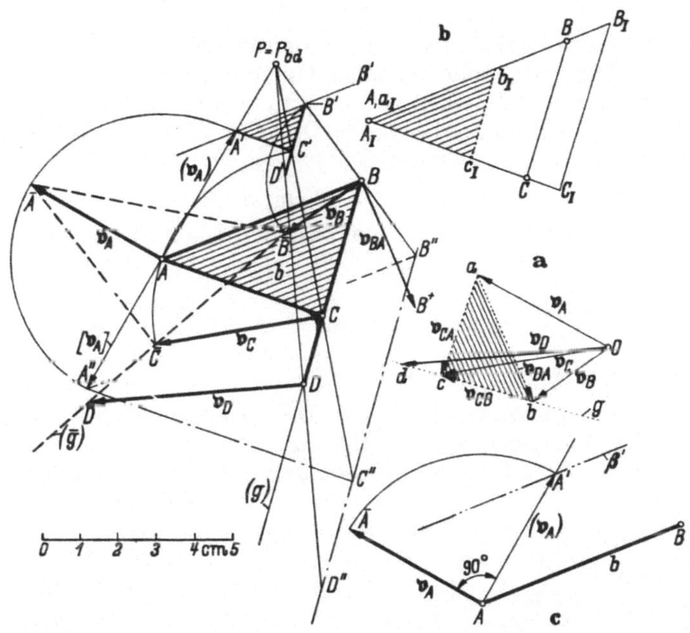


Abb. 71a, b u. c. Geschwindigkeitszustand des um den Momentanpol $P = P_{bd}$ drehenden Getriebegliedes $b$. Satz von Burmester: $\triangle\,\bar{A}\bar{B}\bar{C} \sim \triangle\,ABC$.
a) Geschwindigkeitsplan. Satz von Mehmke: $\triangle\,abc \sim \triangle\,ABC$, b) Hilfskonstruktion ähnlicher Dreiecke, c) gedrehte Geschwindigkeit $(v_A)$ von $v_A$.

Sind $B$, $C$, $D$ Punkte einer Geraden $(g)$ des Gliedes $b$, so bilden $\bar{B}$, $\bar{C}, \bar{D}$ und $b$, $c$, $d$, auf den Geraden $(\bar{g})$ bzw. $g$ *ähnliche Punktreihen*, z. B. $\overline{bd} : \overline{bc} = \overline{BD} : \overline{BC}$, $\bar{B}\,\bar{D} : \bar{B}\,\bar{C} = \overline{BD} : \overline{BC}$.

Beim *Verfahren der „gedrehten" Geschwindigkeiten* (nach Abb. 12 und 71) ist noch folgendes beachtenswert:

Hat $A$ von Glied $b$ die Geschwindigkeit $v_A = \overline{A\bar{A}}$ und die um 90° gedrehte Geschwindigkeit $(v_A) = \overrightarrow{A\bar{A}'}$, so liegt der Endpunkt $\bar{B}'$ der gedrehten Geschwindigkeit $(v_B)$ von Punkt $B$ desselben Getriebegliedes $b$ auf der durch $\bar{A}'$ zu $AB$ gezeichneten Parallelen $\beta'$. Ist Drehsinn von $v_A$ nach $(v_A)$ gewählt (z. B. Uhrzeigersinn), so ist dieser für die Geschwindigkeitsermittlung der gesamten getrieblichen Anordnung beizubehalten.

Für spezielle Aufgaben kann es zweckmäßig sein, beide Drehrichtungen zu benutzen, also $(v_A) = \overline{A\bar{A}'}$ und $[v_A] = \overline{A\bar{A}''}$ gleichzeitig zu zeichnen und bei kontinuierlicher Bewegung von $b$ gegen $d$ die geometrischen Örter $h'$, $h''$ der Punkte $\bar{A}'$ bzw. $\bar{A}''$ als „*Hodographen*" (Nr. 59 und [2b], S. 71) einzuführen.

**Zur besonderen Beachtung.** Ist $b$ ein gegen Gestell $d$ bewegtes Getriebeglied und sind $A$, $B$ zwei beliebige Punkte dieses Gliedes mit $v_A = A\overline{A}$ im Getriebeplan oder $v_A = \overrightarrow{oa}$, $v_B = \overrightarrow{ob}$ im Geschwindigkeitsplan, so ist die *Winkelgeschwindigkeit* $\omega_{bd}$, *also die von $b$ gegenüber dem Gestell $d$*, zu berechnen entweder aus

$$\omega_{bd} = \frac{v_A}{\overline{AP}} \qquad (170\,\text{a})$$

oder aus

$$\omega_{bd} = \frac{v_{BA}}{\overline{AB}} = \frac{\overline{ab}}{\overline{AB}} \qquad (170\,\text{b})$$

Zu Gl. (170a) folgt der Drehsinn von $\overline{\omega}_{bd}$ ohne weiteres aus der Anschauung, d. h. aus der Lage von Momentanpol $P$ bezüglich Gliedpunkt $A$.

Bei Benutzung von Gl. (170b) denkt man sich $v_{BA} = \overrightarrow{ab}$ als Pfeil $\overrightarrow{B\,B^+} = \overrightarrow{ab}$ in $B$ angetragen und betrachtet dann den Drehsinn dieses Pfeiles bezüglich $A$ als gedachten Drehpunkt.

**Beispiel** (Abb. 71). Annahme: $M_z = 10$ cm/m $\quad M_v = 2$ cm/msek$^{-1}$. Man entnimmt durch Abgreifen in „cm" der Figur $v_A = 3,95$ cm, $\overline{AP} = 6$ cm und $\overline{ab} = 3,7$ cm, $\overline{AB} = 5,6$ cm und findet:

$$\omega_{bd} = \frac{3,95/2}{6/10} = 3,3\,\text{sek}^{-1} \quad \text{oder} \quad \omega_{bd} = \frac{3,7/2}{5,6/10} = 3,3\,\text{sek}^{-1}$$

*Ergebnis.* $\overline{\omega}_{bd} = +\,3,3\,\text{sek}^{-1}$.

*Sonderfall.* Sind – abgesehen von den Dimensionsangaben – die Beträge der beiden Maßstäbe die gleichen, z. B. $M_z = \alpha$ cm/m, $M_v = \alpha$ cm/msek$^{-1}$, so wäre $\omega_{bd} = 3,95/6 = 0,66\,\text{sek}^{-1}$. In einem solchen Fall braucht also nur der Quotient der betreffenden und in „cm" abgegriffenen Strecken gebildet zu werden.

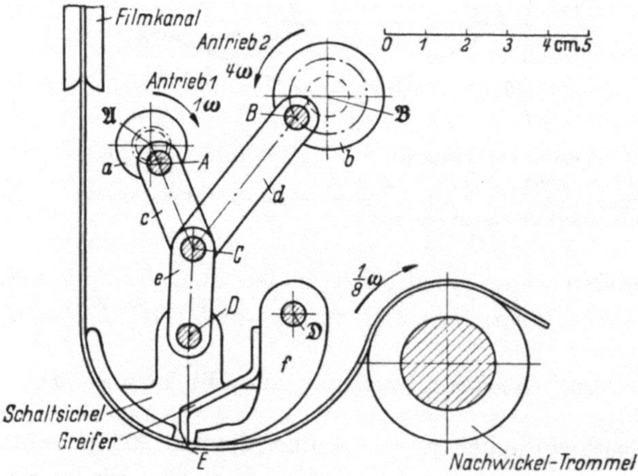

Ist für den allgemeinen Fall $M_z = \alpha$ cm/m und $M_v = \beta$ cm/msek$^{-1}$ gegeben, so kann auch der *Umrechnungsfaktor*

$$U_\omega = \frac{M_v}{M_z} = \frac{\beta}{\alpha}$$

benutzt, d. h. wie im Sonderfall verfahren und das Ergebnis durch $U_\omega$ dividiert werden.

**Beispiel.** $\omega_{bd} = (3,95/6):$
$U_\omega = 0,66 : (2/10) = 3,3\,\text{sek}^{-1}$.



Abb. 72. Schlaggreiferschaltwerk für Siemensstandard 375 und Großraumprojektor für 16-mm-Film.

## 41. Geschwindigkeitsverhältnisse an einem Schlaggreiferschaltwerk

Für das in Abb. 72 dargestellte *Schlaggreifer-Schaltwerk* des Siemens-Standard 375 und Großraum-Projektors für 16 mm Film [53 d] sind in der gezeichneten Getriebestellung von Abb. 73 zu ermitteln: Geschwindigkeit der Greiferspitze $E$, Winkelgeschwindigkeit der Schaltsichel $f$ und die Winkelgeschwindigkeiten $\overline{\omega}_{dg}$, $\overline{\omega}_{dg}$, $\overline{\omega}_{dd}$ und $\overline{\omega}_{eg}$.

*Gegeben.* $\bar{n}_{ag} = +3840\,\text{U/min}$      $\bar{n}_{bg} = -960\,\text{U/min}$      $\varepsilon_{ag} = \varepsilon_{bg} = 0$

*Gewählt.* $M_z = 500\,\text{cm/m}$   $(5:1)$

$$M_v = \frac{M_z}{\omega_{bg}} = \frac{500}{100,53} = 4,973\,\text{cm/msek}^{-1}$$

*Lösung* (Abb. 73)

**a) Verfahren der gedrehten Geschwindigkeiten.** Zeichne $\mathfrak{v}_B = B\bar{B}$ und $\mathfrak{v}_A = A\bar{A}$ mit $(\mathfrak{v}_A) = AA'$, $(\mathfrak{v}_B) = BB' = B\mathfrak{B}$; $A'X \| AC$ und $B'Y \| BC$ schneiden sich in $C'$, dann $C'Z \| CD$ mit Schnittpunkt $D'$ auf $D\mathfrak{D}$ und $D'U \| DE$ liefert $E'$ auf $E\mathfrak{D}$ und damit $(\mathfrak{v}_E) = EE'$ und $\mathfrak{v}_E = E\bar{E} = 6,40\,\text{cm}$ $\cong 6,40/4,973 = 1,3\,\text{msek}^{-1}$.

**b) Geschwindigkeitsplan**

$$\mathfrak{v}_C = \mathfrak{v}_A + \mathfrak{v}_{CA} \qquad \mathfrak{v}_C = \mathfrak{v}_B + \mathfrak{v}_{CB}$$
$$\overrightarrow{oc} = \overrightarrow{oa} + \overrightarrow{ca} \qquad \overrightarrow{oc} = \overrightarrow{ob} + \overrightarrow{bc}$$
$$\mathfrak{v}_{CA} \perp CA \qquad \mathfrak{v}_{CB} \perp CB$$

$$\mathfrak{v}_D = \mathfrak{v}_C + \mathfrak{v}_{DC} \qquad \left\{\begin{array}{l}\mathfrak{v}_E = \mathfrak{v}_D + \mathfrak{v}_{ED}\\[4pt]\overrightarrow{oe} = \overrightarrow{od} + \overrightarrow{de}\\[4pt]\mathfrak{v}_{ED} \perp ED\end{array}\right\}$$
$$\overrightarrow{od} = \overrightarrow{oc} + \overrightarrow{cd}$$
$$\mathfrak{v}_{DC} \perp DC$$

und

$$\mathfrak{v}_D = \overrightarrow{od} \perp D\mathfrak{D} \qquad \mathfrak{v}_E = \overrightarrow{oe} \perp E\mathfrak{D}$$

**c) Winkelgeschwindigkeiten**

$$U_\omega = 4,973/500 = 9,946/1000.$$

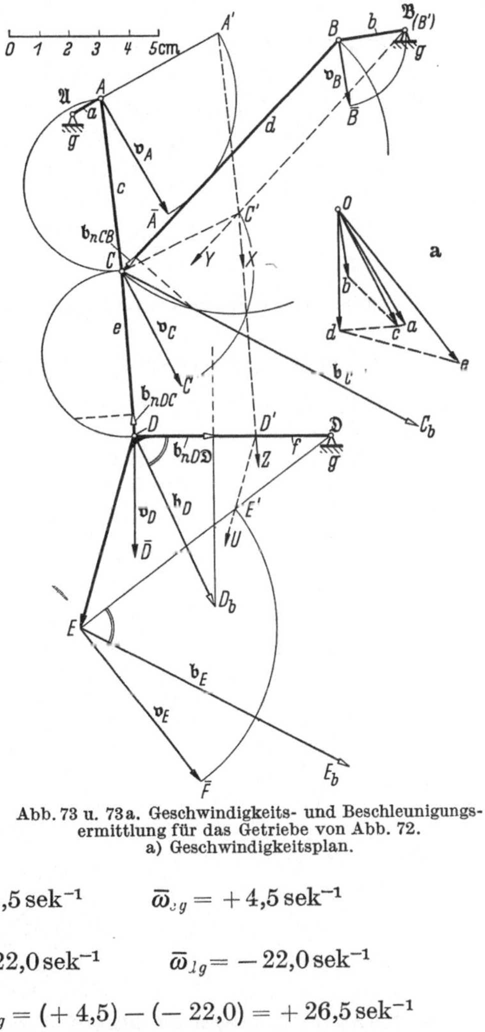

Abb. 73 u. 73a. Geschwindigkeits- und Beschleunigungsermittlung für das Getriebe von Abb. 72. a) Geschwindigkeitsplan.

$$\omega_{cg} = \frac{v_{CA}}{CA} = \frac{0,26/4,973}{5,78/500} = 4,5\,\text{sek}^{-1} \qquad \bar{\omega}_{cg} = +4,5\,\text{sek}^{-1}$$

$$\omega_{dg} = \frac{v_{CB}}{CB} = \frac{2,3/4,973}{10,48/500} = 22,0\,\text{sek}^{-1} \qquad \bar{\omega}_{dg} = -22,0\,\text{sek}^{-1}$$

$$\bar{\omega}_{cd} = \bar{\omega}_{cg} + \bar{\omega}_{gd} = \bar{\omega}_{cg} - \bar{\omega}_{dg} = (+4,5) - (-22,0) = +26,5\,\text{sek}^{-1}$$

$$\omega_{eg} = \frac{v_{DC}}{DC} = \frac{1,9}{5,5}\left(\frac{1000}{9,946}\right) = 34,7\,\text{sek}^{-1} \qquad \bar{\omega}_{eg} = +34,7\,\text{sek}^{-1}$$

$$\omega_{fg} = \frac{v_D}{D\mathfrak{D}} = \frac{4}{6,4}\left(\frac{1000}{9,946}\right) = 62,8\,\text{sek}^{-1} \qquad \bar{\omega}_{fg} = -62,8\,\text{sek}^{-1}$$

*Ferner:*

$$\bar{\omega}_{db} = \bar{\omega}_{dg} + \bar{\omega}_{gb} = \bar{\omega}_{dg} - \bar{\omega}_{bg} = -22,0 - (-100,53) = +78,53\,\text{sek}^{-1}$$

$$\bar{\omega}_{ca} = \bar{\omega}_{cg} + \bar{\omega}_{ga} = \bar{\omega}_{cg} - \bar{\omega}_{ag} = +4,5 - (+402,12) = -397,62\,\text{sek}^{-1}$$

*Kontrollen.* Zeichne die Polkonfiguration, insbesondere $P_{cg}$, $P_{dg}$, $P_{ea}$, $P_{eb}$ und überprüfe die gefundenen Lagen dieser $P_{ik}$ mittels der dazugehörigen $\omega$-Quotienten (Nr. 8).

*Hinweis.* Abb. 73 b zeigt den Beschleunigungsplan für das Getriebe von Abb. 73. Vgl. hierzu Nr. 54.

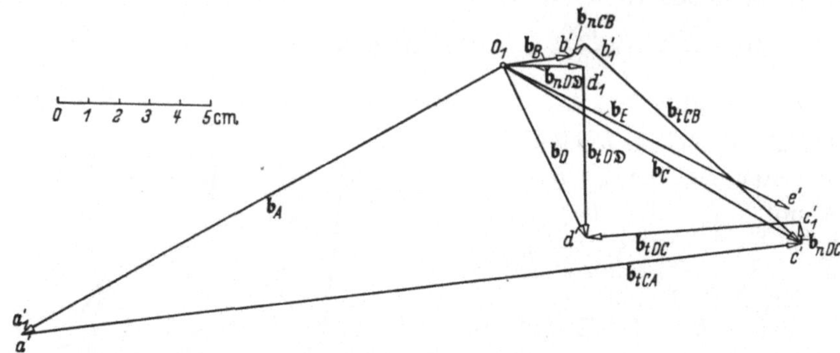

Abb. 73 b. Beschleunigungsplan für das Getriebe von Abb. 72 in Stellung von Abb. 73.

## 42. Der Rosenauersche Kunstgriff zur Geschwindigkeitsermittlung

Zahlreiche Beispiele zur Geschwindigkeitsermittlung erforderten die Anwendung „*ähnlicher Punktreihen*" ([*18*], S. 262 ff.). N. ROSENAUER wies dagegen einen sehr brauchbaren und direkten Weg zur Lösung solcher Aufgaben [*47e*], [*16*].

Das gegenüber dem Gestell $d$ bewegte Getriebeglied $b$ ist in $C = P_{b\,e}$ an das Glied $e$ (gestrichelt) angelenkt und dreht momentan um $P_{b\,d}$. Der Punkt $F_e$ von $e$ fällt in der gezeichneten Getriebeanordnung mit dem Punkt $(F_b)$ von $b$ zusammen. $B$ von $b$ habe die Geschwindigkeit $v_B = B\overline{B}$ und die gedrehte Geschwindigkeit $(v_B) = BB'$. Die Endpunkte $C'$, $(F_b)'$ von $v_C$ und $v_{(F_b)}$ liegen auf der durch $B'$ zu $BC$ gezogenen Parallelen $f_b$. Aus $v_{F_e} = v_{(F_b)} + v_r$ folgt, daß der Endpunkt $F_e'$ der gedrehten Geschwindigkeit $(v_{F_e})$ von $v_{F_e} = F_e\overline{F}_e$ auf der Parallelen $f_b$ liegt. Beachte zum Beweis: $v_r \perp \overline{BC}$, $\triangle (F_b)\,\overline{F}_b\,\overline{F}_e \cong \triangle (F_b)(F_b)'\,F_e'$, ferner die auf einer Geraden liegenden Punkte $b$, $f_e$, $c$ und $(f_b)$ des Geschwindigkeitsplans von Abb. 74 a.

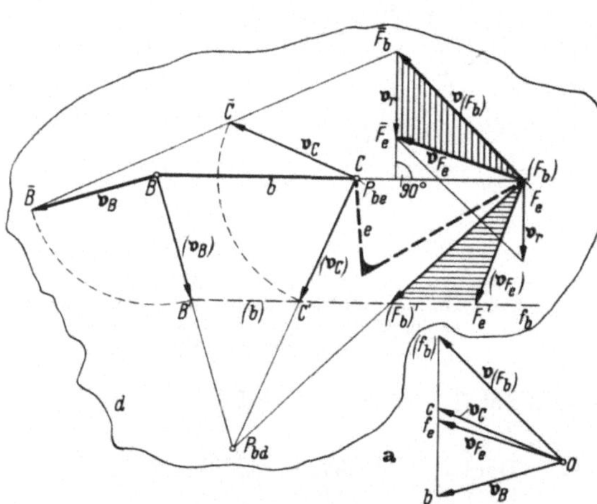

Abb. 74. Theoretische Grundlagen des ROSENAUERschen Verfahrens zur Geschwindigkeitsermittlung.
a) Geschwindigkeitsplan.

*Ergebnis.* Ist $F_e$ von $e$ der mit $(F_b)$ von $b$ zusammenfallende Punkt, so ist die durch $B'$ von $(v_B)$ zu $BC$ gezeichnete Parallele $f_b$ ein geometrischer Ort für den Endpunkt $F_e'$ der gedrehten Geschwindigkeit $(v_{F_e})$ von $v_{F_e}$.

**Beispiel 1. Das Römer-Getriebe** (Abb. 75).

*Gegeben.* $v_A = A\overline{A}.$      *Gesucht.* $v_E = E\overline{E}.$

*Lösung.* Aus $v_A$ wird $v_B = B\overline{B}$ in bekannter Weise ermittelt. Als Punkt $F_e$ von $e$ wählt man den Schnittpunkt von $BC = b$ mit $AD = c$. Bezüglich des Gliederpaares $b$, $e$ ist Abb. 74 ohne weiteres übertragbar. Die durch $B'$ zu $BC$ gezeichnete Parallele $(b)$ ist erster geometrischer Ort für $F'_e$. Die durch $A'$ zu $AD$ gezeichnete Parallele $(c)$ ist zweiter Ort für $F'_e$. Also $F'_e = (b) \times (c)$, und $P_{ed}$ folgt als Schnittpunkt der durch $E$ zur Schubrichtung $g'E$ errichteten Senkrechten mit der Geraden durch $F_e$, $F'_e$. Die durch $F'_e$ zu $EF_e$ gezeichnete Parallele schneidet $EP_{ed}$ in $E'$; die zu $CE$ durch $E'$ gezeichnete Parallele trifft $CP_{ed}$ in $C'$ und $DP_{ed}$ in $D'$, wodurch $(v_E) = EE'$ und $v_E = E\overline{E}$ gefunden sind, ebenso $v_C = C\overline{C}$ und $v_D = D\overline{D}$.

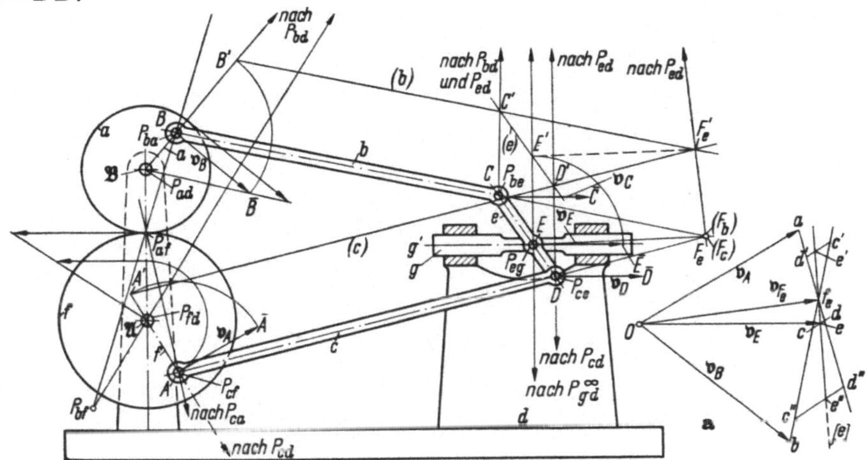

Abb. 75. Geschwindigkeitsermittlung am Römer-Getriebe nach dem Rosenauerschen Verfahren.
a) Geschwindigkeitsplan. Geschwindigkeitsvektoren in doppelter Größe.

Abb. 75a gibt die Lösung im Geschwindigkeitsplan. Zeichne $v_A = \vec{oa}$, $v_B = \vec{ob}$. Die durch $a$ zu $AD$ und durch $b$ zu $BC$ gezeichneten Senkrechten schneiden sich in $f_e$ und liefern $v_{F_e} = \vec{of_e}$, und die Senkrechte durch $f_e$ zu $EF_e$ schneidet die durch $o$ zur Schubrichtung $g'E$ gezeichnete Parallele in $e$. Also $v_E = \vec{oe}$.

Dieselbe Abbildung erläutert noch das Verfahren der „*ähnlichen Punktreihen*".

Man nimmt $v_{DA} = ad' \perp AD$ beliebig an, schneidet die durch $d'$ zu $CD$ gezeichnete Senkrechte mit der durch $b$ zu $BC$ gezeichneten Senkrechten in $c'$ und teilt $d'c'$ durch $e'$ im Verhältnis $\overline{d'e'} : \overline{c'e'} = \overline{DE} : \overline{CE}$. Wäre die Wahl von $d'$ richtig gewesen, müßte $oe'$ zur Schubrichtung $g'E$ parallel sein. Wiederholung des Verfahrens mit $d''$ ergibt $c''$ und $e''$ usw. Der Ort der Punkte $e'$, $e''$ ist die Gerade $[e]$, welche die durch $o$ zur Schubrichtung $g'E$ gezeichnete Parallele in $e$ schneidet und so $v_E = \vec{oe}$ liefert.

**Beispiel 2. Offene kinematische Kette.** Die Eleganz des Rosenauerschen Verfahrens ist auch aus der getrieblichen Teilanordnung der „*offenen kinematischen Kette*" von Abb. 76 ersichtlich, bei der die Glieder $b, c, d$ in $C, D, G$ an dem „Dreibinder" $CDG$ angelenkt sind.

*Gegeben.* $v_B = \vec{ob}$    $v_A = \vec{oa}$    $v_E = \vec{oe}$      *Gesucht.* $v_C$, $v_D$, $v_G$

Wähle als Punkt von $e$ den Schnittpunkt $F_{e,1}$ von $AD$ und $BC$. Die durch $a$ und $b$ von Abb. 76a zu $AD$ bzw. $BC$ gezeichneten Senkrechten liefern $f_{e,1}$ mit $v_{Fe,1} = \vec{of_{e,1}}$. Wegen $v_G = v_{Fe,1} + v_{GFe,1}$ und $v_G = v_E + v_{GE}$ ist $g$ der Schnittpunkt der in $e$ zu $EG$ und in $f_{e,1}$ zu $F_{e,1}G$ gezeichneten Senkrechten. Aus $v_D{'} = v_G + v_{DG}$ und $v_D = v_A + v_{DA}$ folgt $d$ von $v_D = \vec{od}$ als Schnittpunkt der durch $g$ zu $GD$ und der durch $a$ zu $AD$ gelegten Senkrechten, desgleichen $c$ als Schnittpunkt der Senkrechten durch $g$ zu $GC$ und durch $d$ zu $CD$.

*Kontrolle.* $\triangle\,cdg \sim \triangle\,CDG$.

Weitere Kontrollen durch Verwendung von $F_{e,2} = AD \times EG$ oder auch $F_{e,3} = BC \times GE$, z. B. $a, d, f_{e,1}$ und $f_{e,2}$ des Geschwindigkeitsplanes auf einer Geraden usw. Bild 76a ist durch Strecke $\overline{f_{e,1}\,d}$ zu ergänzen.

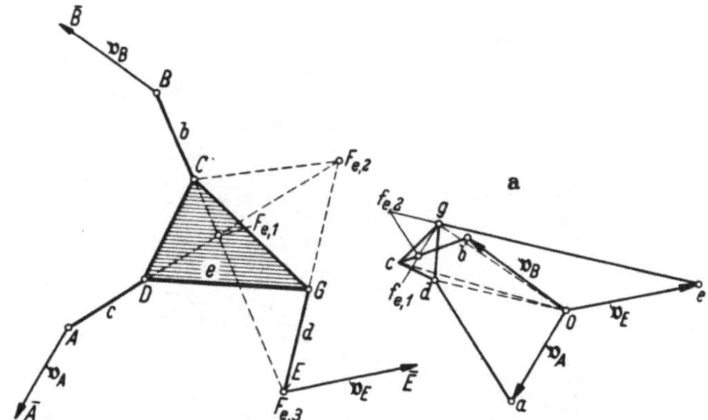

Abb. 76. Geschwindigkeitsverhältnisse für eine offene dreigelenkige Getriebekette. Ermitteln der Geschwindigkeiten der Dreibindergelenke $C, D, G$ aus den gegebenen Geschwindigkeiten der Gliedpunkte $A, B, E$. Verfahren nach ROSENAUER. a) Geschwindigkeitsplan.

**Beispiel 3. Zehngelenkgetriebe ohne Gelenkviereck.** Das achtgliedrige Zehngelenkgetriebe (Abb. 77) hat die Bauform von Abb. 77a mit zwei Einzelgelenken $(E_1, E_2)$ bei $E$ und $\mathfrak{A}$ und vier Zweigelenkketten $Z_1, Z_2, Z_3, Z_4$, besitzt die Ketten-

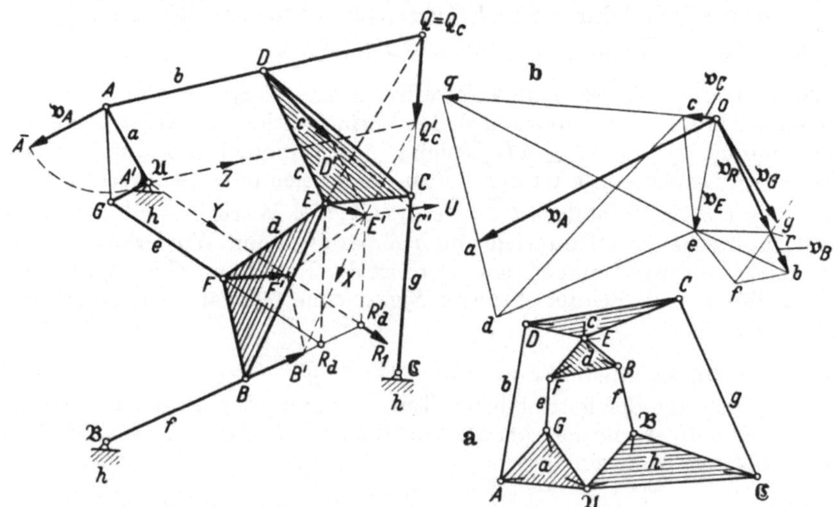

Abb. 77a u. b. Zehngelenkgetriebe ohne Gelenkviereck. Ermitteln der Geschwindigkeiten von $B$ und $C$ aus der Geschwindigkeit des Punktes $A$. a) Kettenbild, b) Geschwindigkeitsplan.

formel $(E_2 Z_4)$ und ist zwangläufig $(F = 1)$, obwohl in seinem getrieblichen Aufbau keine einzige Viergelenkanordnung (Gelenkviereck) von vier körperlich ausgebildeten Gelenken vorhanden ist; $Z_1$ z. B. hat die Gelenke bei $A, D$ und die Glieder $a, b, c$.

*Gegeben.* $v_A = A\overline{A}$.     *Gesucht.* $v_B$ und $v_C$.

*Lösung.* Sie wird durchgeführt mit Hilfe $Q_c = AD \times \mathfrak{C}C$ ($Q_c =$ Punkt von $c$) und $R_d = GF \times \mathfrak{B}B$ ($R_d =$ Punkt von $d$).

a) *Gedrehte Geschwindigkeiten* (Abb. 77). $A'Z \parallel AD$ bis $Q_0'$ auf $\mathfrak{C}C$; $A'Y \parallel GF$ bis $R_d'$ auf $\mathfrak{B}B$. Die durch $R_d'$ zu $R_dE$ und durch $Q_c'$ zu $Q_cE$ gezeichneten Parallelen liefern Schnittpunkt $E'$ von $(v_E) = EE'$; $E'X \parallel BE$ schneidet $\mathfrak{B}B$ in $B'$ mit $(v_B) = BB'$; $E'U \parallel EC$ liefert $C'$ mit $(v_C) = CC'$ auf $\mathfrak{C}C$, ferner $C'D' \parallel CD$ mit $D'$ auf $A'Z$.

b) *Geschwindigkeitsplan* (Abb. 77 b). Zeichne $\overrightarrow{oa} = v_A$, $\overrightarrow{og} = v_G$, $aq \perp AD$, $oq \perp \mathfrak{C}C$, $qe \perp Q_cE$, dann $\overrightarrow{og} = v_G$, $gr \perp GF$, $or \perp \mathfrak{B}B$, $re \perp R_dE$; Teilergebnis $\overrightarrow{oe} = v_E$. Dann $oc \perp \mathfrak{C}C$ und $ec \perp EC$, $v_C = \overrightarrow{oc}$; endlich $ob \perp \mathfrak{B}B$, $eb \perp EB$, $v_B = \overrightarrow{ob}$ usw. – *Kontrollen:* $\triangle ecd \sim \triangle ECD$, $\triangle fbe \sim \triangle FBE$. $M_v$ für Abb. 77 b dreimal so groß wie der Geschwindigkeitsmaßstab von Abb. 77.

## 43. Zahnradkurbelgetriebe

**Beispiel 1. Dreiradgetriebe** (Abb. 78). Das in Abb. 78 dargestellte Zahnradkurbelgetriebe wurde bereits in Abb. 25 bezüglich der Winkelgeschwindigkeitsverhältnisse untersucht. Diese sollen hier durch eine Geschwindigkeitsermittlung überprüft werden.

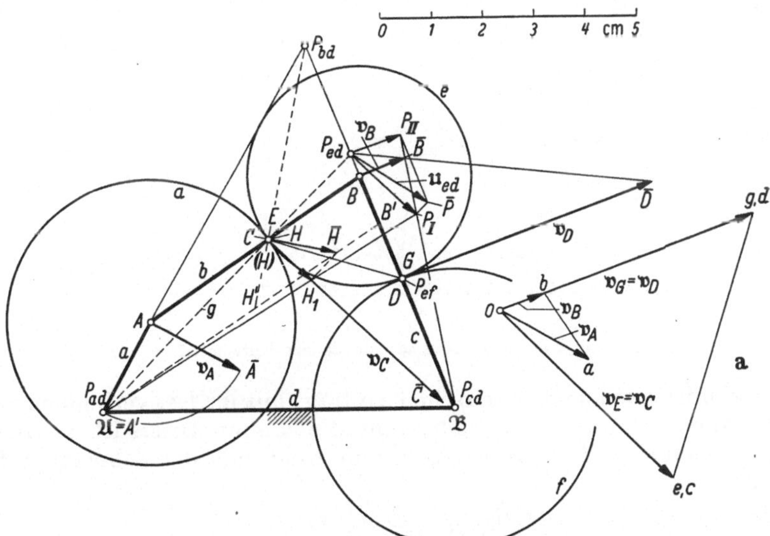


Abb. 78. Geschwindigkeitsermittlung an einem Zahnradkurbelgetriebe. Ermitteln von $\omega_{fd}$ aus der Geschwindigkeit des Gelenkpunktes $A$. Polwechselgeschwindigkeit $\mathfrak{u}_{ed}$ für die Bewegung des Zahnrades $e$.
a) Geschwindigkeitsplan.

*Gegeben.* $M_z = 40$ cm/m, $\overline{\omega}_{ad} = +3$ sek$^{-1}$, $M_v = M_z/\omega_{ad} = 40/3$ cm/msek$^{-1}$, $v_A = A\overline{A}$. *Gesucht.* $v_D = D\overline{D}$ des Punktes $D$ vom Abtriebsrad $f$, $\overline{\omega}_{fc}$, ferner die Polwechselgeschwindigkeit $\mathfrak{u}_{ed}$ des Zwischenrades $e$ bezüglich Gestell $d$.

*Lösung durch gedrehte Geschwindigkeiten.* Berührungspunkt der Zahnräder $a$, $e$ ist $P_{ae}$, $C =$ Berührungspunkt auf $a$, $E =$ Berührungspunkt auf $e$; $P_{ed} = P_{ad}P_{ea} \times P_{ce}P_{cd}$; $\mathfrak{A} = A'$, Parallele durch $A'$ zu $AB$ schneidet $\mathfrak{B}B$ in $B'$ von $(v_B)$, $v_B = B\overline{B}$. Punkt $D$ von $f$ in $P_{ef}$ hat $v_D = D\overline{D}$ mit $\overline{D}$ auf der Geraden durch $P_{ed}$, $\overline{B}$; $\overline{\omega}_{fd} = v_D/\overline{\mathfrak{B}D} = +5,8$ sek$^{-1}$, $\overline{\omega}_{cd} = v_B/\overline{\mathfrak{B}B} = +0,52$ sek$^{-1}$, also $\overline{\omega}_{fc} = \overline{\omega}_{fd} + \overline{\omega}_{dc}$

5*

$= \bar{\omega}_{fd} - \bar{\omega}_{cd} = (+5{,}8) - (+0{,}52) = +5{,}28\ \text{sek}^{-1}$; gute Übereinstimmung mit Nr.10, Beispiel 3.

*Lösung durch Geschwindigkeitsplan* (Abb.78a). Zeichne $\vec{oa} = v_A$, $\vec{oc} = v_C = C\overline{C}$ vom Betrag $\overline{C\mathfrak{A}}$, $ob \perp \mathfrak{B}B$, $ab \perp AB$. Da $v_E = v_C$, folgt $\vec{oc} = \vec{oe} = v_E$. Für $G$ von $e$ (in $P_{ef}$) folgt: $v_G = v_E + v_{GE} = \vec{oe} + \vec{eg}$ mit $eg \perp EG$ und $v_G \perp GB$. Damit $v_D = v_G = \vec{od} = \vec{og}$.

*Polwechselgeschwindigkeit* $u_{ed}$. Für $H$ als Punkt von $b$ (in Abb.78 zusammenfallend mit $P_{ea}$) folgt $v_H = H\overline{H}$. Zapfen $H$ sei in Eingriff mit einer bei $\mathfrak{A}$ drehbar gelagerten Kulisse $g$, er erteilt dieser in $(H)$ von $g$ die Geschwindigkeit $v_{(H)} = HH_1$ mit $HH_1 \perp g$ und $H_1\overline{H} \parallel g$ und so dem Pol $P_{ed}$ die Geschwindigkeit $\overrightarrow{P_{ed}P_{\mathrm{I}}}$. Die durch $P_{\mathrm{I}}$ zu $g$ gezeichnete Parallele ist 1. Ort für $\overline{P}$ von $u_{ed} = P_{ed}\overline{P}$. Zweiter geometrischer Ort ist die durch $P_{\mathrm{II}}$ zu $B\mathfrak{B}$ gezeichnete Parallele, wobei $P_{ed}P_{\mathrm{II}} \perp \mathfrak{B}B$ und $P_{\mathrm{II}}$ auf der Geraden durch $\mathfrak{B}$, $\overline{B}$ liegt. Frage: $\bar{\omega}_{ed} = ?$  $\delta_{ed} = u_{ed}/\omega_{ed} = ?$

**Beispiel 2. Abwandlung des Dreiradgetriebes mit Abtrieb durch Zahnstange.** Abb.79 zeigt das *Schubkurbelgetriebe a, b, c, d* mit *Zapfenerweiterung* des Zapfens

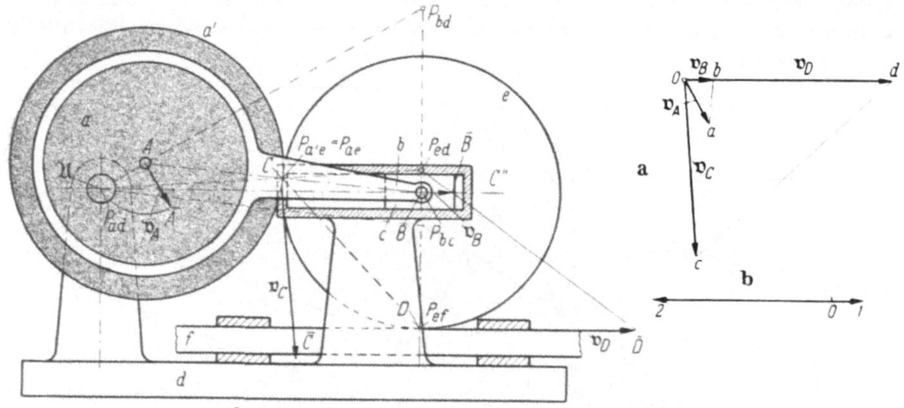

Abb. 79. Geschwindigkeitsermittlung an einem Zahnrad-Zahnstangen-Kurbelgetriebe.  a) Geschwindigkeitsplan.

bei $A$. Außermittig gelagerte Kreisscheibe $a$ trägt mit ihr fest verbunden das konzentrische Außenzahnrad $a'$, das mit Zahnrad $e$ kämmt. Dieses ist im Gleitsteinzapfen $B$ gegenüber $c$ drehbar gelagert und steht mit der Zahnstange $f$ bei $D$ im Eingriff.

*Gegeben.* $v_A = A\overline{A}$.  *Gesucht.* $v_D = D\overline{D} = v_f$.

Die Lösung von Beispiel 1 kann sinngemäß übertragen werden und führt zum Geschwindigkeitsplan von Abb.79a $\left(\text{Kontrolle: } \overline{bc} = \overline{bd}\right)$. Ferner ist $\omega_{ed} = \dfrac{v_{DB}}{\overline{BD}} = \dfrac{\overline{bd}}{\overline{BD}}$, und $\bar{\omega}_{ef} = \bar{\omega}_{ed}$ wegen $\bar{\omega}_{ef} = \bar{\omega}_{ed} + \bar{\omega}_{df} = \bar{\omega}_{ed} - \bar{\omega}_{fd}$ und $\bar{\omega}_{fd} = 0$. Polwechselgeschwindigkeit $u_{ef}$ – also von $f$ aus beurteilt – ist $v_B - v_D = \vec{db}$ des Geschwindigkeitsplanes; $u_{ef} = \vec{02}$ (Abb.79b) aus $v_B = \vec{01}$, $-v_D = \vec{12}$.

**Beispiel 3. Das Zahnexzentrikgetriebe.** Das von F. REULEAUX ([15], Bd. I, S.583) getriebesystematisch behandelte *Zahnexzentrikgetriebe* (Abb.80) kann, gestellt auf $d$, dazu dienen, Schubbewegungen $c$ gegen $d$ mit mehreren Maximal- und Minimallagen zu erzeugen.

*Gegeben.* $v_A = A\overline{A} = \vec{oa}$. *Gesucht.* $v_C = C\overline{C}$.

*Lösung.* $P_{bd} = P_{ad}P_{ba} \times P_{bc}P_{cd}^\infty$, wobei $P_{bc}P_{cd}^\infty$ auf $\mathfrak{A}C$ senkrecht steht. Damit ist der Geschwindigkeitsplan (Abb. 80a) wegen $v_B \perp P_{bd}B$ sofort zu zeichnen, desgleichen $u_{bd}$ unter Verwendung des Punktes $S$ von $s = \overline{AB}$ und der „gedachten" Hilfskulisse $h$, der von $S$ die Geschwindigkeit $v_{(S)} = SS_\mathrm{I}$ erteilt wird. $PP_\mathrm{I} \mid P\mathfrak{A}$ und $P_\mathrm{I}$ auf der Geraden durch $\mathfrak{A}$, $S_\mathrm{I}$, ferner $P_\mathrm{I}\overline{P} \| \mathfrak{A}P$, $PP_\mathrm{II} = v_C$ und $P_\mathrm{II}\overline{P} \perp \mathfrak{A}C$.

## 44. Zugmittelkurbelgetriebe

K. HAIN hat in zwei Arbeiten, [*30d*], [*30g, q*], solche Getriebe „systematisch" untersucht, die aus Kurbelgetriebeanordnungen in Verbindung mit Zugmitteln (Zugorganen, wie Bänder, Seile, Drähte, Ketten) gebildet werden. Bei derartigen periodischen *Bandgetrieben* besteht das Übertragungsglied für die geforderte Bewegung aus einem riemenartigen Band, das sich auf einer Rolle oder einem Kurvenkörper abwälzt, wobei *gegenüber* den *Kurvengetrieben mit Linienberührung* zwischen Band und Rolle *Flächenberührung* besteht.

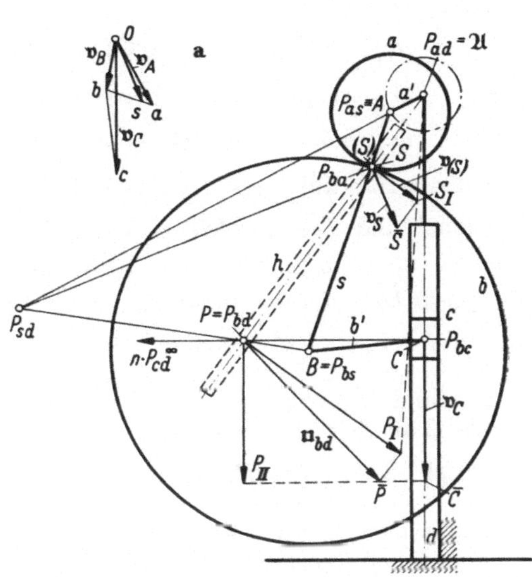

Abb. 80. Geschwindigkeitsermittlung am Zahnexzentrikgetriebe. a) Geschwindigkeitsplan.

**Beispiel 1.** Abb. 81a zeigt ein derartiges Bandgetriebe mit der in $\mathfrak{C}$ drehbar angeordneten Rolle $c$ und dem Band $(e) \equiv (b)$, abrollend auf $c$, angelenkt bei $A$

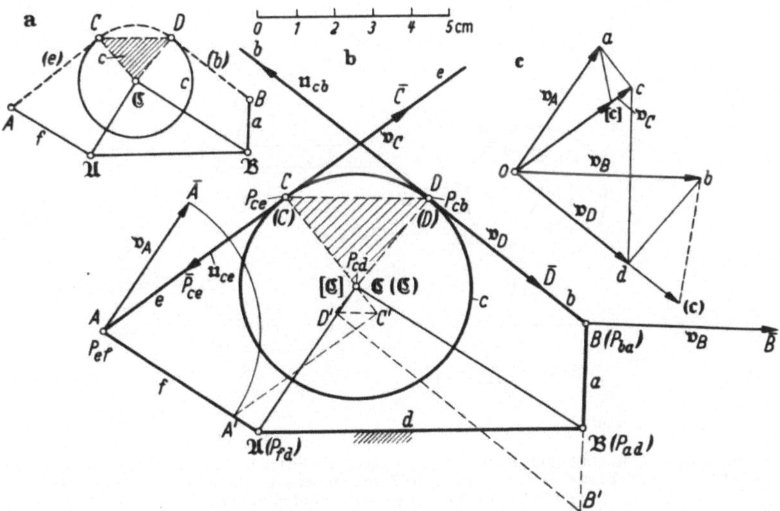

Abb. 81 a–c. Geschwindigkeitsermittlung an einem Zugmittelkurbelgetriebe (Bandkurbelgetriebe) nach Abb. 81 a, ersetzbar durch Zahnstangenkurbelgetriebe mit den Zahnstangen $e$ und $b$ (Abb. 81 b). c) Geschwindigkeitsplan.

und $B$ an die Glieder $f$ und $a$. Die kinematische Äquivalenz mit dem Getriebe von Abb. 81b, bei dem das Zugmittel durch die in $A$ bzw. $B$ drehbar angeordneten

Zahnstangen $e, b$ ersetzt ist, ist leicht erkennbar, desgl. der getriebesystematische Zusammenhang mit dem WATTschen Getriebe von Abb. 1 und die Geschwindigkeitsermittlung von $v_B$ aus $v_A = A\overline{A}$ bei $\overline{\omega}_{fd} = +0,8$ sek⁻¹, $M_z = 100$ cm/m, $M_v = 100$ cm/msek⁻¹, $U_\omega = 1$ sek.

*Zahlenbeispiel*

$$\omega_{bd} = v_{BD}/\overline{BD} = 2,92/5,3 = 0,55 \qquad\qquad \overline{\omega}_{bd} = -0,55\,\text{sek}^{-1}$$

$$\omega_{cd} = v_D/\overline{\mathfrak{C}D} = 3,82/3 = 1,27 \qquad\qquad \overline{\omega}_{cd} = +1,27\,\text{sek}^{-1}$$

$$\overline{\omega}_{cb} = \overline{\omega}_{cd} + \overline{\omega}_{db} = \overline{\omega}_{cd} - \overline{\omega}_{bd} = 1,27 - (-0,55) = +1,82\,\text{sek}^{-1}$$

Ritzel $c$ rollt auf $b$, also ist $\mathfrak{C}$ = Rollenmitte für diese Bewegung $c$ relativ $b$ der Wendepol und $\overline{D\mathfrak{C}}$ der Wendepoldurchmesser $\delta_{cb}$ mit dem Vektor $\overline{\delta}_{cb} = \overrightarrow{D\mathfrak{C}}$. Folglich $\mathfrak{u}_{cb} = [\overline{\omega}_{cb}, \ \overline{\delta}_{cb}]$ mit $u_{cb} = 1,82 \cdot 0,03 = 0,0546$ m/sek $\triangleq 5,5$ cm. Aus $\omega_{ed} = v_{CA}/\overline{CA} = 1,4/6 = 0,23$; $\overline{\omega}_{ed} = +0,23$ sek⁻¹ und $\overline{\omega}_{cd} = +1,27$ sek⁻¹ folgt $\overline{\omega}_{ce} = \overline{\omega}_{cd} - \overline{\omega}_{ed} = 1,27 - 0,23 = 1,04$ sek⁻¹; und mit $\overline{\delta}_{ce} = \overrightarrow{C\mathfrak{C}}$ folgt $\mathfrak{u}_{ce} = [\overline{\omega}_{ce}, \ \overline{\delta}_{ce}]$ für $u_{ce} = 1,04 \cdot 0,03 = 0,0312$ m/sek $\triangleq 3,12$ cm.

Ein anderer Weg zur Ermittlung der Polwechselgeschwindigkeit wird im Anschluß an Beispiel 2 gewiesen.

**Beispiel 2. Zweistandbandgetriebe mit Differentialwälzrolle** (Abb. 82). Diesem Getriebe liegt das Kurbelgetriebe von Abb. 82a zugrunde, ist also von der STEPHENSONschen Bauart nach Abb. 2, und zwar gestellt auf ein binäres Glied (Zweistandgetriebe). Bezüglich der Geschwindigkeitsverhältnisse ist es dem Kurbel-

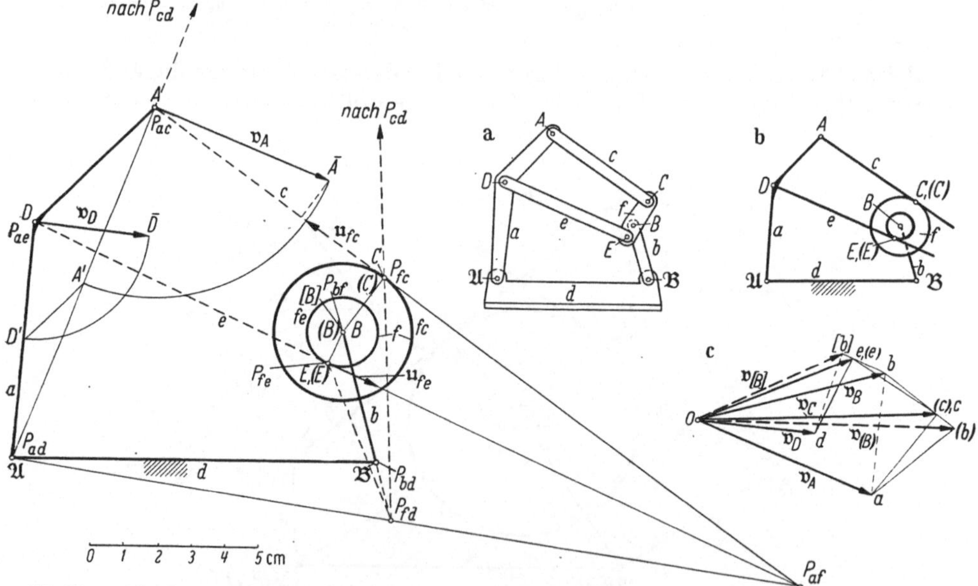

Abb. 82. a—c. Geschwindigkeitsermittlung an einem Zugmittelkurbelgetriebe (Bandkurbelgetriebe) mit Differentialrolle $f$. a) Siebengelenkgetriebe als Ersatzgetriebe, b) Zahnstangenkurbelgetriebe als Ersatzgetriebe des Bandkurbelgetriebes, c) Geschwindigkeitsplan.

zahnstangengetriebe von Abb. 82b äquivalent, in dem die Zugmittel $c, e$ (gestrichelt) durch die mit den Zahnrädern von $f$ kämmenden Zahnstangen $c, e$ ersetzt sind, die $f$ in $(C)$ bzw. $(E)$ berühren; $(C)$ und $(E)$ sind also Punkte von $f$. Die in Abb. 82b mit $(C)$ und $(E)$ zusammenfallenden Punkte der Zahnstangen $c$ und $e$

seien mit $C$ bzw. $E$ bezeichnet. Für den Geschwindigkeitsplan (Abb. 82 c) werden $P_{af} = P_{ae}P_{fe} \times P_{ac}\,P_{fc}$ und $P_{fd} = P_{bf}\,P_{bd} \times P_{af}P_{ad}$ ermittelt. Da $c$ auf $f_c$ von $f$ rollt, hat $C$ von $c$ keine Relativgeschwindigkeit gegenüber $f$ (Momentanpol $P_{fc}$); also ist $v_C = v_{(C)}$ und entsprechend $v_E = v_{(E)}$. Die Richtung von $v_{(C)}$ ist durch $P_{fd}$ festgelegt, d. h. senkrecht auf $(C)\,P_{fd}$; analog ist $v_{(E)} \perp (E)\,P_{fd}$.

Zeichne $\overrightarrow{oa} = v_A$ und gemäß $v_C = v_A + v_{CA}$ bzw. $v_{(C)} = v_A + v_{(C)A} = \overrightarrow{oa} + \overrightarrow{a(c)}$ die Senkrechte durch $a$ zu $A\,(C)$ und durch $o$ zu $(C)\,P_{fd}$. In entsprechender Weise werden $v_B$ aus $v_B = v_{(C)} + v_{B(C)}$, $v_B \perp \overline{\mathfrak{B}B}$ und $v_{(E)}$ aus $v_{(E)} = v_{(C)} + v_{(E)(C)}$ ermittelt. *Kontrolle:* $\triangle\,(e)b(c) \sim \triangle\,(E)B(C)$.

*Zahlenbeispiel.*

$$M_z = 100\,\text{cm/m} \quad \bar{\omega}_{ad} = +\,0{,}5\,\text{sek}^{-1} \quad M_v = \frac{1}{2}\,\frac{M_z}{\omega_{ad}} = 100\,\text{cm/msek}^{-1}$$

*Ergebnisse.*

$$\bar{\omega}_{fd} = +\,1\,\text{sek}^{-1} \qquad \bar{\omega}_{bd} = +\,1{,}4\,\text{sek}^{-1} \qquad \bar{\omega}_{cd} = -\,0{,}36\,\text{sek}^{-1}$$

$$\bar{\omega}_{ed} = -\,0{,}25\,\text{sek}^{-1} \qquad \bar{\omega}_{fe} = +\,1{,}25\,\text{sek}^{-1} \qquad \bar{\omega}_{fc} = +\,1{,}36\,\text{sek}^{-1}$$

Hieraus

$$u_{fc} = \overline{B\,(C)}\,\omega_{fc} = 0{,}027\,\text{m/sek}$$

$$u_{fe} = \overline{B\,(E)}\,\omega_{fe} = 0{,}0125\,\text{m/sek}$$

*Zweiter Weg zur Ermittlung der Polwechselgeschwindigkeiten.* Ist $(B)$ derjenige Punkt von $c$, der in der gezeichneten Getriebestellung mit $B$ von $f$ zusammenfällt, so gilt Gl. (I) $v_B = v_{(B)} + v_r$, wobei $v_r$ die Relativgeschwindigkeit von $B$ bedeutet, mit der – beim Abrollen von $f$ auf $c$ – sich $B$ um $C$ dreht, d. h. daß also $v_r$ auf $CB$ senkrecht steht. Wegen Gl. (II) für $v_{(B)} = v_A + v_{(B)A}$ zeichnet man $a(b) \perp A\,(B)$ und $c(b) \perp C\,(B)$. Aus den Gln. (I) und (II) folgt

$$v_B = v_A + v_{(B)A} + v_r$$

$$v_r = v_B - v_A - v_{(B)A} = v_{BA} - v_{(B)A} = \overrightarrow{ab} - \overrightarrow{a(b)}$$

$$v_r = \overrightarrow{(b)a} + \overrightarrow{ab} = \overrightarrow{(b)b}$$

und da $B$ von $f$ den Wendepol für das Abrollen von $f$ auf $c$ darstellt, ist

$$v_r = u_{fc} = \overrightarrow{(b)b}$$

Entsprechend liefert $[B]$ als Punkt von $e$ mit $v_{[B]} = \overrightarrow{o[b]}$ für

$$u_{fe} = \overrightarrow{[b]b}$$

*Hinweis.* Die Kenntnis der Polwechselgeschwindigkeiten erweist sich für die Ermittlung von „Beschleunigungen" als notwendig und besonders wertvoll.

Der zweite Weg für die Ermittlung der $u_{ik}$ ist auf alle derartigen Band-Kurbelgetriebe anwendbar und liefert die $u_{ik}$ ohne Beiziehung der $\omega_{ik}$.

*Beispiel 2* (Abb. 81) diene nochmals zur Erläuterung: Gesucht sei $u_{ce}$. Für $[\mathfrak{C}]$ als Punkt von $e$ gelten:

$$v_{\mathfrak{C}} = v_{[\mathfrak{C}]} + v_r \quad \text{mit} \quad v_r \perp \mathfrak{C}C \tag{I'}$$

ferner

$$v_{[\mathfrak{C}]} = v_C + v_{[\mathfrak{C}]C} \tag{II'}$$

also nach Gl. (I')

$$v_{\mathfrak{C}} = v_C + v_{[\mathfrak{C}]C} + v_r$$

und wegen $\mathfrak{v}_\mathfrak{C} = o$ und gemäß Abb. 81 c

$$\mathfrak{u}_{ce} = \mathfrak{v}_r = -\mathfrak{v}_C - \mathfrak{v}_{[\mathfrak{C}]\,C} = \overrightarrow{co} - \overrightarrow{c\,[\mathfrak{c}]} = \overrightarrow{[\mathfrak{c}]\,o}$$

wobei $a[\mathfrak{c}] \perp A[\mathfrak{C}]$ und $[\mathfrak{c}]$ auf $oc$ liegt.

Man kontrolliere in entsprechender Weise $\mathfrak{u}_{cb}$ von Abb. 81 b.

*Ergebnis* (Abb. 81 c). $\mathfrak{u}_{cb} = \overrightarrow{(\mathfrak{c})o}$ mit $b(\mathfrak{c}) \perp B(C)$.

# II. Beschleunigungsverhältnisse in Getrieben

## A. Grundlagen

### 45. Beschleunigung eines Gliedpunktes (Abb. 83)

Bewegt sich Gliedpunkt $A$ längs Bahnkurve $\alpha$ vom Krümmungshalbmesser $\varrho = \overline{A\mathfrak{A}}$ und Mittelpunkt $\mathfrak{A}$ des Krümmungskreises $K_A$ mit der Bahngeschwindigkeit $v = A\overline{A}$ und ist $\mathfrak{r} = \overrightarrow{OA}$ der *Ortsvektor* von $A$ bezüglich $O$ des festen Bezugssystems (Gestells) $d$, so gelten

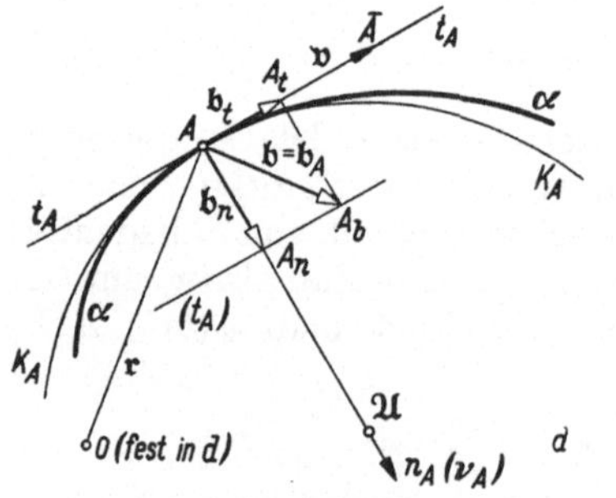

$$\text{Geschwindigkeitsvektor} \quad \mathfrak{v} = \frac{d\mathfrak{r}}{dt} = \dot{\mathfrak{r}} \tag{171}$$

$$\text{Beschleunigungsvektor} \quad \mathfrak{b} = \frac{d\mathfrak{v}}{dt} = \frac{d^2\mathfrak{r}}{dt^2} = \ddot{\mathfrak{r}} \tag{172}$$

Mit den Einheitsvektoren

$\mathfrak{T}$ in der Bahntangente $t_A$ vom Richtungssinn $v = A\overline{A}$,

$\mathfrak{N}$ in der Bahnnormalen $n_A$ vom Richtungssinn von $A$ nach $\mathfrak{A}$

und $|\mathfrak{v}| = v$ folgt aus

$$\mathfrak{v} = v\,\mathfrak{T} \tag{173}$$

Abb. 83. Der Beschleunigungsvektor $\mathfrak{b}$, zerlegt in Normal- und Tangentialbeschleunigung. $\mathfrak{A}$ Krümmungsmittelpunkt der von $A$ beschriebenen Bahnkurve $\alpha$.
$K_A$ = Krümmungskreis von $\alpha$ in $A$.

durch Differentiation nach der Zeit $t$

$$\mathfrak{b} = \frac{d\mathfrak{v}}{dt} = \frac{dv}{dt}\,\mathfrak{T} + v\,\frac{d\mathfrak{T}}{dt} \tag{174}$$

Nach Einführung des Bogendifferentials $ds$ von $\alpha$ und des Kontingenzwinkels $d\tau$ zweier infinitesimal benachbarter Tangenten hat der Vektor $d\mathfrak{T}/dt$ den Richtungssinn der Bahnnormalen $n_A$ (von $A$ nach $\mathfrak{A}$) und den Betrag

$$\left|\frac{d\mathfrak{T}}{dt}\right| = \frac{d\tau}{dt} = \frac{\left(\dfrac{ds}{\varrho}\right)}{dt} = \frac{\left(\dfrac{ds}{dt}\right)}{\varrho} = \frac{v}{\varrho} \tag{175}$$

Gl. (174) ergibt also

$$\mathfrak{b} = \frac{dv}{dt}\,\mathfrak{T} + \frac{v^2}{\varrho}\,\mathfrak{N} = b_t\,\mathfrak{T} + b_n\,\mathfrak{N} = \mathfrak{b}_t + \mathfrak{b}_n \tag{176}$$

hierbei bedeuten:

$$\mathfrak{b}_t = \text{\textit{Tangentialbeschleunigung} mit} \quad b_t = \frac{dv}{dt} \tag{177}$$

$$\mathfrak{b}_n = \text{\textit{Normalbeschleunigung} mit} \quad b_n = \frac{v^2}{\varrho} \tag{178}$$

*Hinweis.* Die *Tangentialbeschleunigung* kennzeichnet also die *Änderung des Betrages v der Geschwindigkeit* $v$, die Normalbeschleunigung bewirkt die Richtungsänderung von $v$ gegenüber $d$ und hat den Richtungssinn vom Gliedpunkt nach dem Krümmungsmittelpunkt.

*Sonderfälle.* Ist die Bahnkurve $\alpha$ eine Gerade $\alpha'\alpha''$, so hat wegen $\varrho = \infty$ Gliedpunkt $A$ nur Tangentialbeschleunigung $b_t$, und Beschleunigungsvektor $b = b_t$ hat Richtung von $\alpha'\alpha''$. Gleicher Richtungssinn von $v$ und $b_t$ bedeutet „Beschleunigung", entgegengesetzter Richtungssinn beider Vektoren kennzeichnet „Verzögerung", d.h. Abnahme des Betrages der Geschwindigkeit. In Wendepunkten $A*$ der Bahnkurve $\alpha$ liegen $v_{A*}$ und $b_{A*}$ in der Wendetangente; $A*$ hat wegen $\varrho = \infty$ nur Tangentialbeschleunigung.

## 46. Beschleunigungsvektor bei Bewegung des Gliedpunktes auf einem Kreis

Dreht sich Getriebeglied $b$ um die im Gestell $d$ fest angeordnete Achse $k_{bd}$ mit $\bar\omega = \bar\omega_{bd}$, so gilt für $A$ von $b$ mit $\overrightarrow{OA} = \mathfrak{r}$ und $\overline{OA} = r = $ konstant wegen $v = \omega r$

$$b_t = \frac{dv}{dt} = r\,\frac{d\omega}{dt} = r\varepsilon \tag{179}$$

wobei

$$\varepsilon = \frac{d\omega}{dt} = \dot\omega = \frac{d^2\varphi}{dt^2} = \ddot\varphi \tag{179a}$$

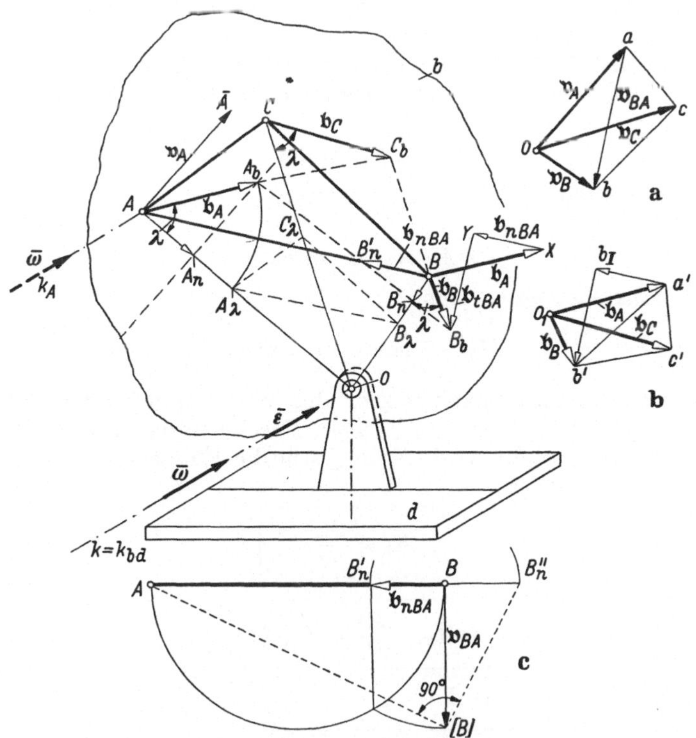

Abb. 84a—c. Beschleunigungszustand des um 0 drehenden Getriebegliedes $b$. Der Vektor $\bar\varepsilon$ der Winkelbeschleunigung in der Drehachse $k = k_{bd}$.

a) Geschwindigkeitsplan,   b) Beschleunigungsplan,   c) Konstruktion der Normalbeschleunigung $b_{nBA}$ aus $v_{BA}$.

die *Winkelbeschleunigung* und $\bar{\varepsilon} = d\bar{\omega}/dt$ den Vektor der Winkelbeschleunigung bedeuten.

$$b_n = \frac{v^2}{r} = \frac{v}{r}\,v = \omega v = r\,\omega^2 \tag{180}$$

$$|\mathfrak{b}| = b = \sqrt{b_n^2 + b_t^2} = r\,\sqrt{\omega^4 + \varepsilon^2} \qquad \operatorname{tg}\lambda = \frac{\varepsilon}{\omega^2} \tag{181}$$

Für zwei Punkte $A$, $B$ von $b$ folgt mit $r_A = \overline{OA}$, $r_B = \overline{OB}$ aus Gl. (181)

$$b_B : b_A = r_B : r_A \quad \text{und} \quad \lambda_B = \sphericalangle\, B_b B B_n = \lambda_A = \sphericalangle\, A_b A A_n = \lambda \tag{182 a, b}$$

und damit Konstruktion nach Abb. 84 und *Beschleunigungsplan* nach Abb. 84 b mit $\overrightarrow{o_1 a'} = A A_b = \mathfrak{b}_A$, $\overrightarrow{o_1 b'} = B B_b = \mathfrak{b}_B$ und $\overrightarrow{o_1 c'} = C C_b = \mathfrak{b}_C$.

*Wichtige Ähnlichkeitsbeziehungen.*

Satz von **Burmester**: $\quad \triangle A_b B_b C_b \sim \triangle ABC \sim \triangle A_\lambda B_\lambda C_\lambda \tag{183}$

Satz von **Mehmke**: $\quad \triangle a' b' c' \sim \triangle abc \sim \triangle ABC \tag{184}$

mit Sonderfällen:

$$\triangle A_b B_b O \sim \triangle ABO \sim \triangle a' b' o_1 \tag{185}$$

*Hinweise. In den Gln. (183) bis (185) ist die „Gleichsinnigkeit" dieser Ähnlichkeitsbeziehungen zu beachten.*

$\varepsilon = d\omega/dt$ ist der Betrag des *Winkelbeschleunigungsvektors* $\bar{\varepsilon}$, liegend in der Drehachse $k_{bd}$, und zwar vom gleichen Richtungssinn wie $\bar{\omega}$, wenn der Betrag $|\bar{\omega}| = \omega$ von $\bar{\omega}$ zunimmt (*Winkelbeschleunigung*). Bei Abnahme des Betrages $\omega$ der Winkelgeschwindigkeit $\bar{\omega}$, haben $\bar{\omega}$ und $\bar{\varepsilon}$ entgegengesetzten Richtungssinn (*Winkelverzögerung*). Bei „ebenen" Getrieben genügt die Berücksichtigung des Richtungssinnes von $\bar{\varepsilon}$ in der Weise, daß $\bar{\varepsilon}$ das positive Vorzeichen bei Drehung im Uhrzeigersinn, das negative Vorzeichen dagegen bei Drehung im Gegensinn des Uhrzeigers erhält.

### 47. Maßstäbe

Zum *Zeichenmaßstab* $\qquad M_z = \alpha \,\text{cm/m} \tag{186}$

und *Geschwindigkeitsmaßstab*

$$M_v = \beta \,\text{cm/msek}^{-1} \tag{187}$$

gehört der *Beschleunigungsmaßstab*

$$M_b = \frac{M_v^2}{M_z} = \frac{\beta^2}{\alpha} \,\text{cm/msek}^{-2} \tag{188}$$

*1. Sonderfall.* Geschwindigkeitsvektor der Kurbelzapfenmitte der Antriebskurbel $a$ besitze die $k$-fache Länge derjenigen Strecke, durch die die Antriebskurbel in der Zeichnung dargestellt wird. Ist $\omega_{ad} = \omega$ die Winkelgeschwindigkeit von $a$ gegen Gestell $d$, dann gelten

$$\boxed{M_v = \frac{M_z}{\omega}\,k} \tag{189}$$

$$\boxed{M_b = \frac{M_v^2}{M_z} = \frac{M_z}{\omega^2}\,k^2} \tag{190}$$

*2. Sonderfall.* Für $k = 1$ wird

$$\boxed{M_v = \frac{M_z}{\omega} \qquad M_b = \frac{M_z}{\omega^2}} \tag{191 a, b}$$

*3. Sonderfall.* Wird die Beschleunigungsuntersuchung eines Getriebes zunächst unter der besonderen Annahme durchgeführt, daß die Antriebskurbel mit der Winkelgeschwindigkeit $\omega_0 = 1$ sek$^{-1}$ umlaufe und nach Sonderfall 2 ferner $k = 1$ gesetzt, so liefern Gln. (191a, b)

$$\text{Zeichenmaßstab:} \qquad M_z = \alpha \, \frac{\text{cm}}{\text{m}} \tag{192a}$$

$$\text{Geschwindigkeitsmaßstab:} \qquad M_v = \alpha \, \frac{\text{cm}}{\text{msek}^{-1}} \tag{192b}$$

$$\text{Beschleunigungsmaßstab:} \qquad M_b = \alpha \, \frac{\text{cm}}{\text{msek}^{-2}} \tag{192c}$$

In diesem Sonderfall sind also die „Zahlenwerte" der sämtlichen Maßstäbe $M_z$, $M_v$, $M_b$ gleichgroß. Die Verwendung solcher Maßstäbe ist dann vorteilhaft, wenn die Getriebeuntersuchung gleichzeitig für mehrere Antriebsdrehzahlen durchzuführen ist oder die Wahl der endgültigen Antriebsdrehzahl noch nicht getroffen werden konnte.

Sind $v_\mathrm{I}$, $b_\mathrm{I}$, $\omega_\mathrm{I}$, $\varepsilon_\mathrm{I}$ die zu $\omega_0 = 1$ sek$^{-1}$ gehörigen und mit den Maßstäben Gln. (192a, b, c) ermittelten Werte, anders ausgedrückt die auf $\omega_0 = 1$ sek$^{-1}$ reduzierten Werte, so gehören zur Winkelgeschwindigkeit $\omega_{ad} = \omega$ die Werte:

$$v = v_\mathrm{I}\,\omega \qquad b = b_\mathrm{I}\,\omega^2 \qquad \Omega = \omega_\mathrm{I}\,\omega \qquad \varepsilon = \varepsilon_\mathrm{I}\,\omega^2 \tag{193a, b, c, d}$$

*Es gelten also:*

$$\text{reduzierte Geschwindigkeit} \qquad v_\mathrm{I} = \frac{v}{\omega} \tag{194a}$$

$$\text{reduzierte Beschleunigung} \qquad b_\mathrm{I} = \frac{b}{\omega^2} \tag{194b}$$

$$\text{reduzierte Winkelgeschwindigkeit} \qquad \omega_\mathrm{I} = \frac{\Omega}{\omega} \tag{194c}$$

$$\text{reduzierte Winkelbeschleunigung} \qquad \varepsilon_\mathrm{I} = \frac{\varepsilon}{\omega^2} \tag{194d}$$

Die $v_\mathrm{I}$ und $b_\mathrm{I}$ haben also die Dimension einer Strecke (Meter), die $\omega_\mathrm{I}$, $\varepsilon_\mathrm{I}$ sind dimensionslos.

## 48. Zeichnerische Ermittlung der Normalbeschleunigung

Diese geschieht

a) mittels des Kathetensatzes (Satz von EUKLID) nach Abb. 85a,

b) mittels des Höhensatzes nach Abb. 85b,

c) rechnerisch.

**Wichtiger Hinweis.** Normalbeschleunigung $b_n$ hat stets Richtungssinn vom Gliedpunkt nach Krümmungsmittelpunkt.

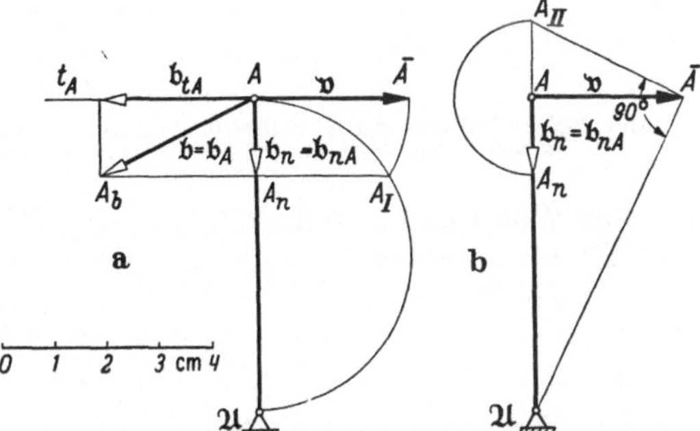

Abb. 85a u. b. Konstruktion der Normalbeschleunigung $b_n$ aus der Geschwindigkeit $v$ des Punktes $A$ und dem Krümmungshalbmesser $\varrho = \overline{\mathfrak{A}A}$.
a) THALES-Kreis-Verfahren, b) Höhensatzkonstruktion.

Beachtenswerter Sonderfall für *Antriebskurbel:* $A\overline{A} = \overline{A\mathfrak{A}}$, dann $b_n = \overline{A\mathfrak{A}}$ und Maßstäbe nach Gln. (191a, b).

*Zahlenbeispiel zu den Abb. 85 a, b*

$$\overline{\mathfrak{A}A} = a = 0{,}6\,\text{m} \qquad \overline{\omega}_{ad} = \overline{\omega} = +\,20\,\text{sek}^{-1} \qquad \overline{\varepsilon}_{ad} = \overline{\varepsilon} = -\,800\,\text{sek}^{-2}$$

*Gewählt*
$$M_z = 10\,\text{cm/m} \qquad k = \frac{1}{2}$$

*Lösung*
$$M_v = \frac{M_z}{\omega}\,k = \frac{10}{20}\,\frac{1}{2} = \frac{1}{4}\,\text{cm/msek}^{-1}$$

$$M_b = \frac{M_z}{\omega^2}\,k^2 = \frac{10}{400}\left(\frac{1}{2}\right)^2 = \frac{1}{160}\,\text{cm/msek}^{-2}$$

$a_z\,(= a\,\text{in Zeichnung}) = 0{,}6\cdot 10 \triangleq 6\,\text{cm};\ v_z\,(= v_A\,\text{in Zeichnung}) = a_z k = 6\cdot 1/2 \triangleq 3\,\text{cm};$ $b_{n_z}\,(=\text{Normalbeschleunigung in Zeichnung}) \triangleq 1{,}5\,\text{cm, entspricht }\ 1{,}5:(1/160)$ $= 240\,\text{msek}^{-2};$ Kontrolle $b_n = a\omega^2 = 0{,}6\cdot 20^2 = 240\,\text{msek}^{-2}.$ Tangentialbeschleunigung: $b_t = a\varepsilon = 0{,}6\cdot 800 = 480\,\text{msek}^{-2} \triangleq 480\cdot(1/160) \triangleq 3\,\text{cm}.$

## B. Beschleunigungszustand des komplan bewegten Getriebegliedes

### 49. Polbeschleunigung

Der Momentanpol $P = P_{bd}$ für die Bewegung $b$ gegen $d$ besitzt – gedeutet als Punkt von $b$ – die Geschwindigkeit Null. Die Rollbewegung $k_b$ auf $k_d$ nach dem Zeitelement $dt$ um die Nachbarlage $P'$ im Abstand $\overline{PP'} = u\,dt$ auf $k_d$ ist eine Drehung

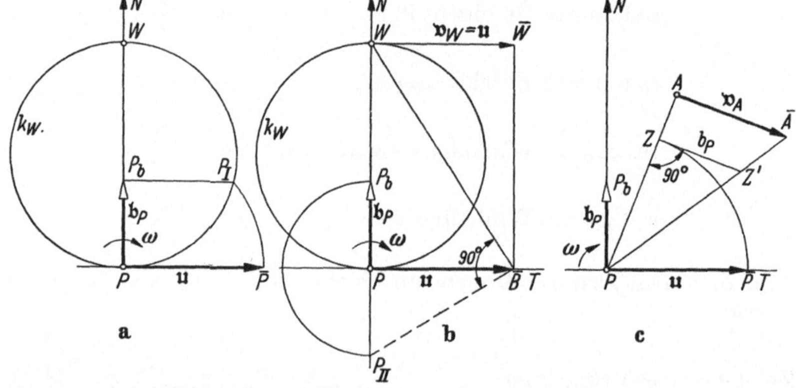



Abb. 86 a–c. Konstruktion der Polbeschleunigung $b_P$ aus Polwechselgeschwindigkeit $u$ und Wendepol $W$. c) aus Polwechselgeschwindigkeit $u$ und der Geschwindigkeit $v_A$ eines Gliedpunktes $A$.

mit der Winkelgeschwindigkeit $\omega + d\omega$. Pol $P$ (als Punkt von Glied $b$) gelangt nach $P^+$ mit der Geschwindigkeit $u\,dt\,(\omega + d\omega) \sim u\,dt\,\omega$; also hat die Polbeschleunigung $b_P$ den Betrag

$$b_P = \frac{u\,\omega\,dt - 0}{dt} = u\,\omega \tag{195}$$

und die allgemeine vektorielle Darstellung

$$b_P = [u\,\overline{\omega}] \tag{196}$$

Die Vektoren $u$, $\overline{\omega}$ und $b_P$ bilden in dieser Reihenfolge ein „*Rechtssystem*". Wegen

$$\delta = \frac{u}{\omega} \qquad v_W = u$$

folgt aus Gl. (195) auch die Darstellung

$$b_P = \delta \omega^2 = \frac{u^2}{\delta} \qquad (196\,\text{a})$$

und damit die zeichnerische Ermittlung von $b_P$ nach Abb. 86a, b bei Kenntnis von $u$ und $\delta = \overline{PW}$ oder nach Abb. 86c aus $v_A = A\overline{A}$ des Gliedpunktes $A$ und $u = P\overline{P}$; $\left(\overline{PZ} = u = \overline{P\overline{P}},\ \overline{ZZ'} = b_P\right)$.

Bestimmung von $b_P$ aus den Beschleunigungen $b_A$ und $b_B$ zweier Punkte $A$, $B$ des beliebig bewegten Getriebegliedes $b$ in Nr. 50.

## 50. Beschleunigungsvektoren zweier Punkte desselben Getriebegliedes bei beliebiger ebener Bewegung

Aus $v_B = v_A + v_{BA}$ folgt durch Differentiation nach der Zeit $t$

$$\frac{d\,v_B}{d\,t} = \frac{d\,v_A}{d\,t} + \frac{d\,v_{BA}}{d\,t}$$

oder

$$\boxed{b_B = b_A + b_{n_{BA}} + b_{t_{BA}}} \qquad (197)$$

mit Normalkomponente

$$b_{n_{BA}} = \frac{v_{BA}^2}{\overline{AB}} \quad \text{und Richtungssinn von } B \text{ nach } A \qquad (198)$$

und Tangentialkomponente

$$b_{t_{BA}} = \varepsilon_{bd}\,\overline{AB} \quad \text{und} \quad b_{t_{BA}} \perp AB \qquad (199)$$

In vektorieller Schreibweise

$$\boxed{b_B = b_A + \left[\overline{\omega}\left[\overline{\omega}, \overrightarrow{AB}\right]\right] + \left[\overline{\varepsilon}, \overrightarrow{AB}\right]} \qquad (200)$$

mit

$$\boxed{b_{n_{BA}} = \left[\overline{\omega}\left[\overline{\omega}, \overrightarrow{AB}\right]\right] = -\omega^2\,\overrightarrow{AB} = \omega^2\,\overrightarrow{BA}} \qquad (201)$$

$$\boxed{b_{t_{BA}} = \left[\overline{\varepsilon}, \overrightarrow{AB}\right]} \qquad (202)$$

*Ergebnis. Die Beschleunigung $b_B$ eines Punktes $B$ des gegenüber $d$ bewegten Gliedes $b$ ist gleich der vektoriellen Summe aus der Beschleunigung $b_A$ eines Punktes $A$ „desselben" Getriebegliedes $b$ und der Beschleunigung $b_{BA}$, die bei der Drehung von $b$ um die durch $A$ zu $k = k_{bd}$ parallel gelegte Achse $k_A$ auftritt und die Beschleunigungskomponenten $b_{n_{BA}}$ und $b_{t_{BA}}$ besitzt.*

Die Normalkomponente $b_{n_{BA}}$ wird nach Gl. (198) aus $v_{BA}$ berechnet oder nach Abb. 84c aus $v_{BA} = \overline{ab} = \overline{B[B]}$ konstruiert.

Gl. (197) ist in Abb. 84 für den Fall der Drehung von $b$ um die feste Achse durch $O$ veranschaulicht durch

$$b_B = b_A + b_{n_{BA}} + b_{t_{BA}}$$

$$\overrightarrow{BB_b} = \overrightarrow{BX} + \overrightarrow{XY} + \overrightarrow{YB_b}$$

desgl. im *Beschleunigungsplan* (*Abb. 84 b*) durch

$$\mathfrak{b}_B = \mathfrak{b}_A + \mathfrak{b}_{n_{BA}} + \mathfrak{b}_{t_{BA}}$$

$$\overrightarrow{o_1 b'} = \overrightarrow{o_1 a'} + \overrightarrow{a' b_{\mathrm{I}}} + \overrightarrow{b_{\mathrm{I}} b'}$$

erläutert.

In diesem Sonderfall hat $O$ von $b$ die Beschleunigung Null.

Wählt man an Stelle des beliebigen Punktes $A$ von $b$ den Momentanpol $P$, so folgt aus Gl. (197)

$$\mathfrak{b}_B = \mathfrak{b}_P + \mathfrak{b}_{n_{BP}} + \mathfrak{b}_{t_{BP}} \tag{203}$$

oder

$$\boxed{\mathfrak{b}_B = [\mathfrak{u}\,\overline{\omega}] + \left(-\omega^2\,\overrightarrow{PB}\right) + \left[\overline{\varepsilon}, \overrightarrow{PB}\right]} \tag{204}$$

Diese Gln. (203), (204) sind deshalb besonders wertvoll, weil die Polbeschleunigung $\mathfrak{b}_P$ bereits durch den Geschwindigkeitszustand festgelegt ist. Sie sind in

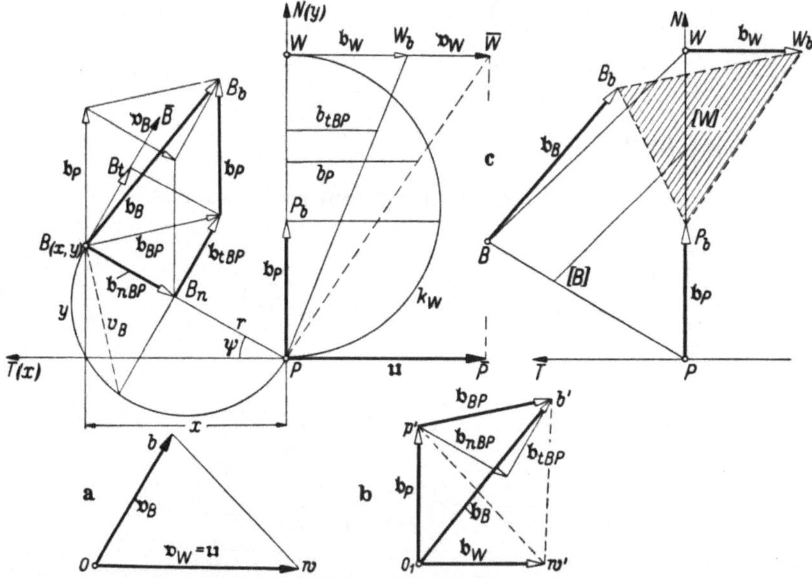

Abb. 87 a—c. Zusammenhang zwischen der Beschleunigung eines Gliedpunktes $B$ und der Polbeschleunigung $\mathfrak{b}_P$.
a) Geschwindigkeitsplan, b) Beschleunigungsplan, c) Beschleunigung des Punktes $B$ aus den Beschleunigungen von $P$ und $W$

Abb. 87 verwirklicht und zeigen die daraus ableitbare analytische Darstellung von $\mathfrak{b}_B$ aus $B(x, y)$, $\mathfrak{u}$, $\overline{\omega}$ und $\overline{\varepsilon}$ in der Form

$$b_x = -\omega^2 x - \varepsilon y \tag{205 a}$$

$$b_y = u\omega - \omega^2 y + \varepsilon x \tag{205 b}$$

*Kontrollen.* *Momentanpol* $P(x = 0, y = 0)$; $b_P = b_y = u\omega$;

*Wendepol*    $W(x = 0, y = \delta = u/\omega)$; $b_W = b_x = -\varepsilon\delta$.

*Anwendung. Ort der Gliedpunkte konstanter Beschleunigung* $b$.

Aus $b_x^2 + b_y^2 = b^2 = \mathrm{const}$ folgt nach Gl. (205 a, b)

$$\left(x + \frac{u\omega\varepsilon}{\varepsilon^2 + \omega^4}\right)^2 + \left(y - \frac{u\omega^3}{\varepsilon^2 + \omega^4}\right)^2 = \left(\frac{b}{\sqrt{\varepsilon^2 + \omega^4}}\right)^2$$

*Ergebnis.* Kreis $K_Q$ um Punkt $Q$ als Mittelpunkt mit den Koordinaten

$$x_Q = -\frac{u\,\omega\,\varepsilon}{\varepsilon^2 + \omega^4} \qquad y_Q = \frac{u\,\omega^3}{\varepsilon^2 + \omega^4} \qquad\qquad (206\,\text{a, b})$$

und Halbmesser

$$r = \frac{b}{\sqrt{\varepsilon^2 + \omega^4}} \qquad\qquad (206\,\text{c})$$

## 51. Der Beschleunigungspol (Abb. 88)

Für den Sonderfall $b = 0$ entartet der Kreis $K_Q$ zu dem Punkt $Q$ mit den Koordinaten $x_Q$, $y_Q$ nach Gl. (206 a, b)

$$\overline{PQ} = r_Q = \frac{u\,\omega}{\sqrt{\varepsilon^2 + \omega^4}} \qquad\qquad (207)$$

wobei $PQ$ mit $PW$ den Winkel

$$\sphericalangle\, QPW = \lambda \qquad\qquad (207\,\text{a})$$

bildet, der durch

$$\operatorname{tg} \lambda = \frac{\varepsilon}{\omega^2} \qquad\qquad (207\,\text{b})$$

definiert ist.

*Der Punkt $Q$ heißt der ,,Beschleunigungspol''* und ist der einzige Punkt des Getriebegliedes $b$, der die Beschleunigung $b_Q = 0$ besitzt.

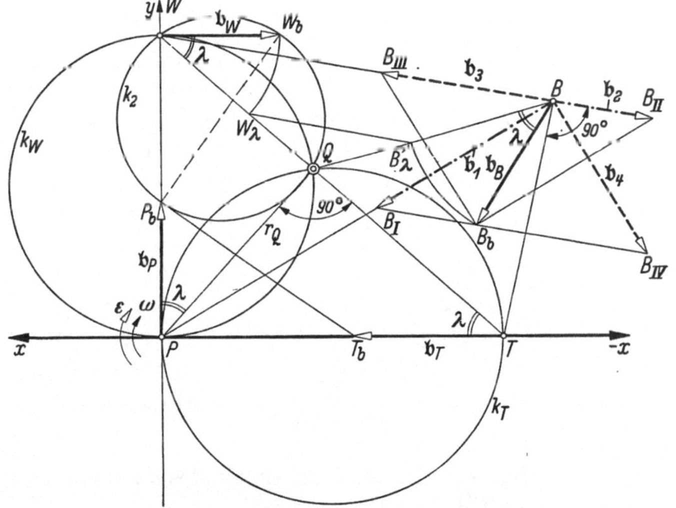

Abb. 88. Tangentialkreis $k_T$. Tangentialpol $T$. Zerlegung des Beschleunigungsvektors $b_B$ des Punktes $B$ in Wendebeschleunigung $b_3$ und Triebbeschleunigung $b_4$.

Die Bedingung $b_Q = 0$, identisch mit $b_x = 0$, $b_y = 0$, also

$$0 = -\omega^2 x - \varepsilon y \qquad 0 = u\omega - \omega^2 y + \varepsilon x \qquad\qquad (208\,\text{a, b})$$

ergibt nach Elimination von $\varepsilon$

$$x^2 + \left(y - \frac{\delta}{2}\right)^2 - \left(\frac{\delta}{2}\right)^2 = 0 \qquad\qquad (209)$$

d.h. die Gleichung des *Wendekreises $k_W$* (Abb. 88).

Für alle möglichen Beschleunigungszustände $\varepsilon$ liegt also der Beschleunigungspol $Q$ stets auf dem Wendekreis.

Der beliebige Punkt $B(r,\ \psi)$ von $b$ (Abb. 87) hat die Normalbeschleunigung

$$b_n = r\,\omega^2 - u\,\omega \sin\psi \qquad (210\,\mathrm{a})$$

und die Tangentialbeschleunigung

$$b_t = r\,\varepsilon + u\,\omega \cos\psi \qquad (210\,\mathrm{b})$$

*Punkte $B^{\mathrm{I}}$ ohne Normalbeschleunigung* liegen wegen $b_n = 0$ nach Gl. (210 a) auf

$$r = \frac{u}{\omega}\sin\psi = \delta \sin\psi$$

d. h. *auf dem Wendekreis $k_W$.*

*Punkte $B^{\mathrm{II}}$ ohne Tangentialbeschleunigung* sind dagegen wegen $b_t = 0$ nach Gl. (210 b) Punkte des Kreises $k_T$

$$r = -\frac{u\,\omega}{\varepsilon}\cos\psi \qquad (211)$$

der „*Tangential-* oder auch *Gleichenkreis*" genannt wird (Abb. 88) und den Durchmesser $\delta_t = (u\omega/\varepsilon)$ besitzt. Der Schnittpunkt $T$ von Poltangente und $k_T$ heißt der „*Tangentialpol*". *Der Beschleunigungspol $Q$ ist Schnittpunkt von $k_W$ mit $k_T$, die sich in $Q$ rechtwinklig schneiden.*

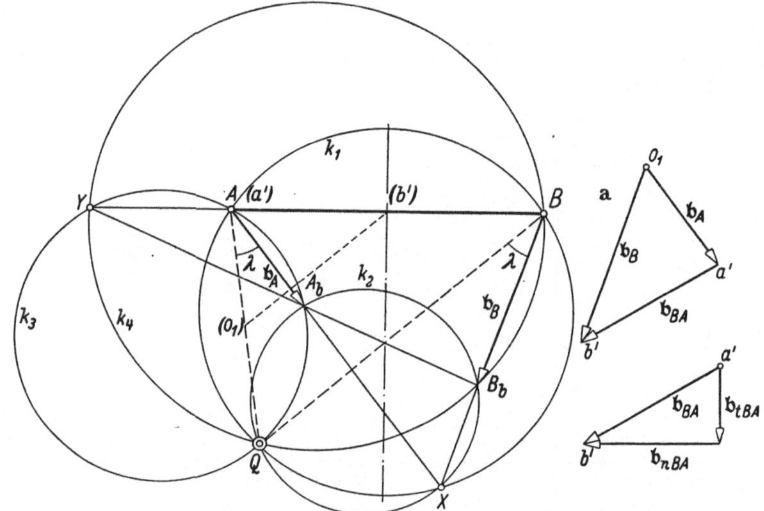


Abb. 89. Konstruktion des Beschleunigungspols $Q$ aus den Beschleunigungen $b_A$ und $b_B$ zweier Gliedpunkte $A$ und $B$.

*Folgerungen* (Abb. 89)

a) Sind vom Bewegungszustand des Getriebegliedes $b$ bekannt: $\overline{\omega}$, $\overline{\varepsilon}$ und $Q$, so gelten für $b_A = AA_b$, $b_B = BB_b$

$$b_A : b_B = \overline{QA} : \overline{QB} \qquad \measuredangle\, A_b A Q = \measuredangle\, B_b B Q \qquad (212\,\mathrm{a,\,b})$$

d. h. für die allgemeine komplane Bewegung bestehen bezüglich der Beschleunigungsverhältnisse dieselben Gesetzmäßigkeiten wie die von Abb. 84, wenn dort der feste Drehpunkt 0 durch den Beschleunigungspol $Q$ ersetzt wird.

b) Die Sätze von BURMESTER und MEHMKE gelten also auch für die beliebige komplane Bewegung.

c) *Ermittlung des Beschleunigungspoles $Q$ aus $b_A$ und $b_B$* geschieht nach Abb. 89. Zeichne $X = AA_b \times BB_b$, $Y = AB \times A_b B_b$.

Die Kreise $k_1, k_2, k_3, k_4$ durch $(A, B, X)$, $(A_b, B_b X)$, $(A, A_b, Y)$ bzw. $(B, B_b, Y)$ schneiden sich gemeinsam in $Q$ (viele Kontrollmöglichkeiten). Diese Kreise sind die Umkreise des durch $AB$, $A_b B_b$, $AA_b$, $BB_b$ festgelegten Vierseits.

**d) Einfachste Ermittlung des Beschleunigungspoles** $Q$ **aus** $\mathfrak{b}_A$, $\mathfrak{b}_B$ **mittels des Beschleunigungsplanes von Abb. 89a:**

$\triangle (a')\,(b')\,(o_1) \cong \triangle a'b'o_1$; dann schneidet die durch $B$ zu $(o_1)\,(b')$ gezeichnete Parallele die Gerade durch $(a')$, $(o_1)$ in $Q$. (Anwendung des MEHMKEschen Satzes auf $A$, $B$, $Q$ mittels $\triangle ABQ \sim \triangle a'b'o_1$).

e) Aus Gl. (210a) und $v^2/\varrho = b_n$ wird für Punkt $B(r, \psi)$ von Abb. 87

$$\varrho = \frac{r^2}{r - \delta \sin \psi} \tag{213}$$

erhalten, hier definiert durch $\varrho = \overline{\mathfrak{B}B} = r - \mathfrak{r}$. Vorzeichen beachten!

f) Weitere Komponentendarstellungen des Beschleunigungsvektors $\mathfrak{b}_B = \overrightarrow{BB_b}$ (Abb. 88)

$$\mathfrak{b}_B = -\omega^2 \overrightarrow{PB} + \left[\bar{\varepsilon},\ \overrightarrow{TB}\right] = \overrightarrow{BB_\mathrm{I}} + \overrightarrow{BB_\mathrm{II}} = \mathfrak{b}_1 + \mathfrak{b}_2 \tag{214}$$

$$\mathfrak{b}_B = -\omega^2 \overrightarrow{WB} + \left[\bar{\varepsilon},\ \overrightarrow{PB}\right] = \overrightarrow{BB_\mathrm{III}} + \overrightarrow{BB_\mathrm{IV}} = \mathfrak{b}_3 + \mathfrak{b}_4 \tag{215}$$

Die Zerlegung nach Gl. (215) stammt von M. GRÜBLER ([65], S. 126). Diese Komponenten von $\mathfrak{b}_B$ werden *Wendebeschleunigung* bzw. *Triebbeschleunigung* genannt.

## 52. Wichtige Beschleunigungsdarstellung für die graphische Dynamik

Für das „*beschleunigungsfrei*" bewegte Getriebeglied $b$, d.h. für $\bar{\varepsilon} = 0$, ist der Beschleunigungsvektor $\mathfrak{b}_B^0$ nach Gl. (204)

$$\mathfrak{b}_B^0 - [\mathfrak{u}\,\bar{\omega}] + \left(-\omega^2\,\overrightarrow{PB}\right) \tag{216a}$$

also

$$\mathfrak{b}_B = \mathfrak{b}_B^0 + \left[\bar{\varepsilon},\ \overrightarrow{PB}\right] \tag{216}$$

Setzt man

$$\bar{\varepsilon} = \varepsilon\left(\frac{\bar{\omega}}{\omega}\right) = \frac{\varepsilon}{\omega}\,\bar{\omega} = \zeta\,\bar{\omega} \tag{217}$$

wobei $\bar{\omega}/\omega$ den dimensionslosen Einheitsvektor der Drehachse $k_{b\,d}$ bedeutet, so folgt aus Gl. (216) beim Drehsinn von $\bar{\varepsilon}$ gemäß Abb. 88

$$\boxed{\begin{aligned} \mathfrak{b}_B &= \mathfrak{b}_B^0 + \zeta\left[\bar{\omega},\ \overrightarrow{PB}\right] \\ \mathfrak{b}_B &= \mathfrak{b}_B^0 + \zeta\,\mathfrak{v}_B \end{aligned}} \tag{218}$$

oder für zwei Punkte $A$, $B$

$$\left.\begin{aligned} \mathfrak{b}_B - \mathfrak{b}_A &= \mathfrak{b}_B^0 - \mathfrak{b}_A^0 + \zeta\,(\mathfrak{v}_B - \mathfrak{v}_A) \\ \mathfrak{b}_{BA} &= \mathfrak{b}_{BA}^0 + \zeta\,\mathfrak{v}_{BA} \end{aligned}\right\} \tag{219}$$

*Hinweis auf graphodynamische Verfahren.* Ist $S$ der Schwerpunkt des Getriebegliedes $b$, dessen Beschleunigungszustand bezüglich $d$ aus den von außen eingeprägten Kräften zu ermitteln ist, so führt die von diesen Kräften verrichtete mechanische Arbeit $A$ mittels der *Massenreduktion* zur Kenntnis des Geschwindigkeitszustandes.

Die resultierende D'ALEMBERTsche Trägheitskraft $\mathfrak{T}_b = -m\,\mathfrak{b}_S$ mit Wirkungslinie parallel $\mathfrak{b}_S$ durch den Trägheitspol $T_b^*$ hat dann nach Gl. (218) die Komponentendarstellung

$$\left.\begin{aligned} \mathfrak{T}_b &= -m\,\mathfrak{b}_S = -m\,(\mathfrak{b}_S^0 + \zeta\,\mathfrak{v}_S) \\ \mathfrak{T}_b &= -m\,\mathfrak{b}_S^0 + (-m\,\zeta\,\mathfrak{v}_S) \\ \mathfrak{T}_b &= -m\,\mathfrak{b}_S^0 + \zeta\,(-m\,\mathfrak{v}_S) \end{aligned}\right\} \tag{220}$$

Die erste Komponente $(-m\,b_S^0)$ ist nach Größe, Richtung und Richtungssinn bekannt. Die zweite Komponente $\zeta\,(-m\,v_S)$ ist nur ihrer Richtung nach bekannt, nämlich parallel zum Vektor $v_S$ der Schwerpunktsgeschwindigkeit. Diese Zerlegung führt dann zur Auffindung des gesuchten Beschleunigungszustandes, d.h. zur *Lösung der I. Wittenbauerschen Grundaufgabe* ([*18*], S. 456).

# C. Beschleunigungsermittlung in Kurbelgetrieben

## 53. Das Viergelenkgetriebe. Zusammenfassendes Beispiel

Für das in Abb. 90 gezeichnete *Viergelenkgetriebe* in Form einer *Kurbelschwinge* mit

$\qquad$ Kurbel $\overline{\mathfrak{A}A} = a = 0{,}20$ m,
$\qquad$ Koppel $\overline{AB} = b = 0{,}70$ m,
$\qquad$ Schwinge $\overline{\mathfrak{B}B} = c = 0{,}60$ m,
$\qquad$ Gestell (Stand oder Standglied) $\overline{\mathfrak{A}\mathfrak{B}} = d = 0{,}80$ m,
$\qquad$ Kurbelwinkel $\sphericalangle A_0\mathfrak{A}A = \varphi = 105°$

sind zu ermitteln:

Geschwindigkeit der Schwingenzapfenmitte $B$, die Winkelgeschwindigkeiten $\overline{\omega}_{bd}$, $\overline{\omega}_{cd}$, $\overline{\omega}_{ba}$, $\overline{\omega}_{cb}$ der relativen Drehbewegung der Getriebeglieder $a$, $b$, $c$, $d$ gegeneinander, die Polwechselgeschwindigkeit $u_{bd}$ des Momentanpols $P_{bd}$ von Koppel $b$ gegen Gestell $d$, Poltangente $PT$, der Wendekreisdurchmesser $\delta = \overline{P_{bd}W}$ aus $\overline{\omega}_{bd}$ und $u_{bd}$, ferner die Polbeschleunigung $b_P$ des Momentanpols $P = P_{bd}$, die Beschleunigung $b_B = \overrightarrow{BB_b}$ des Schwingenzapfens $B$, die Lage des Beschleunigungspoles $Q = Q_{bd}$ und die sämtlichen im Getriebe auftretenden Winkelbeschleunigungen $\overline{\varepsilon}_{bd}$, $\overline{\varepsilon}_{ba}$, $\overline{\varepsilon}_{cd}$, $\overline{\varepsilon}_{cb}$, Beschleunigung und Krümmungshalbmesser eines beliebigen Koppelpunktes $C$ von $b$.

*Gegeben.* Drehzahl der Antriebskurbel $a$ gegen Gestell $d$ $n_{ad} = +\,382$ U/min, Winkelbeschleunigung der Antriebskurbel $\overline{\varepsilon}_{ad} = 0$ sek$^{-2}$.

*Gewählt.* Zeichenmaßstab: $M_z = 20$ cm/m. Geschwindigkeitsmaßstab: $M_v = 0{,}5$ cm/msek$^{-1}$. Winkelgeschwindigkeitsmaßstab für Winkelgeschwindigkeitsplan: $M_\omega = 0{,}1$ cm/sek$^{-1}$.

$\quad$ *Lösung:*

$\quad$ *a) Geschwindigkeiten von Gliedpunkten.* Aus $n_{ad} = 382$ U/min folgt $\omega_{ad} = \dfrac{\pi\,n_{ad}}{30}$ $= 40$ sek$^{-1}$ oder einschließlich des Vorzeichens $\overline{\omega}_{ad} = +\,40$ sek$^{-1}$, ferner $v_A = a\,\omega_{ad}$ $= 0{,}20\cdot 40 = 8$ msek$^{-1}$, dargestellt durch Vektor $v_A = A\overline{A} = 4$ cm (von der Länge $\overline{\mathfrak{A}A}$ der Kurbel $a$ in der Zeichnung). Drehe $A\overline{A}$ um $A$ im Uhrzeigersinn nach $A'$, dem Endpunkt der gedrehten Geschwindigkeit, der bei dieser Wahl des Geschwindigkeitsmaßstabes $M_v$ mit der Kurbelwellenmitte $\mathfrak{A}$ zusammenfällt. Die Parallele durch $A' \equiv \mathfrak{A}$ zu $AB$ schneidet $\mathfrak{B}B$ bzw. ihre Verlängerung im Endpunkt $B'$ der gedrehten Geschwindigkeit $(v_B)$; diese, zurückgedreht im Gegensinn des Uhrzeigers, liefert $v_B = B\overline{B}$.

$\quad$ Im *Geschwindigkeitsplan* (Abb. 90a) zeichnet man $\overrightarrow{oa} = v_A$ und zieht durch $o$ zu $\mathfrak{B}B$ die Senkrechte, die von der durch $a$ zu $AB$ gezeichneten Senkrechten in $b$ geschnitten wird. Wegen $v_B = v_A + v_{BA}$ mit $v_{BA}$ senkrecht auf $AB$ ist damit $v_B = \overrightarrow{ob}$ gefunden. Gleichzeitig ist $\overrightarrow{ab} = v_{BA}$ vom Betrag $v_{BA} = \omega_{bd}\cdot\overline{AB}$.

$\quad$ Eine Abwandlung dieses Verfahrens ist der „*Geschwindigkeitsplan*" *der gedrehten Geschwindigkeiten*" (Abb. 90b). Diese gedrehten Geschwindigkeiten sollen im folgenden mit einem Querstrich über dem Symbol $v$, also mit $\bar{v}$ oder mit $(v)$ bezeichnet werden. Für sie gilt die vektorielle Gleichung zwischen den gedrehten Geschwindigkeiten der Gliedpunkte $A$, $B$ eines Getriebegliedes in der Form

$$\bar{v}_B = \bar{v}_A + \bar{v}_{BA} \quad \text{mit} \quad \bar{v}_{BA} \text{ parallel } AB$$

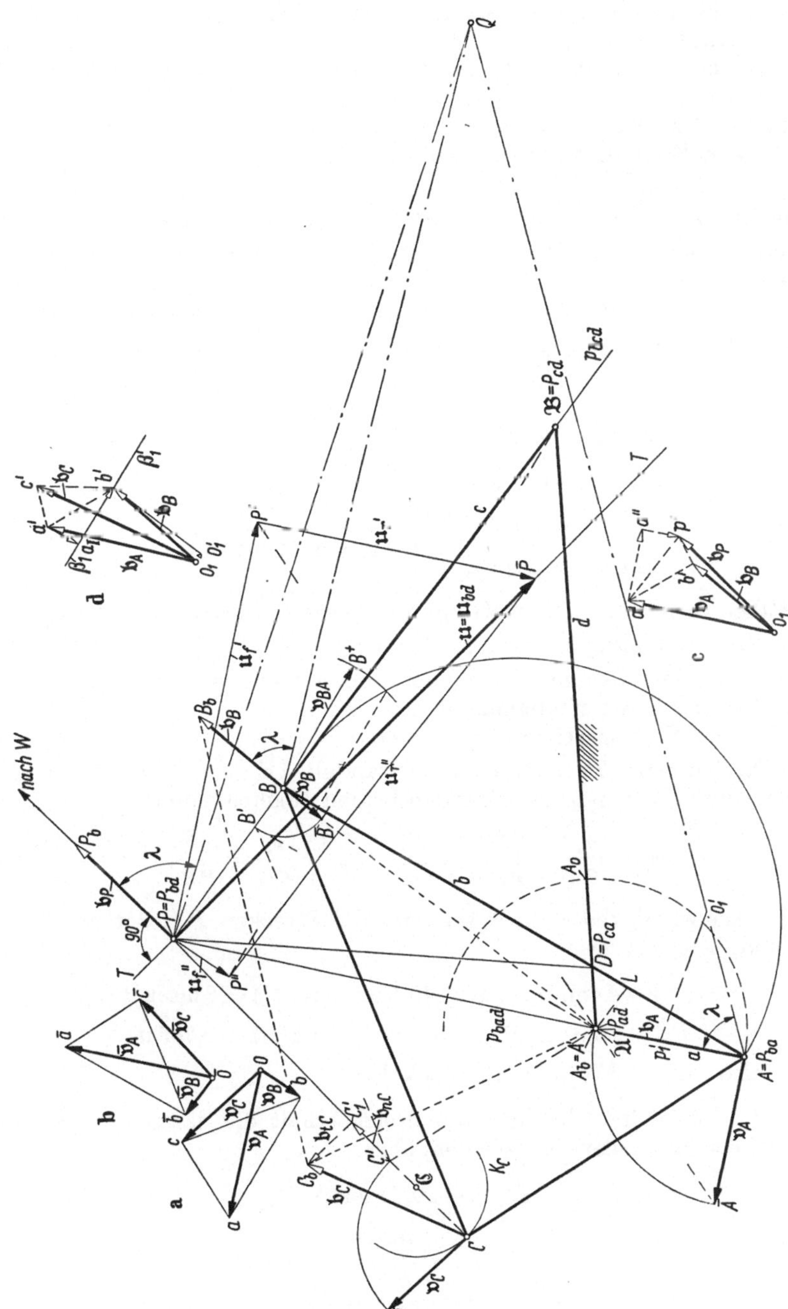

Abb. 90a—d. Beschleunigungsermittlung beim Viergelenkgetriebe (Kurbelschwinge) $\mathfrak{A} A B \mathfrak{B}$. a) Geschwindigkeitsplan, b) Plan der gedrehten Geschwindigkeiten, c) Polbeschleunigung aus den Beschleunigungen der Zapfenmitten $A$ und $B$, d) Beschleunigung eines beliebigen Koppelpunktes $C$, Originalzeichnung auf 1/2 verkleinert.

Man zeichnet also $\overrightarrow{oa} = \bar{v}_A$, zieht durch $\bar{a}$ zu $AB$ und durch $\bar{o}$ zu $\mathfrak{B}B$ die Parallelen. Ihr Schnittpunkt liefert $\bar{b}$, wodurch $\bar{v}_B = \overline{ob}$ und $\overline{ab} = \bar{v}_{BA}$ gefunden sind.

Man kann auch durch $\mathfrak{A} \equiv A'$ zu $\mathfrak{B}B$ die Parallele ziehen, die $AB$ in $L$ schneidet. Aus den kongruenten Dreiecken $\overline{oa}\overline{b}$ und $\mathfrak{A}AL$ entnimmt man $L\mathfrak{A} = \bar{v}_B = \overline{ob}$. Das Ziehen einer einzigen Parallelen liefert somit im *Getriebeplan* sehr rasch die Geschwindigkeiten $v_B$ und $v_{BA}$ bzw. die dazugehörigen gedrehten Geschwindigkeiten ($\bar{v}_B = L\mathfrak{A}$, $\bar{v}_{BA} = LA$).

Für einen beliebigen Punkt $C$ der Koppel $b$ kann $v_C$ auf verschiedene Weise erhalten werden:

Die durch $A'$ zu $AC$ und durch $B'$ zu $BC$ gezeichneten Parallelen schneiden sich in $C'$, dem Endpunkt der gedrehten Geschwindigkeit $(v_C) = CC'$; Zurückdrehen ergibt $v_C = C\overline{C}$.

Die durch $a$ zu $AC$ und durch $b$ zu $BC$ gezeichneten Senkrechten ergeben im Schnittpunkt $c$ den Geschwindigkeitsvektor $v_C = \overrightarrow{oc}$ des Geschwindigkeitsplanes (Abb. 90a).

Die durch $\bar{a}$ zu $AC$ und durch $\bar{b}$ zu $BC$ gezeichneten Parallelen schneiden sich im Endpunkt $\bar{c}$ des Vektors $\bar{v}_C = \overrightarrow{o\bar{c}}$ der gedrehten Geschwindigkeit von $C$ (Abb. 90b).

*Kontrollen.*

$$\left.\begin{array}{l} \triangle A'B'C' \sim \triangle ABC \\ \triangle \overline{A}\overline{B}\overline{C} \sim \triangle ABC \end{array}\right\} \quad \text{(Satz von Burmester)}$$

$$\left.\begin{array}{l} \triangle abc \sim \triangle ABC \\ \triangle \bar{a}\bar{b}\bar{c} \sim \triangle ABC \end{array}\right\} \quad \text{(Satz von Mehmke)}$$

In allen Fällen ist auf die „*Gleichsinnigkeit*" dieser ähnlichen Dreiecke zu achten.

*b) Die relativen Winkelgeschwindigkeiten.* Folgende Wege stehen zur Verfügung:

$b_1$ Benutzung der Abstände der Momentanpole von den Gliedpunkten,
$b_2$ mit Hilfe des Geschwindigkeitsplanes,
$b_3$ mittels der Winkelgeschwindigkeitspläne.

*Zu* $b_1$: Da sich Glied $b$ gegenüber dem Standglied $d$ um $P = P_{bd}$ dreht, gelten für die Berechnung von $\omega_{bd}$ die folgenden beiden Möglichkeiten:

$$\omega_{bd} = \frac{v_A}{PA} = \frac{\overline{oa}}{PA} \quad \text{oder} \quad \omega_{bd} = \frac{v_B}{PB} = \frac{\overline{ob}}{PB}$$

wobei die Geschwindigkeiten in m/sek und die Strecken $\overline{PA}$, $\overline{PB}$ in „m" einzusetzen sind, beispielsweise

$$v_A = 4\,\text{cm}/M_v = 4\,\text{cm}/(0{,}5\,\text{cm/msek}^{-1}) = 8\,\text{msek}^{-1}$$

$$\overline{PA} = 15{,}3\,\text{cm}/M_z = 15{,}3\,\text{cm}/(20\,\text{cm/m}) = 0{,}765\,\text{m}$$

also $\quad \omega_{bd} = 8/0{,}765 = 10{,}57\,\text{sek}^{-1}$

Da $b$ um $P$ gegen $d$ im Uhrzeigersinn dreht, erhält die dazugehörige Winkelgeschwindigkeit das positive Vorzeichen, also

$$\bar{\omega}_{bd} = +10{,}57\,\text{sek}^{-1}$$

In entsprechender Weise wird $\omega_{cd}$ aus $v_B$ durch

$$\omega_{cd} = \frac{v_B}{\mathfrak{B}B} = \frac{2{,}6}{0{,}6} = 4{,}33\,\text{sek}^{-1}$$

ermittelt und wegen der Drehung von $c$ gegen $d$ im Gegensinn des Uhrzeigers mit

$$\overline{\omega}_{cd} = -4{,}33\,\text{sek}^{-1}$$

angesetzt.

Für die Winkelgeschwindigkeiten $\overline{\omega}_{ba}$ und $\overline{\omega}_{cb}$ gelten die folgenden Berechnungen

$$\overline{\omega}_{ba} = \overline{\omega}_{bd} + \overline{\omega}_{da} = \overline{\omega}_{bd} - \overline{\omega}_{ad} = +10{,}57 - (+40) = -29{,}43\,\text{sek}^{-1}$$

$$\overline{\omega}_{cb} = \overline{\omega}_{cd} + \overline{\omega}_{db} = \overline{\omega}_{cd} - \overline{\omega}_{bd} = -4{,}33 - (+10{,}57) = -14{,}9\,\text{sek}^{-1}$$

Ferner sind: $\overline{\omega}_{ab} = +29{,}43\,\text{sek}^{-1}$ und $\overline{\omega}_{bc} = +14{,}9\,\text{sek}^{-1}$

*Zu* $b_2$: Für die oben durchgeführte Ermittlung von $\overline{\omega}_{bd}$ ist der Momentanpol $P = P_{bd}$ des bewegten Getriebegliedes erforderlich. Fällt dieser außerhalb der Zeichenfläche oder ins Unendliche, so ist auf

$$\omega_{bd} = \frac{v_{BA}}{\overline{AB}} = \frac{\overline{ab}}{\overline{AB}}$$

zurückzugreifen, auf ein Verfahren, das nie versagt. Im vorliegenden Beispiel ist

$$\omega_{bd} = \frac{3{,}7/0{,}5}{14/20} = \frac{7{,}4}{0{,}7} = 10{,}57\,\text{sek}^{-1}$$

wobei $v_{BA} = \overline{ab}$ dem Geschwindigkeitsplan (Abb. 90 a) mit 3,7 cm und $\overline{AB}$ mit 14 cm dem Getriebeplan entnommen werden. Der Drehsinn dieser Winkelgeschwindigkeit wird durch den Pfeil $\overrightarrow{BB^+}$ gekennzeichnet, den man als $v_{DA}$ in $B$ anträgt. Man erkennt, daß diese Anordnung einer Drehung von $B$ um $A$ im Uhrzeigersinn entspricht.

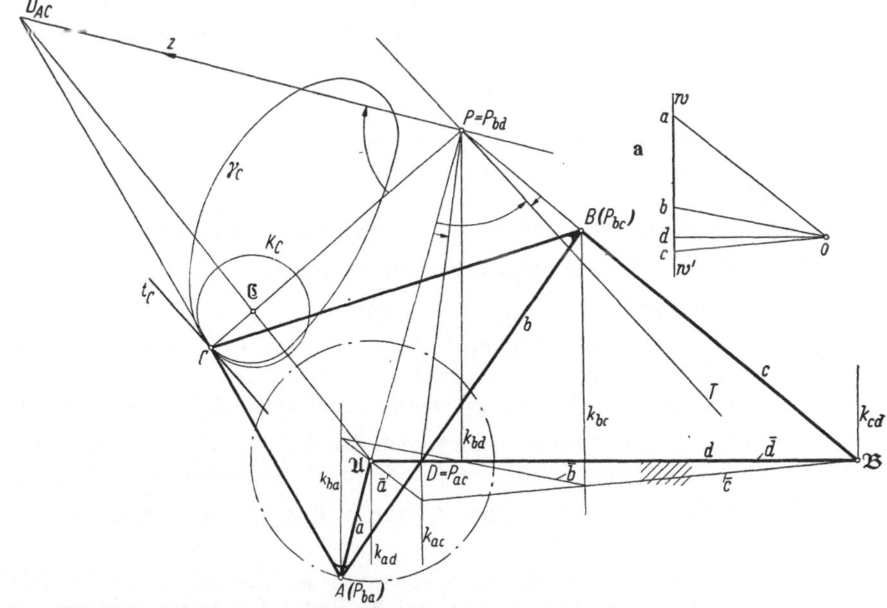

Abb. 91. Ermitteln des Krümmungsmittelpunktes $\mathfrak{C}$ des Koppelpunktes $C$ einer Kurbelschwinge nach Abb. 90. a) Winkelgeschwindigkeitsplan, Originalzeichnung auf 4/10 verkleinert.

*Zu* $b_3$: Winkelgeschwindigkeitsplan (Abb. 91 a) ist in Abb. 91 entsprechend Abb. 20 aufgestellt worden.

*c)* Im Beispiel der Koppelbewegung (*b* gegen *d*) des Viergelenkgetriebes von Abb. 90 wandert $P = P_{bd}$ längs einer sich um $\mathfrak{A} = P_{ad}$ drehenden Geraden $p_{bad}$; er nimmt, als Punkt dieser Geraden gedeutet, an deren Drehung um $P_{ad}$ teil, hat demnach die Führungsgeschwindigkeit $\mathfrak{u}'_f = \overrightarrow{PP'}$ senkrecht zu $p_{bad}$, an die noch die Relativgeschwindigkeit $\mathfrak{u}'_r$ parallel $p_{bad}$ anzufügen ist, so daß $\mathfrak{u}_{bd} = \mathfrak{u}'_f + \mathfrak{u}'_r$.

Wiederholung des Verfahrens für das Wandern von $P_{bd}$ längs $p_{bcd}$, drehend um $\mathfrak{B} = P_{cd}$, liefert $\mathfrak{u}_{bd} = \mathfrak{u}''_f + \mathfrak{u}''_r = PP'' + P''\overline{P}$. Man ermittelt also $\mathfrak{u}'_f = PP'$ aus $\mathfrak{v}_A = A\overline{A}$, $\mathfrak{u}''_f = PP''$ aus $\mathfrak{v}_B = B\overline{B}$ und zeichnet durch $P'$ und $P''$ zu $p_{bad}$ bzw. $p_{bcd}$ die Parallelen, die sich im Endpunkt $\overline{P}$ der gesuchten Polwechselgeschwindigkeit $\mathfrak{u} = \mathfrak{u}_{bd} = P\overline{P}$ schneiden.

*Ergebnis.* $\mathfrak{u}_{bd} = 26{,}8 \; \text{msek}^{-1}$.

*d) Wendekreisdurchmesser.* Sind für die Bewegung von *b* gegen *d* die Winkelgeschwindigkeit $\omega_{bd}$ und die Polwechselgeschwindigkeit $\mathfrak{u} = \mathfrak{u}_{bd}$ bekannt, so kann mit diesen Bestimmungsgrößen der Durchmesser $\delta$ des Wendekreises $k_W$ nach Gl. (134) berechnet werden.

*Zahlenbeispiel:* $\delta = \dfrac{u_{bd}}{\omega_{bd}} = \dfrac{26{,}8}{10{,}57} = 2{,}535 \; \text{m}$

Die Lage des Wendepoles $W$ auf der Polnormale $PN$ ist mit $\overline{\delta} = \overrightarrow{PW}$ durch $\mathfrak{u} = \left[\overline{\omega}_{bd}\,\overline{\delta}\right]$ festgelegt, d.h. $\overline{\omega}_{bd}$, $\overline{\delta}$ und $\mathfrak{u}$ bilden ein Rechtssystem.

Da Poltangente $PT$ und Wendekreisdurchmesser $\delta$ auch auf andere Weise zu ermitteln sind, beispielsweise mit Hilfe des Satzes von Bobillier oder der Euler-Savaryschen Gleichung oder – bei einfachen Polkurven – auch aus deren Krümmungshalbmessern $R$ und $\mathfrak{R}$, so kann umgekehrt die Polwechselgeschwindigkeit $\mathfrak{u}$ auch aus $\overline{\delta} = \overrightarrow{PW}$ und $\overline{\omega}_{bd}$ gefunden werden.

*e) Polbeschleunigung.* Besondere Beachtung verdient die Feststellung, daß die „*Polbeschleunigung*" $\mathfrak{b}_P$ wegen

$$\mathfrak{b}_P = [\mathfrak{u}\,\overline{\omega}]$$

bereits durch den Geschwindigkeitszustand festgelegt ist, wobei wegen der Darstellung in der Form des vektoriellen Produktes die Vektoren $\mathfrak{u}$, $\overline{\omega}$ und $\mathfrak{b}_P$ ein Rechtssystem bilden.

Im Beispiel von Abb. 90 wird $\mathfrak{b}_P = u_{bd} \cdot \omega_{bd} = 26{,}8 \cdot 10{,}57 = 283{,}28 \; \text{msek}^{-2}$ mit Richtungssinn $\mathfrak{b}_P = \overrightarrow{PP_b}$ erhalten, hier dargestellt im

*Beschleunigungsmaßstab* $M_b = \dfrac{M_v^2}{M_z} = \dfrac{1}{80} \; \text{cm/msek}^{-2}$

Die Kenntnis der Polbeschleunigung $\mathfrak{b}_P$ ist für die Ermittlung der Beschleunigungsverhältnisse eines komplan bewegten Getriebegliedes besonders wertvoll, z.B. in Verbindung mit dem *Satz von Burmester*; *Kontrolle*: $\triangle A_b P_b B_b \sim \triangle APB$.

*f) Beschleunigungsplan.* Abb. 90c zeigt noch den *Beschleunigungsplan*, bei dem die Beschleunigungsvektoren sämtlicher Gliedpunkte von einem beliebig gewählten Punkt $o_1$ strahlenförmig angetragen werden, z.B. $\overrightarrow{o_1 a'} = \mathfrak{b}_A = \overrightarrow{AA_b}$, $\overrightarrow{o_1 p'} = \mathfrak{b}_P = \overrightarrow{PP_b}$.

Da nach dem *Satz von Mehmke* die Endpunkte der Beschleunigungsvektoren der Punkte eines komplan bewegten Getriebegliedes im Beschleunigungsplan ebenfalls eine zur ursprünglichen Figur gleichsinnig ähnliche Figur bilden, so ist $\mathfrak{b}_B = \overrightarrow{o_1 b'}$ dadurch auffindbar, daß über $\overrightarrow{a' p'}$ des Beschleunigungsplanes das zu $\triangle APB$ gleichsinnig ähnliche Dreieck $\triangle a' p' b'$ gezeichnet wird.

In entsprechender Weise ist in Abb. 90 bzw. 90d die Beschleunigung $\mathfrak{b}_C = \overrightarrow{CC_b}$ und im Beschleunigungsplan $\mathfrak{b}_C = \overrightarrow{o_1 c'}$ mittels der ähnlichen Dreiecke $A_b B_b C_b$, $a'b'c'$ und $ABC$ zu finden.

$g)$ *Beschleunigungspol der Koppelbewegung von* $b$. Unter den $\infty^2$ Punkten der Koppelebene $b$ gibt es nach Nr. 51 für ihre beschleunigte Bewegung gegenüber dem Gestell $d$ einen Punkt $Q$, der die Beschleunigung $\mathfrak{b}_Q = 0$ (Null) besitzt. Der Beschleunigungsvektor $\mathfrak{b}_Q = \overrightarrow{QQ_b}$ bzw. $\mathfrak{b}_Q = \overrightarrow{o_1 q'}$ (im Beschleunigungsplan) muß also die Länge Null haben, d.h. der Punkt $q'$ muß mit dem Ausgangspunkt $o_1$ des Beschleunigungsplanes zusammenfallen.

Andererseits müssen die Endpunkte $a'$, $p'$, $q' \equiv o_1$ der Beschleunigungsvektoren von $A, P, Q$ ein dem Dreieck $APQ$ gleichsinnig ähnliches Dreieck bilden (Satz von MEHMKE). Der Beschleunigungspol $Q$ ist also z. B. dadurch bestimmt, daß über der Strecke $AP$ ein zu $\triangle a'p'o_1$ gleichsinnig ähnliches Dreieck $APQ$ gezeichnet wird.

$h)$ *Kontrollen*. Kontrollmöglichkeiten für $Q$:

$$\sphericalangle A_b A Q - \sphericalangle B_b B Q = \sphericalangle P_b P Q = \lambda$$

$$b_A : b_B : b_P = \overline{AQ} : \overline{BQ} : \overline{PQ}$$

wobei die Beziehung

$$\operatorname{tg} \lambda = \frac{\varepsilon_{bd}}{\omega_{bd}^2}$$

außerdem die Ermittlung der Winkelbeschleunigung $\varepsilon_{bd}$ der Koppel $b$ gegenüber dem Gestell $d$ ermöglicht.

Man entnimmt der Zeichnung $\operatorname{tg} \lambda = 1{,}9$ und erhält mit $\omega_{bd} = 10{,}57$ sek$^{-1}$ $\varepsilon_{bd} = 10{,}57^2 \cdot 1{,}9 = 210$ sek$^{-2}$, desgleichen wird der positive Drehsinn dieser Winkelbeschleunigung sofort aus der Pfeilanordnung von $\mathfrak{b}_A = \overrightarrow{AA_b}$ gegen $QA$ erkannt; $\bar{\varepsilon}_{bd} = + 210$ sek$^{-2}$.

Eine weitere Kontrolle besteht in der Benutzung der Vektorgleichung

$$\mathfrak{b}_P = \mathfrak{b}_A + \mathfrak{b}_{PA} = \mathfrak{b}_A + \mathfrak{b}_{nPA} + \mathfrak{b}_{tPA}$$

indem man im Beschleunigungsplan (Abb. 90c) den Vektor $\overrightarrow{a'p'}$ in die Komponenten $\mathfrak{b}_{tPA} = \overrightarrow{a'a''}$ und $\mathfrak{b}_{nPA} = \overrightarrow{a''p'}$ senkrecht bzw. parallel zu $PA$ zerlegt. Wegen $\mathfrak{b}_{tPA} = 162$ m/sek$^{-2}$, $\overline{PA} = 0{,}77$ m und

$$b_{tPA} = \overline{PA}\, \varepsilon_{bd}$$

folgt wiederum $\varepsilon_{bd} = 210$ sek$^{-2}$.

Hat man dagegen $\mathfrak{b}_B$ ohne Benutzung von $\mathfrak{b}_P$ gezeichnet, beispielsweise mit Hilfe der bekannten Beziehung

$$\mathfrak{b}_B = \mathfrak{b}_A + \mathfrak{b}_{nBA} + \mathfrak{b}_{tBA}$$

wobei

$$b_{nBA} = \frac{v_{BA}^2}{\overline{AB}} = \omega_{bd}^2 \overline{AB}$$

mit Richtungssinn von $B$ nach $A$,

$$b_{tBA} = \varepsilon_{bd} \overline{AB} \qquad \mathfrak{b}_{tBA} \perp \overline{AB}$$

indem man im Beschleunigungsplan an $a'$ den Vektor $\mathfrak{b}_{nBA} = \overrightarrow{a'a_\mathrm{I}}$ anträgt und durch $a_I$ die Senkrechte $\beta_1\beta_1'$ zu $\overline{AB}$ legt, so ist diese Senkrechte ein erster geometrischer Ort für $b'$.

Wegen

$$\mathfrak{b}_B = \mathfrak{b}_{nB} + \mathfrak{b}_{tB}$$

mit

$$b_{nB} = \frac{v_B^2}{\mathfrak{B}B} = \omega_{cd}^2\,\overline{\mathfrak{B}B}, \quad \mathfrak{b}_{tB} \perp \overline{\mathfrak{B}B} \quad \text{und} \quad b_{tB} = \varepsilon_{cd}\,\overline{\mathfrak{B}B}$$

zeichnet man dann im Beschleunigungsplan $\overrightarrow{o_1o_1'} = \mathfrak{b}_{nB}$. Die durch $o_1'$ zu $\mathfrak{B}B$ gezeichnete Senkrechte schneidet $\beta_1\beta_1'$ in $b'$, dem Endpunkt des Beschleunigungsvektors $\mathfrak{b}_B = \overrightarrow{o_1b'}$. Damit sind gefunden

$$b_{tBA} = 147\ \text{m/sek}^2 \quad \text{und daraus} \quad \bar{\varepsilon}_{bd} = +210\ \text{sek}^{-2}$$

$$b_{tB} = 230\ \text{m/sek}^2 \quad \text{und} \quad \bar{\varepsilon}_{cd} = +384\ \text{sek}^{-2}$$

Der Drehsinn dieser Winkelbeschleunigungen folgt aus dem Richtungssinn von $\mathfrak{b}_{tBA} = \overrightarrow{a_Ib'}$ bzw. $\mathfrak{b}_{tB} = \overrightarrow{o_1'b'}$, wenn diese in $B$ senkrecht zu $BA$ bzw. senkrecht zu $\mathfrak{B}B$ angetragen werden.

Ferner sind:

$$\bar{\varepsilon}_{ba} = \bar{\varepsilon}_{bd} + \bar{\varepsilon}_{da} = \bar{\varepsilon}_{bd} - \bar{\varepsilon}_{ad} = (+210) - 0 = +210\ \text{sek}^{-2}$$

$$\bar{\varepsilon}_{cb} = \bar{\varepsilon}_{cd} + \bar{\varepsilon}_{db} = \bar{\varepsilon}_{cd} - \bar{\varepsilon}_{bd} = (+384) - (+210) = +174\ \text{sek}^{-2}$$

*i) Hinweise.* Ohne Benutzung der Ähnlichkeitssätze von MEHMKE und BURMESTER könnte die Beschleunigung $\mathfrak{b}_C$ eines beliebigen Punktes $C$ der Koppel $b$ auch auf Grund der Beziehungen

$$\mathfrak{b}_C = \mathfrak{b}_A + \mathfrak{b}_{nCA} + \mathfrak{b}_{tCA} \quad \text{und} \quad \mathfrak{b}_C = \mathfrak{b}_B + \mathfrak{b}_{nCB} + \mathfrak{b}_{tCB}$$

aus den Beschleunigungen der beiden Gliedpunkte $A$ und $B$ ermittelt werden. Eine andere Möglichkeit besteht darin, die Beschleunigung $\mathfrak{b}_C$ direkt aus $\mathfrak{b}_P$ zu ermitteln, indem man ansetzt

$$\mathfrak{b}_C = \mathfrak{b}_P + \mathfrak{b}_{nCP} + \mathfrak{b}_{tCP}$$

und außerdem die Zerlegung von $\mathfrak{b}_C$ in eine zur Koppelkurve $\gamma_C$ normale Komponente $\mathfrak{b}_{nC}$ und in die dazugehörige tangentiale Komponente $\mathfrak{b}_{tC}$ zerlegt, also den Ansatz

$$\mathfrak{b}_C = \mathfrak{b}_{nC} + \mathfrak{b}_{tC} \tag{221}$$

benutzt. Hierbei sind

$$b_{nC} = \frac{v_C^2}{\varrho} \tag{222}$$

und $\varrho$ der Halbmesser des in $C$ an die Koppelkurve $\gamma_C$ gelegten Krümmungskreises $K_C$. Umgekehrt kann aus der bekannten Beschleunigung $\mathfrak{b}_C$ nach Zerlegung in die Normal- und Tangentialkomponente mittels der Gl. (222) der Krümmungshalbmesser $\varrho$ gefunden werden.

*Krümmungskreis im Punkt $C$ der Koppel $b$.* Nach dem Satz von BOBILLIER schneidet man in Abb. 91 die Koppelmittellinie $AB$ mit der Gestellmittellinie $\mathfrak{A}\mathfrak{B}$ in $D$ (mit $P_{ac}$ zusammenfallend) und zeichnet $\sphericalangle TP\mathfrak{B} = \sphericalangle \mathfrak{A}PD$; $PD$ ist die zu $AB$ gehörige Kollineationsachse und $PT$ die Poltangente.

*Kontrolle.* Polwechselgeschwindigkeit $u_{bd}$ liegt in $PT$.

Dann macht man $\sphericalangle ZPC = \sphericalangle TPA$, schneidet $AC$ mit $PZ$ in $D_{AC}$ und legt durch $D_{AC}$, $\mathfrak{A}$ die Gerade, die $PC$ im gesuchten Krümmungsmittelpunkt $\mathfrak{C}$ schneidet. Für den Krümmungshalbmesser $\varrho = \overline{C\mathfrak{C}}$ findet man $\varrho = 0{,}09$ m.

Zerlegt man endlich in Abb. 90 den Beschleunigungsvektor $\mathfrak{b}_C$ in $\mathfrak{b}_{nC} = \overrightarrow{CC_1'}$ und $\mathfrak{b}_{tC} = \overrightarrow{C_1'C_b}$, so folgt aus Gl. (222) mit $v_C = 5{,}6$ m/sek wiederum $\varrho = 0{,}09$ m.

## 54. Beschleunigungsverhältnisse am Schaltwerk für Siemens-Standard 375 und Großraumprojektor für 16-mm-Film

Für das in Nr. 41 (Abb. 73) bereits behandelte Schaltwerk (Schlaggreifer) ist in der dort gezeichneten Getriebestellung die Beschleunigung $\mathfrak{b}_E$ des Schlaggreiferpunktes $E$ aus den Drehzahlen der Antriebskurbeln $n_{ad} = + 3840$ U/min, $n_{bd} = - 960$ U/min zu ermitteln mit $\bar{\varepsilon}_{ad} = \bar{\varepsilon}_{bd} = 0$.

*Gegeben.* Zeichenmaßstab: $\qquad M_z = 500$ cm/m

*Gewählt.* Geschwindigkeitsmaßstab: $M_v = \dfrac{M_z}{\omega_{bd}} = 4{,}973$ cm/m sek$^{-1}$

*Hieraus.* Beschleunigungsmaßstab: $M_b = \dfrac{M_v^2}{M_z} = 0{,}0495$ cm/m sek$^{-2}$

*Geschwindigkeitsplan.* (Siehe Abb. 73 a)

*Beschleunigungsplan* (Abb. 73 b). Aus $\mathfrak{b}_A = \mathfrak{b}_{nA} = \overrightarrow{o_1 a'}$ und $\mathfrak{b}_B = \mathfrak{b}_{nB} = \overrightarrow{o_1 b'}$ folgt $\mathfrak{b}_C$ nach den Gleichungen

$$\mathfrak{b}_C = \mathfrak{b}_A + \mathfrak{b}_{nCA} + \mathfrak{b}_{tCA} \qquad \mathfrak{b}_C = \mathfrak{b}_B + \mathfrak{b}_{nCB} + \mathfrak{b}_{tCB}$$

$$\overrightarrow{o_1 c'} = \overrightarrow{o_1 a'} + \overrightarrow{a' a_1'} + \overrightarrow{a_1' c'} \qquad \overrightarrow{o_1 c'} = \overrightarrow{o_1 b'} \mid \overrightarrow{b' b_1'} + \overrightarrow{b_1' c'}$$

und $\mathfrak{b}_D$ gemäß

$$\mathfrak{b}_D = \mathfrak{b}_C + \mathfrak{b}_{nDC} + \mathfrak{b}_{tDC} \qquad \mathfrak{b}_D = \mathfrak{b}_{nD\mathfrak{D}} + \mathfrak{b}_{tD\mathfrak{D}}$$

$$\overrightarrow{o_1 d'} = \overrightarrow{o_1 c'} + \overrightarrow{c' c_1'} + \overrightarrow{c_1' d'} \qquad \overrightarrow{o_1 d'} = \overrightarrow{o_1 d_1'} + \overrightarrow{d_1' d'}$$

Für $\mathfrak{b}_E = \overrightarrow{o_1 e'} = \overrightarrow{EE_b}$ gelten $\mathfrak{b}_e : \mathfrak{b}_D = \overline{E\mathfrak{D}} : \overline{D\mathfrak{D}}$, $\sphericalangle E_bE\mathfrak{D} = \sphericalangle D_bD\mathfrak{D}$ oder $\triangle e'd'o_1 \sim \triangle ED\mathfrak{D}$.

Winkelbeschleunigung des Schlaggreifers $f$ ist

$$\varepsilon_{fg} = \mathfrak{b}_{tD}/\overline{D\mathfrak{D}} = 8780 \text{ sek}^{-2} \qquad \bar{\varepsilon}_{fg} = - 8780 \text{ sek}^{-2}$$

## 55. Beschleunigungsverhältnisse eines Zahnradkurbelgetriebes (Abb. 92)

**Aufgabe.** Für das Zahnradkurbelgetriebe von Abb. 25 ist die Winkelbeschleunigung $\bar{\varepsilon}_{fd}$ des Zahnrades $f$ zu ermitteln.

*Gegeben.* Zeichenmaßstab: $M_z = 100$ cm/m, $\bar{\omega}_{ad} = + 1$ sek$^{-1}$, $\bar{\varepsilon}_{ad} = 0$, $M_v = M_z/\omega_{ad} = 100$ cm/m sek$^{-1}$, $M_b = M_v^2/M_z = 100$ cm/m sek$^{-2}$.

Abb. 92a bzw. 78a zeigen den *Geschwindigkeitsplan*, ermittelt unter Benutzung von $P_{ed}$. Kontrollen durch Winkelgeschwindigkeitsplan von Abb. 25. Dort $\omega_{fd} = 5{,}8$ cm, $\omega_{ad} = 3$ cm; mit $M_\omega = 3$ cm/sek$^{-1}$ also $\omega_{fd} = 5{,}8/3 = 1{,}93$ sek$^{-1}$. Nach Abb. 78a, (92a), ist $\omega_{fd} = v_F/f = 0{,}054/0{,}028 = + 1{,}93$ sek$^{-1}$, $F$ als Punkt von $f$.

*Beschleunigungsplan* (Abb. 92 c). Beschleunigung $\mathfrak{b}_B = \overrightarrow{o_1 b'}$ aus $\mathfrak{b}_A = \mathfrak{b}_{nA} = \overrightarrow{o_1 a'}$ nach dem Verfahren von Abb. 90 durch

$$\mathfrak{b}_B = \mathfrak{b}_{nB\mathfrak{B}} + \mathfrak{b}_{tB\mathfrak{B}} \quad \text{und} \quad \mathfrak{b}_B = \mathfrak{b}_A + \mathfrak{b}_{nBA} + \mathfrak{b}_{tBA}$$

Damit ist die Beschleunigung eines Punktes $B$ des Koppelzahnrades $e$ gefunden.

Als zweiter Punkt von $e$ sei Pol $P_{ed} = P'$ gewählt und seine Beschleunigung $\mathfrak{b}_{P'}$ nach Formel $\mathfrak{b}_{P'} = [\mathfrak{u}_{ed}\,\bar{\omega}_{ed}]$ mit $b_{P'} = u_{ed}\omega_{ed}$ ermittelt.

$$\omega_{ed} = v_G/\overline{GP'} = 0{,}054/0{,}027 = 2\,\text{sek}^{-1} \qquad \bar{\omega}_{ed} = -2\,\text{sek}^{-1}$$

Zur Konstruktion der Polwechselgeschwindigkeit $\mathfrak{u}_{ed}$ diene das Getriebeschema von Abb. 92b, das den in $H$ von $b$ (in Abb. 92 zusammenfallend mit $C$ von $a$

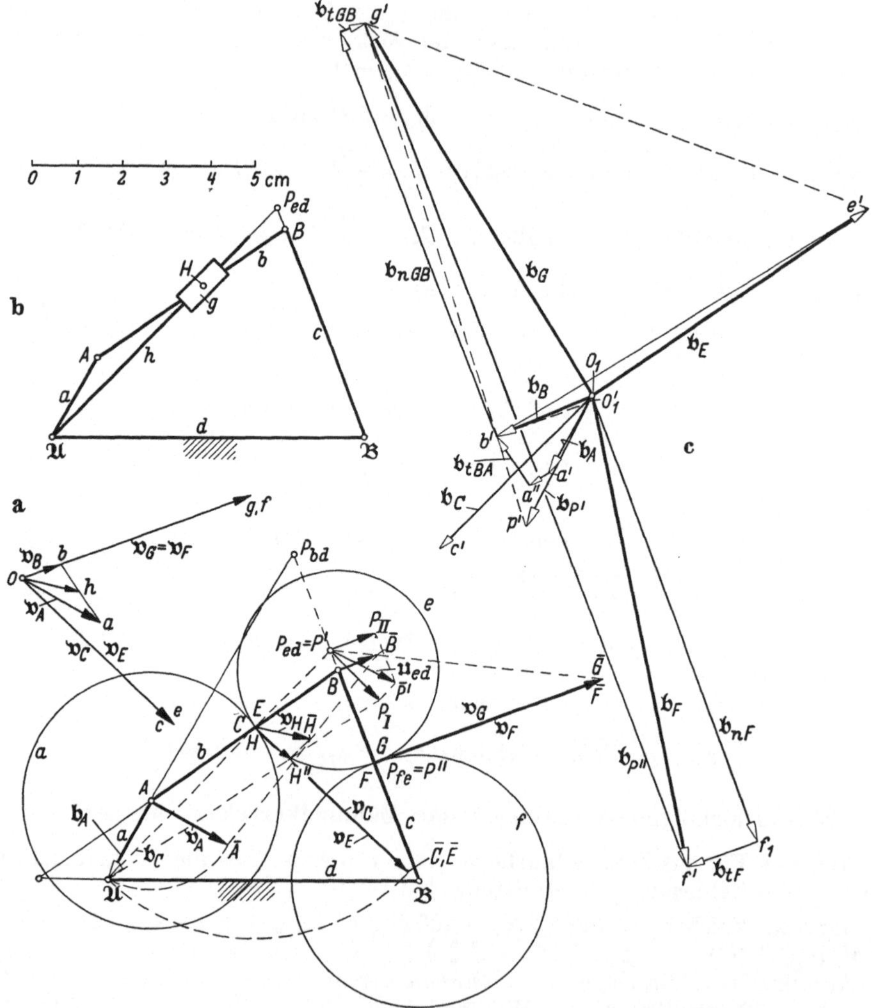

Abb. 92a—c. Beschleunigungsermittlung bei einem Zahnradkurbelgetriebe.
a) Geschwindigkeitsplan,　b) Hilfsfigur zur Konstruktion der Polwechselgeschwindigkeit $\mathfrak{u}_{ed}$ des Rades $e$,
c) Beschleunigungsplan.

und $E$ von $e$) drehbar angeordneten Gleitstein $g$ zeigt, desgleichen die in $\mathfrak{A}$ drehbar gelagerte Gleitstange $h$, geführt durch Gleitstein $g$. $H$ von $b$ hat die Geschwindigkeit $\mathfrak{v}_H = H\bar{H}$, die in $\mathfrak{v}'_H = HH''$ senkrecht zu $h$ und $\mathfrak{v}''_H = H''\bar{H}$ in Richtung von $h$ zerlegt wird. $P'$, als Punkt von $h$ gedeutet, hat also die Geschwindigkeit $\mathfrak{v}_{\mathrm{I}} = P'P_{\mathrm{I}}$.

Da $P' = P_{ed}$ stets auf der Geraden durch $\mathfrak{B}B$ liegt, wird er mit dieser gedreht und hat die Geschwindigkeit $v_{\mathrm{II}} = P'P_{\mathrm{II}}$. $P_{\mathrm{II}}$ liegt auf der Geraden durch $\bar{B}$, $\mathfrak{B}$, und $P'P_{\mathrm{II}} \perp P'\mathfrak{B}$.

Die durch $P_{\mathrm{I}}$ zu $\mathfrak{A}P'$ und durch $P_{\mathrm{II}}$ zu $\mathfrak{B}P'$ gezeichneten Parallelen schneiden sich im Endpunkt $\bar{P}'$ von $u_{ed} = P'\bar{P}'$ vom Betrag $u_{ed} = 0{,}016$ m/sek. Also ist $b_{P'} = 0{,}016 \cdot 2 = 0{,}032$ m/sek², dargestellt durch $\overrightarrow{o_1 p'} = 3{,}2$ cm senkrecht $u_{ed}$. Der Richtungssinn von $b_{P'}$ folgt aus der Vektorproduktdarstellung.

Nach MEHMKES Satz ist im Beschleunigungsplan für $b_G = \overrightarrow{o_1 g'}$ die Ähnlichkeit von $\triangle P'BG \sim \triangle p'b'g'$ zu benutzen (hier drei Punkte in einer Geraden), also $\overline{b'g'} : \overline{b'p'} = \overline{BG} : \overline{BP'}$; für $E$ als Punkt von $e$ folgt $b_E = \overrightarrow{o_1 e'}$ aus den gleichsinnig ähnlichen Dreiecken $BGE$ und $b'g'e'$.

Für den Punkt $F$ des Rades $f$ (in Abb. 92 mit $G$ von $e$ zusammenfallend) gilt zwar $v_F = v_G$; dagegen ist $b_F$ nicht mit $b_G$ identisch.

Zur Ermittlung von $b_F = \overrightarrow{o_1 f'}$ sind verschiedene Wege gangbar:

*Weg 1:* $b_F = b_{n_F} + b_{t_F}$, wobei $b_{n_F} = v_F^2/f$; $b_{t_F} = f \cdot \varepsilon_{fd}$, also $\varepsilon_{fd}$ zu berechnen ist. Man findet:

$$\varepsilon_{cd} = b_{tB\mathfrak{B}}/\overline{B\mathfrak{B}} = 0{,}0225/0{,}05 \qquad \bar{\varepsilon}_{cd} = -0{,}45\,\text{sek}^{-2}$$

$$\varepsilon_{ed} = b_{tGB}/\overline{GB} = 0{,}0062/0{,}022 \qquad \bar{\varepsilon}_{ed} = -0{,}28\,\text{sek}^{-2}$$

$$\bar{\varepsilon}_{ec} = \bar{\varepsilon}_{ed} + \bar{\varepsilon}_{dc} = \bar{\varepsilon}_{ed} - \bar{\varepsilon}_{cd} = +0{,}17\,\text{sek}^{-2}$$

$$\bar{\varepsilon}_{ec}e = -\bar{\varepsilon}_{fc}f \qquad \bar{\varepsilon}_{fc} = -0{,}133\,\text{sek}^{-2}$$

$$\bar{\varepsilon}_{fd} = \bar{\varepsilon}_{fc} + \bar{\varepsilon}_{cd} = (-0{,}133) + (-0{,}45) = -0{,}583\,\text{sek}^{-2}$$

also $b_{t_F} = 0{,}583 \cdot 0{,}028 = 0{,}0163$ m sek$^{-2} \triangleq 1{,}63$ cm $= \overrightarrow{f_1 f'}$ und damit $b_F = \overrightarrow{o_1 f'}$.

*Weg 2:* Ermittlung der Polbeschleunigung $b_{P''}$ von $P_{fe}$ für Abrollen $f$ auf $e$ aus Polwechselgeschwindigkeit $u_{fe}$ und Winkelgeschwindigkeit $\bar{\omega}_{fe}$ durch $b_{P''} = [u_{fe}\bar{\omega}_{fe}]$.

Aus $\bar{\omega}_{fd} = v_F/f = +1{,}93$ sek$^{-1}$, $\bar{\omega}_{ed} = -2$ sek$^{-1}$ folgt $\bar{\omega}_{fe} = \bar{\omega}_{fd} + \bar{\omega}_{de} = \bar{\omega}_{fd} - \bar{\omega}_{ed} = 1{,}93 - (-2) = +3{,}93$ sek$^{-1}$; $u_{fe} = e \cdot \omega_{ce} = 0{,}022 \cdot 2{,}18 = 0{,}048$ m/sek; $b_{P''} = 0{,}193$ m/sek² $\triangleq 19{,}3$ cm $= \overrightarrow{g'f'}$; dies folgt aus dem Satz von CORIOLIS, der auch direkt benutzt werden könnte (Nr. 56): $b_F = b_G + b_{P''} + b_z$ mit $b_z = 0$, da Relativgeschwindigkeit $v_r$ von $F$ gegen $G$ gleich Null.

## D. Der Satz von Coriolis

### 56. Relativbewegung eines Punktes gegen ein bewegtes Getriebeglied

Bewegt sich Punkt $A$ eines Gliedes $c$ gegenüber dem Glied $b$ längs einer in diesem angeordneten Relativbahn $\alpha_r$ mit der Relativgeschwindigkeit $v_r$, ist $(A)$ derjenige Punkt von $b$, der momentan mit $A$ zusammenfällt und als Punkt von $b$ gegenüber dem Gestell $d$ in $d$ die Bahnkurve $(\alpha)$ mit der Geschwindigkeit (Führungsgeschwindigkeit) $v_{(A)}$ durchläuft, so beschreibt $A$ von $c$ gegenüber dem Gestell $d$ die Bahnkurve $\alpha$ mit der Geschwindigkeit (Absolutgeschwindigkeit) $v_A$.

Für die *Geschwindigkeitsverhältnisse* gilt nach Abb. 93 und Gl. (16)

$$v_A = v_{(A)} + v_r \tag{223}$$

und nach dem hier nur rezeptartig wiedergegebenen *Satz von Coriolis* ([2b], S. 192) für die *Beschleunigungsverhältnisse*

$$b_A = b_{(A)} + b_r + b_z \tag{224}$$

Hierbei sind

$\mathfrak{b}_A$ = Beschleunigung von $A$ gegenüber $d$,

$\mathfrak{b}_{(A)}$ = Beschleunigung von $(A)$ als Punkt von $b$ gegenüber $d$,

$\mathfrak{b}_r$ = *Relativbeschleunigung* von $A$ längs der Relativbahn $\alpha_r$ im Glied $b$,

$$\mathfrak{b}_z = 2\,[\overline{\omega}_{bd}\,\mathfrak{v}_r] = \text{Coriolisbeschleunigung} \tag{225}$$

$$b_z = |\mathfrak{b}_z| = 2\omega_{bd}\,v_r \ (\text{für ebene Getriebe}) \tag{225 a}$$

$$\omega_{bd} = \frac{v_{(A)}}{(A)\,P_{bd}}$$

= Gestellbezogene Winkelgeschwindigkeit desjenigen Gliedes (hier $b$!), bezüglich dessen $A$ relativ bewegt wird.

    Sind

$\varrho_A$ = Krümmungshalbmesser von Absolutbahn $\alpha$,

$\varrho_{(A)}$ = Krümmungshalbmesser von Führungsbahn $(\alpha)$,

$\varrho_r$ = Krümmungshalbmesser von Relativbahn $\alpha_r$,

denen zugeordnet sind:

$$b_{nA} = \frac{v_A^2}{\varrho_A} = \text{Normalbeschleunigung für } \alpha \tag{226}$$

$$b_{n(A)} = \frac{v_{(A)}^2}{\varrho_{(A)}} = \text{Normalbeschleunigung für } (\alpha) \tag{227}$$

$$b_{nr} = \frac{v_r^2}{\varrho_r} = \text{Normalbeschleunigung für } \alpha_r \tag{228}$$

so gelten wegen

$$\mathfrak{b}_A = \mathfrak{b}_{nA} + \mathfrak{b}_{tA} \qquad \mathfrak{b}_{(A)} = \mathfrak{b}_{n(A)} + \mathfrak{b}_{t(A)} \qquad \mathfrak{b}_r = \mathfrak{b}_{nr} + \mathfrak{b}_{tr} \tag{229 a, b, c}$$

nach Gl. (224)

$$\begin{aligned}
\mathfrak{b}_{\mathrm{I}} &= -\mathfrak{b}_{n(A)} + \mathfrak{b}_A - \mathfrak{b}_z - \mathfrak{b}_{nr} = \mathfrak{b}_{t(A)} + \mathfrak{b}_{tr} \\
\overrightarrow{14} &= \overrightarrow{10_1} + \overrightarrow{0_12} + \overrightarrow{23} + \overrightarrow{34} = \overrightarrow{15} + \overrightarrow{54}
\end{aligned} \Biggr\} \tag{230}$$

$$\begin{aligned}
\mathfrak{b}_{\mathrm{II}} &= -\mathfrak{b}_{nA} + \mathfrak{b}_{(A)} + \mathfrak{b}_z + \mathfrak{b}_{nr} = \mathfrak{b}_{tA} - \mathfrak{b}_{tr} \\
\overrightarrow{1'4'} &= \overrightarrow{1'0'} + \overrightarrow{0'2'} + \overrightarrow{2'3'} + \overrightarrow{3'4'} = \overrightarrow{1'5'} + \overrightarrow{5'4'}
\end{aligned} \Biggr\} \tag{231}$$

· Gl. (230) wird benutzt, wenn $\mathfrak{b}_A = \overrightarrow{o_1a'}$ gegeben ist (Abb. 92c), sämtliche Vektoren der linken Seite sind durch den Geschwindigkeitszustand bestimmt bzw. zeichnerisch zu ermitteln. Der aus der linken Seite der Gl. (230) so gefundene Vektor $\mathfrak{b}_{\mathrm{I}} = \overrightarrow{14}$ ist dann in die Komponenten der rechten Seite zu zerlegen, also tangential zur Führungs- bzw. Relativbahn.

    Gl. (231) dient zur graphischen Ermittlung von $\mathfrak{b}_A$ aus $\mathfrak{b}_{(A)} = \overrightarrow{o'(a)'} = \overrightarrow{o'2'}$; Abb. 93d zeigt das Aneinanderreihen der Vektoren und das Zerlegen von $\mathfrak{b}_{\mathrm{II}} = \overrightarrow{1'4'}$ in $\mathfrak{b}_{tA} = \overrightarrow{1'5'}$ und $-\mathfrak{b}_{tr} = \overrightarrow{5'4'}$.

    Gl. (230) und Gl. (231) sollen im folgenden mit „Fall I" bzw. „Fall II" bezeichnet werden.

    *Hinweise. Coriolisbeschleunigung* $\mathfrak{b}_z$ hat Richtung und Richtungssinn von $v_r^1$ nach Abb. 93b, ist also senkrecht auf $\mathfrak{v}_r$. Drehung von $\mathfrak{v}_r$ um 90° nach $v_r^1$ hat im Drehsinn von $\overline{\omega}_{bd}$ zu geschehen.

    Betrag $b_z$ von $\mathfrak{b}_z$ wird nach Abb. 93a als Strecke $\overline{ZZ'}$ zeichnerisch ermittelt. Für den Fall, daß Pol $P_{bd}$ außerhalb der Zeichenfläche liegt, kann $b_z$ aus

$$b_z = 2\,\frac{\overline{(a)(b)}}{\overline{(A)(B)}}\,v_r = 2\,\frac{v_{(B)(A)}}{\overline{(A)(B)}}\,v_r \tag{233}$$

zeichnerisch oder rechnerisch ermittelt werden, wobei $(B)$ und $(A)$ zwei Gliedpunkte von $b$ sind und $v_{(B)(A)}$ dem Geschwindigkeitsplan als Strecke $\overline{(a)(b)}$ zu
entnehmen ist; in ihm ist $v_{(A)} = \overrightarrow{o(a)}$ und $v_{(B)} = \overrightarrow{o(b)}$.

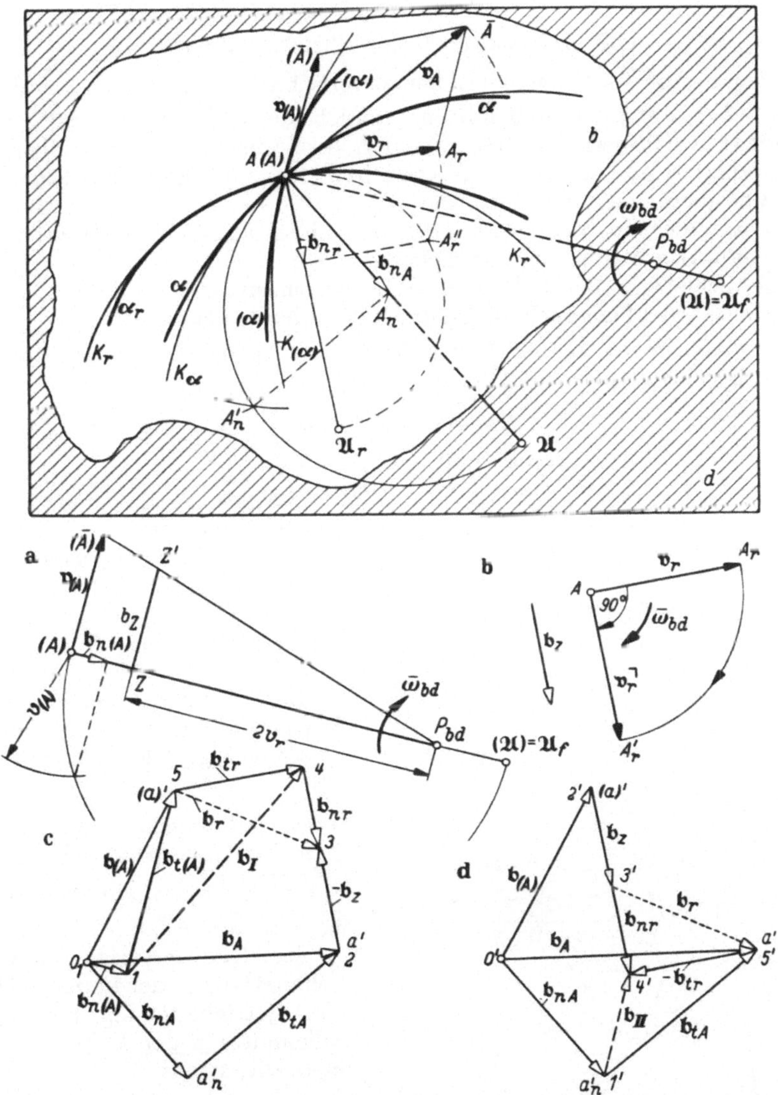

Abb. 93 a—d. Beschleunigung eines Gliedpunktes $A$ bei Relativbewegung. Satz von CORIOLIS,
a) Konstruktion der Coriolisbeschleunigung $b_z$,  b) Richtung und Richtungssinn der Coriolisbeschleunigung,
c) u. d) Beschleunigungspläne.

Die Beschleunigungspläne von Abb. 93 c, d sind so angeordnet, daß aus ihnen
die Zerlegung der Beschleunigungen $b_A$, $b_{(A)}$, $b_r$ in ihre Tangential- und Normal-
komponenten sofort ersichtlich ist, desgleichen

Abb. 93 c: 
$$b_A = b_{(A)} + b_r + b_z \tag{224}$$

Abb. 93 d: 
$$b_A = b_{(A)} + b_z + b_r \tag{224'}$$

*Anmerkung.* Der *Satz von Coriolis* gilt auch für beliebige räumliche Bewegung. In diesem Fall ist

$$\mathfrak{b}_z = 2\,[\overline{\omega}_{bd}\,\mathfrak{v}_r] \qquad b_z = 2\,\omega_{bd}\,v_r\,\sin\,(\sphericalangle\,\overline{\omega}_{bd},\,\mathfrak{v}_r) \qquad (232\,\mathrm{a, b})$$

wobei $\sphericalangle\,\overline{\omega}_{bd}$, $\mathfrak{v}_r$ im allgemeinen von $90°$ verschieden ist.

### 57. Malteserkreuz-Koppeltriebschaltwerk

Bei dem in Abb. 94 dargestellten Schaltwerk, bestehend aus dem Schubkurbelgetriebe $a$, $b$, $c$, $d$ und dem in $\mathfrak{C}$ mit der Antriebskurbel $\overline{\mathfrak{C}C} = a$ koaxial gelagerten fünfarmigen Schaltstern (Malteserkreuz) $f$, beschreibt die Treiberrollenmitte $A$ die Koppelkurve $\gamma_A$ und läuft zu Beginn bzw. Ende des Schaltens tangential in die Schaltschlitze von $f$ ein bzw. aus.

Entwurf geschieht analog Abb. 101 der „Kinematischen Getriebesynthese" ([2b], S. 59). Das Verhältnis aus Schaltzeit zur Sperrzeit ist im vorliegenden Fall 2:3. Schieber $c$ der Schubkurbel ist gleichzeitig als Sperrer ausgebildet, wobei die Schaltschlitze auch als Sperrschlitze dienen können.

*Entwurfsunterlagen.* Zu beliebigem Wert $a$ der Antriebskurbel $\overline{\mathfrak{C}C} = a$ gehören nach den Bezeichnungen von Abb. 94

$$r = \overline{\mathfrak{C}D} = 3{,}2362\,a \qquad b = \overline{CB} = \overline{AC} = 3{,}0777\,a \qquad h = \overline{BP} = \overline{BP}_{bd} = 9{,}9601\,a$$
$$\sphericalangle\,A\,\mathfrak{C}\,D = 36° \qquad \sphericalangle\,P\,\mathfrak{C}\,B = 72°$$

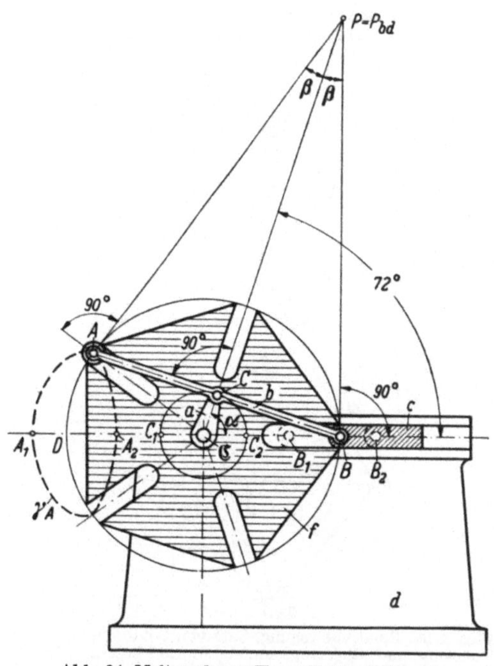



Abb. 94. Malteserkreuz-Koppeltriebschaltwerk.

**Aufgabe.** Aus $\omega_{ad} = \omega$ und $\varepsilon_{ad} = 0$ sind zu ermitteln: $\omega_{fd}/\omega$ und $\varepsilon_{fd}/\omega^2$ in Abhängigkeit vom veränderlichen Schaltwinkel $B\,\mathfrak{C}\,C = \alpha$.

Abb. 95 zeigt die Durchführung der Konstruktion für $\alpha = \sphericalangle\,C\,\mathfrak{C}\,B = 45°$.

Zunächst findet man in bekannter Weise $\mathfrak{v}_B$ und $\mathfrak{b}_B$ aus $\mathfrak{v}_B = \mathfrak{v}_C + \mathfrak{v}_{BC}$ bzw. $\mathfrak{b}_B = \mathfrak{b}_C + \mathfrak{b}_{nBC} + \mathfrak{b}_{tBC}$. Ergebnis $\mathfrak{v}_B = \overrightarrow{ob}$, $\mathfrak{b}_B = \overrightarrow{o_1b'}$. Da $\overline{AC} = \overline{CB}$, gilt im *Geschwindigkeitsplan* (Abb. 95a) und *Beschleunigungsplan* (Abb. 95b) für $\mathfrak{v}_A = \overrightarrow{oa}$ und $\mathfrak{b}_A = \overrightarrow{o_1a'}$ nach R. Mehmke $\overline{ac} = \overline{cb}$, $\overline{a'c'} = \overline{c'b'}$.

Ist $(A)$ derjenige Punkt des Schaltsterns $f$, der in der vorliegenden Getriebestellung mit Treiberrollenmitte $A$ der Koppel $b$ zusammenfällt, so gilt

$$\mathfrak{v}_A = \mathfrak{v}_{(A)} + \mathfrak{v}_r$$
$$\overrightarrow{oa} = \overrightarrow{o\,(a)} + \overrightarrow{(a)\,a}$$

d. h. $\mathfrak{v}_A$ ist zu zerlegen in $\mathfrak{v}_{(A)}$ senkrecht und $\mathfrak{v}_r$ parallel zum Schaltschlitz $(A)\,\mathfrak{C}$.

Durch $\mathfrak{v}_{(A)} = \overrightarrow{o(a)}$ ist die Normalbeschleunigung $\mathfrak{b}_{n(A)} = v_{(A)}^2/\overline{\mathfrak{C}(A)}$ und die Winkelgeschwindigkeit $\omega_{fd} = v_{(A)}/\overline{\mathfrak{C}(A)}$ bestimmt. Beschleunigungsermittlung für $\mathfrak{b}_{(A)}$ geschieht nach Gl. (230) – Fall I – durch Bildung von

$$\mathfrak{b}_{\mathrm{I}} = -\mathfrak{b}_{n(A)} + \mathfrak{b}_A - \mathfrak{b}_z - \mathfrak{b}_{n_r} = \mathfrak{b}_{t(A)} + \mathfrak{b}_{t_r}$$

Da die Relativbahn der Treiberrollenmitte $A$ gegen den Schaltstern $f$ eine Gerade ist, folgt $\mathfrak{b}_{n_r} = 0$; die Coriolisbeschleunigung

$$\mathfrak{b}_z = 2\,[\overline{\omega}_{fd}\,\mathfrak{v}_r]$$

wird aus Abb. 95 mittels des Dreiecks $(A)(\overline{A})\mathfrak{C}$ gefunden. $\overline{\mathfrak{C}Z} = v_r = \overline{(a)a}$; $ZZ' \perp (A)\mathfrak{C}$ mit $Z'$ auf $\mathfrak{C}(\overline{A})$ liefert $\overline{ZZ'} = \mathfrak{b}_z/2$. Richtungssinn von $\mathfrak{b}_z$ ist übereinstimmend mit dem von $\mathfrak{v}_r^1$, d.h. $\mathfrak{v}_r$ gedreht um $90°$ im Drehsinn von $\omega_{fd}$ (hier: Uhrzeigersinn).

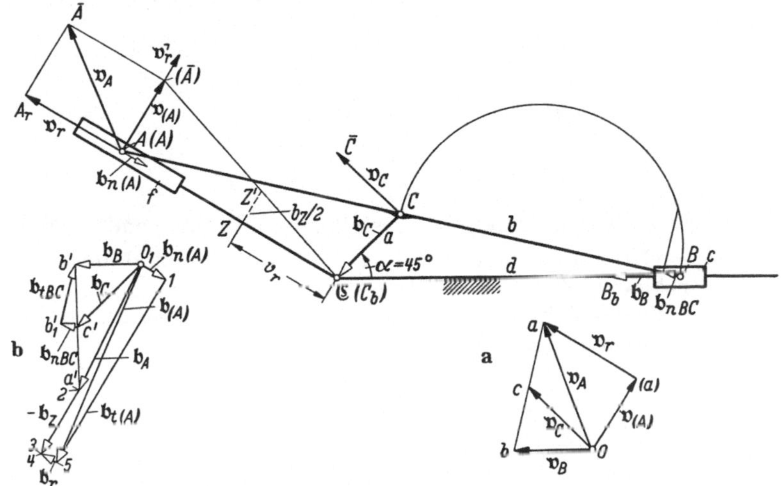

Abb. 95a u. b. Geschwindigkeits- und Beschleunigungsverhältnisse bei einem Malteserkreuz-Koppeltriebschalt-werk nach Art von Abb. 94.  a) Geschwindigkeitsplan,  b) Beschleunigungsplan.

*Beschleunigungsplan* (Abb. 95b)

$$\overrightarrow{o_1c'} = \mathfrak{b}_C \quad \overrightarrow{c'b_1'} = \mathfrak{b}_{nBC} \quad \overrightarrow{b_1'b'} \perp BC \quad \overrightarrow{o_1b'} \text{ parallel } B\mathfrak{C} \quad \overrightarrow{c'a'} = \overrightarrow{b'c'} \quad \overrightarrow{o_1a'} = \mathfrak{b}_A$$

$$\overrightarrow{o_11} = \mathfrak{b}_{n(A)} \quad \overrightarrow{a'3} = \overrightarrow{a'4} = -\mathfrak{b}_z \quad \overrightarrow{45} \,\|\, (A)\mathfrak{C} \quad \overrightarrow{15} \perp (A)\mathfrak{C} \quad \overrightarrow{15} = \mathfrak{b}_{t(A)} \quad \overrightarrow{o_15} = \mathfrak{b}_{(A)}$$

$$\overrightarrow{54} = \mathfrak{b}_r$$

*Winkelbeschleunigung* $\varepsilon_{fd} = \mathfrak{b}_{t(A)}/\overline{(A)\mathfrak{C}}$ mit Drehsinn entgegengesetzt dem Uhrzeiger, da $\mathfrak{b}_{t(A)}$ und $\mathfrak{v}_{(A)}$ entgegengesetzten Richtungssinn haben, wird $f$ in dieser Getriebestellung verzögert.

*Allgemeiner Hinweis. Maßstabbetrachtung*

a) Ist in der Zeichnung $|\mathfrak{v}_C| = |C\overline{C}| = |C\mathfrak{C}|$ und $\omega_{ad} = \omega = 1 \text{ sek}^{-1}$, die Winkelgeschwindigkeit der Antriebskurbel, so gelten nach Nr. 47 die nachstehenden Maßstäbe:

$$M_z = \alpha\,\frac{\text{cm}}{\text{m}} \qquad M_v = \frac{M_z}{\omega} = \frac{M_z}{1\,\text{sek}^{-1}} = \alpha\,\frac{\text{cm}}{\text{m sek}^{-1}} \qquad M_b = \frac{M_z}{\omega^2} = \frac{M_z}{1\,\text{sek}^{-2}} = \alpha\,\frac{\text{cm}}{\text{m sek}^{-2}}$$

Ist beispielsweise $\omega_{fd}$ bei Annahme $\omega_{ad} = 1\,\text{sek}^{-1}$ aus der Zeichnung abzugreifen und sind $\overline{v}_{(A)}$ und $\overline{r} = \overline{\mathfrak{C}(A)}$ die der Zeichnung in „cm" entnommenen Werte, so ist

$$\omega_{fd} = \frac{\left(\dfrac{\overline{v}_{(A)}}{\alpha}\right)}{\left(\dfrac{\overline{r}}{\alpha}\right)} = \frac{\overline{v}_{(A)}}{\overline{r}}$$

und entsprechend:

$$\varepsilon_{fd} = \frac{\overline{b}_{t\,(A)}/\alpha}{\overline{r}/\alpha} = \frac{\overline{b}_{t\,(A)}}{\overline{r}}$$

Unter diesen Maßstabvoraussetzungen werden die $\omega_{fd}$, $\varepsilon_{fd}$ in „sek$^{-1}$" bzw. „sek$^{-2}$" erhalten, indem man die in „cm" abgegriffene Geschwindigkeit bzw. Tangentialbeschleunigung durch den ebenfalls in „cm" abgegriffenen Halbmesser dividiert.

b) Für beliebige Maßstäbe $M_z$, $M_v$ gelten – wenn $M_b = M_v^2/M_z$ benutzt wird – für

$$b_n = \frac{v^2}{\varrho}$$

und die $b_n$, $v$, $\varrho$ in „cm" darstellenden Strecken $\overline{b}_n$, $\overline{v}$, $\overline{\varrho}$

$$b_n = \frac{(\overline{v}/M_v)^2}{\overline{\varrho}/M_z} = \frac{\overline{v}^2/\overline{\varrho}}{M_v^2/M_z} = \frac{\overline{v}^2/\overline{\varrho}}{M_b} = \frac{\overline{b}_n}{M_b}$$

d.h. die die Normalbeschleunigung darstellende und in „cm" ausgedrückte Strecke $\overline{b}_n$ ist $\overline{b}_n = \overline{v}^2/\overline{\varrho}$. Man kann also $\overline{v}$, $\overline{\varrho}$ in „cm" abgreifen und hieraus $\overline{b}_n$ durch eine einfache Rechenschieberberechnung ermitteln.

Abb. 96 zeigt für das Schaltgetriebe von Abb. 94 $w = \omega_{fd}/\omega$ und $e = \varepsilon_{fd}/\omega^2$ in Abhängigkeit vom Schaltwinkel $\alpha$.

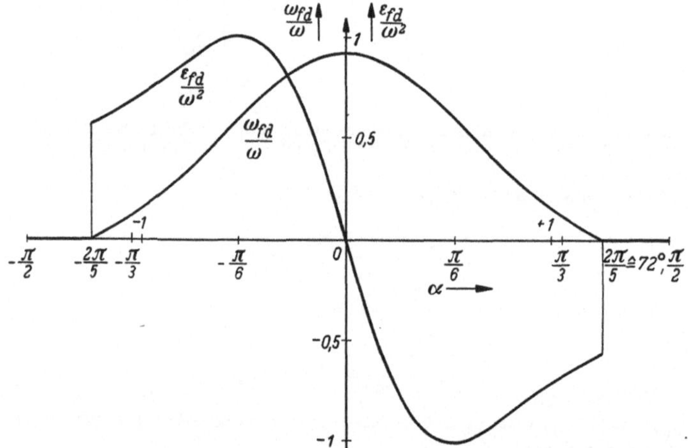


Abb. 96. Winkelgeschwindigkeit und Winkelbeschleunigung des Malteserkreuzes (Schaltstückes) $f$ von Abb. 95 in Abhängigkeit vom Drehwinkel $\alpha$ des Treibers $a$.

Für $\omega_{ad} = \omega = 1$ sek$^{-1}$ stellen die Ordinaten dieses Schaubildes direkt die in sek$^{-1}$ bzw. sek$^{-2}$ gemessenen $\omega_{fd}$- bzw. $\varepsilon_{fd}$-Werte dar.

Ist am Schaltstern ein Rundtisch für Werkstückaufnahme angeordnet und $I$ das gesamte Massenträgheitsmoment für die Achse des Schaltsterns, so folgt für die in jeder Getriebestellung zur Bewegung von $f$ erforderliche Momentanleistung

$$N = I\,\varepsilon_{fd}\,\omega_{fd} \tag{234}$$

$$N = I\,(e\,\omega^2)\,(w\,\omega) = I\,e\,w\,\omega^3 \tag{234a}$$

Das „dimensionslose" Produkt $ew$ der der Abb. 96 zu entnehmenden Zahlenwerte $e$, $w$ ist also für die Beurteilung der für den Schaltvorgang erforderlichen Leistung entscheidend. Das Getriebe selbst ist unter Einbeziehung des Wirkungsgrades nach dem Größtwert $N_{\max}$ auszulegen.

*Zahlenbeispiel.* $I = 10 \text{ kgmsek}^2$, $n = n_{ad} = 19{,}1 \text{ U/min}$, $\omega_{ad} = \omega = 2 \text{ sek}^{-1}$, Umlaufzeit der Antriebskurbel $a$ $T = 60/n = 3{,}14 \text{ sek}$; Schaltzeit $T_s = 2/5\, T = 1{,}256 \text{ sek}$; Ruhezeit $T_r = 3/5\, T = 1{,}884 \text{ sek}$, $\omega_{fd\,max} = 0{,}93 \cdot 2 = 1{,}86 \text{ sek}^{-1}$, $\varepsilon_{fd\,max} = 1{,}01 \cdot 2^2 = 4{,}04 \text{ sek}^{-2}$; $N_{max} = 10 \cdot 0{,}7 \cdot 2^3 = 56 \text{ kgm/sek}$.

## 58. Zahnstangengetriebe

Das in Abb. 97 dargestellte *Zahnstangengetriebe* dient der Umformung der Drehung der Antriebskurbel $a$ über die als Zahnstange ausgebildete Koppel $b$ in eine schwingende Abtriebsbewegung des im Gestell $d$ drehbar angeordneten Zahnrades $c$.

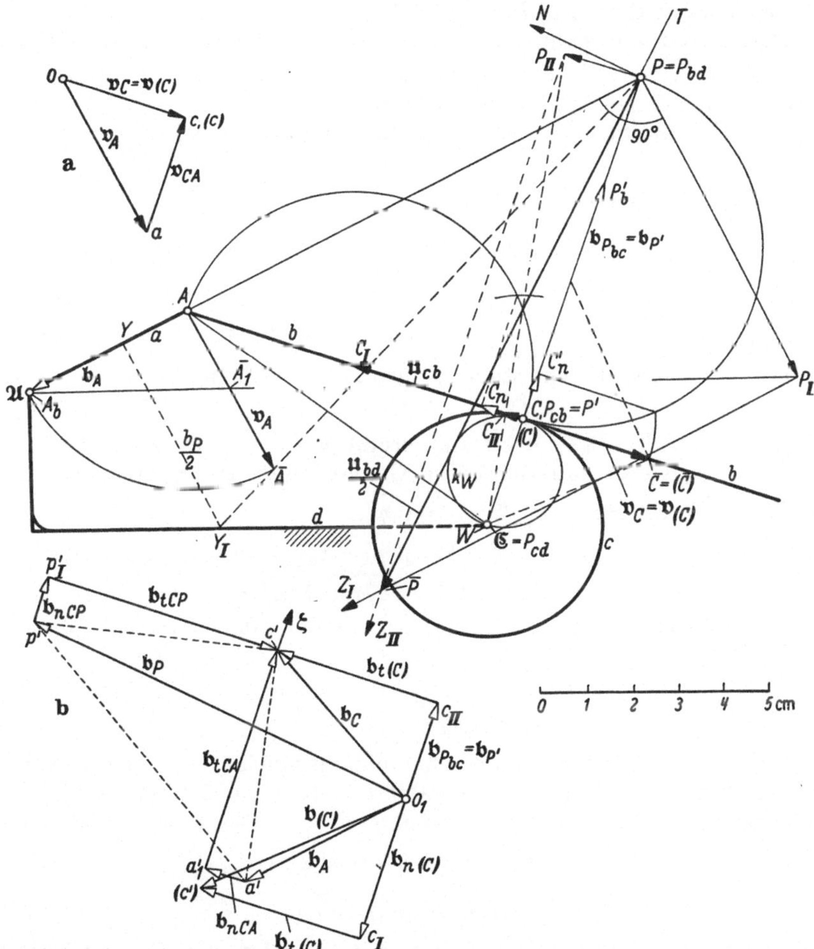

Abb. 97a u. b. Beschleunigungsermittlung bei einem Zahnstangenkurbelgetriebe (Bandgetriebe). a) Geschwindigkeitsplan, b) Beschleunigungsplan.

Aus $\bar{\omega}_{ad} = +1 \text{ sek}^{-1}$ und $\bar{\varepsilon}_{ad} = o$ sollen $\bar{\omega}_{cd}$ und $\bar{\varepsilon}_{cd}$ ermittelt werden.

Zahnstange $b$ berührt mit dem auf ihr liegenden Punkt $C$ Zahnrad $c$ in $(C)$ von $c$. Relativpol $P_{cb} = P'$ fällt in der Zeichnung mit $C$ bzw. $(C)$ zusammen. Wegen $\mathfrak{C} \equiv P_{cd}$ liegt $P = P_{bd}$ im Schnittpunkt von $\mathfrak{A}A$ mit $\mathfrak{C}C$, und es ist $v_C = v_{(C)} = \overrightarrow{oc} = \overrightarrow{o(c)}$ des Geschwindigkeitsplanes (Abb. 97a) mit $ac \perp AC$.

7 Beyer, Praktikum

Zum Ermitteln von $\mathfrak{b}_C = \overrightarrow{o_1 c'}$ und $\mathfrak{b}_{(C)} = \overrightarrow{o_1(c')}$ sind verschiedene Wege gangbar:

a)
$$\mathfrak{b}_C = \mathfrak{b}_A + \mathfrak{b}_{n_{CA}} + \mathfrak{b}_{t_{CA}}$$

$$\overrightarrow{o_1 c'} = \overrightarrow{o_1 a'} + \overrightarrow{a' a_1'} + \overrightarrow{a_1' c'}$$

mit
$$\mathfrak{b}_{n_{CA}} = \overrightarrow{C C_n} \quad \text{und} \quad \mathfrak{b}_{t_{CA}} \perp \overline{CA}$$

$$\mathfrak{b}_C = \mathfrak{b}_P + \mathfrak{b}_{n_{CP}} + \mathfrak{b}_{t_{CP}}$$

Für die Polbeschleunigung $\mathfrak{b}_P = [\mathfrak{u}_{bd}\,\bar\omega_{bd}]$ werden $\bar\omega_{bd}$ und $\mathfrak{u}_{bd}$ benötigt. $P$ dreht auf der Geraden durch $\mathfrak{A}, A$ mit $\bar\omega_{ad}$, liefert $PP_{\mathrm{I}} = \overline{\mathfrak{A}P}\,\omega_{ad}$ und eine Geschwindigkeitskomponente in Richtung $P_{\mathrm{I}}Z_{\mathrm{I}} \perp PP_{\mathrm{I}}$.

Zahnrad $c$ rollt auf Zahnstange $b$. Wendekreis dieser Relativbewegung ist Kreis $k_W$ über $\overline{\mathfrak{C}(C)} = \delta_{cb}$ als Durchmesser, also $\mathfrak{u}_{cb} = \omega_{cb}\,\delta_{cb}$, wobei $\bar\omega_{cb}$ aus $\bar\omega_{cb} = \bar\omega_{cd} + \bar\omega_{cb} = \bar\omega_{cd} - \bar\omega_{bd}$ berechnet wird.

Mit $M_z = 100\ \text{cm/m}$, $\omega_{ad} = \omega = +\,1\ \text{sek}^{-1}$ folgt $M_v = 100\ \text{cm/msek}^{-1}$ und

$$\bar\omega_{cb} = +\,\frac{2{,}8}{2{,}5} - \left(-\frac{4}{11{,}15}\right) = +\,1{,}12 + 0{,}36 = +\,1{,}48\ \text{sek}^{-1}$$

also
$$\mathfrak{u}_{cb} = 1{,}48 \cdot 0{,}025 = 0{,}037\ \text{msek}^{-1} \triangleq 3{,}7\ \text{cm} = \overline{C C_{\mathrm{I}}}$$

Die Gerade durch $\mathfrak{C}, P$ dreht also um $\mathfrak{C}$ mit der Winkelgeschwindigkeit $(\mathfrak{u}_{cb} + \mathfrak{v}_{(C)})/\overline{C\mathfrak{C}} = \dfrac{0{,}036 - 0{,}028}{0{,}025} = -\,0{,}36\ \text{sek}^{-1}$, die mit $\bar\omega_{bd}$ übereinstimmen muß, da ja $\mathfrak{C}P$ stets auf $b$ senkrecht steht (Kontrolle!); die dazugehörige Geschwindigkeit im Abstand $c = \overline{\mathfrak{C}C}$ ist $\overline{CC_{\mathrm{II}}} = 0{,}9\ \text{cm}$, womit $PP_{\mathrm{II}} \perp P\mathfrak{C}$ gefunden ist. $P_{\mathrm{II}}Z_{\mathrm{II}} \,\|\, \mathfrak{C}P$ schneidet $P_{\mathrm{I}}Z_{\mathrm{I}}$ in $\bar P$ und ergibt $P\bar P = \mathfrak{u}_{bd}$. (*Anmerkung:* Zur Ermittlung von $\mathfrak{u}_{bd}$ wurde nur der halbe Geschwindigkeitsmaßstab zugrunde gelegt!) $\mathfrak{b}_P/2 = \overline{YY_{\mathrm{I}}}$ mit $\overline{PY} = \mathfrak{u}_{bd}/2$; $\mathfrak{b}_P = \overrightarrow{o_1 p'}$.

Also *Beschleunigungsplan:* $\overrightarrow{o_1 p'} = \mathfrak{b}_P$; $\overrightarrow{p' p_{\mathrm{I}}'} = \mathfrak{b}_{nCP} = \overrightarrow{CC_n'}$, Senkrechte zu $p' p_{\mathrm{I}}'$ durch $p_{\mathrm{I}}'$ schneidet $a_1' \zeta$ in $c'$, wodurch $\mathfrak{b}_C = \overrightarrow{o_1 c'}$ gefunden ist.

b) Für die Beschleunigungen $\mathfrak{b}_C$ und $\mathfrak{b}_{(C)}$ gilt nach dem *Satz von Coriolis*

$$\mathfrak{b}_C = \mathfrak{b}_{(C)} + \mathfrak{b}_z + \mathfrak{b}_r$$

bzw.
$$\mathfrak{b}_C = \mathfrak{b}_{n(C)} + \mathfrak{b}_{t(C)} + \mathfrak{b}_z + \mathfrak{b}_{P'}$$

da $\mathfrak{b}_r$ von $C$ gegen $(C)$ mit der Polbeschleunigung von $P' = P_{bc}$ beim Abrollen $b$ auf $c$ identisch ist. $\mathfrak{b}_{P'} = [\mathfrak{u}_{bc}\,\bar\omega_{bc}]$; $\mathfrak{b}_{P'} = 0{,}037 \cdot 1{,}48 = 0{,}055\ \text{m/sek}^2 \triangleq 5{,}5\ \text{cm}$.

Da $C$ gegen $(C)$ keine Relativgeschwindigkeit $\mathfrak{v}_r$ besitzt, ist $\mathfrak{b}_z = o$, also

$$\mathfrak{b}_C = \mathfrak{b}_{n(C)} + \mathfrak{b}_{P'} + \mathfrak{b}_{t(C)}$$

$$\overrightarrow{o_1 c'} = \overrightarrow{o_1 c_{\mathrm{I}}} + \overrightarrow{c_{\mathrm{I}} c_{\mathrm{II}}} + \overrightarrow{c_{\mathrm{II}} c'}$$

c) Einen dritten Weg zur Ermittlung von $\mathfrak{b}_C$ zeigt das Ersatzgetriebe von Abb. 98 in Form einer schwingenden Kurbelschleife mit Kurbel $\overline{\mathfrak{A}A} = a$, geschränkter Koppel $ADE$, deren Gleitstange $b'$ durch die in $\mathfrak{C}$ drehbar angeordnete Gleithülse $c'$ gleitet. Ist $B$ derjenige Punkt von $b'$, der momentan über $\mathfrak{C}$ (Gleitsteinzapfenmitte) liegt, so gelten (Abb. 98 b)

$$\mathfrak{b}_B = \mathfrak{b}_A + \mathfrak{b}_{n_{BA}} + \mathfrak{b}_{t_{BA}}$$

$$\mathfrak{b}_B = \mathfrak{b}_{\mathfrak{C}} + \mathfrak{b}_z + \mathfrak{b}_r$$

mit

$$\mathfrak{b}_{\mathfrak{C}} = 0, \qquad \mathfrak{b}_z = 2\,[\overline{\omega}_{bd}\mathfrak{v}_r] = 2\,[\overline{\omega}_{bd}\mathfrak{v}_B] \quad \text{und} \quad \mathfrak{b}_r \parallel DE$$

Für $C$ auf $b$ (identisch mit Getriebeglied $b'$) folgt $\mathfrak{v}_C = \overrightarrow{oc}$ aus $\triangle abc \sim \triangle ABC$ und $\mathfrak{b}_C = \overrightarrow{o_1 c'}$ aus $\triangle a'b'c' \sim \triangle ABC$.

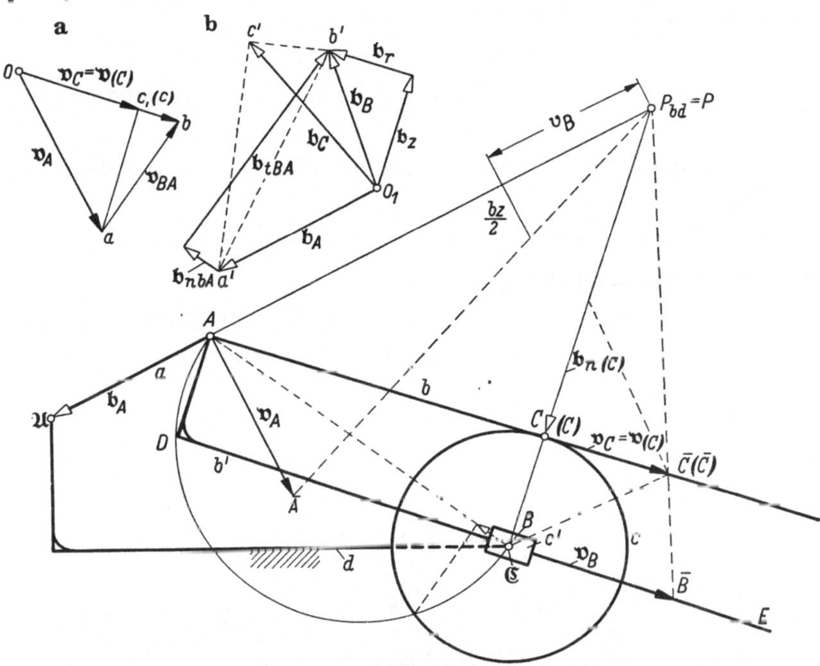

Abb. 98 a u. b. Beschleunigungsermittlung für das Getriebe von Abb. 97 mittels einer geschränkten schwingenden Kurbelschleife als Ersatz-Kurbelgetriebe.
a) Geschwindigkeitsplan, b) Beschleunigungsplan.

*Praktischer Hinweis.* Das Getriebe von Abb. 97 wurde deshalb so ausführlich behandelt, da diese Untersuchungen ohne weiteres auf Zugorgangetriebe (Seil- und Bandgetriebe) entsprechend übertragbar sind. Zahnstange $b$ ist dann durch ein undehnbares Zugmittel (Band oder Kette) zu ersetzen, das zwischen dem Ablaufpunkt von der Rolle $c$ bis zum Befestigungspunkt $A$ an $a$ gespannt bleibt. Vgl. hierzu auch [*66*].

## E. Weitere Verfahren zur Beschleunigungsermittlung

### 59. Die Hodographen

Bei der Ermittlung des Beschleunigungszustandes ebener Getriebe kann es vorteilhaft sein, gewisse Ausweichkonstruktionen zu besitzen, die nur wenige theoretische Voraussetzungen benötigen, sei es, um überhaupt erst eine Lösung zu finden oder um eine bereits gefundene Lösung zu kontrollieren.

Hierzu dienen die sog. „*Hodographen*". Ihre wichtigsten Gesetze seien an Hand von Abb. 99 rezeptartig erläutert. Hier rollt Rad $b$ auf der Zahnstange $d$.

Durchläuft Gliedpunkt $A$ die Bahnkurve $\alpha$ und sind für die verschiedenen Stellen $A_{-1}$, $A$, $A_1$, ... die Geschwindigkeiten $\mathfrak{v}_A = A\overline{A}$, $\mathfrak{v}_{A_1} = A_1\overline{A}_1$, ... ermittelt worden, so liegen die Endpunkte $\overline{A}_{-1}, \overline{A}, \overline{A}_1 \ldots$ auf dem „*örtlichen*" *Hodo*-

*graph* $\bar{h}$, die Endpunkte $A'_{-1}$, $A'$, $A'_1 \ldots$ und $A''_{-1}$, $A''$, $A''_1 \ldots$ auf den *Hodographen* $h'$ bzw. $h''$ der „*gedrehten*" Geschwindigkeiten; $h'$, $h''$ sollen als *örtliche Orthogonalhodographen* bezeichnet werden.

Eine dritte Möglichkeit ist der „*polare*" Hodograph $h_p$ (Abb. 99 a) mit $\overrightarrow{o\,a_{-1}} = v_{A_{-1}}$, $\overrightarrow{o\,a} = v_A$, $\overrightarrow{o\,a_1} = v_{A_1} \ldots$ als Ort der Endpunkte $a_{-1}$, $a$, $a_1 \ldots$ der in einem Punkt $o$ polar angetragenen Geschwindigkeitsvektoren.

*Wichtige Eigenschaften*

a) Tangente $t_p$ in $a$ von $h_p$ liefert Richtung des Beschleunigungsvektors $\mathfrak{b}_A = \overrightarrow{A\,A_b}$; $\mathfrak{b}_A \parallel t_p$.

b) Die Normalen $v'$ und $v''$ zu $h'$ bzw. $h''$ in $A'$ bzw. $A''$ schneiden sich in $A_b$ von $\mathfrak{b}_A = \overrightarrow{A\,A_b}$.

c) Tangente $\bar{t}$ von $\bar{h}$ in $\bar{A}$ schneidet aus der durch $A$ parallel zu $t_p$ gelegten Geraden $t'_p$ die Beschleunigung $\mathfrak{b}_A = \overrightarrow{A*A}$ heraus.

**Beispiel 1. Orthozykloidische Bewegung.** Gemäß Abb. 99 rollt Zahnrad $b$ auf der Zahnstange $d$ mit $v_M = M\overline{M} = $ constant. $A$ des Teilkreises $b$ durchläuft die

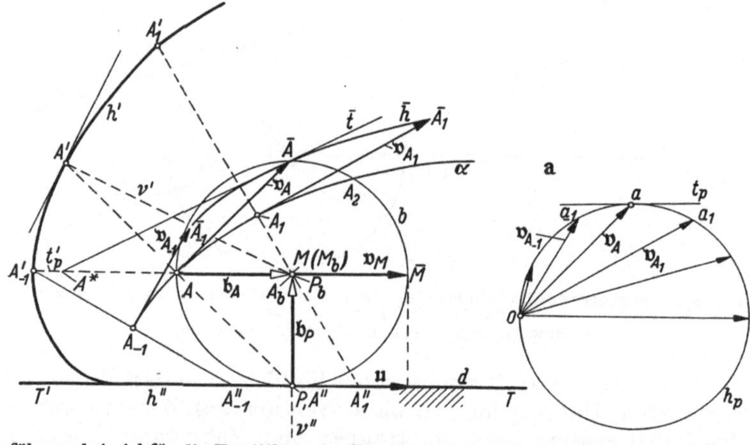



Abb. 99. Einführungsbeispiel für die Ermittlung der Beschleunigungen durch Hodographen. Rad $b$ rollend auf Zahnstange $d$, $h'$ und $h''$ örtliche Orthogonalhodographen, $\bar{h}$ örtlicher Hodograph, a) $h_p$ polarer Hodograph.

„*Orthozykloide*" $\alpha$. In der Zeichnung sei $v_M = M\overline{M}$ gleich der Länge des Halbmessers $r = \overline{MP}$, also ist $v_A = \overline{AP}$ die Länge von $v_A = A\overline{A}$.

Die um 90° im Gegensinn des Uhrzeigers gedrehten Geschwindigkeiten liefern $h'$; Drehung der $v_A$ im Uhrzeigersinn liefert im vorliegenden Fall als $h''$ die Poltangente $TT'$. Die Normalen $v'$, $v''$ zu $h'$, $h''$ in $A'$, $A'' \equiv P$ schneiden sich in $A_b \equiv M$ mit $\overrightarrow{A\,A_b} = \mathfrak{b}_A$. Der polare Hodograph $h_p$ ist der „*Kreis*" $h_p$ von Abb. 99a; $\bar{t}$ in $\bar{A}$ an $\bar{h}$ trifft $t'_p \parallel t_p$ durch $A$ in $A*$ mit $\overrightarrow{A*A} = \overrightarrow{A\,A_b} = \mathfrak{b}_A$.

In diesem Beispiel wäre die direkte Methode $\left(\mathfrak{b}_A \text{ aus } \mathfrak{b}_P = \overrightarrow{PM} \text{ usw.}\right)$ natürlich viel einfacher.

**Beispiel 2. Zahnstangen-Kurbelgetriebe (Abb. 100).** Die für das Zahnstangen-Kurbelgetriebe von Abb. 97, 98 ermittelten Beschleunigungen $\mathfrak{b}_C$ und $\mathfrak{b}_{(C)}$ sollen mittels Hodographen überprüft werden (Abb. 100). Zu der in Abb. 97 bzw. 98 dargestellten Getriebestellung $\mathfrak{A}AC$ wählt man die ihr benachbarten Stellungen

$\mathfrak{A}A_1$, $\mathfrak{A}A_{-1}$ mit $C_1$ auf $b_1$ und $C_{-1}$ auf $b_{-1}$. $C$ von $b$ gelangt dabei nach $C_1$, wobei $\overline{A_{-1}C_{-1}} = \overline{A_1C_1} = \overline{AC}$; die den Punkten $C_{-1}$, $C$, $C_1$ zugeordneten Punkte auf dem Teilkreis $c$ sind $(C_{-1})$, $(C)$, $(C_1)$.

Im *Geschwindigkeitsplan* (Abb. 100 a) ist $\vec{oa_1} = v_{A1}$, $\vec{o(c_1)} = v_{(C_1)}$, wobei $(C_1)$ den Berührungspunkt von $b_1$ mit $c$ bedeutet und $\overline{a_1(c_1)} \perp \mathfrak{C}(C_1)$. Die Geschwindigkeit $v_{C_1} = \vec{oc_1}$ folgt aus $\overline{a_1(c_1)} : \overline{a_1c_1} = \overline{A_1(C_1)} : \overline{A_1C_1}$ oder mittels Pol $P_{bd}$ der Lage $b_1$. Entsprechend wird für die Lage $b_{-1}$ verfahren.

Mit den im Geschwindigkeitsplan (Abb. 100 a) gefundenen Werten $v_{C_1} = \vec{oc_1}$, $v_C = \vec{oc}$, $v_{C_{-1}} = \vec{oc_{-1}}$ wird nun der polare Hodograph $h_p$ für $C$ von $b$ gezeichnet (Abb. 100 b). Tangente $t_{pC}$ in $c$ an $h_p$ ist $\mathfrak{b}_C$ parallel.

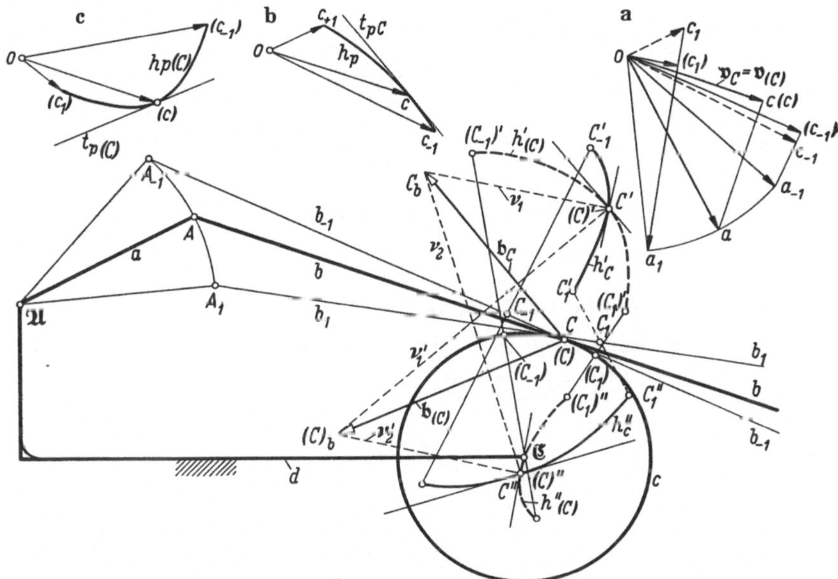

Abb. 100 a—c. Kontrolle der Beschleunigungen des Getriebes von Abb. 97 u. 98 mittels Hodographen.
a) Hilfskonstruktion zur Geschwindigkeitsermittlung für die Koppellagen $b_{-1}$, $b$, $b_1$, b) polarer Hodograph für Punkt $C$ von $b$, c) polarer Hodograph für Punkt $(C)$ von $c$.

Übertragung der $v_{C_1}$, $v_C$, $v_{C_{-1}}$ als gedrehte Geschwindigkeiten nach $C_1$, $C$, $C_{-1}$ z.B. $\overline{C_1C_1'} = \overline{C_1C_1''} \perp v_{C_1} = \vec{oc_1}$, liefert den örtlichen Orthogonalhodograph $h_C'$ bzw. $h_C''$; Normalen $v_1$ in $C'$ und $v_2$ in $C''$ zu $h_C'$ bzw. $h_C''$ schneiden sich in $C_b$ und liefern die gesuchte Beschleunigung $\mathfrak{b}_C = \vec{CC_b}$.

Zur Bestimmung der örtlichen Orthogonalhodographen $h_{(C)}'$, $h_{(C)}''$ des Punktes $(C)$ von Stirnrad $c$ werden die Geschwindigkeiten $v_{(C_1)} = \vec{o(c_1)}$, $v_{(C)} = \vec{o(c)}$, $v_{(C_{-1})} = \vec{o(c_{-1})}$ des Planes 100 a benutzt und in $(C_1)$, $(C)$, $(C_{-1})$ nach beiden Seiten orthogonal aufgetragen. Ergebnis $h_{(C)}'$ und $h_{(C)}''$. Schnittpunkt der Normalen $v_1'$, $v_2'$, liefert $(C)_b$ und damit $\mathfrak{b}_{(C)} = \vec{(C)(C)_b}$.

Den polaren Hodograph $h_{p(C)}$ für $v_{(C)}$ zeigt Abb. 100 c. Zu beachten ist $o(c_1) \perp \mathfrak{C}(C_1)$ und gleich dem Betrag von $o(c_1)$ des Planes Abb. 100 a; ebenso ist $o(c)_{-1}$ von Plan 100 c senkrecht auf $\mathfrak{C}(C_{-1})$ und hat den Betrag von $o(c)_{-1}$ der Abb. 100 a.

*Kontrolle:* Tangente $t_{p(C)}$ in $(c)$ von $h_{p(C)}$ ist parallel zu $\mathfrak{b}_{(C)}$ von Abb. 100.

### 60. Winkelbeschleunigungen in der Zweigelenkkette (Abb. 101)

Sind $P_{ki}$, $P_{il}$, $P_{lk}$ die Pole, $O$ ein beliebiger Punkt des Gestells $d$, $\overline{\omega}_{ki}$, $\overline{\omega}_{il}$, $\overline{\omega}_{lk}$ die dazugehörigen Winkelgeschwindigkeitsvektoren einer Zweigelenkkette $i, k, l$ mit

$$\overline{\omega}_{ki} + \overline{\omega}_{il} + \overline{\omega}_{lk} = 0 \tag{235}$$

und

$$\mathfrak{r}_{ki} = \overrightarrow{OP_{ki}} \qquad \mathfrak{r}_{il} = \overrightarrow{OP_{il}} \qquad \mathfrak{r}_{lk} = \overrightarrow{OP_{lk}}$$

so folgt aus Nr. 8

$$[\mathfrak{r}_{ki}\,\overline{\omega}_{ki}] + [\mathfrak{r}_{il}\,\overline{\omega}_{il}] + [\mathfrak{r}_{lk}\,\overline{\omega}_{lk}] = 0 \tag{236}$$

und wegen

$$\dot{\mathfrak{r}}_{ki} = \mathfrak{u}_{ki} \qquad \dot{\mathfrak{r}}_{il} = \mathfrak{u}_{il} \qquad \dot{\mathfrak{r}}_{lk} = \mathfrak{u}_{lk} \tag{237}$$

durch Differentiation von Gln. (235) und (236) nach der Zeit $t$

$$\bar{\varepsilon}_{ki} + \bar{\varepsilon}_{il} + \bar{\varepsilon}_{lk} = 0 \tag{238}$$

und

$$[\mathfrak{u}_{ki}\,\overline{\omega}_{ki}] + [\mathfrak{u}_{il}\,\overline{\omega}_{il}] + [\mathfrak{u}_{lk}\,\overline{\omega}_{lk}] + [\mathfrak{r}_{ki}\,\dot{\overline{\omega}}_{ki}] + [\mathfrak{r}_{il}\,\dot{\overline{\omega}}_{il}] + [\mathfrak{r}_{lk}\,\dot{\overline{\omega}}_{lk}] = 0 \tag{238a}$$

Setzt man

$$[\mathfrak{u}_{ki}\,\overline{\omega}_{ki}] + [\mathfrak{u}_{il}\,\overline{\omega}_{il}] + [\mathfrak{u}_{lk}\,\overline{\omega}_{lk}] = -\mathfrak{M} \tag{239}$$

so folgt aus Gl. (238a)

$$[\mathfrak{r}_{ki}\,\bar{\varepsilon}_{ki}] + [\mathfrak{r}_{il}\,\bar{\varepsilon}_{il}] + [\mathfrak{r}_{lk}\,\bar{\varepsilon}_{lk}] = +\mathfrak{M} \tag{240}$$

Denkt man sich in die Achsen $k_{mn}$ durch die Pole $P_{mn}$ die Winkelbeschleunigungen $\bar{\varepsilon}_{mn}$ gelegt, sämtlich parallel den $\overline{\omega}_{mn}$; d. h. auf diese Achsen aufgeteilt,

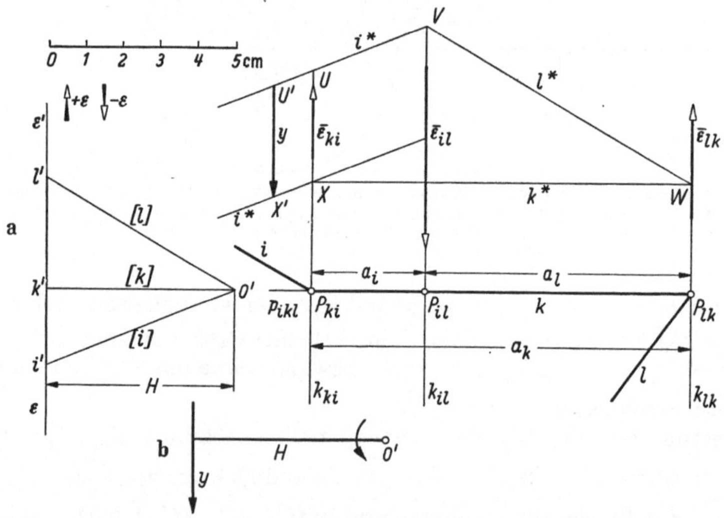



Abb. 101. Winkelbeschleunigungsplan für eine Zweigelenkkette $i, k, l$.

so besagen die Gln. (238) und (240), daß die drei zu einer Zweigelenkkette $i, k, l$ gehörigen Winkelbeschleunigungspfeile in der Anordnung $\bar{\varepsilon}_{ki}$, $\bar{\varepsilon}_{il}$, $\bar{\varepsilon}_{lk}$ zwar ein geschlossenes Vektordreieck, jedoch kein Gleichgewichtssystem bilden. Dieses Winkelbeschleunigungsvektortriple hat vielmehr ein resultierendes Moment von einem für jeden Bezugspunkt konstanten Wert $\mathfrak{M}$, d. h. dieses Vektortriple ist auf ein Vektorpaar vom Moment $\mathfrak{M}$ reduzierbar. Auf die Verfahren der graphischen Statik zurückgeführt, besagt dies, daß das Vektorpolygon zwar geschlossen, das dazugehörige Seilpolygon jedoch offen ist, anders ausgedrückt, daß Anfangs- und Endseilstrahl einander parallel sind. Außerdem wird von diesen beiden parallelen Seilstrahlen aus einer Geraden parallel zur Vektorrichtung eine Strecke $y$ herausgeschnitten, die, mit dem Polabstand $H$ des Vektorzuges multipliziert, das Moment $\mathfrak{M} = Hy$ ergibt.

Damit sind auch die Wege für das Aufstellen von *Winkelbeschleunigungsplänen* geebnet.

*Ein Zahlenbeispiel diene zur Erläuterung* (Abb. 101).

$$\bar{\varepsilon}_{ki} = +\,20\;\text{sek}^{-2} \qquad \bar{\varepsilon}_{il} = -\,50\;\text{sek}^{-2} \qquad \bar{\varepsilon}_{lk} = +\,30\;\text{sek}^{-2}$$

$$\overline{P_{ki}P_{il}} = a_i = 0{,}15\;\text{m} \qquad \overline{P_{il}P_{lk}} = a_l = 0{,}35\;\text{m} \qquad \overline{P_{ki}P_{lk}} = a_k = 0{,}5\;\text{m}$$

*Gewählte Maßstäbe*

*Zeichenmaßstab.* $M_z = 20\;\text{cm/m}.$

*Winkelbeschleunigungsmaßstab.* $M_\varepsilon = 0{,}1\;\text{cm/sek}^{-2}.$

Für das Vektorpolygon (Vektorzug der $\bar{\varepsilon}_{mn}$) sei $H = 0{,}25\;\text{m}$ gewählt, in der Zeichnung – wegen des $M_z$ Maßstabes – also durch 5 cm veranschaulicht. Aus $\mathfrak{M} = -\,7{,}5\;\text{msek}^{-2}$ und $\mathfrak{M} = Hy$ folgt $y = -\,30\;\text{sek}^{-2}$. Dieser Wert ist beim Entwurf des Seilpolygons unter Benutzung des Winkelbeschleunigungsmaßstabes als Strecke von 3 cm einzutragen.

Die Polkonfiguration auf $p_{ikl}$ sei – wie oben angegeben – durch $a_k$, $a_i$ und $a_l$ bestimmt.

Sind also die $\bar{\varepsilon}_{mn}$ des Winkelbeschleunigungstriples gegeben, und zwar so, daß sie einen geschlossenen Vektorzug bilden, so gehört dazu bei gegebenen Werten $a_k$, $a_i$, $a_l$ ein ganz bestimmtes Moment $\mathfrak{M}$, das sich aus der Konstruktion des Seilecks ergibt.

In Abb. 101 ist zunächst der Vektorzug der $\bar{\varepsilon}_{mn}$ gezeichnet, und zwar mit $\bar{\varepsilon}_{ki} = \overrightarrow{i'k'}$, $\bar{\varepsilon}_{lk} = \overrightarrow{k'l'}$ und $\bar{\varepsilon}_{il} = \overrightarrow{l'i'}$, liegend in der Geraden $\varepsilon'\varepsilon$. Gewählt sei der Pol $o'$ im Abstand $H = 5$ cm der Zeichnung, entsprechend 0,25 m. Durch einen beliebigen Punkt $U$ von $k_{ki}$ zieht man zum Polstrahl $[i]$ die Parallele $i^*$, die $k_{il}$ in $V$ schneidet. Dann zieht man durch $V$ zum Polstrahl $[l]$ den parallelen Seilstrahl $l^*$ mit Schnittpunkt $W$ auf $k_{lk}$. Der durch $W$ zum Polstrahl $[k]$ parallel gezeichnete Seilstrahl $k^*$ schneidet $k_{ki}$ in $X$, und die Strecke $\overline{UX} = y$ liefert in Verbindung mit dem Polabstand $H$ gemäß $Hy = \mathfrak{M}$ das Moment $\mathfrak{M}$ des gesuchten $\bar{\varepsilon}$-Triples. Als resultierendes Moment findet man zunächst rein rechnerisch für $P_{ki}$ als Bezugspunkt: $\mathfrak{M} = +\,50 \cdot 0{,}15 - 30 \cdot 0{,}5 = -\,7{,}5\;\text{m/sek}^{-2}$. Der Figur entnimmt man $\overline{UX} = 3$ cm, umgerechnet in sek$^{-2}$ folgt $y = 3/0{,}1 = 30\;\text{sek}^{-2}$; Polabstand $\overrightarrow{H}$ in „cm" ist 5 cm, umgerechnet auf den Zeichenmaßstab also $H = 5/20 = 0{,}25\;\text{m}$. Folglich ist $Hy = 30 \cdot 0{,}25 = 7{,}5\;\text{m/sek}^{-2}$. Dem negativen Vorzeichen des Momentes kann man die gerichtete Strecke $\overrightarrow{UX}$ zuordnen.

Bei der Aufstellung von *Winkelbeschleunigungsplänen* (Abb. 101a) ist im Vergleich zu dem vorstehenden Beispiel gerade umgekehrt zu verfahren. Hier sind nur eine Winkelbeschleunigung, beispielsweise $\bar{\varepsilon}_{ki} = \overrightarrow{i'k'}$, die Polkonfiguration $p_{ikl}$, also auch die Strecken $a_k$, $a_i$, $a_l$ sowie das resultierende Moment $\mathfrak{M}$ der auf die Achsen $k_{ki}$, $k_{il}$, $k_{lk}$ aufzuteilenden Winkelbeschleunigungsvektoren $\bar{\varepsilon}_{il}$, $\bar{\varepsilon}_{lk}$, $\bar{\varepsilon}_{ki}$ gegeben und diese so aufzuteilen, daß sie sich auf ein Vektorpaar vom Moment $\mathfrak{M}$ reduzieren.

In diesem Falle wählt man $U$ auf $k_{ki}$, zeichnet $UX = y$, errechnet aus $y = \mathfrak{M}/H$, unter Beachtung des Vorzeichens des gegebenen Moments, zieht durch $U$ zum Polstrahl $[i]$ und durch $X$ zum Polstrahl $[k]$ die parallelen Seilstrahlen $i^*$ bzw. $k^*$, die $k_{il}$ und $k_{lk}$ in $V$ bzw. $W$ schneiden, wodurch der Seilstrahl $l^*$ als Gerade durch $V$, $W$ gefunden ist. Der durch $o'$ zu $l^*$ parallel gezeichnete Polstrahl $[l]$ trifft die Gerade $\varepsilon\varepsilon'$ des $\bar\varepsilon$-Planes in $l'$. Damit sind $\bar\varepsilon_{il} = \overrightarrow{l'i'}$ und $\bar\varepsilon_{lk} = \overrightarrow{k'l'}$ ermittelt.

Um bezüglich des Richtungssinnes von $\overrightarrow{UX}$ Irrtümer zu vermeiden, wird man zweckmäßig das Ergebnis nach Aufstellung des $\varepsilon$-Planes überprüfen, ob das Moment das richtige Vorzeichen besitzt.

### 61. Winkelbeschleunigungsplan für Viergelenkgetriebe

Für das in Abb. 102 dargestellte Viergelenkgetriebe $\mathfrak{A}AB\mathfrak{B}$ sei der Winkelbeschleunigungsplan aufzustellen.

*Gegeben.*    $M_z = 20$ cm/m        $M_v = 0{,}5$ cm/msek$^{-1}$        $M_\omega = 0{,}1$ cm/sek$^{-1}$

         $M_\varepsilon = 0{,}01$ cm/sek$^{-2}$        $\bar\omega_{ad} = +40$ sek$^{-1}$        $\bar\varepsilon_{ad} = 0$

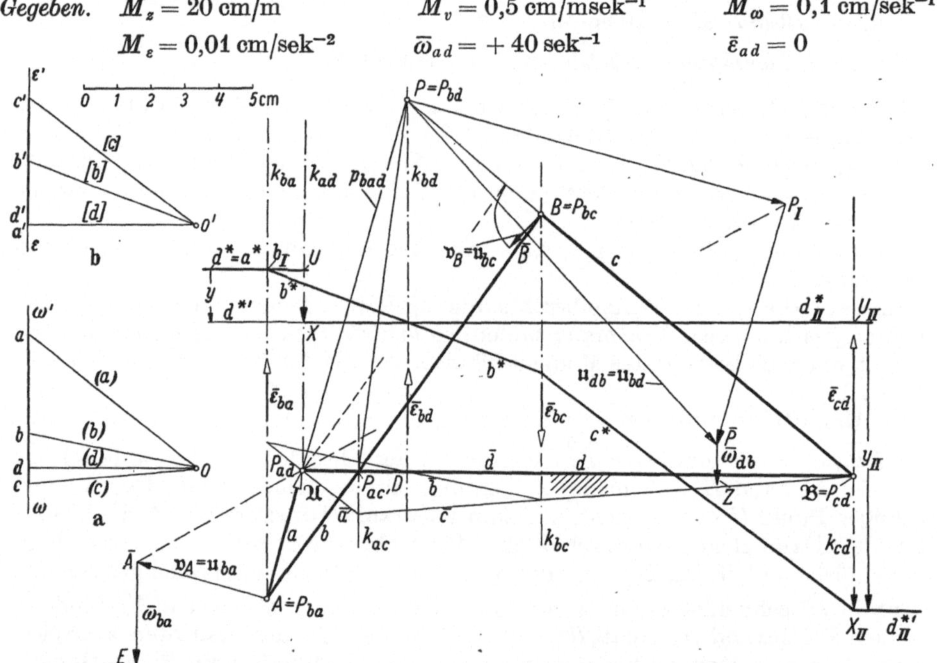

Abb. 102a u. b. Winkelbeschleunigungsplan für die Relativbewegungen in einem Viergelenkgetriebe (Kurbelschwinge von Abb. 90). Schnittpunkt von $d_{II}^*$ mit $k_{bd}$ ist $b_{II}$.
a) Winkelgeschwindigkeitsplan, b) Winkelbeschleunigungsplan.

Vom Geschwindigkeitszustand werden bestimmt $v_A = A\bar A$ und die Polwechselgeschwindigkeit $u_{bd} = P\bar P$. Dem Poltriple $P_{ad}$, $P_{ba}$, $P_{bd}$ auf $p_{bad}$ entsprechen die Winkelbeschleunigungen

$$\bar\varepsilon_{bd} = \bar\varepsilon_{ba} + \bar\varepsilon_{ad}$$

bzw.

$$\bar\varepsilon_{bd} + \bar\varepsilon_{da} + \bar\varepsilon_{ab} = 0 \tag{241}$$

und das Moment

$$\overline{\mathfrak{M}}_{dab} = -\mathfrak{M}_{dab} = [u_{ad}\,\bar\omega_{ad}] + [u_{db}\,\bar\omega_{db}] + [u_{ba}\,\bar\omega_{ba}] \tag{242}$$

Zur Berechnung dieses Momentes $\overline{\mathfrak{M}}_{dab}$ sei auf Abb. 102 verwiesen. In Abb. 102 ist beispielsweise der Vektor $u_{db} = P\overline{P}$ eingetragen und durch $\overline{P}$ der Vektor $\overline{\omega}_{db} = \overline{PZ}$ gelegt. Das Vektorprodukt $[u_{db}\overline{\omega}_{db}]$ wird dann als Moment des Vektors $\overline{\omega}_{db}$ bezüglich $P$ als Bezugspunkt berechnet. Es ist hier „positiv". Für Uhrzeigerdrehsinn sei dem Moment das positive, für Gegenuhrzeigersinndrehung das negative Vorzeichen beigegeben. Abb. 102 zeigt die Anordnung $A\overline{A} = u_{ba} = v_A$ und $\overline{AE} = \overline{\omega}_{ba}$ mit Richtungssinn $\overrightarrow{ab}$ von Abb. 102a. Das dazugehörige Moment $\overline{\mathfrak{M}}_{dab} = 0 + (+ 184)$ $+ (- 224) = - 40$ msek$^{-2}$; $\mathfrak{M}_{dab} = + 40$ msek$^{-2}$ und mit $H = 0{,}25$ m wegen $\mathfrak{M} = Hy$ für $y = 160$ sek$^{-2}$, in Abb. 102 dargestellt durch eine Strecke von $1{,}6$ cm beim

$$\text{Winkelbeschleunigungsmaßstab:}\quad M_\varepsilon = 0{,}01 \text{ cm/sek}^{-2}$$

Man zeichnet also in Abb. 102 auf $k_{ad}$ an beliebiger Stelle $\overrightarrow{UX} = 1{,}6$ cm, zieht durch $U$ zu dem Polstrahl $o'd' = [d]$ den parallelen Seilstrahl $d^*$, der $k_{ba}$ in $b_\mathrm{I}$ schneidet, ferner durch $X$ zu $d^*$ die Parallele, die $k_{bd}$ in $b_\mathrm{II}$ schneidet, legt durch $b_\mathrm{I}$ und $b_\mathrm{II}$ den Seilstrahl $b^*$ und zieht durch $o'$ (Abb. 102b) zu $b^*$ den Polstrahl $[b]$, der $\varepsilon\varepsilon'$ in $b'$ schneidet. Damit ist $\bar{\varepsilon}_{bd} = \overrightarrow{d'b'}$ gefunden. In entsprechender Weise wird im $\bar{\varepsilon}$-Plan (Abb. 102b) auch $\bar{\varepsilon}_{cd} = \overrightarrow{d'c'}$ unter Beiziehung von $v_B = R\overline{R} = u_{bc}$ und Verwendung von

$$- \mathfrak{M}_\mathrm{II} = [u_{cd}\overline{\omega}_{cd}] + [u_{db}\overline{\omega}_{db}] + [u_{bc}\overline{\omega}_{bc}]$$

gefunden, wobei zweckmäßig der gleiche Seilstrahl $d^{*\prime}$ als $d_\mathrm{II}^*$ benutzt wird und $\overline{U_\mathrm{II}X_\mathrm{II}} = y_\mathrm{II} = \mathfrak{M}_\mathrm{II}/H$ auf $k_{cd}$ aufzutragen ist.

*Hinweise.* Man beachte, daß die $[u_{ik}\overline{\omega}_{ik}]$ keinesfalls die eigentliche Pol beschleunigung von $P_{ik}$ darstellen; im vorliegenden Beispiel ist nur $\big|[u_{bd}\overline{\omega}_{bd}]\big|$ die Polbeschleunigung $b_P$. Man zeichnet vielmehr $u_{ik} = \overrightarrow{IK}$, trägt in $K$ den Vektor $\overline{\omega}_{ik} = \overrightarrow{KL}$ an und bestimmt von $\overline{\omega}_{ik}$ das Moment bezüglich des Punktes $I$, also Betrag von $\overline{\omega}_{ik}$, multipliziert mit Abstand des Punktes $I$ von $\overrightarrow{KL}$.

Auch achte man bei Eintragung von $\overline{UX}$ usw. auf das Vorzeichen von $\mathfrak{M}$; d.h. ob $\overline{UX}$ nach unten oder oben aufzutragen ist.

Empfehlenswert ist auch das Eintragen der $\bar{\varepsilon}_{ik}$ in die Drehachsen $k_{ik}$ und die rechnerische Überprüfung gemäß Gl. (240). Wählt man z. B. in Abb. 102 die Richtung der $k_{ik}$ parallel der Poltangente $P_{bd}T$, so erübrigt sich die Ermittlung von $u_{bd}$.

## 62. Maßstabhinweise für $\varepsilon$-Pläne

Will man bei der Verwendung des Seileckverfahrens auf die Umrechnung der Größen in die wirklichen (m, m/sek, sek$^{-2}$ usw.) verzichten und lediglich die betreffenden Größen in „cm" aus der Figur abgreifen, was eine Vereinfachung bedeutet, so ist die Abhängigkeit der Maßstäbe voneinander zu beachten. Sind $M_v$, $M_z$, $M_\omega$, $M_\varepsilon$ die Maßstäbe für die Geschwindigkeit, die Zeichnung, die Winkelgeschwindigkeit und die Winkelbeschleunigung, so gilt zwischen ihnen der Zusammenhang

$$M_v M_\omega = M_z M_\varepsilon \tag{243}$$

Macht man insbesondere

$$M_v = \frac{M_z}{\omega} \tag{244}$$

wie im Beispiel des Viergelenkgetriebes von Abb. 102, so vereinfacht sich die Gl. (243) auf

$$M_\varepsilon = \frac{M_\omega}{\omega} \tag{245}$$

### 63. Die komplexe Methode

Deutet man die in Abb. 103 eingetragenen Vektoren der Gliedmittellinien des Viergelenkgetriebes $\mathfrak{A}ABB$ als komplexe Zahlen in der Form

$$\mathfrak{a} = a\, e^{i\varphi_1} \qquad \mathfrak{b} = b\, e^{i\varphi_2} \qquad \mathfrak{c} = c\, e^{i\varphi_3} \quad \text{und} \quad \mathfrak{d} = -d = d\, e^{i\pi} \qquad (246)$$

und setzt man ferner

$$\omega_1 = \omega_{ad} = \dot\varphi_1 \qquad \omega_2 = \omega_{bd} = \dot\varphi_2 \qquad \omega_3 = \omega_{cd} = \dot\varphi_3 \qquad (247)$$

$$\varepsilon_1 = \varepsilon_{ad} = \dot\omega_1 = \ddot\varphi_1 \qquad \varepsilon_2 = \varepsilon_{bd} = \dot\omega_2 = \ddot\varphi_2 \qquad \varepsilon_3 = \varepsilon_{cd} = \dot\omega_3 = \ddot\varphi_3 \qquad (248)$$

so folgt durch Differentiation nach der Zeit $t$ z. B. aus

$$\mathfrak{a} = a\, e^{i\varphi_1} \qquad\qquad (246\,\text{a})$$

$$\dot{\mathfrak{a}} = a\, e^{i\varphi_1} i\, \dot\varphi_1 = i\, \omega_1 \mathfrak{a} = \mathfrak{v}_A \qquad\qquad (249)$$

$$\ddot{\mathfrak{a}} = i\,\dot\omega_1 \mathfrak{a} + i\,\omega_1 \dot{\mathfrak{a}} = i\,\varepsilon_1 \mathfrak{a} + i\,\omega_1 (i\,\omega_1 \mathfrak{a})$$

$$\ddot{\mathfrak{a}} = i\,\varepsilon_1 \mathfrak{a} + (-\omega_1^2)\,\mathfrak{a} = i\,(\varepsilon_1 + i\,\omega_1^2)\,\mathfrak{a} = \mathfrak{b}_A \qquad\qquad (250)$$

Entsprechende Formeln bestehen für $\mathfrak{b}$ und $\mathfrak{c}$ von Gl. (246). Wird die für das Viergelenkgetriebe $\mathfrak{A}ABB$ geltende Gleichung

$$\mathfrak{a} + \mathfrak{b} - \mathfrak{c} + \mathfrak{d} = 0 \qquad\qquad (251)$$

zweimal nach $t$ differentiert, so folgt nach Umformung

$$\left.\begin{aligned}
1\,\mathfrak{a} + \qquad\qquad 1\,\mathfrak{b} - \qquad\qquad 1\,\mathfrak{c} + 1\,\mathfrak{d} &= 0 \\
\omega_1 \mathfrak{a} + \qquad\qquad \omega_2 \mathfrak{b} - \qquad\qquad \omega_3 \mathfrak{c} + 0\,\mathfrak{d} &= 0 \\
(\varepsilon_1 + i\,\omega_1^2)\,\mathfrak{a} + (\varepsilon_2 + i\,\omega_2^2)\,\mathfrak{b} - (\varepsilon_3 + i\,\omega_3^2)\,\mathfrak{c} + 0\,\mathfrak{d} &= 0
\end{aligned}\right\} \qquad (252)$$

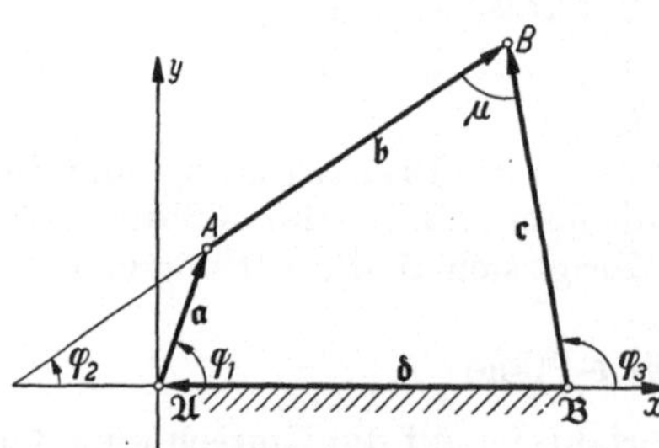


Abb. 103. Das Viergelenkgetriebe in komplexer Darstellung. $\mathfrak{A}x$ = reelle Achse, $\mathfrak{A}y$ = rein imaginäre Achse der Gaußsschen komplexen Zahlenebene.

Dieses in den $\mathfrak{a}$, $\mathfrak{b}$, $\mathfrak{c}$, $\mathfrak{d}$ homogene Gleichungssystem hat nach einem bekannten Satz der Algebra ([2b], S. 190) die nachstehenden Lösungen:

$$\mathfrak{a}\,\mathfrak{f} = \omega_3 \varepsilon_2 - \omega_2 \varepsilon_3 + i\,\omega_2 \omega_3 (\omega_2 - \omega_3) \qquad (253)$$

$$\mathfrak{b}\,\mathfrak{f} = \omega_1 \varepsilon_3 - \omega_3 \varepsilon_1 + i\,\omega_3 \omega_1 (\omega_3 - \omega_1) \qquad (254)$$

$$\mathfrak{c}\,\mathfrak{f} = \omega_1 \varepsilon_2 - \omega_2 \varepsilon_1 + i\,\omega_1 \omega_2 (\omega_2 - \omega_1) \qquad (255)$$

wobei

$$\mathfrak{f} = u + i\,v \qquad\qquad (256)$$

einen komplexen Proportionalitätsfaktor bedeutet.

Auflösung der Gln. (254) und (255) nach $\varepsilon_2$ bzw. $\varepsilon_3$ ergibt:

$$\varepsilon_2 \omega_1 = \mathfrak{c}\,\mathfrak{f} + \omega_2 \varepsilon_1 - i\,\omega_1 \omega_2 (\omega_2 - \omega_1) \qquad (257)$$

$$\varepsilon_3 \omega_1 = \mathfrak{b}\,\mathfrak{f} + \omega_3 \varepsilon_1 - i\,\omega_3 \omega_1 (\omega_3 - \omega_1) \qquad (258)$$

Setzt man noch

$$\mathfrak{b} = x + i\,y \qquad\qquad (259)$$

$$\mathfrak{c} = \xi + i\,\eta \qquad\qquad (260)$$

mit

$$b = \sqrt{x^2 + y^2} \qquad c = \sqrt{\xi^2 + \eta^2} \qquad (261\,\text{a, b})$$

so wird

$$\mathfrak{b}\,\mathfrak{f} = x\,u - y\,v + i\,(x\,v + y\,u) \tag{262}$$

$$\mathfrak{c}\,\mathfrak{f} = \xi\,u - \eta\,v + i\,(\xi\,v + \eta\,u) \tag{263}$$

Mit diesen Werten entsteht aus den Gln. (257) und (258):

$$\varepsilon_2\,\omega_1 = \xi\,u - \eta\,v + \omega_2\,\varepsilon_1 + i\,(\xi\,v + \eta\,u) - i\,\omega_1\,\omega_2\,(\omega_2 - \omega_1) \tag{264}$$

$$\varepsilon_3\,\omega_1 = x\,u - y\,v + \omega_3\,\varepsilon_1 + i\,(x\,v + y\,u) - i\,\omega_3\,\omega_1\,(\omega_3 - \omega_1) \tag{265}$$

Da die linken Seiten nur reelle Zahlen enthalten, müssen auf den rechten Seiten dieser Gleichungen die imaginären Teile verschwinden. Hieraus folgt:

$$x\,v + y\,u = \omega_3\,\omega_1\,(\omega_3 - \omega_1) \tag{266}$$

$$\xi\,v + \eta\,u = \omega_2\,\omega_1\,(\omega_2 - \omega_1) \tag{267}$$

und nach Auflösung:

$$v = \omega_1\,[\omega_3\,(\omega_3 - \omega_1)\,\eta - \omega_2\,(\omega_2 - \omega_1)\,y]/(x\,\eta - y\,\xi) \tag{268}$$

$$u = \omega_1\,[\omega_2\,(\omega_2 - \omega_1)\,x - \omega_3\,(\omega_3 - \omega_1)\,\xi]/(x\,\eta - y\,\xi) \tag{269}$$

Mit diesen Werten $u$, $v$ folgt aus den Gln. (264) und (265):

$$\varepsilon_2 = \frac{\xi\,u - \eta\,v}{\omega_1} + \frac{\omega_2}{\omega_1}\,\varepsilon_1$$

$$\varepsilon_3 = \frac{x\,u - y\,v}{\omega_1} + \frac{\omega_3}{\omega_1}\,\varepsilon_1$$

oder mit den Werten der Gln. (268) und (269) und unter Beachtung $x\,\xi + y\,\eta = b\,c\,\cos\mu$, $x\,\eta - y\,\xi = b\,c\,\sin\mu$

$$\varepsilon_2 = \frac{\omega_2\,(\omega_2 - \omega_1)\,b\,\cos\mu - \omega_3\,(\omega_3 - \omega_1)\,c}{b\,\sin\mu} + \frac{\omega_2}{\omega_1}\,\varepsilon_1 \tag{270}$$

$$\varepsilon_3 = \frac{\omega_2\,(\omega_2 - \omega_1)\,b - \omega_3\,(\omega_3 - \omega_1)\,c\,\cos\mu}{c\,\sin\mu} + \frac{\omega_3}{\omega_1}\,\varepsilon_1 \tag{271}$$

Diesem Lösungssystem läßt sich noch die nachstehende elegantere Form geben, wenn eingeführt werden die

*reduzierten Winkelgeschwindigkeiten:*

$$w_2 = \frac{\omega_2}{\omega_1} \qquad w_3 = \frac{\omega_3}{\omega_1} \qquad w_1 = \frac{\omega_1}{\omega_1} = 1 \tag{272}$$

*reduzierten Winkelbeschleunigungen:*

$$\varepsilon_3^+ = \frac{\varepsilon_3}{\omega_1^2} \qquad \varepsilon_2^+ = \frac{\varepsilon_2}{\omega_1^2} \qquad \varepsilon_1^+ = \frac{\varepsilon_1}{\omega_1^2} \tag{273}$$

und $c/b = q$. Man erhält dann

$$\varepsilon_2^+ = w_2\,\varepsilon_1^+ + [w_2\,(w_2 - 1)\,\cos\mu - w_3\,(w_3 - 1)\,q]/\sin\mu \tag{274}$$

$$\varepsilon_3^+ = w_3\,\varepsilon_1^+ + [w_2\,(w_2 - 1)\,1/q - w_3\,(w_3 - 1)\,\cos\mu]/\sin\mu \tag{275}$$

also die Darstellung

$$\varepsilon_2^+ = w_2\,\varepsilon_1^+ + p_2 \tag{276}$$

$$\varepsilon_3^+ = w_3\,\varepsilon_1^+ + p_3 \tag{277}$$

wobei die $p_2$, $p_3$ nur vom Geschwindigkeitszustand bzw. von den reduzierten Winkelgeschwindigkeiten $w_i$ und selbstverständlich von den Getriebeabmessungen $q$ und $\mu$ abhängen.

Für $\varepsilon_1$ bzw. $\varepsilon_1^+$ gleich Null, d.h. für Antrieb mit konstanter Winkelgeschwindigkeit $\omega_1$ bzw. $w_1 = 1$ stellen die $p_2$, $p_3$ die zum gleichförmigen Umlauf der Antriebskurbel gehörigen reduzierten Winkelbeschleunigungen von Koppel $b$ und Schwinge $c$ dar.

*Zahlenbeispiel für Viergelenkgetriebe* (Abb. 102). Da nach Abb. 103 die Winkel $\varphi_1$, $\varphi_2$, $\varphi_3$ im Gegensinn des Uhrzeigers „positiv" gemessen werden, müssen bei Benutzung der früheren Ergebnisse die dort gefundenen Winkelgeschwindigkeiten mit dem entgegengesetzten Vorzeichen in die Gln. (270) und (271) eingesetzt werden. Die Auswertung liefert dann wiederum die Werte

$$\bar\varepsilon_{bd} = \bar\varepsilon_2 = + \, 210\,\text{sek}^{-2} \qquad \bar\varepsilon_{cd} = \bar\varepsilon_3 = + \, 384\,\text{sek}^{-2}$$

*Einige Sonderfälle.* Die Gln. (270) und (271) lassen ferner gewisse Zusammenhänge für diejenigen Getriebestellungen erkennen, in denen „*Sonderlagen*" auftreten, beispielsweise bei $\varepsilon_1 = 0$ für

*Totlagen der Schwinge c:*

Wegen $\omega_3 = 0$ folgt
$$\varepsilon_3 = \frac{b\,\omega_2\,(\omega_2 - \omega_1)}{c\sin\mu} \qquad\qquad (278\,\text{a})$$

$$\varepsilon_2 = \omega_2\,(\omega_2 - \omega_1)\,\text{ctg}\,\mu \qquad\qquad (278\,\text{b})$$

Für die innere Totlage ist $\omega_2 = a\omega_1/b$, für die äußere Totlage dagegen $\omega_2 = -\,a\omega_1/b$ zu setzen. Man erhält so die nachstehenden Formeln:

a) *Innere Totlage*                   b) *äußere Totlage*

$$\varepsilon_2 = \frac{a}{b}\left(\frac{a}{b} - 1\right)\text{ctg}\,\mu\,\omega_1^2 \qquad \varepsilon_2 = \frac{a}{b}\left(\frac{a}{b} + 1\right)\text{ctg}\,\mu\,\omega_1^2 \qquad (279\,\text{a, b})$$

$$\varepsilon_3 = \frac{b}{c\sin\mu}\,\frac{a}{b}\left(\frac{a}{b} - 1\right)\omega_1^2 \qquad \varepsilon_3 = \frac{b}{c\sin\mu}\,\frac{a}{b}\left(\frac{a}{b} + 1\right)\omega_1^2 \qquad (280\,\text{a, b})$$

Die komplexe Methode ist von zahlreichen Autoren, z.B. K. H. SIEKER [*49a, b, c, d*], N. ROSENAUER [*47a, c, d*], S. BLOCH [*67*], angewandt worden. Vgl. auch R. BEYER in ([*2b*], S. 189 f).

# F. Beschleunigungsermittlung bei zusammengesetzten Getrieben. Wiederholungsbeispiele

## 64. Beschleunigung am Bandkurbelgetriebe

Für das bereits in Nr. 44, Abb. 81, bezüglich der Geschwindigkeitsverhältnisse behandelte Bandkurbelgetriebe (Zahnstangenkurbelgetriebe) soll aus der gegebenen Beschleunigung $\mathfrak{b}_A = \mathfrak{b}_{nA}$ die Beschleunigung der Zapfenmitte $B$ des Gliedes $a$ ermittelt werden (Abb. 104, 105).

*Lösung.* Für $C$ von $e$ und $(C)$ von $c$ gelten

$$\mathfrak{b}_C = \mathfrak{b}_A + \mathfrak{b}_{nCA} + \mathfrak{b}_{tCA} = \overrightarrow{o_1 a'} + \overrightarrow{a'a''} + \overrightarrow{a''c'} = \overrightarrow{o_1 c'} \qquad (281)$$

$$\mathfrak{b}_C = \mathfrak{b}_{(C)} + \mathfrak{b}_z + \mathfrak{b}_r = \mathfrak{b}_{n(C)} + \mathfrak{b}_{t(C)} + \mathfrak{b}_z + \mathfrak{b}_r \qquad (282)$$

$$\mathfrak{b}_C = \mathfrak{b}_{n(C)} + \mathfrak{b}_{t(C)} + \mathfrak{b}_r = \overrightarrow{o_1 1} + \overrightarrow{1(c)'} + \overrightarrow{(c)'c'}$$

mit $\mathfrak{b}_z = 2[\overline{\omega}_{cd}\mathfrak{v}_r]$ als Coriolisbeschleunigung und $\mathfrak{b}_r$ als Relativbeschleunigung von $C$ bezüglich des um $\mathfrak{C}$ mit $\overline{\omega}_{cd}$ drehenden Getriebegliedes $c$. Da im vorliegenden Fall $C$ mit $P_{ec}$ (als Gliedpunkt von $e$ gedeutet) zusammenfällt, ist $\mathfrak{v}_r = 0$, also $\mathfrak{b}_z = 0$ und $\mathfrak{b}_r = -\mathfrak{b}_{Pce} = \mathfrak{b}_{Pec}$, d.h. gleich der Polbeschleunigung von $P_{ec}$ für Abrollen von $e$ auf $c$. Hierbei ist

$$\mathfrak{b}_{Pec} = -[\mathfrak{u}_{ce}\overline{\omega}_{ce}] = \overrightarrow{C\,C_r} = \mathfrak{b}_r$$

mit $\omega_{ce} = \mathfrak{u}_{ce}/\overline{C\mathfrak{C}}$. Die Polwechselgeschwindigkeiten $\mathfrak{u}_{ce}$ und $\mathfrak{u}_{cb}$ sind dabei gemäß Abb. 81 (Nr. 44) ermittelt worden. Zur Bestimmung von $\mathfrak{b}_{Pce}$ konnte auch der Wendekreis $k_W$ für Rollbewegung $c$ auf $e$ benutzt werden, mit Durchmesser $\delta_{ce} = \delta = \overline{C\mathfrak{C}}$ und $\mathfrak{u}_{ce} = \delta\omega_{ce}$, also $\mathfrak{b}_r = \delta\omega_{ce}\omega_{ce} = \delta\omega_{ce}^2$.

Aus den Gln. (281) und (282) und dem Geschwindigkeitsplan (Abb. 104a) gemäß Abb. 81 folgt so der *Beschleunigungsplan* Abb. 104b mit $\overrightarrow{o_1c'} = \mathfrak{b}_C$.

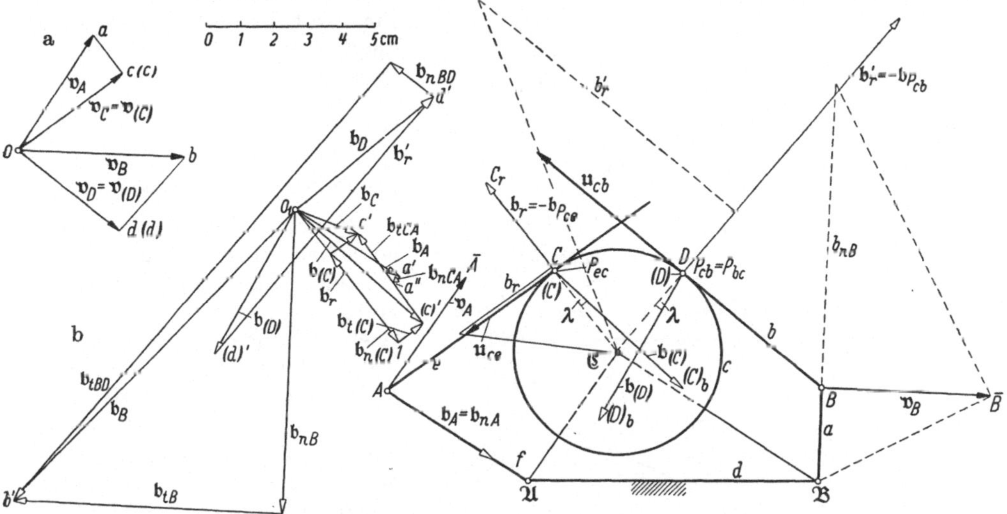

Abb. 104a u. b. Beschleunigungsermittlung für das Bandgetriebe (Zahnstangenkurbelgetriebe) von Abb. 81. a) Geschwindigkeitsplan, b) Beschleunigungsplan.

Aus $\mathfrak{b}_{(C)} = \overrightarrow{o_1(c)'}$ ergibt sich $\mathfrak{b}_{(D)} = \overrightarrow{o_1(d)'}$ gleichen Betrages wie $\mathfrak{b}_{(C)}$ und gegen $(D)\mathfrak{C}$ um den gleichen Winkel $\lambda$ geneigt, den $\mathfrak{b}_{(C)}$ mit $(C)\mathfrak{C}$ bildet. Damit ist auch $\mathfrak{b}_D$ durch

$$\mathfrak{b}_D = \mathfrak{b}_{(D)} + \mathfrak{b}_z' + \mathfrak{b}_r' \tag{283}$$

konstruierbar, wobei – wegen $D = P_{bc}$ – die Relativgeschwindigkeit $\mathfrak{v}_r' = 0$ von $D$ gegen $c$, also die Coriolisbeschleunigung $\mathfrak{b}_z' = 0$ ist und $\mathfrak{b}_r' = -\mathfrak{b}_{Pcb}$ aus $\mathfrak{u}_{cb}$ und $\overline{\omega}_{cb}$ bestimmt wird, entsprechend der Ermittlung von $\mathfrak{b}_r$ des Punktes $C$; Ergebnis $\mathfrak{b}_D = \overrightarrow{o_1d'}$ in Abb. 104b mit $\overrightarrow{(d)'d'} = \mathfrak{b}_r'$.

Zur Konstruktion von $\mathfrak{b}_B$ dienen

$$\mathfrak{b}_B = \mathfrak{b}_D + \mathfrak{b}_{n_{BD}} + \mathfrak{b}_{t_{BD}} \quad \text{und} \quad \mathfrak{b}_B = \mathfrak{b}_{n_{B\mathfrak{B}}} + \mathfrak{b}_{t_{B\mathfrak{B}}} .$$

*Kontrolle* (Abb. 105). In Abb. 105 sind für zwei der Kurbelstellung $\overline{\mathfrak{A}A}$ benachbarte Stellungen $\mathfrak{A}A_\mathrm{I}$ und $\mathfrak{A}A_{-\mathrm{I}}$ die Stellungen $\mathfrak{B}B_\mathrm{I}$ bzw. $\mathfrak{B}B_{-\mathrm{I}}$ des Gliedes $a$ ermittelt worden.

Hierzu denkt man sich „*Standwechsel*" vorgenommen, indem Glied $c$ als Gestell gewählt wird. Beim Abrollen der Glieder $e$ und $b$ auf $c$ beschreiben $A$ bzw. $B$ die Evolventenbögen $\gamma_A$ bzw. $\gamma_B$ mit Krümmungskreisen um $(C)$ mit Halbmesser $\overline{(C)A}$ bzw. um $(D)$ mit Halbmesser $\overline{(D)B}$. Zu $[A_\mathrm{I}]$ auf $\gamma_A$ gehört die neue Gliedstellung $d_\mathrm{I} = [\mathfrak{A}][\mathfrak{B}]\,\mathfrak{C}$; $[B_\mathrm{I}]$ auf $\gamma_B$ ist Schnittpunkt des Kreises um $[\mathfrak{B}]$ mit Halbmesser $\overline{\mathfrak{B}B} = a$. Damit sind die neuen Kurbelwinkel $\sphericalangle\,[A_\mathrm{I}][\mathfrak{A}][\mathfrak{B}]$ für $f$ und $\sphericalangle\,[B_\mathrm{I}][\mathfrak{B}][\mathfrak{A}]$ für $a$ gefunden, die an $\mathfrak{A}\mathfrak{B}$ als $\sphericalangle\,A_\mathrm{I}\mathfrak{A}\mathfrak{B}$ bzw. $\sphericalangle\,B_\mathrm{I}\mathfrak{B}\mathfrak{A}$ anzutragen sind. Die von $A_\mathrm{I}$ und $B_\mathrm{I}$ an den Kreis $c$ gelegten Tangenten berühren diesen in den neuen Punkten $C_\mathrm{I}$ bzw. $D_\mathrm{I}$.

Der *Geschwindigkeitsplan* (Abb. 105a) liefert aus $\mathfrak{v}_{A\mathrm{I}} = A_\mathrm{I}\overline{A}_\mathrm{I}$ vom Betrag $v_A$ die Geschwindigkeit $\mathfrak{v}_{B_\mathrm{I}} = \overrightarrow{o\,b_\mathrm{I}}$ in bekannter Weise; entsprechend wird $\mathfrak{v}_{B_{-\mathrm{I}}} = \overrightarrow{o\,b_{-\mathrm{I}}}$ für die Stellung $\mathfrak{B}B_{-\mathrm{I}}$ ermittelt. Die Punktfolge $b_{-\mathrm{I}}$, $b$, $b_\mathrm{I}$ … liefert den „*polaren*" Hodographen $h_p$ und die Tangente $t_p \parallel \mathfrak{b}_B = \overrightarrow{BB_b}$. Abb. 105 zeigt noch die „lokalen Orthogonalhodographen" $h''$, $h'$ für $B$ mit den sich in $B_b$ schneidenden Normalen $v''$, $v'$ in $B''$ bzw. $B'$, wodurch der Vektor $\mathfrak{b}_B = \overrightarrow{BB_b}$ gefunden wird, der mit $\mathfrak{b}_B = \overrightarrow{BB_b}$ von Abb. 104 hinreichend genau übereinstimmt.

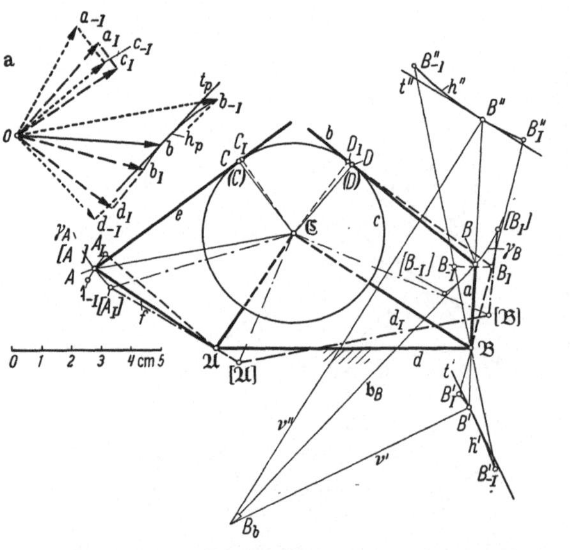

*Hinweise.* Bei Band-Kurbelgetrieben (bzw. zusammengesetzten Zahnstangen-Kurbelgetrieben) werden neue Getriebestellungen in der Weise ermittelt, daß die betreffende Rolle (bzw. das Ritzel) zum Gestell gemacht wird, wobei die an die Zahnstangen oder an das Zugmittel angelenkten Gliedpunkte Kreisevolventen beschreiben.

Abb.105. Kontrolle der Beschleunigungsermittlung von Abb. 104 durch örtliche Orthogonalhodographen, a) polarer Hodograph.

Zur Beschleunigungsermittlung sind die Polbeschleunigungen der Relativpole zwischen Zugmittel (Zahnstange) und Rolle (Zahnrad) beizuziehen, die ihrerseits aus dem Wendekreisdurchmesser und der relativen Winkelgeschwindigkeit beider Partner zu ermitteln sind, wobei zweckmäßig die Polwechselgeschwindigkeit dieser Relativbewegung zur Kontrolle herangezogen wird (vgl. Nr. 44, Abb. 81). Weitere Beispiele für die Beschleunigungsermittlung in Bandgetrieben findet man in [*66*].

## 65. Beschleunigungskonstruktionen mit Plänen relativer Normalbeschleunigungen

Unter Benutzung eines Hinweises von N. Joukovsky entwickelte N. Rosenauer [*68*] einfache und übersichtliche Beschleunigungspläne, die auch bei Getrieben ohne Viergelenkanordnung mit Vorteil anwendbar sind.

Ausgehend von der Kenntnis der sämtlichen „Normalbeschleunigungen", die – in geeigneter Weise aneinander gereiht – gewisse Zusammenhänge mit dem Getriebeplan erkennen lassen, werden dabei die folgenden Grundlagen benutzt:

Ist $ABC = b$ ein gegenüber dem Gestell $d$ mit $\overline{\omega}_{b\,d} = \overline{\omega}$ und $\overline{\varepsilon}_{b\,d} = \overline{\varepsilon}$ komplan bewegter „Dreibinder" (ternäres Glied), so gelten wegen:

$$\mathfrak{b}_{t_{BA}} = \left[\overline{\varepsilon}\,\overrightarrow{AB}\right] = \overrightarrow{B_1 A_1} \quad \mathfrak{b}_{t_{CB}} = \left[\overline{\varepsilon}\,\overrightarrow{BC}\right] = \overrightarrow{C_1 B_1} \quad \mathfrak{b}_{t_{AC}} = \left[\overline{\varepsilon}\,\overrightarrow{CA}\right] = \overrightarrow{A_1 C_1} \tag{284}$$

$$\mathfrak{b}_{t_{BA}} + \mathfrak{b}_{t_{CB}} + \mathfrak{b}_{t_{AC}} = \left[\overline{\varepsilon},\,\overrightarrow{AB} + \overrightarrow{BC} + \overrightarrow{CA}\right] = [\overline{\varepsilon},\,0] = 0 \tag{285}$$

Die nach Gl.(285) aneinandergereihten Tangentialbeschleunigungen bilden also ein geschlossenes Vektordreieck $\triangle A_1 B_1 C_1$, das dem $\triangle ABC$ gleichsinnig ähnlich ist (Abb. 106b).

Entsprechendes gilt für die Normalbeschleunigungen

$$\mathfrak{b}_{n_{BA}} = -\omega^2\,\overrightarrow{AB} = \overrightarrow{b''a''} \quad \mathfrak{b}_{n_{CB}} = -\omega^2\,\overrightarrow{BC} = \overrightarrow{c''b''} \quad \mathfrak{b}_{n_{AC}} = -\omega^2\,\overrightarrow{CA} = \overrightarrow{a''c''} \tag{286}$$

mit

$$\mathfrak{b}_{n_{AC}} + \mathfrak{b}_{n_{CB}} + \mathfrak{b}_{n_{BA}} = 0 \tag{287}$$

wobei $\triangle a'' b'' c'' \sim \triangle ABC$ (Abb. 106b).

**Beispiel. Offene Getriebekette.** Die in Abb. 106 gegebene getriebliche Anordnung (offene kinematische Kette) mit den Gliedern $A\overline{E} = a$, $\overline{BD} = c$ und $\triangle ABC = b$ werde gegen das Gestell $d$ bewegt und sei bei $D$ und $E$ durch $\mathfrak{v}_D = D\overline{D}$, $\mathfrak{b}_D = DD_b$ bzw. $\mathfrak{v}_E = E\overline{E}$, $\mathfrak{b}_E = EE_b$ angetrieben. Für Punkt $C$ von $b$ seien vorgeschrieben: Bewegungsrichtung $\overline{\gamma}$ und Richtung des Beschleunigungsvektors $\mathfrak{b}_C \parallel \gamma_1$.

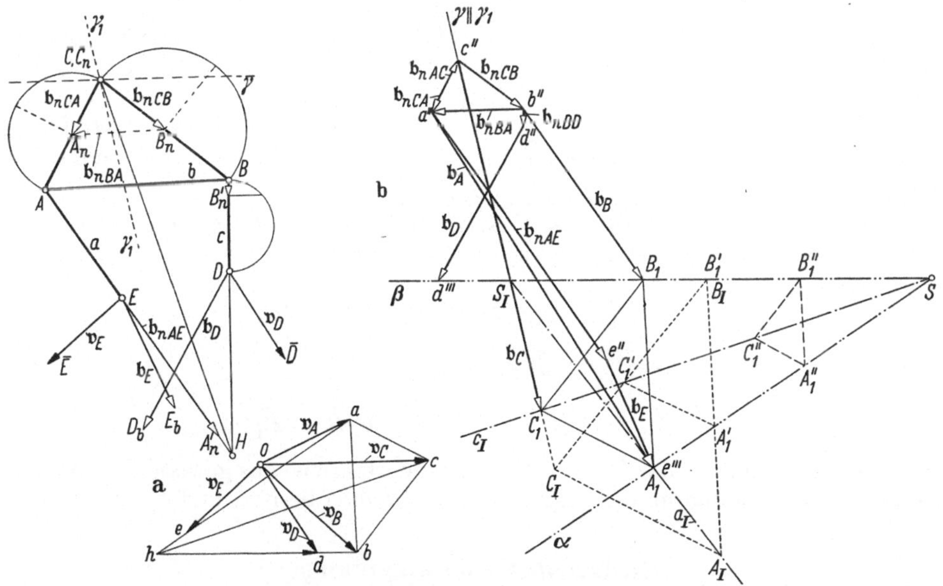

Abb. 106a u. b. Beschleunigungskonstruktion mit Plänen relativer Normalbeschleunigungen nach ROSENAUER, erläutert an einer offenen Zweigelenkkette.
a) Geschwindigkeitsplan, b) Beschleunigungsplan.

Unter Benutzung des Punktes $H = AE \times BD$ werden nach N. ROSENAUER gemäß Nr. 42 der Geschwindigkeitsplan Abb. 106a entworfen und hieraus die Normalbeschleunigungen $\mathfrak{b}_{n_{CA}} = C_n A_n$, $\mathfrak{b}_{n_{CB}} = C_n B_n$, $\mathfrak{b}_{n_{BD}} = BB'_n$, $\mathfrak{b}_{n_{AE}} = AA'_n$ in bekannter Weise gefunden.

$$\triangle A_n B_n C_n \sim \triangle ABC$$

Im *Beschleunigungsplan* (Abb. 106b) zeichnet man $\triangle\, a''\, b''\, c'' \cong \triangle\, A_n B_n C_n$ und $\overrightarrow{b''d''} = BB_n'$, $\overrightarrow{a''e''} = AA_n'$.

*Hinweis.* Die Figur $a''\, b''\, c''$ mit den angefügten Vektoren $\overrightarrow{b''d''}$, $\overrightarrow{a''e''}$ zeigt den analogen Aufbau wie im Getriebeplan $\triangle\, ABC$ mit $\overrightarrow{BD}$ und $\overrightarrow{AE}$.

Der weiteren Ergänzung des Beschleunigungsplanes liegen zugrunde:

$$\mathfrak{b}_A = \mathfrak{b}_E + \mathfrak{b}_{n_{AE}} + \mathfrak{b}_{t_{AE}} = \mathfrak{b}_{n_{AE}} + \mathfrak{b}_E + \mathfrak{b}_{t_{AE}}$$

$$\mathfrak{b}_B = \mathfrak{b}_D + \mathfrak{b}_{n_{BD}} + \mathfrak{b}_{t_{BD}} = \mathfrak{b}_{n_{BD}} + \mathfrak{b}_D + \mathfrak{b}_{t_{BD}}$$

Im Beschleunigungsplan (Abb. 106b) ist also an $\mathfrak{b}_{n_{AE}} = \overrightarrow{a''e''}$ anzufügen $\mathfrak{b}_E = \overrightarrow{e''e'''}$, ferner an $\mathfrak{b}_{n_{BD}} = \overrightarrow{b''d''}$ noch $\mathfrak{b}_D = \overrightarrow{d''d'''}$. Da die Tangentialbeschleunigungen $\mathfrak{b}_{t_{AE}}$ und $\mathfrak{b}_{t_{BD}}$ nur der Richtung nach bekannt sind ($\perp AE$ bzw. $\perp BD$), liegen die Endpunkte $A_1$ und $B_1$ von $\mathfrak{b}_A = \overrightarrow{a''A_1}$ bzw. $\mathfrak{b}_B = \overrightarrow{b''B_1}$ auf den durch $e'''$ zu $AE$ und durch $d'''$ zu $BD$ gezeichneten Senkrechten $\alpha$ bzw. $\beta$. Ist $B_1'$ ein beliebiger Punkt von $\beta$, was der Annahme $\mathfrak{b}_{t_{BD}} = \overrightarrow{d'''B_1'}$ entsprechen würde, so gehört hierzu $A_1'$ auf $\alpha$ mit $B_1'A_1' \perp AB$. Macht man ferner $\triangle\, A_1'B_1'C_1'$ gleichsinnig ähnlich $\triangle\, ABC$, und wiederholt man das Verfahren für $A_1''B_1''C_1''$ usw., so ist der Ort der Punkte $C_1'$, $C_1''$ ... die Gerade $c_{\mathrm{I}}$, die – wie leicht ersichtlich – durch den Schnittpunkt $S$ von $\alpha$, $\beta$ gehen muß.

Wegen $\mathfrak{b}_C = \mathfrak{b}_B + \mathfrak{b}_{n_{CB}} + \mathfrak{b}_{t_{CB}} = \mathfrak{b}_{n_{CB}} + \mathfrak{b}_B + \mathfrak{b}_{t_{CB}}$ muß $C_1$ von $\mathfrak{b}_C = \overrightarrow{c''C_1}$ auf der Geraden $\gamma \parallel \gamma_1$ durch $c''$ liegen.

Die Lösung läuft also darauf hinaus, ein Dreieck $\triangle\, A_1B_1C_1 \sim \triangle\, ABC$ so zu zeichnen, daß sich die Punkte $A_1, B_1, C_1$ auf den Geraden $\alpha$, $\beta$, $\gamma$ befinden und die entsprechenden Seiten zueinander senkrecht sind. ($A_1B_1 \perp AB$, $A_1C_1 \perp AC$, $B_1C_1 \perp BC$).

Der gesuchte Punkt $C_1$ für $\mathfrak{b}_C = \overrightarrow{c''C_1}$ ist der Schnittpunkt der Geraden $c_{\mathrm{I}}$ und $\gamma$; die durch $C_1$ zu $\overline{CB}$ und zu $\overline{CA}$ gezeichneten Senkrechten schneiden $\beta$ und $\alpha$ in $B_1$ bzw. $A_1$ und liefern $\mathfrak{b}_B = \overrightarrow{b''B_1}$, $\mathfrak{b}_A = \overrightarrow{a''A_1}$.

Man hätte auch $\triangle\, B_{\mathrm{I}}C_{\mathrm{I}}A_{\mathrm{I}} \sim \triangle\, BCA$ mit $B_{\mathrm{I}}C_{\mathrm{I}} \perp BC$ zeichnen und die Gerade $a_{\mathrm{I}}$ durch $A_{\mathrm{I}}$, $S_{\mathrm{I}}$ mit $\alpha$ in $A_1$ schneiden können.

*Kontrollen*

$$\mathfrak{b}_C = \mathfrak{b}_A + \mathfrak{b}_{n_{CA}} + \mathfrak{b}_{t_{CA}} = \mathfrak{b}_{n_{CA}} + \mathfrak{b}_A + \mathfrak{b}_{t_{CA}}$$

$$\mathfrak{b}_C = \overrightarrow{c''a''} + \overrightarrow{a''A_1} + \overrightarrow{A_1C_1}$$

oder

$$\mathfrak{b}_C = \mathfrak{b}_{n_{CB}} + \mathfrak{b}_B + \mathfrak{b}_{t_{CB}} = \overrightarrow{c''b''} + \overrightarrow{b''B_1} + \overrightarrow{B_1C_1}$$

Weitere Anwendungen des ROSENAUERschen Verfahrens, das gewisse Zusammenhänge mit dem Verfahren der ähnlichen Punktreihen besitzt, findet man in [*68*].

## G. Kinematische Diagramme

### 66. Zeichnerische Differentiation und Integration

In Abb. 107 ist die Kurve $\alpha$ das Schaubild von

$$y = f(x) \tag{288}$$

Gesucht wird die Differentialkurve $\alpha'$; d.h.

$$\eta = \frac{dy}{dx} = f'(x) \tag{289}$$

*Lösung.* Tangente $t_A$ in $A$ von $\alpha$, $O'$ auf $x$-Achse gewählt mit $\overline{OO'} = a$ „cm", durch $O'$ Parallele $(t_A)$ zu $t_A$, Schnittpunkt $[A]$ auf $y$-Achse. Die Strecke $\overline{O[A]}$ in „cm" ist ein Maß für $\eta$.

$$\text{\textit{Maßstäbe}} \qquad M_x = m_1 \frac{\text{cm}}{x\text{-Einheit}} \qquad M_y = m_2 \frac{\text{cm}}{y\text{-Einheit}} \qquad (290\,\text{a, b})$$

$$M_\eta = \frac{a\,m_2}{m_1} = \frac{a\,M_y}{M_x} \frac{\text{cm}}{\eta\text{-Einheit}} \qquad (291)$$

Parallele durch $[A]$ zu $Ox$ schneidet $AA_x$ im Punkt $A'$ der „*Differentialkurve*" $\alpha'$ an der Stelle $\overline{OA_x} = x$.

Ist $\mathfrak{A}$ Krümmungsmittelpunkt des Krümmungskreises $K_A$ von $\alpha$ in $A$ mit $\varrho = \overline{\mathfrak{A}A}$, errechenbar aus

$$\varrho = \frac{(1 + y'^2)^{3/2}}{y''} \qquad (292)$$

so folgt wegen

$$y' = \operatorname{tg}\tau = \frac{\eta}{a} \qquad y'' = \frac{dy'}{dx} = \frac{\eta'}{a} \qquad (293)$$

und

$$\eta' = \operatorname{tg}\psi = -\frac{\eta}{\zeta} \qquad y'' = -\frac{\eta}{\zeta a} \qquad (294)$$

aus Gl. (292)

$$\varrho = \frac{\left[1 + \left(\dfrac{\eta}{a}\right)^2\right]^{3/2}}{-\dfrac{\eta}{\zeta a}} = \frac{(1 + \operatorname{tg}^2\tau)^{3/2}}{-\dfrac{\operatorname{tg}\tau}{\zeta}}$$

$$\varrho = -\frac{\zeta}{\cos^2\tau \sin\tau} \qquad (295)$$

Das negative Vorzeichen bedeutet, daß $R$ rechts von $A_x$ liegt.

Zur graphischen Auswertung werden Normale $v_A$ in $A$ zu $t_A$ und $RZ \perp v_A$ gezeichnet, Schnittpunkt $S$ auf $AY \parallel Oy$; $SQ \parallel Ox$ schneidet $v_A$ im gesuchten Krümmungsmittelpunkt $\mathfrak{A}$.

*Zweifache Anwendungsmöglichkeit.* Ist $\alpha$ mit $\mathfrak{A}$ von $A$ gegeben, so liefert der umgekehrte Verlauf der beschriebenen Konstruktion zur Auffindung der Tangente $t_{A'}$ an die Differentialkurve $\alpha'$ in $A'$.

Ist jedoch $\alpha'$ gegeben und zu $\alpha'$ die Integralkurve $\alpha$, d.h.

$$y = \int \frac{\eta}{a} \, dx \qquad (296)$$

zeichnerisch zu ermitteln, so zieht man $A'[A] \parallel OX$ und legt durch den Anfangspunkt $A$ der gesuchten *Integralkurve* $\alpha$ die Tangente $t_A \parallel O'[A]$, zeichnet ferner $t_{A'}$ in $A'$

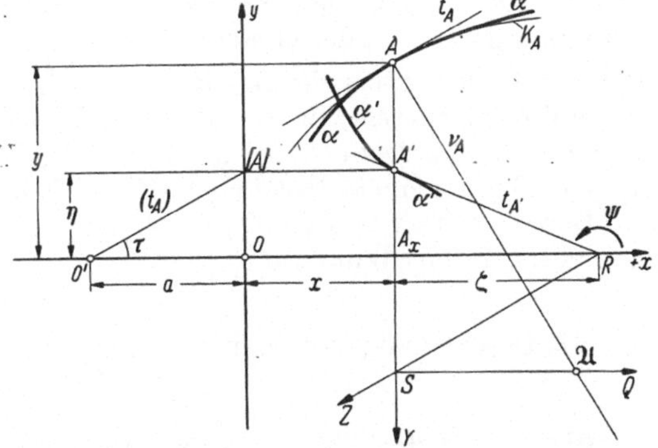

Abb. 107. Graphische Differentiation von $y = f(x)$ mit Tangentenkonstruktion an die Differentialkurve $\alpha'$ von $\alpha$ bei gegebenem Krümmungsmittelpunkt $\mathfrak{A}$ von $\alpha$ in $A$.

von $\alpha'$ bis $R$ auf $OX$ und ermittelt durch die Strahlen $RZ$ und $SQ$ – wie oben beschrieben – den Krümmungsmittelpunkt $\mathfrak{A}$ der Integralkurve $\alpha$ in $A$. Der um $\mathfrak{A}$ mit $\overline{\mathfrak{A}A}$ als Halbmesser geschlagene Krümmungskreis $K_A$ liefert im Nachbarbereich von $A$ eine gute Annäherung der Integralkurve.

Maßstab für diese ist nach Gl. (291)

$$M_y = \frac{M_x\,M_\eta}{a}\;\frac{\text{c n}}{(x\,\eta)\text{-Einheit}} \tag{297}$$

Ein einfacheres Verfahren zur Ermittlung der Integralkurve $\alpha$ aus $\alpha'$ ist in Abb. 108 erläutert.

Gegeben ist die Kurve $\alpha'$ der Funktion $\eta = f'(x)$ im Abszissenbereich $\overline{OB}$. Dieser Bereich wurde in 12 gleich große Intervalle $\overline{OB_1} = \overline{B_1B_2} = \ldots \overline{B_{11}B_{12}}$ geteilt mit den Mittelpunkten $M_1, M_2, \ldots M_{12}$. $\big(\overline{OM_1} = \overline{M_1B_1},\ \overline{B_1M_2} = \overline{M_2B_2}\big)$, zu denen die Ordinaten $M_1A_1' = \eta_1,\ M_2A_2' = \eta_2,\ \ldots$ der Kurve $\alpha'$ gehören.

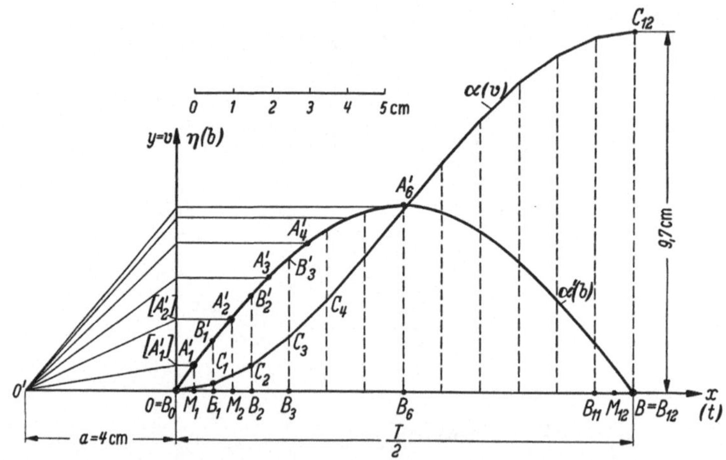


Abb. 108. Graphische Integration. Ermitteln der Integralkurve $\alpha$ aus der Differentialkurve $\alpha'$. Beispiel: Ermittlung der Geschwindigkeit $v$ aus der gegebenen Beschleunigung $b$.

Die Fußpunkte $[A_i']$ der Lote von $A_i'$ auf die $\eta$-Achse werden mit $O'$ verbunden, wobei $\overline{O'O} = a$ „cm" beliebig gewählt worden ist. Dann sind von der gesuchten Integralkurve $\alpha$ von der Gleichung $y = \int f'(x)dx = f(x)$ die $O'[A_i']$ die Tangentenrichtungen der Intervalle $\overline{B_{i-1}B_i}$.

Soll beispielsweise für $x = 0$ die Anfangsbedingung $y = 0$ erfüllt sein, so zieht man durch $B_0 \equiv O$ zu $O'[A_1']$ die Parallele, die $B_1B_1'$ in $C_1$ schneidet. Die durch $C_1$ zu $O'[A_2']$ gezeichnete Parallele trifft $B_2B_2'$ in $C_2$ usw.

Der Streckenzug $B_0 = O,\ C_1,\ C_2,\ C_3 \ldots$ ist die (tangentiale) Näherung der gesuchten Integralkurve $\alpha$.

### 67. Geschwindigkeitsermittlung aus dem Beschleunigungs-Zeit-Diagramm (b-t-Diagramm)

Aus $b = dv/dt$ folgt $v = \int b\,dt$; d.h. die Integralkurve $\alpha$ zu $\alpha'$ ist der Geschwindigkeitsverlauf. In Abb. 108 sei $\alpha'$ das $b$-$t$-Diagramm für die halbe Anlaufzeit. $T/2 = 0{,}06$ sek einer Hubbewegung des Schiebers eines Kurvenscheibengetriebes. Die maximale Beschleunigung $b_{\max} = 43{,}63$ m/sek² sei durch eine Strecke von $\overline{B_6A_6'} = 5$ cm dargestellt, also

*Beschleunigungsmaßstab*

$$M_\eta = M_b = \frac{5}{43{,}63}\ \text{cm/msek}^{-2}$$

Aus $\overline{B_0 B_{12}} = 12$ cm, darstellend die Zeit von 0,06 sek, folgt

*Zeitmaßstab*

$$M_x = M_t = \frac{12}{0,06} = 200 \text{ cm/sek}$$

Also ist nach Gl. (297) mit $a = 4$ cm der

*Geschwindigkeitsmaßstab*

$$M_y = M_v = \frac{200 \dfrac{5}{43,63}}{4} = 5,73 \text{ cm/msek}^{-1}$$

Die maximale Geschwindigkeit ist demnach $v_{\max} = \overline{B_{12} C_{12}}/M_v = 9,7/5,73 = 1,69 \text{ msek}^{-1}$.

*Kontrolle.* Dem Beispiel lag für $b$ die Gleichung

$$b = 43,63 \sin\left(\frac{50\,\pi}{3} t\right)$$

zugrunde. Integration liefert

$$v = \int b\, dt = -\frac{5}{6} \cos\left(\frac{50\,\pi}{3} t\right) + c$$

Für $t = 0$ war $v = 0$ gefordert, also $c = 5/6$ und

$$v = \frac{5}{6}\left[1 - \cos\left(\frac{50\,\pi}{3} t\right)\right]$$

Zu $t = T/2 = 0,06$ sek gehört $v = 5/3 = 1,667 \text{ msek}^{-1}$, was mit dem zeichnerischen Ergebnis gut übereinstimmt.

*Hinweis.* In gleicher Weise könnte durch nochmalige graphische Integration der Kurve $\alpha$ wegen

$$v = \frac{ds}{dt} \qquad s = \int v\, dt$$

der Weg $s$ in Abhängigkeit von der Zeit $t$, also das $s\text{-}t$-Diagramm gezeichnet werden.

### 68. Ermittlung der Zeit aus dem $v\text{-}s$-Diagramm

Die Anwendung graphodynamischer Verfahren, z.B. bei der Lösung der *I. Wittenbauerschen Grundaufgabe*, führt mittels *Massen- und Kraftreduktion* über die Energiegleichung zur Kenntnis des $v\text{-}s$-Diagramms, wobei $v$ die Geschwindigkeit und $s$ den Weg des Reduktionspunktes darstellen.

Aus $v = \dfrac{ds}{dt}$ folgt $dt = \dfrac{1}{v}\, ds$, also

$$t = \int \frac{1}{v}\, ds \tag{298}$$

Trägt man also über dem Weg $s$ als Abszisse den Kehrwert $1/v$ von $v$ als Ordinate auf, so ist das $t\text{-}s$-Diagramm die Integralkurve des $(1/v)\text{-}s$-Diagramms.

Da nach der dynamischen Grundgleichung für die Bewegung der reduzierten Masse $m^*$ unter der Einwirkung der reduzierten Kraft $P^*$ ([*18*], S. 659f) auch das $b\text{-}s$-Diagramm gefunden werden kann, folgt aus der Kenntnis von $b$ und $v$ für den zeitlichen Ablauf wegen $b = dv/dt$ für

$$t = \int \frac{1}{b}\, dv \tag{299}$$

8*

Zum zeichnerischen Ermitteln der Zeit nach Gl. (298) gab F. WITTENBAUER ([*18*], S. 582) ein besonderes, durch Abb. 109 erläutertes Verfahren.

Man setzt

$$\eta\, v = k^2 \tag{300}$$

und erhält

$$t = \int \frac{1}{v}\, ds = \frac{1}{k^2} \int \eta\, ds \tag{301}$$

wobei $k$ eine in „cm" einzusetzende, sonst aber beliebig wählbare Strecke bedeutet. Gl. (300) stellt die gleichseitige Hyperbel $h$ dar, die sehr leicht zu zeichnen ist. Ist $A$ irgendein Punkt der $v$-$s$-Kurve $(v)$, so schneidet die durch $A$ zur $s$-Achse

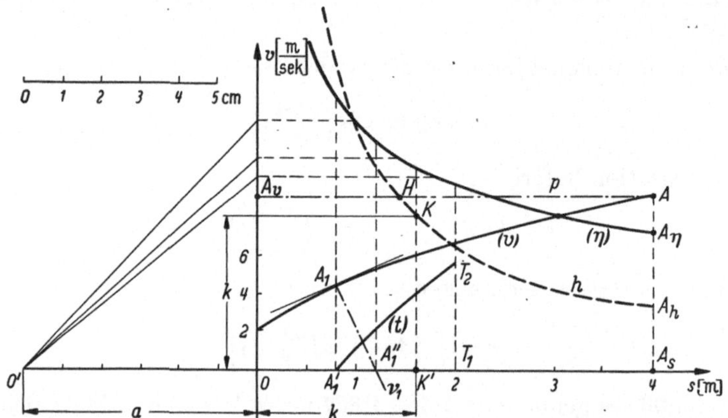

Abb. 109. Ermittlung der Zeit aus dem Geschwindigkeit-Weg-Diagramm der Kurve ($v$) mittels der gleichseitigen Hyperbel $h$. Zeit-Weg-Kurve ist Integralkurve zur Kurve ($\eta$). Konstante $k$ beachten!

gezeichnete Parallele $p$ die Hyperbel $h$ in $H$ und die $v$-Achse in $A_v$ mit der Strecke $A_v H = \eta$, die dann als Ordinate $A_s A_\eta$ aufgetragen wird und bei Wiederholung des Verfahrens die $\eta$-$s$-Kurve ($\eta$) liefert. Zu dieser ist dann nach Nr. 66 die Integralkurve ($t$), beispielsweise gemäß Abb. 108, zu zeichnen.

$\qquad$ *Zahlenbeispiel.* $\qquad\qquad\qquad k = 4\ \text{cm} \qquad a = 6\ \text{cm}$

$\qquad$ *Zeichen- bzw. Wegmaßstab.* $\qquad M_z = M_s = 2{,}5\ \text{cm/m}$

$\qquad$ *Geschwindigkeitsmaßstab.* $\qquad M_v = 0{,}5\ \text{cm/msek}^{-1}$

$\qquad$ *Maßstab für $\eta$.* $\qquad\qquad M_\eta = \dfrac{k^2}{M_v} = \dfrac{4^2}{0{,}5} = 32\ \text{cm}/(1/\text{msek}^{-1})$

und nach Gl. (297)

$\qquad$ *Zeitmaßstab.* $\qquad\qquad\qquad M_t = \dfrac{M_s M_\eta}{a} = \dfrac{M_s k^2}{M_v a} = \dfrac{40}{3}\ \text{cm/sek}$

Die Zeit $t$ zwischen den Wegstrecken $s_1 = 0{,}8$ m und $s_2 = 2$ m, dargestellt durch die Ordinate $\overline{T_1 T_2} \triangleq 2{,}95$ cm der ($t$)-Kurve hat den Betrag $t = 2{,}95/(40/3) = 0{,}221$ sek.

*Kontrolle.* Dem Beispiel von Abb. 109 liegt die durch $v = \sqrt{20\,s + 4}$ gegebene Bewegung zugrunde, wobei $s$ in $m$ einzusetzen ist und $v$ in m/sek gemessen wird. Die leicht ausführbare Integration liefert

$$t = \frac{1}{10}\left(\sqrt{20\,s_2 + 4} - \sqrt{20\,s_1 + 4}\right) = 0{,}216\ \text{sek}$$

Aus Abb. 109 ist an der Stelle $s_1 = 0,8$ m noch die Beschleunigung als Subnormale $\overline{A_1 A''} \cong 1$ cm des $v$-$s$-Diagramms abgegriffen. Mit dem Beschleunigungsmaßstab $M_b = M_v^2/M_s = 0,5^2/2,5 = 0,1$ cm/msek$^{-2}$ folgt $b = b_1 = 10$ m/sek$^2$.

### 69. Geschwindigkeitshöhe. Das $h$-$s$-Diagramm

An Stelle der Geschwindigkeit $v$ wird – vor allem bei graphodynamischen Verfahren – oft mit der sog. „*Geschwindigkeitshöhe*" $h$ gerechnet, definiert durch

$$h = \frac{v^2}{2\,g} \qquad (302)$$

mit $g = 9,81$ m/sek$^2$, $v$ in m/sek und $h$ in „meter".

Die Ermittlung von $v$ aus dem $h$-$s$-Diagramm [Kurve $(h)$] geschieht mittels der Thaleskreiskonstruktion von Abb. 110. Zeichne $\overline{OO''} = 2\,g$, Thaleskreis $k$ über $\overline{AC}$ als Durchmesser mit Schnittpunkt $B'$ auf der $O$-$s$-Achse. Aus $\overline{A_s B} = \overline{A_s B'}$ folgt $B$ als Punkt der $v$-$s$-Kurve $(v)$. Zeichnet man $\overline{O'O} = g$ und Tangente $t_A$ in $A$ der $h$-$s$-Kurve $(h)$, so liefert $\overline{O'D'} \,\|\, t_A$ mit $\overline{A_s D} = \overline{OD'}$ den zu $A$ gehörigen Punkt $D$ der Beschleunigungs-Weg-Kurve $(b)$; denn Differentiation von Gl. (302) nach dem Weg $s$ ergibt

$$\operatorname{tg}\sigma = \frac{d\,h}{d\,s} = \frac{1}{2\,g}\,2\,v\,\frac{d\,v}{d\,s}$$

$$d\,h = \frac{v}{g}\,d\,v$$

und wegen

$$v = \frac{d\,s}{d\,t} \qquad b = \frac{d\,v}{d\,t}$$

und

$$\frac{\overline{OD'}}{g} = \operatorname{tg}\sigma$$

$$\frac{d\,h}{d\,s} = \frac{b}{g} \qquad (303)$$

oder

$$b = g\,\operatorname{tg}\sigma = \overline{OD'}$$

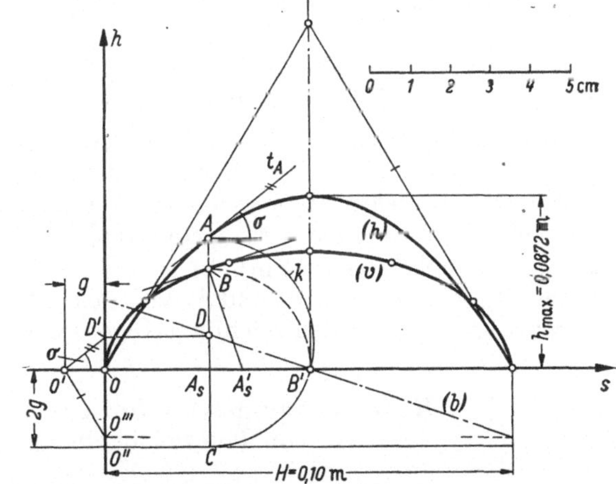



Abb. 110. Geschwindigkeits- und Beschleunigungsermittlung aus dem $h$-$s$-Diagramm; $h = v^2/2g = $ Geschwindigkeitshöhe.

*Zahlenbeispiel und Maßstäbe.* In Abb. 110 sind gegeben: $h$-$s$-Diagramm durch Kurve $(h)$ mit $h_{max} = 0,0872$ m und Hub $H = 0,10$ m auf $s$-Achse.

*Maßstäbe.* $M_s = 100$ cm/m, $M_h = 50$ cm/m. $\overline{OO''} = 2\,g$ ist aufgetragen im $g$-*Beschleunigungsmaßstab*. $M_g = 0,1$ cm/msek$^{-2}$, also *Geschwindigkeitsmaßstab*

$$M_v^2 = M_h M_g \qquad M_v^2 = 50 \cdot 0,1 \qquad M_v = \sqrt{5} = 2,236 \text{ cm/msek}^{-1}$$

Für $s_1 = H/4$ ist $v_1 = \overline{A_s B} = 2,55$ cm $= 1,14$ m/sek.

Für die Beschleunigung $b_1 = \overline{A_s D}$ gilt wegen Gl. (303) für den Beschleunigungsmaßstab

$$\frac{M_h}{M_s} = \frac{M_b}{M_g} \qquad M_b = \frac{M_h M_g}{M_s} = \frac{50 \cdot 0,1}{100} = \frac{1}{20} \text{ cm/msek}^{-2}$$

also $b_1 = 0,85$ cm $\cong 0,85/0,05 = 17$ msek$^{-2}$.

*Kontrollen.* Als Beispiel diente das Bewegungsgesetz

$$s = \frac{H}{2}\left[1 - \cos\left(\frac{\pi}{T}t\right)\right] \tag{304}$$

mit

$$v = \frac{\pi}{2}\frac{H}{T}\sin\left(\frac{\pi}{T}t\right) \tag{305}$$

und

$$b = \frac{\pi^2}{2}\frac{H}{T^2}\cos\left(\frac{\pi}{T}t\right) \tag{306}$$

Elimination von $t$ aus den Gln. (302), (304) bis (306) liefert

$h$-$s$-*Diagramm:*
$$h = \frac{\pi^2}{2g\,T^2}s\,(H - s) \tag{306a}$$

$v$-$s$-*Diagramm:*
$$\frac{v^2}{\left(\dfrac{\pi H}{2T}\right)^2} + \frac{\left(s - \dfrac{H}{2}\right)^2}{\left(\dfrac{H}{2}\right)^2} - 1 = 0 \tag{306b}$$

$b$-$s$-*Diagramm:*
$$b = -\left(\frac{\pi}{T}\right)^2 s + \frac{\pi^2}{2}\frac{H}{T^2} \tag{306c}$$

Die Übereinstimmung der zeichnerischen Lösung mit Parabel ($h$) von Gl. (306a), Ellipse ($v$) von Gl. (306b) und der Geraden ($b$) gemäß Gl. (306c) ist offensichtlich.

*Hinweis.* Die Ermittlung der Maßstäbe erfordert betonte Aufmerksamkeit; sie sind jeweils aus den betreffenden Gleichungen ableitbar – wie oben durchgeführt. Man beachte die verschiedenen Maßstäbe für $M_g$ und $M_b$. Auf das $v$-$s$-Diagramm könnte auch das Subnormalenverfahren angewandt werden mit $b_1 = \overline{A_s\,A_s'} = 0{,}85/0{,}05 = 17$ m/sek². Die Berechnung von $v_1$ und $b_1$ aus den Gln. (306a) und (306b) ergibt gute Übereinstimmung mit den zeichnerisch gefundenen Werten.

# H. Bewegungsgesetze für An- und Ablaufflanken von Kurvenscheibengetrieben

## 70. Bewegungsablauf während eines Arbeitsganges

Die in Arbeits- und auch in Kraftmaschinen viel benutzten Kurvenscheiben-

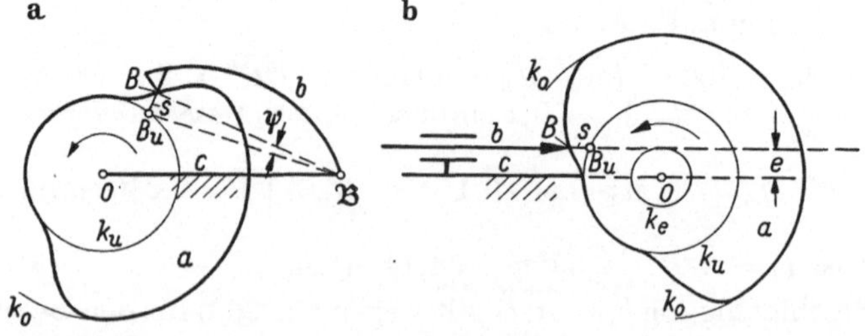


Abb. 111a u. b. Ebene Kurvenscheibengetriebe. a) Kurvenschwinggetriebe, b) Kurvenschubgetriebe.

getriebe nach Art von Abb. 111a als ebenes *Kurvenschwinggetriebe*, Abb. 111b als ebenes *Kurvenschubgetriebe* dienen zur Verwirklichung der Abtriebsbewegung des

Schwinghebels oder Schiebers $b$, z. B. nach einem Bewegungsablauf gemäß Abb. 112. Hierbei bedeuten:

$n = n_{ac}$ = Drehzahl der Kurvenscheibe [U/min],

$T_g$ = Gesamtzeit für einen Arbeitsgang, entsprechend der Umlaufzeit für „eine" Umdrehung der Kurvenscheibe, also

$$T_g = 60/n \quad [\text{sek}], \tag{307}$$

$$T_1 = T_g/z_1 \quad \text{Zeitdauer für den Anlauf,}$$

$$T_2 = T_g/z_2 \quad \text{Zeitdauer für die obere Rast,}$$

$$T_3 = T_g/z_3 \quad \text{Zeitdauer für den Ablauf (Rücklauf),}$$

$$T_4 = T_g/z_4 \quad \text{Zeitdauer für die untere Rast}$$

mit

$$T_1 + T_2 + T_3 + T_4 = T_g \tag{308}$$

$s$ = Hubweg von $B$ auf Kreisbogen um $\mathfrak{B}$ (Abb. 111a) oder in Schubrichtung (Abb. 111b),

$\psi$ = Schwingwinkel im Bogenmaß, gemessen vom unteren Grundkreis $k_u$,

$H$ = Maximalhub = $s_{\max}$ in „meter",

$\Psi$ = Maximalschwingwinkel = $\psi_{\max}$ im Bogenmaß,

$e$ = Exzentrizität bei Kurvenschubgetrieben = Abstand der Kurvenscheibenwellenmitte von der Schubrichtungsgeraden des Eingriffspunktes $B$.

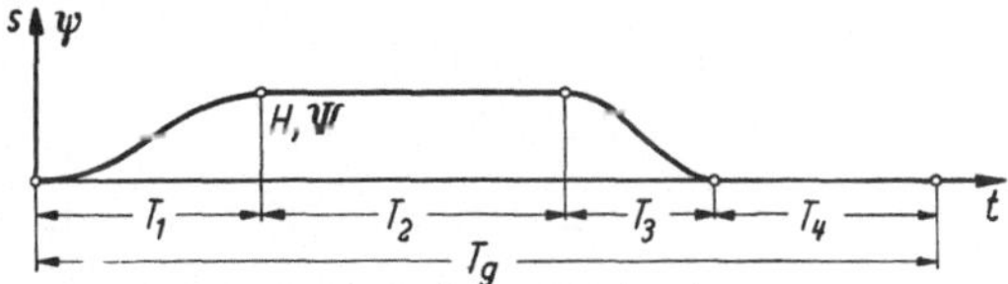


Abb. 112. Hub-Zeit- bzw. Schwingwinkel-Zeit-Diagramm für einen Arbeitsgang des Kurvengetriebes. $T_g$ — Zeitdauer eines Umlaufs der Kurvenscheibe.

## 71. Beispiele von Bewegungsgesetzen für den An- bzw. Ablauf

Je nach den Bewegungsbedingungen, z. B. höchstzulässige Maximalgeschwindigkeit oder Maximalbeschleunigung, Forderung stoß- bzw. ruckfreien Beginns der Anlaufbewegung usw., ist es zweckmäßig, den Bewegungsdiagrammen bestimmte mathematische Gesetzmäßigkeiten vorzuschreiben, z. B. durch Forderung eines bestimmten $b$-$t$-Diagramms oder dergleichen. Dabei ist den Anfangs- und Hubbedingungen Rechnung zu tragen. Diese fordern z. B.: Zur Zeit $t = O$ sei $s = O$, $v = O$, zur Zeit $t = T/2$ (als halbe Anlaufzeit) sei $s = H/2$ und zur Zeit $t = T$ sei $s = H$.

**Beispiel 1. Sinoidischer Beschleunigungsverlauf im Zeitintervall $0 \leqq t \leqq T$.** Nach Abb. 113a sei

$$b = k \sin\left(\frac{2\pi}{T} t\right) \tag{309}$$

mit $T$ als Anlaufzeit und der zunächst beliebig angenommenen Maximalbeschleunigung $k$.

Anfangs- und Endbedingungen: Für $t = 0$, sei $v = 0$ und $s = 0$, für $t = T$ sei $s = H$.

Aus $b = dv/dt$ folgt

$$v = \int b\, dt = k \int \sin\left(\frac{2\pi}{T} t\right) dt = -\frac{kT}{2\pi} \cos\left(\frac{2\pi}{T} t\right) + c_1 \tag{310}$$

und aus $v = ds/dt$

$$s = \int v\, dt = -\frac{kT^2}{4\pi^2} \sin\left(\frac{2\pi}{T} t\right) + c_1 t + c_2 \tag{311}$$

Mit $t = 0$, $v = 0$ liefert Gl. (310) für $c_1 = kT/2\pi$ und Gl. (311) wegen $t = 0$, $s = 0$ für $c_2 = 0$.

*Ergebnis*

$$v = \frac{k\,T}{2\,\pi}\left[1 - \cos\left(\frac{2\,\pi}{T}\,t\right)\right] \tag{310a}$$

$$s = \frac{k\,T}{2\,\pi}\,t - \frac{k\,T^2}{4\,\pi^2}\sin\left(\frac{2\,\pi}{T}\,t\right) \tag{311a}$$

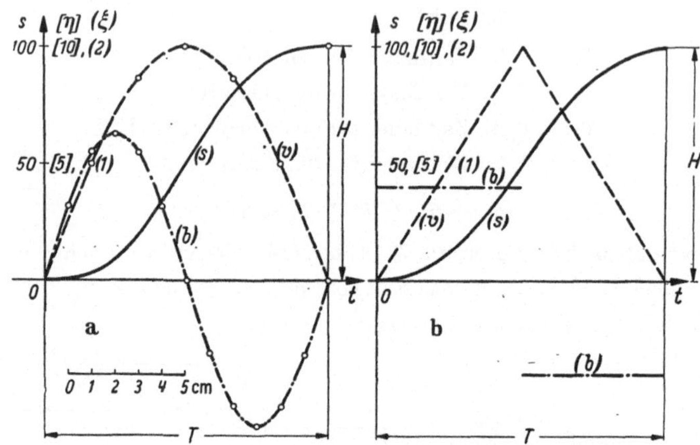


Abb. 113a u. b. Bewegungsgesetze für An- bzw. Ablaufkurvenflanke.
a) Sinoidischer Beschleunigungsverlauf, b) Beschleunigung bzw. Verzögerung gleich konstant.

Der Forderung: $t = T$, $s = H$ entspricht nach Gl. (311a) die Bedingung

$$H = \frac{k\,T}{2\,\pi}\,T - \frac{k\,T^2}{4\,\pi^2}\sin\left(\frac{2\,\pi}{T}\,T\right)$$

also

$$k = 2\,\pi\,\frac{H}{T^2} \tag{312}$$

und nach den Gln. (311a), (310a) und (309)

$$s = H\left[\frac{t}{T} - \frac{1}{2\,\pi}\sin\left(\frac{2\,\pi}{T}\,t\right)\right] \tag{311b}$$

$$v = \frac{H}{T}\left[1 - \cos\left(\frac{2\,\pi}{T}\,t\right)\right] \tag{310b}$$

$$b = 2\,\pi\,\frac{H}{T^2}\sin\left(\frac{2\,\pi}{T}\,t\right) \tag{309a}$$

Die Maximalwerte von $v$ und $b$ sind

$$v_{\max} = 2\,\frac{H}{T}\quad\text{bei}\quad t = \frac{T}{2}\qquad b_{\max} = 2\,\pi\,\frac{H}{T^2}\quad\text{bei}\quad t = \frac{T}{4} \tag{313a, b}$$

Diese Extremwerte haben die Form

$$v_{\max} = \xi_m\,\frac{H}{T}\qquad b_{\max} = \eta_m\,\frac{H}{T^2} \tag{314a, b}$$

mit

$$\xi_m = 2 \quad\text{und}\quad \eta_m = 2\,\pi$$

Eine Darstellung nach Gl. (314a, b) ist für viele Bewegungsgesetze möglich. Der Beiwert $\xi_m$ wird beispielsweise für die Konstruktion desjenigen Grundkreishalbmessers $\varrho_u$ von $k_u$ benötigt, wenn in der Getriebestellung maximaler Geschwindigkeit der „Übertragungswinkel" $\mu$ vorgeschrieben ist ([2b], S. 201).

Ganz allgemein lassen sich spezielle Bewegungsgesetze der genannten Art für $v$ und $b$ auch in der Form

$$v = \xi \frac{H}{T} \qquad b = \eta \frac{H}{T^2} \qquad\qquad (315\,\mathrm{a, b})$$

anschreiben, wobei dann $\xi$ und $\eta$ Funktionen der Zeit $t$ sind. Nach Gl. (310b) ist z. B.

$$\xi = 1 - \cos\left(\frac{2\pi}{T}\,t\right)$$

**Beispiel 2. Die Beschleunigung ist konstant** (Abb. 113 b).

*Gefordert*
$$b = K \qquad \text{für} \quad 0 \leq t \leq \frac{T}{2}$$
$$b = -K \quad \text{für} \quad \frac{T}{2} \leq t \leq T$$

*Lösung*
$$v = \int b\,dt = \int K\,dt = K\,t + c_1$$
$$s = \int v\,dt = \frac{K}{2}\,t^2 + c_1\,t + c_2$$

Anfangsbedingungen wie Beispiel 1: Für $t = 0$, seien $s = 0$, $v = 0$, und für $t = T/2$, $s = H/2$.

Wegen $0 = K \cdot 0 + c_1$ ist $c_1 = 0$, und aus $0 = K/2 \cdot 0^2 + c_1 \cdot 0 + c_2$ folgt $c_2 = 0$.

*Teilergebnis*
$$v = K\,t$$
$$s = \frac{K}{2}\,t^2$$

Anfangsbedingung: $t = T/2$, $s = H/2$ liefert $K = 4H/T^2$.

*Ergebnis*
$$\left.\begin{aligned}
& 0 \leq t \leq \frac{T}{2}\\[4pt]
& b = 4\,\frac{H}{T^2}\\[4pt]
& v = 4\,\frac{H}{T^2}\,t\\[4pt]
& s = 2\,\frac{H}{T^2}\,t^2
\end{aligned}\right\} \qquad (316\,\mathrm{a, b, c})$$

$$b_{\max} = 4\,\frac{H}{T^2} \qquad \eta_m = 4 \qquad v_{\max} = 2\,\frac{H}{T} \qquad \xi_m = 2$$

Für das Intervall $T/2 \leq t \leq T$ folgt wegen $b = -4H/T^2$ und $b = dv/dt$

$$v = \int\left(-\frac{4H}{T^2}\right) dt = -\frac{4H}{T^2}\,t + \bar{c}_1$$

Für $t = T/2$ gilt $v = v_{\max} = 2H/T$, also $\bar{c}_1 = 4H/T$ und

$$v = -\frac{4H}{T^2}\,t + \frac{4H}{T} = \frac{4H}{T^2}\,(T - t) \qquad\qquad (317\,\mathrm{a})$$

$$s = \int v\,dt = -\frac{4H}{2\,T^2}\,t^2 + \frac{4H}{T}\,t + \bar{c}_2$$

Die Bedingung: $t = T/2$, $s = H/2$ liefert $\bar{c}_2 = -H$ und damit:

$$s = -H + \frac{4H}{T}t - 2\frac{H}{T^2}t^2 = H - \frac{2H}{T^2}(T-t)^2 \tag{318}$$

**Beispiel 3. Weg-Zeitkurve eine Sinoide.** Dieser Fall wurde bereits in Nr. 69 behandelt, lieferte die Gln. (304) und (305) und sei hier durch

$$v_{\text{max}} = \frac{\pi}{2}\frac{H}{T} \qquad \xi_m = \frac{\pi}{2} \qquad b_{\text{max}} = \frac{\pi^2}{2}\frac{H}{T^2} \qquad \eta_m = \frac{\pi^2}{2} \tag{304a, b}$$

ergänzt.

**Beispiel 4. Gleichförmige Hubbewegung**

$$s = \frac{H}{T}t \tag{319a}$$

$$v = \frac{H}{T} \tag{319b}$$

$$b = 0 \tag{319c}$$

$$v_{\text{max}} = v = \text{const} = H/T \qquad \xi_m = 1; \qquad b_{\text{max}} = \text{const} = 0 \qquad \eta_m = 0$$

## 72. Kombination verschiedener Bewegungsgesetze

Bewegungsgesetze nach Art der Beispiele 1 bis 3 von Nr. 71 lassen sich mit dem Bewegungsgesetz der gleichförmigen Hubbewegung (Beispiel 4) zu neuen Gesetzen kombinieren ([*22f.*], [*2b*], S. 199).

*Gegeben.* Bedingung für das „kombinierte Gesetz": Hub $H$ und Anlaufzeit $T$.

*Gewählt* (Abb. 114). Für die Bewegung aus der Nullage gelte das Bewegungsgesetz 1:

mit
$$\left.\begin{array}{l} s_1 = f_1(t, H, T) \\[1em] \xi_{m_1} = \xi_1 \\[1em] \eta_{m_1} = \eta_1 \end{array}\right\} \tag{320}$$
und

während der Zeit $t_1 = n_1 T$ bis Hub $H_1/2$ erreicht ist.

Das Bewegungsgesetz 2

mit
$$\left.\begin{array}{l} s_2 = f_2(t, H, T) \\[1em] \xi_{m_2} = \xi_2 \\[1em] \eta_{m_2} = \eta_2 \end{array}\right\} \tag{321}$$
und

vom Hubweg $H_2/2$ sei zugrunde gelegt für die Zeit $t_2 = n_2 T$, bis die obere Rast erreicht ist, also der Gesamthub $H$ zurückgelegt ist. Vgl. Abb. 114.

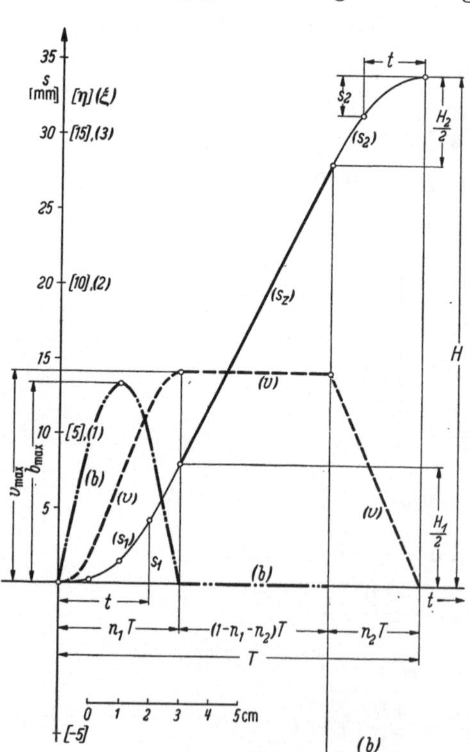



Abb. 114. Kombiniertes Bewegungsgesetz aus den Bewegungsgesetzen von Abb. 113 mit zwischengeschalteter gleichförmiger Hubbewegung.

In der Zwischenzeit von $t_z = (1 - n_1 - n_2)\,T$ Sekunden soll der Schieber gleichförmig bewegt werden, und zwar mit einer Geschwindigkeit

$$v_{\max} = \xi_{12}\frac{H}{T} \qquad (322)$$

Ihr Beiwert $\xi_{12}$ ist aus den Beiwerten $\xi_1$, $\xi_2$ und den Zeitfaktoren $n_1$, $n_2$ so zu berechnen, daß das Gesamt-Weg-Zeit-Schaubild des kombinierten Bewegungsgesetzes zu den Zeiten $\overline{t_1} = n_1 T$, $\overline{t_2} = (1 - n_2)\,T$ tangentiale Übergänge besitzt.

Beachtet man, daß die Anlaufzeit des vollständigen 1. Bewegungsgesetzes den Betrag $2\,n_1 T$ und den dazugehörigen Hub $H_1$ angeben würde, so folgt hieraus

$$v_{\max_1} = \xi_1\frac{H_1}{2\,n_1 T} \qquad (323\,\mathrm{a})$$

und analog für das 2. Bewegungsgesetz

$$v_{\max_2} = \xi_2\frac{H_2}{2\,n_2 T} \qquad (323\,\mathrm{b})$$

ferner wegen $v_{\max_1} = v_{\max_2} = v_{\max}$ aus den Gln. (322) und (323a, b)

$$H_1 = \frac{2\,\xi_{12}\,n_1}{\xi_1}\,H \qquad H_2 = \frac{2\,\xi_{12}\,n_2}{\xi_2}\,H \qquad (324\,\mathrm{a,\ b})$$

Andererseits folgt aus der gleichförmigen Bewegung der Zwischenzeit $t_z$

$$v_{\max} = \xi_{12}\frac{H}{T} = \frac{H - \dfrac{H_1}{2} - \dfrac{H_2}{2}}{(1 - n_1 - n_2)\,T} \qquad (325)$$

und nach Elimination von $H_1$, $H_2$ mittels Gl. (324a, b) durch Auflösung nach $\xi_{12}$

$$\boxed{\xi_{12} = \xi_1\xi_2/[\xi_1\xi_2(1 - n_1 - n_2) + \xi_1 n_2 + \xi_2 n_1]} \qquad (326)$$

Die Beschleunigungsbeiwerte $\eta_{12,1}$ und $\eta_{12,2}$ für den Verlauf im ersten bzw. zweiten Bewegungsgesetz sind wie folgt ableitbar:

$$\eta_{12,1}\frac{H}{T^2} = \eta_1\frac{H_1}{(2\,n_1 T)^2} = \eta_1\frac{2\,\xi_{12}\,n_1 H}{\xi_1}\,\frac{1}{4\,n_1^2 T^2} = \frac{1}{2\,n_1}\frac{\eta_1}{\xi_1}\,\xi_{12}\frac{H}{T^2}$$

*Ergebnis:*

$$\boxed{\eta_{12,1} = \frac{1}{2\,n_1}\frac{\eta_1}{\xi_1}\,\xi_{12} \qquad \eta_{12,2} = \frac{1}{2\,n_2}\frac{\eta_2}{\xi_2}\,\xi_{12}} \qquad (327\,\mathrm{a,\ b})$$

*Sonderfälle. a) Wegfall des gleichförmigen Bewegungsverlaufes $n_2 + n_1 = 1$ liefert*

$$\xi_{12} = \frac{\xi_1\xi_2}{\xi_1 n_2 + \xi_2 n_1} \qquad (328\,\mathrm{a})$$

$$\frac{1}{\xi_{12}} = \frac{1}{\left(\dfrac{\xi_1}{n_1}\right)} + \frac{1}{\left(\dfrac{\xi_2}{n_2}\right)} \qquad (328\,\mathrm{b})$$

*b) Bewegungsgesetz 2 mit Bewegungsgesetz 1 identisch.* Wegen $\xi_2 = \xi_1 = \xi$ folgt aus Gl. (326)

$$\xi_{12} = \xi/[\xi\,(1 - n_1 - n_2) + n_1 + n_2] \qquad (329\,\mathrm{a})$$

$$\xi_{12} = \xi/[\xi + (n_1 + n_2)\,(1 - \xi)] \qquad (329\,\mathrm{b})$$

Ist außerdem $n_1 = n_2 = n$

$$\xi_{12} = \xi/[\xi + 2n(1-\xi)] = \xi/[2n + (1-2n)\xi] \tag{330}$$

Für $n = 1/2$ wird nach Gl. (330) selbstverständlich $\xi_{12} = \xi$.

### 73. Zahlenbeispiel für kombiniertes Bewegungsgesetz (Abb. 114)

*Gegeben.* $n = n_{ac} = 125\ \text{U/min}$, $H = 0{,}034\ \text{m}$, $z_1 = 4$

$$s_1 = f_1(t, H, T) = H\left[\frac{t}{T} - \frac{1}{2\pi}\sin\left(\frac{2\pi}{T}t\right)\right] \tag{311 b}$$

mit $\xi_1 = 2$, $\eta_1 = 2\pi$

$$s_2 = f_2(t, H, T) = 2\frac{H}{T^2}t^2 \tag{316 c}$$

$\xi_2 = 2$; $\eta_2 = 4$.

*Gewählt.* $n_1 = 1/3$, $n_2 = 1/4$.

*Gesucht.* Bestimmungsstücke des gemäß Nr. 72 aus $s_1$, $s_2$ gebildeten Bewegungsgesetzes bei Zwischenschaltung gleichförmiger Hubbewegung.

*Ergebnisse.* $T_g = 60/n = 0{,}48\ \text{sek}$; $T = T_g/z_1 = 0{,}12\ \text{sek}$,

$\xi_{12} = 24/17 = 1{,}412$, $H_1 = (8/17)H$, $H_2 = (6/17)H$, $t_z = (5/12)T$,

$\eta_{12,1} = (36\pi/17) = 6{,}65$, $\eta_{12,2} = (96/17) = 5{,}642$,

$$v_{\max} = \xi_{12}\frac{H}{T} = \frac{24}{17}\frac{0{,}034}{0{,}12} = 0{,}4\ \text{msek}^{-1}$$

$$b_{\max_1} = \eta_{12,1}\frac{H}{T^2} = 6{,}65\frac{0{,}034}{0{,}12^2} = 15{,}7\ \text{msek}^{-2}$$

$$b_{\max_2} = \eta_{12,2}\frac{H}{T^2} = 5{,}642\frac{0{,}034}{0{,}12^2} = 13{,}32\ \text{msek}^{-2}$$

*Hubformeln.* Bedeuten $s_\mathrm{I}$, $s_z$, $s_\mathrm{II}$ die Formeln für die Hubwege des kombinierten
Gesetzes, so gelten:

$$s_\mathrm{I} = H_1\left[\frac{t}{2n_1 T} - \frac{1}{2\pi}\sin\left(\frac{2\pi}{2n_1 T}t\right)\right] \qquad 0 \leqq t \leqq n_1 T \tag{331}$$

$$s_z = \xi_{12}\frac{H}{T}t - \frac{\xi_{12}(\xi_1 - 1)}{\xi_1}n_1 H \qquad n_1 T \leqq t \leqq (1 - n_2)T \tag{332}$$

$$s_\mathrm{II} = H - \frac{2H_2}{(2n_2 T)^2}(T - t)^2 \qquad (1 - n_2)T \leqq t \leqq T \tag{333}$$

Die Formeln $s_\mathrm{I}$, $s_\mathrm{II}$ entstehen also im wesentlichen aus $s_1$, $s_2$, indem dort $H$
durch $H_1$, $T$ durch $2n_1 T$ bzw. $H$ durch $H_2$ und $T$ durch $2n_2 T$ ersetzt werden.
Bei $s_\mathrm{II}$ ist ferner zu beachten, daß $t$ noch durch $(T - t)$ zu ersetzen und der so
gefundene Wert von $H$ zu subtrahieren ist.

In entsprechender Weise ist für die $v$-$t$- und $b$-$t$-Diagramme des kombinierten
Bewegungsgesetzes zu verfahren.

Differentiation von Gl. (331) nach $t$ liefert:

$$v_\mathrm{I} = \frac{ds_\mathrm{I}}{dt} = \frac{H_1}{2n_1 T}\left[1 - \cos\left(\frac{2\pi}{2n_1 T}t\right)\right] \tag{334}$$

dieselbe Formel wird aus Gl. (310b) erhalten, wenn dort $H$ durch $H_1$ und $T$ durch
$2n_1 T$ ersetzt werden.

In dem $v$-$t$- und $b$-$t$-Diagramm von Abb. 114 sind an Stelle von $v$ und $b$ die „reduzierten" Beträge $\xi = v/(H/T)$, $\eta = b/(H/T^2)$ aufgetragen.

*Hinweise.* Die Erfassung der kombinierten Bewegungsgesetze geschieht zweckmäßig mit Hilfe der Zahlentafeln I bis III des Anhanges. Dieser enthält die dafür erforderlichen rezeptartigen Erläuterungen. Zu vorgeschriebenen Maximalwerten von Geschwindigkeit und Beschleunigung sind also Bewegungsgesetze der verschiedensten Art auffindbar.

Die Ermittlung des Grundkreishalbmessers der Kurvenscheiben aus vorgeschriebenen Übertragungswinkeln geschieht nach ([2*b*], S. 201/202).

Die Krümmungsverhältnisse der Kurvenflanken ebener Kurvengetriebe sind nach [2*b*], S. 203–205) oder [22*g*] zu finden.

## I. Keilschub- und Schraubgetriebe

### 74. Das dreigliedrige Keilschubgetriebe

Die Ableitung der an koaxialen Schraubgetrieben, z. B. Abb. 115 und 116 auftretenden Axialkräfte und der zu übertragenden Drehmomente ist einfach und gestaltet sich besonders anschaulich, wenn auf das dem „*Schraubgetriebe*" zugeordnete „*Keilschubgetriebe*", z. B. Abb. 117, zurückgegriffen wird.

Abb. 115. Dreigliedriges koaxiales Schraubgetriebe mit drei Schraubenpaaren (Schraubgelenken). Getriebe-Lehrmodell.

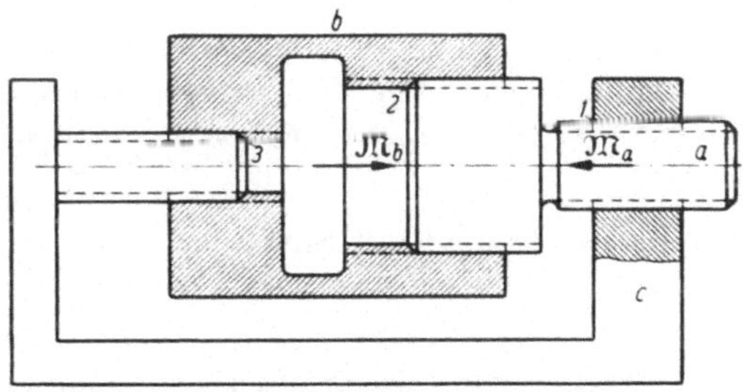

Abb. 116. Dreigliedriges koaxiales Schraubgetriebe nach Abb. 115. $\mathfrak{M}_a$, $\mathfrak{M}_b$ Vektoren des An- bzw. Abtriebsmomentes

Ganz allgemein ist für derartige ebene *Schubgetriebe* (Keilschubgetriebe), die also nur Schubgelenke (Prismenpaare) enthalten, der *Freiheitsgrad*

$$F = 2\,(n - g - 1) + \sum f_i \tag{335}$$

wegen $\sum f_i = g$

$$F = 2\,(n - g - 1) + g = 2\,(n - 1) - g \tag{335a}$$

Hierbei bedeuten $n =$ Anzahl der Glieder, $g =$ Anzahl der Schubgelenke.

Im *Sonderfall des Zwanglaufes* ($F = 1$) ist

$$2n - g - 3 = 0 \qquad g = 2n - 3 \tag{335b}$$

Für Abb. 117 ist $n = 3$; $g = 3$.

Bedeutet $v_{ik}$ die Schubgeschwindigkeit des Gliedes $i$, beurteilt vom Glied $k$ aus, so ist $v_{ik} = -v_{ki}$. Angewandt auf das Keilschubgetriebe von Abb. 117 gelten

$$v_{bc} = v_{ba} + v_{ac} = v_{ac} + v_{ba} \quad \text{oder} \quad v_{ba} + v_{ac} + v_{cb} = 0 \tag{336}$$

Der *Geschwindigkeitsplan* (Abb. 117a) zeigt diese Zerlegung

$$\mathfrak{v}_{bc} = \mathfrak{v}_{ac} + \mathfrak{v}_{ba} \tag{336a}$$

$$\overrightarrow{cb} = \overrightarrow{ca} + \overrightarrow{ab}$$

Es wird also dargestellt $\mathfrak{v}_{ik}$ durch den Pfeil $\overrightarrow{ki}$ von $k$ nach $i$ des Geschwindigkeitsplanes.

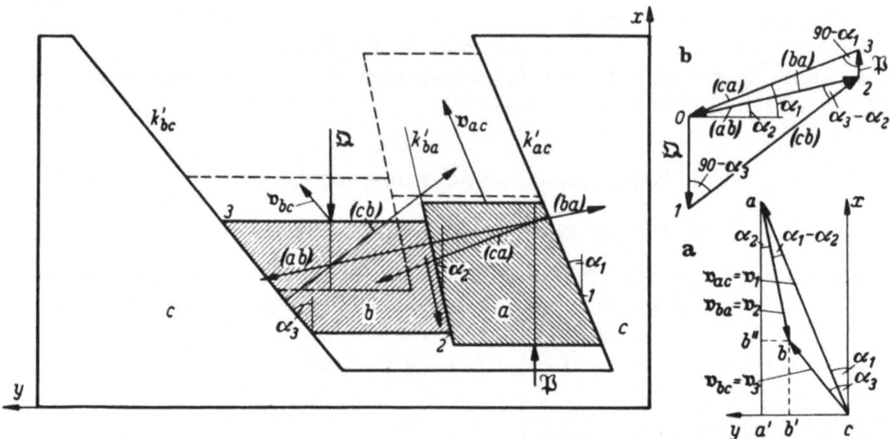

Abb. 117a u. b. Dem Schraubgetriebe von Abb. 116 zugeordnetes Keilschubgetriebe.
a) Geschwindigkeitsplan, b) Kräfteplan (ohne Berücksichtigung der Reibung).

Setzt man $v_{ac} = v_1$, $v_{ba} = v_2$, $v_{bc} = v_3$, wobei durch 1, 2, 3 die dazugehörigen Schubgelenke von den Schubrichtungen 1, 2, 3 gekennzeichnet sind, ferner $|\mathfrak{v}_1| = v_1$, $|\mathfrak{v}_2| = v_2$ und $|\mathfrak{v}_3| = v_3$, so gilt nach Gl. (336a)

$$\mathfrak{v}_3 = \mathfrak{v}_1 + \mathfrak{v}_2 \tag{336b}$$

Aus $\triangle\, abc$ folgt mit Sinussatz

$$\frac{v_3}{v_1} = \frac{\sin(\alpha_1 - \alpha_2)}{\sin(\alpha_3 - \alpha_2)} \tag{337}$$

und für die Beträge der $x$-Komponenten

$$\frac{v_{3x}}{v_{1x}} = \frac{v_3 \cos\alpha_3}{v_1 \cos\alpha_1} = \frac{\cos\alpha_3 \sin(\alpha_1 - \alpha_2)}{\cos\alpha_1 \sin(\alpha_3 - \alpha_2)} = \frac{\operatorname{tg}\alpha_1 - \operatorname{tg}\alpha_2}{\operatorname{tg}\alpha_3 - \operatorname{tg}\alpha_2} \tag{338a}$$

desgleichen für die $y$-Komponenten

$$\frac{v_{3y}}{v_{1y}} = \frac{v_3 \sin\alpha_3}{v_1 \sin\alpha_1} = \frac{\sin\alpha_3 \sin(\alpha_1 - \alpha_2)}{\sin\alpha_1 \sin(\alpha_3 - \alpha_2)} = \frac{\operatorname{ctg}\alpha_1 - \operatorname{ctg}\alpha_2}{\operatorname{ctg}\alpha_3 - \operatorname{ctg}\alpha_2} \tag{338b}$$

Für die analytischen Berechnungen von *zusammengesetzten Keilschub- bzw. Schraubgetrieben* kann auch die *komplexe Methode* empfehlenswert sein, indem

$$\mathfrak{v}_1 = v_1 e^{i\alpha_1} \qquad \mathfrak{v}_2 = v_2 e^{i(\pi + \alpha_2)} \qquad \mathfrak{v}_3 = v_3 e^{i\alpha_3} \tag{339a, b, c}$$

gesetzt, die $x$-Achse als reelle Achse und die $y$-Achse als rein imaginäre Achse der komplexen Zahlenebene gedeutet werden.

Gemäß Gl. (336b) folgt

$$v_3 e^{i\alpha_3} = v_1 e^{i\alpha_1} + v_2 e^{i(\pi + \alpha_2)} \tag{340}$$

Unter Beachtung von

$$a + bi = r e^{i\varphi} = r(\cos\varphi + i\sin\varphi) \tag{341}$$

und $e^{i\pi} = -1$ folgt aus Gl. (340)

$$v_3(\cos\alpha_3 + i\sin\alpha_3) = v_1(\cos\alpha_1 + i\sin\alpha_1) + v_2(-\cos\alpha_2 - i\sin\alpha_2)$$

und durch Gleichsetzen der reellen bzw. imaginären Teile

$$v_3\cos\alpha_3 + v_2\cos\alpha_2 = v_1\cos\alpha_1 \tag{342 a}$$

$$v_3\sin\alpha_3 + v_2\sin\alpha_2 = v_1\sin\alpha_1 \tag{342 b}$$

Diese hier auf andere Weise erhaltene Komponentenzerlegung der Gl. (336b) liefert für $v_3/v_1$ wiederum Gl. (337) und für

$$\frac{v_2}{v_1} = \frac{\sin(\alpha_3 - \alpha_1)}{\sin(\alpha_3 - \alpha_2)} \tag{343}$$

$$\frac{v_{2x}}{v_{1x}} = -\frac{\operatorname{tg}\alpha_3 - \operatorname{tg}\alpha_1}{\operatorname{tg}\alpha_3 - \operatorname{tg}\alpha_2} \tag{344}$$

$$\frac{v_{2y}}{v_{1y}} = -\frac{\operatorname{ctg}\alpha_1 - \operatorname{ctg}\alpha_2}{\operatorname{ctg}\alpha_2 - \operatorname{ctg}\alpha_3} \tag{345}$$

*Hinweis.* Der Vorteil besonders übersichtlicher Ableitungen durch die komplexe Methode ist erst bei zusammengesetzten Getrieben erkennbar.

Abb. 117b zeigt den *Kräfteplan* für Antrieb an $a$ durch die Kraft $\mathfrak{P}$ und Abtrieb an $c$ durch die Kraft $\mathfrak{Q}$. Mit $(cb) = \mathfrak{N}_3$ als Normalkraft senkrecht zur Schubrichtung 3, ausgeübt von $c$ auf $b$, desgleichen $(ab)$ und $(ca)$ folgt für
*Gleichgewicht an $b$*

$$\mathfrak{Q} + (c\,b) + (a\,b) = 0$$

$$\overrightarrow{01} + \overrightarrow{12} + \overrightarrow{20} = 0$$

*Gleichgewicht an $a$*

$$(b\,a) + \mathfrak{P} + (c\,a) = 0$$

$$\overrightarrow{02} + \overrightarrow{23} + \overrightarrow{30} = 0$$

aus Abb. 117b durch zweimalige Anwendung des Sinussatzes

$$\frac{P}{Q} = \frac{\operatorname{tg}\alpha_1 - \operatorname{tg}\alpha_2}{\operatorname{tg}\alpha_3 - \operatorname{tg}\alpha_2} \tag{346}$$

*Kontrolle durch Leistungsgleichung*

$$P\,v_{1x} = Q\,v_{3x}$$

$$\frac{v_{3x}}{v_{1x}} = \frac{P}{Q}$$

liefert dasselbe Ergebnis wie Gl. (338a).

Die Berechnung des Wirkungsgrades $\eta$ bei Berücksichtigung der gleitenden Reibung findet man in [22o, p].

## 75. Das dreigliedrige koaxiale Schraubgetriebe

F. Reuleaux ([15], S. 373–403) zeigte, daß das in Abb. 116 dargestellte dreigliedrige koaxiale Schraubgetriebe einen überraschenden Reichtum an Treibwerksformen besitzt, die in der schlichten Anordnung von drei Schraubgelenken – oder deren Sonderfällen als Dreh- oder Schubgelenk – enthalten sind.

Der Übergang vom Keilschubgetriebe (Abb. 117) zum Schraubgetriebe (Abb. 118) geschieht für gleich große mittlere Gewindedurchmesser $d_1 = d_2 = d_3 = 2r$ in der Weise, daß das Keilschubgetriebe von Abb. 117 auf einen Zylinder vom Halbmesser $r = d/2$ aufgewickelt zu denken ist, wie Abb. 119 anschaulich erläutert.

Diese Abwandlung vom ebenen zu einem räumlichen Getriebe ist unterrichtlich so auswertbar, daß Abb. 117 auf einem Blatt Zeichenpapier aufgezeichnet und als Mantelfläche zu einem Zylinder mit der $y$-Achse als einer seiner Mantellinien zusammengebogen wird.

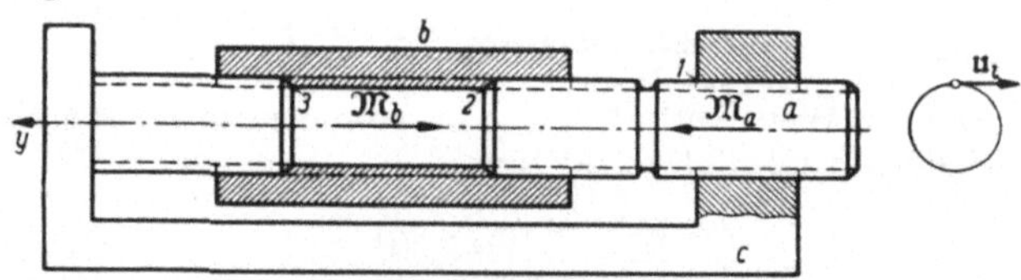

Abb. 118. Aus dem Keilschubgetriebe von Abb. 117 abgeleitetes Schraubgetriebe mit Schraubgelenken gleichen Gewindedurchmessers.

Die $x$-Komponenten $v_{ix}$ ($i = 1, 2, 3$) der $v_i$ werden dabei zu Tangentialkomponenten (Umfangsgeschwindigkeiten $u_i$) und die $y$-Komponenten $v_{iy}$ ($i = 1, 2, 3$) zu axialen Vorschubgeschwindigkeiten $\bar{\tau}_i$ (Geschwindigkeiten in Richtung der Schraubenachsen der drei Schraubgelenke).

*Bezeichnungen*

und

$$u_1 = u_{ac} = v_{1x} \qquad u_2 = u_{ba} = v_{2x} \qquad u_3 = u_{bc} = v_{3x} \qquad (347\,\text{a})$$

ferner

$$\bar{\tau}_1 = \bar{\tau}_{ac} = v_{1y} \qquad \bar{\tau}_2 = \bar{\tau}_{ba} = v_{2y} \qquad \bar{\tau}_3 = \bar{\tau}_{bc} = v_{3y} \qquad (347\,\text{b})$$

$$\bar{\omega}_1 = \bar{\omega}_{ac} \qquad \bar{\omega}_2 = \bar{\omega}_{ja} \qquad \bar{\omega}_3 = \bar{\omega}_{bc} \qquad (347\,\text{c})$$

Da zunächst gleich große mittlere Gewindehalbmesser $r_1 = r_2 = r_3 = r$ vorausgesetzt wurden, gelten unter Beachtung des Drehsinnes:

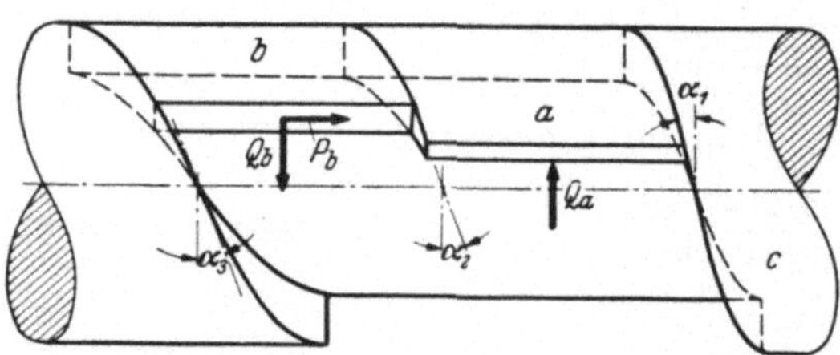

Abb. 119. Erläuterung des Übergangs von einem Keilschubgetriebe zum zugeordneten Schraubgetriebe.

$$\omega_1 = \frac{u_1}{r} = \frac{v_{1x}}{r} = \frac{v_1 \cos \alpha_1}{r} \qquad (348\,\text{a})$$

$$\omega_2 = \frac{u_2}{r} = \frac{v_{2x}}{r} = -\frac{v_2 \cos \alpha_2}{r} \qquad (348\,\text{b})$$

$$\omega_3 = \frac{u_3}{r} = \frac{v_{3x}}{r} = \frac{v_3 \cos \alpha_3}{r} \qquad (348\,\text{c})$$

also nach Gl. (342a)

$$\omega_3 = \omega_1 + \omega_2 \qquad (349)$$

Da diese $\omega_i$ mit Vorzeichen behaftet sind, schreibt man besser vektoriell

$$\boxed{\bar{\omega}_3 = \bar{\omega}_1 + \bar{\omega}_2 \qquad \bar{\omega}_{bc} = \bar{\omega}_{ac} + \bar{\omega}_{ba} = \bar{\omega}_{ba} + \bar{\omega}_{ac}} \qquad (350)$$

eine Gleichung, die ohne weiteres auch aus der Anschauung folgt.

Ferner ergeben Gln. (348a, b, c) wegen Gln. (337) und (344)

$$\frac{\omega_3}{\omega_1} = \frac{v_{3x}}{v_{1x}} = \frac{\operatorname{tg}\alpha_1 - \operatorname{tg}\alpha_2}{\operatorname{tg}\alpha_3 - \operatorname{tg}\alpha_2} \qquad \frac{\omega_2}{\omega_1} = -\frac{\operatorname{tg}\alpha_3 - \operatorname{tg}\alpha_1}{\operatorname{tg}\alpha_3 - \operatorname{tg}\alpha_2} \qquad (351\,\text{a, b})$$

und – da bei gleichförmiger Drehbewegung die Winkelgeschwindigkeit der Drehzahl oder auch der Anzahl der Umdrehungen proportional ist, die jedes Glied in seiner Relativbewegung gegen das andere ausführt – auch

$$\frac{n_3}{n_1} = \frac{\operatorname{tg}\alpha_1 - \operatorname{tg}\alpha_2}{\operatorname{tg}\alpha_3 - \operatorname{tg}\alpha_2} \qquad \frac{n_2}{n_1} = -\frac{\operatorname{tg}\alpha_3 - \operatorname{tg}\alpha_1}{\operatorname{tg}\alpha_3 - \operatorname{tg}\alpha_2} \qquad (351\,\text{c, d})$$

Hierbei bedeuten:

$$n_1 = n_{ac} \qquad n_2 = n_{ba} \qquad n_3 = n_{bc}$$

und gemäß Gl. (349) unter Beachtung des Drehsinnes

$$\boxed{n_3 = n_1 + n_2} \tag{352}$$

Nach Einführung der Steigungen

$$S_1 = S_{ac} = 2\pi r \,\mathrm{tg}\,\alpha_1 \qquad S_2 = S_{ba} = 2\pi r \,\mathrm{tg}\,\alpha_2 \qquad S_3 = S_{bc} = 2\pi r \,\mathrm{tg}\,\alpha_3 \tag{353}$$

folgt aus Gln. (351 c, d)

$$\boxed{\frac{n_3}{n_1} = \frac{S_1 - S_2}{S_3 - S_2} \cdot \qquad \frac{n_2}{n_1} = -\frac{S_3 - S_1}{S_3 - S_2}} \tag{354 a, b}$$

Aus Gln. (354 a, b) wird noch

$$\boxed{n_3 S_3 = n_1 S_1 + n_2 S_2} \tag{355}$$

erhalten, wie eine leichte Umformung zeigt.

Dies folgt auch direkt aus Gl. (342 b); wegen

$$\tau_1 = v_1 \sin\alpha_1 \qquad \tau_2 = -v_2 \sin\alpha_2 \qquad \tau_3 = v_3 \sin\alpha_3$$

gilt für diese Schubgeschwindigkeiten $\bar{\tau}_i$

$$\bar{\tau}_0 = \bar{\tau}_1 + \bar{\tau}_2 \qquad \bar{\tau}_{bc} = \bar{\tau}_{ba} + \bar{\tau}_{ac} \tag{356}$$

Für gleichförmigen Antrieb sind die relativen Verschiebungswege (Vorschübe) $\sigma_i$

$$\sigma_1 = \sigma_{ac} \qquad \sigma_2 = \sigma_{ba} \qquad \sigma_3 = \sigma_{bc} \tag{357}$$

der dazugehörigen Geschwindigkeit $\tau_i$ proportional (mit der Zeit $t$ als Proportionalitätsfaktor), also auch

$$\bar{\sigma}_3 = \bar{\sigma}_1 + \bar{\sigma}_2 \tag{358}$$

und bei Beachtung von $\sigma_i = n_i S_i$

$$\boxed{n_3 S_3 = n_1 S_1 + n_2 S_2} \tag{355 a}$$

*Wichtigste Ergebnisse und Hinweise*

$$n_3 = n_1 + n_2 \tag{352}$$

$$n_3 S_3 = n_1 S_1 + n_2 S_2 \tag{355}$$

$$\sigma_3 = n_3 S_3 = \frac{(S_1 - S_2)\,S_3}{S_3 - S_2}\, n_1 \tag{359}$$

$$\sigma_2 = n_2 S_2 = -\frac{(S_3 - S_1)\,S_2}{S_3 - S_2}\, n_1 \tag{360}$$

Mit diesen Gleichungen wird das dreigliedrige koaxiale Schraubgetriebe voll beherrscht; z. B. ergibt die Auflösung der Gln. (352) und (355) nach $n_3$ und $n_2$ die Gln. (354 a, b).

Bei Rechtsgewinde werden die $S_i$ mit dem positiven, bei Linksgewinde mit dem negativen Vorzeichen eingesetzt (z. B. Linksgewinde von 15 mm Steigung bei Schraubgelenk 2 mit Steigung $S_2 = -15$ mm).

Anzahl $n$ der Umdrehungen erhält das positive Vorzeichen bei Drehung im Uhrzeigersinn, wobei der Drehsinn von einer beliebig angenommenen Blickrichtung beurteilt wird, z. B. Abb. 118 von rechts. In der Zeichnung seien die Winkelgeschwindigkeit $\omega_i$, desgleichen die Anzahl $n_i$ der Umdrehungen durch Pfeile $\bar{\omega}_i$ bzw. $\bar{n}_i$ in bekannter Weise veranschaulicht.

## 76. Verschiebungsplan für Schraubgetriebe

Bei dem Keilschubgetriebe von Abb. 117 und dem daraus abgewandelten Schraubgetriebe von Abb. 118 kann – für gleichförmigen Bewegungsablauf – der Geschwindigkeitsplan (Abb. 117a) auch als Verschiebungsplan ($\sigma$-Plan) gedeutet werden. Für die spezielle Annahme, daß $a$ gegen $c$ nur eine Umdrehung macht ($n_1 = 1$), erhält dieser $\sigma$-Plan die Form von Abb. 120.

Man zeichnet auf der Achse $0\,\eta\,(+\,S\text{-Achse})\ \overrightarrow{01} = S_1,\ \overrightarrow{02} = S_2,\ \overrightarrow{03} = S_3$, wählt auf der $0\,\xi$-Achse Punkt $0'$ im beliebigen Abstand $\overline{00'} = k$ und verbindet 1, 2, 3 mit $0'$.

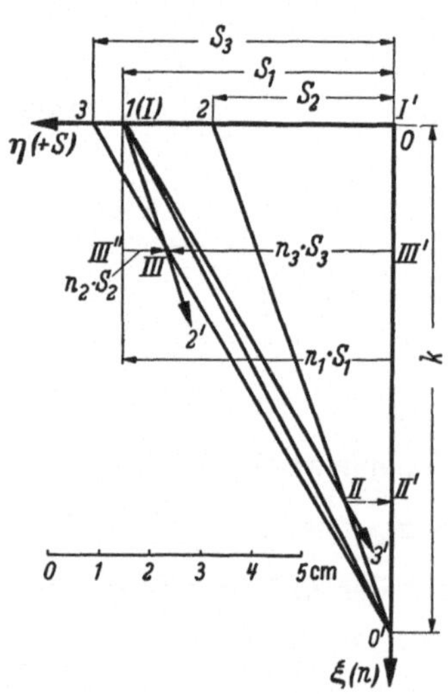

Die durch 1 zu $\overline{0'2}$ und $\overline{0'3}$ gezeichneten Parallelen $1\,2'$ und $1\,3'$ schneiden $0'3$ und $0'2$ in III bzw. II. Man erkennt leicht, daß $\overrightarrow{III'\,0'} = \overrightarrow{0\,II'}$.

*Ergebnis.* $\overrightarrow{III'\,III} = n_3 S_3 = \sigma_3,\ \overrightarrow{II\,II'} = n_2 S_2 = \sigma_2$.

Mit $\overrightarrow{00'} = \bar{n}_1 = 1$, dargestellt durch $k = 10$ cm, folgt

$$\overrightarrow{III'\,0'} = \bar{n}_3 \quad \text{und} \quad \overrightarrow{0'\,II'} = \bar{n}_2$$

denn

$$\bar{n}_3 = \bar{n}_1 + \bar{n}_2$$
$$\overrightarrow{0\,II'} = \overrightarrow{0\,0'} + \overrightarrow{0'\,II'}$$

Ein weiteres noch einfacheres Verfahren zur graphischen Ermittlung der $n_i$ und $\sigma_i$ wird in Nr. 78 gegeben.

*Hinweis.* Deutet man $k = \overline{00'}$ als Umfang $d\pi$, so sind $\sphericalangle\,1,0',0 = \alpha_1,\ \sphericalangle\,2,0',0 = \alpha_2,\ \sphericalangle\,3,0',0 = \alpha_3$ die Neigungswinkel der einzelnen Gewindegänge bzw. der Schubrichtungen des zugeordneten Keilschubgetriebes.

Abb. 120. Verschiebungsplan für ein Schraubgetriebe nach den Abb. 116 bzw. 118.

*Zahlenbeispiel von Abb. 120:*

$$S_1 = +18\,\text{mm} \qquad S_2 = +12\,\text{mm} \qquad S_3 = +20\,\text{mm} \qquad n_1 = 1$$

a) *Rechnerisch*

$$n_3 = \frac{18 - 12}{20 - 12}\,1 = \frac{3}{4} \qquad n_2 = -\frac{20 - 18}{20 - 12}\,1 = -\frac{1}{4} \qquad \sigma_3 = n_3 S_3 = \frac{3}{4}\,20 = 15\,\text{mm}$$

$$\sigma_2 = n_2 S_2 = \left(-\frac{1}{4}\right)12 = -3\,\text{mm}$$

b) *Graphisch*

$$\textit{Maßstäbe:} \quad M_S = \frac{3\,\text{cm}}{10\,\text{mm Steigung}} \qquad M_n = 10\,\frac{\text{cm}}{\text{Umdrehung}}$$

$$\sigma_3 = \text{III}'\,\text{III} = 4,5\,\text{cm} \, \widehat{=}\, 15\,\text{mm} \qquad \sigma_2 = \text{II}\,\text{II}' = -0,9\,\text{cm} \, \widehat{=}\, -3\,\text{mm}$$

*Anmerkung.* Hat ein Schraubgetriebe wie das von Abb. 116 verschiedene Gewindehalbmesser $r_1'$, $r_2'$, $r_3'$, die Neigungswinkel $\alpha_1'$, $\alpha_2'$, $\alpha_3'$ und die Steigungen $S_1$, $S_2$, $S_3$, so kann diesem ein Schraubgetriebe nach Art von Abb. 118 mit den gleichen Steigungen $S_1$, $S_2$, $S_3$, aber anderen Neigungswinkeln $\alpha_1$, $a_2$, $\alpha_3$ bei gleich großen Gewindehalbmessern $r_1 = r_2 = r_3 = r$ zugeordnet werden, wenn wegen

$$\operatorname{tg} \alpha_i' = \frac{S_i}{2\,r_i'\,\pi} \qquad \operatorname{tg} \alpha_i = \frac{S_i}{2\,r\,\pi}$$

für das zugeordnete Keilschubgetriebe

$$\operatorname{tg} \alpha_i = \frac{r_i'}{r} \operatorname{tg} \alpha_i' \tag{361}$$

gesetzt wird.

Gl. (338a) würde dann z. B. lauten

$$\frac{v_{2x}}{v_{1x}} = \frac{r_1'\,\operatorname{tg}\alpha_1' - r_2'\,\operatorname{tg}\alpha_2'}{r_3'\,\operatorname{tg}\alpha_3' - r_2'\,\operatorname{tg}\alpha_2} \tag{338a}$$

Für das Schraubgetriebe von Abb. 116 gelten alle Formeln, in denen die $n_i$ und $\sigma_i$ durch die $S_i$ ausgedrückt sind, also auch der Verschiebungsplan (Abb. 120), der ja – da $k$ beliebig wählbar – von den $\alpha_i$ bzw. $\alpha_i'$ unabhängig ist.

## 77. Das Differentialschraubgetriebe

Die Bedeutung des dreigliedrigen gleichachsigen Schraubgetriebes nach den Abb. 115, 116 und 118 beruht auf der allgemeinen Gültigkeit seiner Grundlagen und auf ihrer Anwendbarkeit auf Sonderfälle dieses Getriebes, desgleichen auf mehrgliedrige Schraubgetriebe.

Ein praktisch wichtiger Sonderfall ist das *Differentialschraubgetriebe* (*Zwieselschraubgetriebe*) von Abb. 121 mit Schraubgelenken 1, 2 von den Steigungen $S_1$, $S_2$ und dem Schubgelenk 3 von der Steigung $S_3 = \infty$.

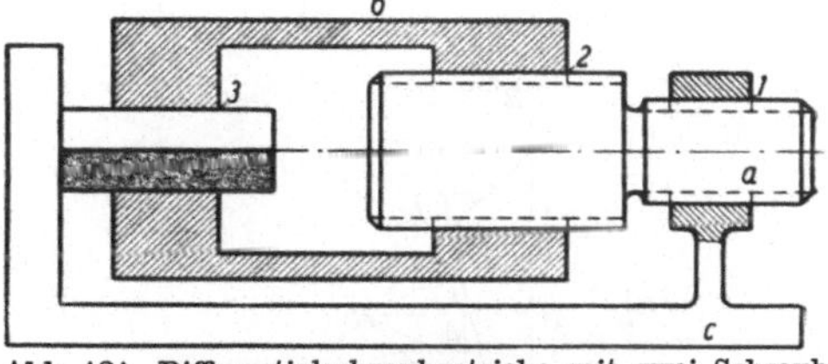

Abb. 121. Differentialschraubgetriebe mit zwei Schraubgelenken und einem Schubgelenk.

Aus den umgeformten Gln. (359) und (360)

$$\sigma_3 = \sigma_{bc} = \frac{S_1 - S_2}{1 - \dfrac{S_2}{S_3}}\, n_1 \qquad \sigma_2 = \sigma_{ba} = -\frac{\left(1 - \dfrac{S_1}{S_3}\right)}{1 - \dfrac{S_2}{S_3}}\, S_2 n_1$$

folgt mit $S_3 = \infty$

$$\sigma_3 = (S_1 - S_2)\, n_1 \qquad \sigma_2 = -S_2 n_1 \tag{362 a, b}$$

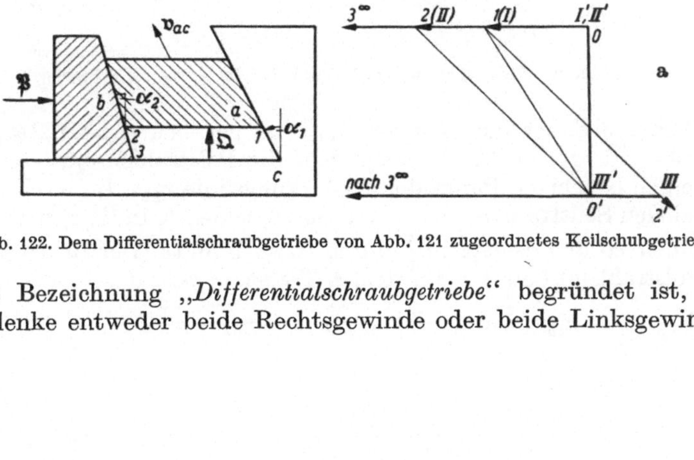

Abb. 122. Dem Differentialschraubgetriebe von Abb. 121 zugeordnetes Keilschubgetriebe.

womit die Bezeichnung „*Differentialschraubgetriebe*" begründet ist, wenn die Schraubgelenke entweder beide Rechtsgewinde oder beide Linksgewinde haben.

9*

Ist dagegen $S_1$ Rechtsgewinde $(S_1 = + S_1')$ und $S_2$ Linksgewinde $(S_2 = - S_2')$, so liefert Gl. (362a) als Vorschub $\sigma_3 = (S_1' + S_2')n_1$, also ein Summengetriebe mit verschiedenen Anwendungsmöglichkeiten, z. B. beim „Spannschloß".

Abb. 122 zeigt das zugeordnete Keilschubgetriebe mit dem Verschiebungsplan allgemeiner Abmessungen von Abb. 122a $(n_1 = 1)$. Wegen der praktischen Bedeutung des Differentialschraubgetriebes sei bezüglich Wirkungsgrad auf [22p] hingewiesen.

## 78. $n$-Plan für Schraubgetriebe

Schreibt man für ein dreigliedriges Schraubgetriebe nach Art von Abb. 116 die Gln. (352) und (355) in der Form

$$n_{ba} + n_{ac} + n_{cb} = 0 \tag{363}$$

$$S_2\, n_{ba} + S_1\, n_{ac} + S_3\, n_{cb} = 0 \tag{364}$$

entsprechend den Gleichungen

$$n_2 + n_1 - n_3 = 0 \quad \text{und} \quad S_2\, n_2 + S_1\, n_1 - S_3\, n_3 = 0$$

so kann man in Abb. 123 auf der Geraden $0S$ die Steigungen $S_1 = \overrightarrow{01}$, $S_2 = \overrightarrow{02}$, $S_3 = \overrightarrow{03}$ abtragen und den Punkten die zu $0S$ senkrecht gezeichneten Vektoren $\overrightarrow{1'1} = n_1 = n_{ac}$, $\overrightarrow{22'} = n_2 = n_{ba}$ und $\overrightarrow{33'} = n_3 = n_{cb}$ zuordnen. Diese bilden nach den Gln. (363) und (364) ein Gleichgewichtssystem, auf welches – wie bei den $\overline{\omega}$-Plänen – das *Seileckverfahren* anwendbar ist.

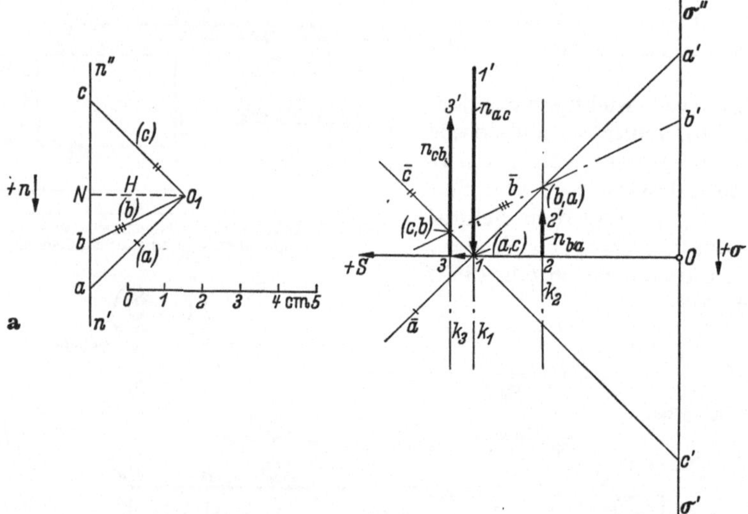

Abb. 123. Anzahl der Umdrehungen $n_i$ und Vorschub $\sigma_i$ im $n$-Plan für Schraubgetriebe.

Ist in Abb. 123 außer den $S_i$ noch $n_{ac} = \overrightarrow{ca}$ gegeben (Abb. 123a), so wählt man den Pol $o_1$ für den $n$-Streckenzug, zieht die Polstrahlen $o_1a = (a)$, $o_1c = (c)$ und durch einen beliebigen Punkt der $n_1$-Wirkungslinie $k_1$, z. B. durch 1 die zu $(a)$ und $(c)$ parallelen Seilstrahlen $\bar{a}$ bzw. $\bar{c}$; diese schneiden $k_2$ in $(b, a)$ bzw. $k_3$ in $(c, b)$ und bestimmen so den Seilstrahl $\bar{b}$ durch diese Punkte. Der durch $o_1$ zu $\bar{b}$ gezeichnete Polstrahl $(b)$ liefert $b$ auf dem $n$-Träger $n''\, n'$.

*Ergebnis.* $\qquad n_{cb} = \overrightarrow{bc} \qquad n_{bc} = \overrightarrow{cb} \qquad n_{ba} = \overrightarrow{ab}$

*Zahlenbeispiel.*     $n_{ac} = +5\,\text{Umdrehungen}$     $S_1 = 27\,\text{mm}$

$S_2 = 18\,\text{mm}$     $S_8 = 30\,\text{mm}$

$M_S = 0{,}2\,\text{cm/mm}$     $M_n = 1\,\text{cm/Umdrehung}$

Ergebnis nach Zeichnung und Rechnung: $n_{bc} = +3{,}75\,\text{Umdrehungen}$; $n_{ba} = \overrightarrow{ab}$
$= -1{,}25\,\text{Umdrehungen}$.

Der *n-Plan* bietet noch den *folgenden Vorteil.*

Die in Abb. 123 in 0 zu $0S$ gezeichnete Senkrechte $\sigma'\sigma''$ wird von den Seilstrahlen $\bar{a}$, $\bar{b}$, $\bar{c}$ in $a'$, $b'$, $c'$ geschnitten. Dieses Punkttriple ist ein Maß für die Vorschübe $\sigma$ des Schraubgetriebes. Zum Beispiel folgt aus $\triangle b'(c, b)c' \sim \triangle bo_1c$ mit
$\overline{o_1 N} = H$

$$\frac{\overline{b'c'}}{S_3} = \frac{\overline{cb}}{H} \quad \text{also wegen} \quad \overline{cb} = n_{bc}$$

$$\overline{b'c'} = \frac{n_{bc}S_3}{H} = \frac{1}{H}\,(n_3 S_3) = \frac{1}{H}\,\sigma_{bc} \tag{365}$$

Die Strecke $\overline{b'c'}$ bzw. der Vektor $\overrightarrow{b'c'}$ ist also ein Maß für $\sigma_{bc}$. Abgesehen von der Größe $H$, einzubeziehen in den Maßstab, gelten also

$$\sigma_{bc} \triangleq \overrightarrow{b'c'} \qquad \sigma_{ba} \triangleq \overrightarrow{b'a'} \qquad \sigma_{ac} \triangleq \overrightarrow{a'c'} \tag{366}$$

mit dem Maßstab

$$M_\sigma = \frac{M_n M_S}{H} \tag{367}$$

wobei $H$ in „cm" einzusetzen ist.

Der positive Richtungssinn ist dem Vergleich z. B. mit $\sigma_{ac} = \overrightarrow{a'c'} = n_1 S_1$ zu entnehmen.

*Zahlenbeispiel.*     $M_\sigma = \dfrac{1 \cdot 0{,}2}{2{,}5} = 0{,}08\,\text{cm/mm}$

$\sigma_{bc} = \overrightarrow{b'c'} = 9\,\text{cm} \triangleq 9/0{,}08 = 112{,}5\,\text{mm}$     $\bar{\sigma}_{bc} = +112{,}5\,\text{mm}$

$\sigma_{ba} = \overrightarrow{b'a'} = 1{,}8\,\text{cm} \triangleq 1{,}8/0{,}08 = 22{,}5\,\text{mm}$     $\sigma_{ba} = -22{,}5\,\text{mm}$

*Kontrolle.* $\sigma_{bc} = 3{,}75 \cdot 30 = 112{,}5\,\text{mm}$; $\bar{\sigma}_{ba} = -1{,}25 \cdot 18 = -22{,}5\,\text{mm}$.

**Beispiel. Viergliedriges Schraubgetriebe.** Das in Abb. 124 dargestellte Schraubgetriebe habe die Steigungen $S_1 = 0$ (Drehgelenk), $S_2 = 14\,\text{mm}$, $S_3 = -7\,\text{mm}$ (Linksgewinde), $S_4 = 17\,\text{mm}$, $S_5 = 0$ (Drehgelenk). Glied $a$ mache $n_1 = n_{ad} = +10\,\text{Umdrehungen}$.

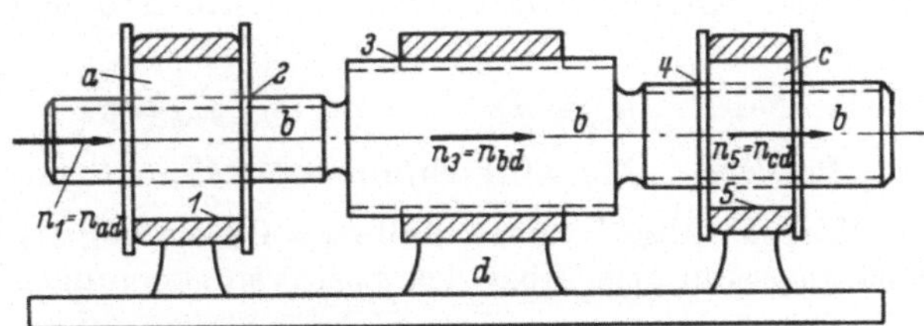


Abb. 124. Viergliedriges koaxiales Schraubgetriebe mit zwei Drehgelenken und drei Schraubgelenken.

*Gesucht.* Sämtliche $n_{ik}$ (rechnerisch und durch $n$-Plan).

a) *Rechnerische Lösung.* Nach Gl. (354a, b) folgt für Schraubgetriebeanordnung 1, 2, 3

$$n_3 = n_{bd} = \frac{S_1 - S_2}{S_3 - S_2}\,n_1 = \frac{0 - S_2}{S_3 - S_2}\,n_1 = \frac{-14}{-7-14}\,10 = \frac{20}{3}\,\text{Umdrehungen}$$

$$n_2 = n_{ba} = -\frac{S_3 - S_1}{S_3 - S_2}\,n_1 = -\frac{S_3}{S_3 - S_2}\,n_1 = -\frac{-7}{-7-14}\,10 = -\frac{10}{3}\,\text{Umdrehungen}$$

Die Getriebeanordnung 3, 4, 5 ist nach den gleichen Gln. (354a, b) zu berechnen, wenn dort die $S_1, S_2, S_3$ durch $S_3, S_4, S_5 = 0$ und $n_1$ durch $n_3$ ersetzt werden.

$$n_5 = n_{cd} = \frac{S_3 - S_4}{0 - S_4}\, n_3 = \frac{S_3 - S_4}{-S_4}\, \frac{-S_2}{S_3 - S_2}\, n_1 = \frac{(S_3 - S_4)\, S_2}{(S_3 - S_2)\, S_4}\, n_1 = \frac{112}{119}\ \text{Umdrehungen}$$

$$n_4 = n_{cb} = -\frac{0 - S_3}{0 - S_4}\, n_3 = \frac{-S_3}{S_4}\, \frac{(-S_2)}{(S_3 - S_2)}\, n_1 = \frac{S_2 S_3}{(S_3 - S_2)\, S_4}\, n_1 = \frac{140}{51}\ \text{Umdrehungen}$$

$$\sigma_{ba} = n_2 S_2 = -\frac{10}{3}\, 14 = -\frac{140}{3}\ \text{mm} \qquad \sigma_{bd} = n_3 S_3 = \frac{20}{3}\, (-7) = -\frac{140}{3}\ \text{mm}$$

$$\sigma_{cb} = n_4 S_4 = \frac{140}{51}\, 17 = \frac{140}{3}\ \text{mm} \qquad \sigma_{bc} = -\frac{140}{3}\ \text{mm}$$

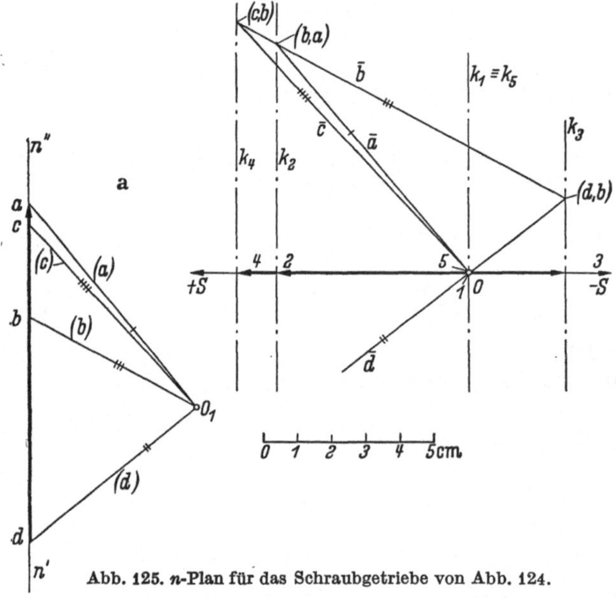



Abb. 125. *n*-Plan für das Schraubgetriebe von Abb. 124.

b) *n-Plan* (Abb. 125).

Gegeben: $n_{ad} = \overrightarrow{da}$.

Wähle $o_1$ als Pol des *n*-Planes (Abb. 125a), ziehe Polstrahlen $(d)$, $(a)$ und dazu die parallelen Seilstrahlen $\bar{d}$, $\bar{a}$ durch einen Punkt von $k_1$, z. B. durch 1 (zusammenfallend mit 0, da $S_1 = 0$); $\bar{d}$ schneidet $k_3$ in $(d, b)$, und $\bar{a}$ trifft $k_2$ in $(b, a)$. Seilstrahl $\bar{b}$ ist die Gerade durch $(b, a)$ und $(d, b)$, wodurch Polstrahl $(b) \,\|\, \bar{b}$ und $n_{bd} = \overrightarrow{db}$, $n_{ba} = \overrightarrow{ab}$ bestimmt sind. Seilstrahl $\bar{b}$ schneidet $k_4$ in $(c, b)$. Da $\bar{d}$ die Wirkungslinie $k_5$ in $(c, d) = 5$

trifft, ist Seilstrahl $\bar{c}$ als Gerade durch 5 und $(c, b)$ und damit Polstrahl $(c) \,\|\, \bar{c}$ gefunden.

*Ergebnis.*     $n_{cd} = \overrightarrow{dc}$          $n_{cb} = \overrightarrow{bc}$

*Maßstäbe.*     $M_S = 0{,}4\ \text{cm/mm}$       $M_n = 1\ \text{cm/Umdrehung}$

*Hinweis.* Man beachte, daß $S_3 = \overrightarrow{03}$ als negative Steigung entgegengesetzten Richtungssinn gegenüber den positiven Steigungen (Rechtsgewinde) besitzt.

### 79. Viergliedriges koaxiales Schraubgetriebe mit Doppelantrieb

Das Schraubgetriebe von Abb. 126 hat mit $n = 4$, $g = 4$ den Freiheitsgrad $F = 2\,(4 - 4 - 1) + 4 = 2$, erfordert also „Doppelantrieb" (Leitungsverzweigung bei Antrieb an einem Glied), z. B. Antrieb an den Gliedern $a$ und $c$.

Für das zugeordnete *Keilschubgetriebe* folgt aus

$$\mathfrak{v}_{bd} = \mathfrak{v}_{ba} + \mathfrak{v}_{ad} \qquad \mathfrak{v}_{bd} = \mathfrak{v}_{bc} + \mathfrak{v}_{cd} \tag{368a, b}$$

oder in komplexer Form

$$v_2 e^{i\alpha_2} + v_1 e^{i\alpha_1} = v_3 e^{i\alpha_3} + v_4 e^{i\alpha_4} \tag{369}$$

Trennung in Real- und Imaginärteil liefert

$$v_2 \cos \alpha_2 - v_3 \cos \alpha_3 = v_4 \cos \alpha_4 - v_1 \cos \alpha_1 \tag{370}$$

$$v_2 \sin \alpha_2 - v_3 \sin \alpha_3 = v_4 \sin \alpha_4 - v_1 \sin \alpha_1 \tag{371}$$

und hieraus beispielsweise

$$v_2 = [v_4 \sin (\alpha_4 - \alpha_3) + v_1 \sin (\alpha_3 - \alpha_1)] / \sin (\alpha_2 - \alpha_3) \tag{372}$$

Für die $x$-Komponente $v_{bdx}$ folgt aus Gl. (368 a)

$$v_{bdx} = v_2 \cos \alpha_2 + v_1 \cos \alpha_1 \tag{373}$$

und mit den Umfangsgeschwindigkeiten $u_4$, $u_1$ wegen

$$v_4 = \frac{u_4}{\cos \alpha_4} \qquad v_1 = \frac{u_1}{\cos \alpha_1}$$

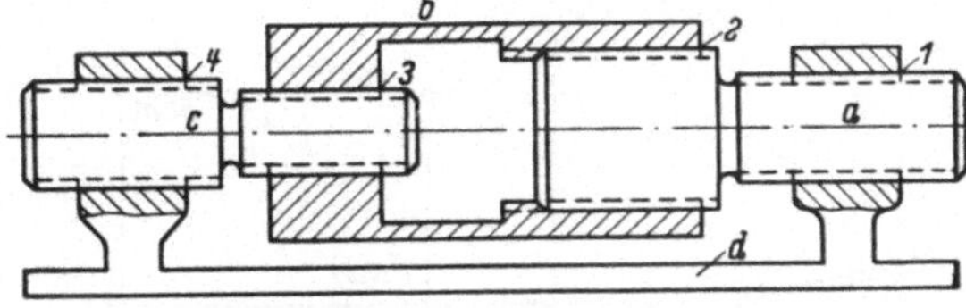

Abb. 126. Viergliedriges koaxiales Schraubgetriebe mit Doppelantrieb.

bei Beachtung von Gl. (372)

$$v_{bdx} = u_1 \frac{\operatorname{tg}\alpha_2 - \operatorname{tg}\alpha_1}{\operatorname{tg}\alpha_2 - \operatorname{tg}\alpha_3} + u_4 \frac{\operatorname{tg}\alpha_4 - \operatorname{tg}\alpha_3}{\operatorname{tg}\alpha_2 - \operatorname{tg}\alpha_3} \tag{374}$$

also für gleich große Gewindehalbmesser wegen $S_i = 2\pi r \operatorname{tg}\alpha_i$

$$n_{bd} = \frac{S_2 - S_1}{S_2 - S_3}\, n_1 + \frac{S_4 - S_3}{S_2 - S_3}\, n_4 \tag{375}$$

Für den Vorschub $\sigma_{bd}$ erhält man

$$\sigma_{bd} = \frac{(S_1 - S_2)\, S_3}{S_3 - S_2}\, n_1 + \frac{(S_3 - S_4)\, S_2}{S_3 - S_2}\, n_4 \tag{376}$$

*Beachtenswerte Sonderfälle.*

a) $\qquad S_4 = \dfrac{S_2 + S_3}{2} \qquad S_1 = \dfrac{S_2 + S_3}{2} \qquad$ also auch $S_4 = S_1$

$$n_{bd} = \frac{n_1 + n_4}{2} \tag{377}$$

b) $S_4 = S_1$

$$n_{bd} = i\, n_1 + (1 - i)\, n_4 \tag{378}$$

wobei

$$i = \frac{S_1 - S_2}{S_3 - S_2} \tag{379}$$

gesetzt ist und als „*Grundübersetzung*" bezeichnet werden könnte.

c) $\qquad \dfrac{S_1}{S_2} = \dfrac{S_4}{S_3}$

$$\sigma_{bd} = \frac{S_3 (S_1 - S_2)}{S_3 - S_2} (n_1 - n_4) = S_3\, i\, (n_1 - n_4) \tag{380}$$

*Hinweis.* Gl. (378) läßt bezüglich des Formelaufbaues auf eine gewisse Analogie mit entsprechenden Übersetzungsformeln von Stirnradplanetengetrieben schließen.

### 80. Verfahren der unbestimmten Koeffizienten für Schraubgetriebe

Für das Getriebe von Abb. 126 (*Doppelantrieb*) kann ein Verfahren benutzt werden, wie es ähnlich für Planetengetriebe bei Doppelantrieb in Nr. 13 eingeführt worden ist.

Man setzt

$$n_{bd} = A\,n_1 + B\,n_4 = A\,n_{ad} + B\,n_{cd} \tag{381}$$

und bestimmt die zunächst unbekannten Koeffizienten aus Sonderannahmen.

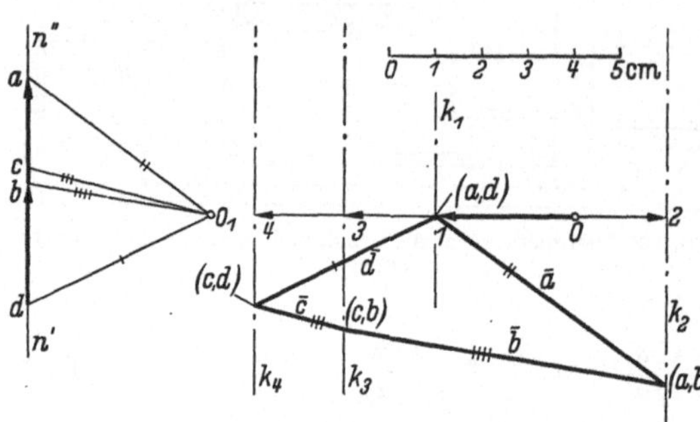

Abb. 127. *n*-Plan für das Schraubgetriebe von Abb. 126.

*Annahme 1.* $n_4 = n_{cd} = 0$, d.h. Glied $c$ mit $d$ fest verbunden.

Gl. (354a) liefert

$$n_{bd} = \frac{S_1 - S_2}{S_3 - S_2}\,n_1$$

also wegen

$$n_{bd} = A\,n_1 + B \cdot 0$$

$$A = \frac{S_1 - S_2}{S_3 - S_2} \tag{382}$$

*Annahme 2.* $n_1 = n_{ad} = 0$; d.h. $a$ mit $d$ fest verbunden.

Vertauschung von 1, 2, 3 durch die Reihenfolge 4, 3, 2 ergibt aus Gl. (354a)

$$n_{bd} = \frac{S_4 - S_3}{S_2 - S_3}\,n_4$$

und wegen

$$n_{bd} = A \cdot 0 + B\,n_4$$

für

$$B = \frac{S_4 - S_3}{S_2 - S_3} \tag{383}$$

*Ergebnis* [wie Gl. (375)]

$$\boxed{n_{bd} = \frac{S_1 - S_2}{S_3 - S_2}\,n_1 + \frac{S_4 - S_3}{S_2 - S_3}\,n_4} \tag{375'}$$

Die Anwendung des Verfahrens auf den Vorschub $\sigma_{bd}$ in der Form $\sigma_{bd} = C\,n_1 + D\,n_4$ ist leicht erkennbar, desgleichen die Möglichkeit der Aufstellung des $n$-Planes von Abb. 127 für das Getriebe von Abb. 126.

*Zahlenbeispiel.* $S_1 = 15\ \text{mm}$, $S_2 = -10\ \text{mm}$, $S_3 = 25\ \text{mm}$, $S_4 = 35\ \text{mm}$; $n_1 = 1$ Umdrehung, $n_4 = 0{,}6$ Umdrehungen.

*Maßstäbe.* $M_S = 0{,}2\ \text{cm/mm}$, $M_n = 5\ \text{cm/Umdrehung}$.

*Ergebnis.* $n_{bd} = 19/35 = 0{,}543$ Umdrehungen; $\sigma_{bd} = 137/35\ \text{mm} = 3{,}91\ \text{mm}$.

### 81. Schraubkurbelgetriebe. Allgemeines

Als Ergänzung zu den einfachen Schraubgetrieben, gekennzeichnet durch koaxiale Anordnung der Schraubenachsen mit ihren Sonderfällen der Dreh- und Schubachsen, sei noch ein kurzer Hinweis auf die sog. „*Schraubkurbelgetriebe*" geboten. Sie entstehen im einfachsten Fall, wenn von einem koaxialen dreigliedrigen Schraubgetriebe mit Schraub-, Dreh- und Schubgelenk ausgegangen, das Schubgelenk darin weggelassen und die getriebliche Restanordnung in ein Kurbelgetriebe (Gelenkgetriebe) eingebaut wird. Eine Systematik vier- und sechsgliedriger Schraubkurbelgetriebe gab K. HAIN [301], der auch getriebestatische Kraftwirkungen – ohne Berücksichtigung der Reibungskräfte – untersuchte und konstruktive Abwandlungen, z. B. durch Zapfenerweiterung, Paarumkehrung usw. zeigte.

Anwendungsgebiete findet man u. a. in der Landtechnik, insbesondere als Verstellgetriebe für die verschiedenartigsten Belastungsfälle.

## 82. Fünfgliedriges Schraubkurbelgetriebe

Das in Abb. 128 dargestellte fünfgliedrige und fünfgelenkige Schraubkurbelgetriebe besitzt die parallelachsigen Drehgelenke $1$, $3$, $4$, das der Schraubgetriebeanordnung angehörende Schraubgelenk (Mutter $a$ und Spindel $e$) und das ebenfalls zum Schraubgetriebe gehörige Drehgelenk $5$, senkrecht gekreuzt mit Achse $3$ des Drehgelenks $3$ und angetrieben an der Getriebespindel $e$.

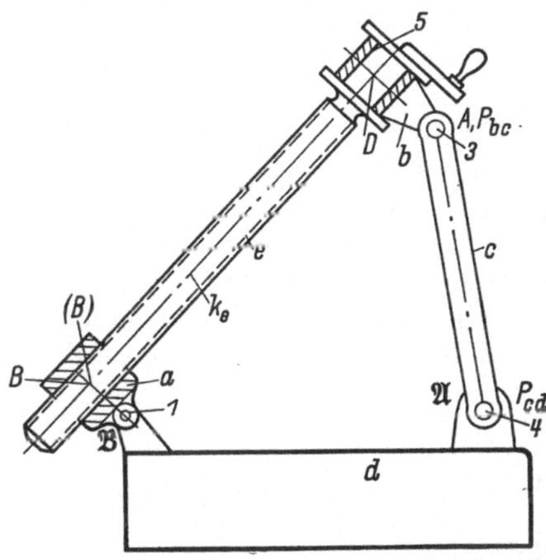

Abb. 128. Fünfgliedriges und fünfgelenkiges Schraubkurbelgetriebe.

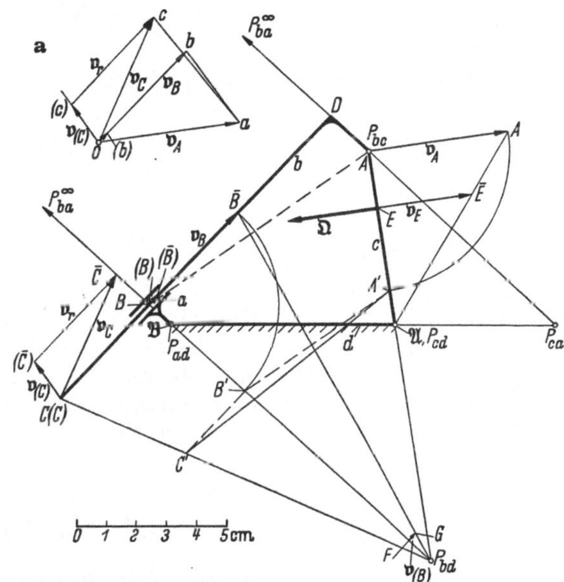

Abb. 129. Ersatzkurbelgetriebe für das Schraubkurbelgetriebe von Abb. 128.
a) Geschwindigkeitsplan zur Ermittlung der Gleichgewichtskraft $\Omega$ für die Kolbenkraft $\mathfrak{P}$ im Schubgelenk zwischen $a$ u. $b$.

Ist $(B)$ derjenige Punkt von $a$, der momentan mit $B$ der Spindel $e$ zusammenfällt, also $(B)\mathfrak{B}$ der Kreuzungsabstand der Spindelachse $k_e$ und der Drehgelenkachse $1$ in $\mathfrak{B}$, ferner $\overline{AD}$ der Kreuzungsabstand von Spindelachse $k_e$ und Drehachse von Drehgelenk $3$ in $A$, so ist – abgesehen von der Drehung von $e$ um $k_e$ – das Schraubkurbelgetriebe von Abb. 128 in bewegungsgeometrischer Hinsicht durch das viergelenkige Kurbelgetriebe von Abb. 129 ersetzbar.

Die geschränkte Gleitstange $b$ ist dabei in ihrer Längsrichtung $BD$ belastet zu denken, beispielsweise durch Kolbenkraft $\mathfrak{P}$ mittels des Kolbens $b$, relativ bewegt mit $\mathfrak{v}_{ba} = \mathfrak{v}_r$ in einem Kraftheberzylinder $a$.

**Aufgabe.** Gegeben sei Kolbenkraft $\mathfrak{P} = 20$ kg in Längsrichtung $BD$ mit Richtungssinn $\overrightarrow{BD}$. Gesucht: Größe $\Omega$ der Abtriebskraft $\Omega$ in $E$ von $c$.

*Lösung* (Prinzip der virtuellen Leistungen). Unter Annahme von $\mathfrak{v}_4 = \overline{AA}$ zeichnet man den *Geschwindigkeitsplan* (Abb. 129a) in bekannter Weise, z. B. für die Punkte $B$ von $b$ und $(B)$ von $a$. $v_B = \overrightarrow{ob}$, $v_{(B)} = \overrightarrow{o(b)}$, also $v_r = v_B - v_{(B)}$. Bezüglich $v_{(B)}$ ist zu beachten, daß wegen der Schubbewegung $b$ gegen $a$ die Glieder $b$ und $a$ die gleiche Winkelgeschwindigkeit gegen $d$ besitzen ($\overline{\omega}_{bd} = \overline{\omega}_{ad}$), daß also $v_{(B)} = \overline{\mathfrak{B}(B)}\,\omega_{bd} = \overline{FG}$ ist, wenn $\overline{P_{bd}F} = \overline{\mathfrak{B}(B)}$ und $FG \perp BP_{bd}$.

Ist $P_{bd}$ außerhalb der Zeichenebene, so kann man $v_C = C\overline{C}$ aus $v_A$ ermitteln und für $v_r$ die Zerlegung $v_C = v_{(C)} + v_r$ benutzen, wobei $C$ und $(C)$ Punkte von $b$ bzw. $a$ sind.

Aus $Pv_r = Qv_E$ folgt $Q = Pv_r/v_E = 20 \cdot 4/3{,}2 = 25$ kg.

*Kontrolle.* Sind $\overline{\mathfrak{B}(B)} = a$, $\overline{\mathfrak{A}E} = c'$, $\overline{\mathfrak{A}A} = c$, $\overline{AP_{bd}} = c''$, $\overline{BP_{bd}} = a'$, $\overline{\mathfrak{B}P_{bd}} = a''$, so folgt

$$v_r = a'\,\omega_{bd} - a\,\omega_{ad} = a'\,\omega_{bd} - a\,\omega_{bd} = (a' - a)\,\omega_{bd} \quad \text{und} \quad v_E = c'\,\omega_{cd}$$

also aus $Pv_r = Qv_E$

$$Q = P\,\frac{(a' - a)}{c'}\,\frac{\omega_{bd}}{\omega_{cd}}$$

und wegen $\omega_{bd}/\omega_{cd} = \overline{\mathfrak{A}A}/\overline{AP_{bd}} = c/c''$

$$\boxed{Q = P\,\frac{a''c}{c'c''} = P\,\frac{\overline{P_{ad}P_{bd}} \cdot \overline{P_{cd}P_{bc}}}{\overline{P_{cd}E} \cdot \overline{P_{bd}P_{bc}}}} \tag{384}$$

*Zahlenbeispiel* $\qquad Q = 20\,\dfrac{11{,}6 \cdot 5{,}9}{4 \cdot 13{,}88} = 25$ kg

*Hinweis.* Das durchgeführte Beispiel zeigt also die Bedeutung der Pol-Konfiguration und solider Kenntnis der Winkelgeschwindigkeitsverhältnisse ebener Getriebe für getriebeanalytische, insbesondere auch getriebestatische Untersuchungen. Vermerkt sei noch, daß die Lage der Schraubenachse $k_e$ bei obigen Berechnungen ohne Einfluß blieb, sie spielt jedoch eine wichtige Rolle bezüglich der Verkantungskräfte, für deren Ermittlung die Reibungskräfte beizuziehen sind.

# III. Aufgaben

## A. Geschwindigkeitsverhältnisse

**Aufgabe 1.** Abb. 130 stellt einen *Kippwagen in Fahrstellung*[1] dar. Der Wagenkasten $a$ ist auf dem Fahrgestell $d$ bei $\mathfrak{A}$ drehbar gelagert. Beim Kippen von $a$ gegen $d$, bewirkt durch Krafthebaranordnung $l$, werden die beiden Teile $f$ und $h$ der Seitenwand so gesteuert, daß ein Gewichtsausgleich stattfindet und das Schüttgut weit genug von den Schienen entfernt abgeladen wird. $\mathfrak{G}$, $\mathfrak{B}$ sind feste Lager des Fahrgestells $d$, die Glieder $b$, $h$ und $i$ sind bei $A$, $N$ und $E$ des Wagenkastens $a$ drehbar gelagert.

*Gegeben.* $\overline{\omega}_{ad} = +\,1\,\text{sek}^{-1}$ und $v_L = L\overline{L}$ mit $\overline{L\overline{L}} = \overline{\mathfrak{A}L}$, $M_z = 2{,}5$ cm/m. $\overline{\mathfrak{M}\mathfrak{B}} = 2160$ mm.

*Gesucht.* Geschwindigkeiten sämtlicher Gelenkzapfenmitten $v_A$, $v_B$, $v_D$, $v_C$, $v_E$, $v_N$, $v_H$, $v_G$, $v_F$, Winkelgeschwindigkeiten $\overline{\omega}_{cd}$, $\overline{\omega}_{bd}$, $\overline{\omega}_{cb}$, $\overline{\omega}_{fd}$, $\overline{\omega}_{fa}$, $\overline{\omega}_{ha}$, $\overline{\omega}_{ia}$, und zwar a) in der gezeichneten Ausgangsstellung, b) in einer beliebigen Kippstellung.

**Aufgabe 2.** Die in Abb. 131 dargestellte *Kniehebelstrohpresse*[2] (Bauart Wagner) benutzt für den Preßkolbenantrieb eine Kurbelschwinge $a$, $b$, $c$, $d$ in Verbindung

---

[1] Masch.-Bau/Betrieb, Reul. Mitt. (1935) S. 108. AWF-Getriebeblatt 663/664 „Sechsgliedrige Kurbelgetriebe". [2] Masch.-Bau/Betrieb, Reul.-Mitt. (1935) S. 582.

mit einem Doppelschwinggetriebe $c$, $e$, $f$, $d$, wodurch mit geringem Kraftaufwand ein stärkerer Druck im Preßkanal ausgeübt werden kann.

*Gegeben.* $v_A = A\overline{A}$ mit $\omega_{ad} = 1 \text{ sek}^{-1}$, $M_z = 5 \text{ cm/m}$.

*Gesucht.* $v_B$, $v_C$, $\overline{\omega}_{fd}$, $\overline{\omega}_{ed}$, $\overline{\omega}_{cd}$, $\overline{\omega}_{ec}$. Lösung mit gedrehten Geschwindigkeiten, durch Geschwindigkeitsplan. Zeichne zur Kontrolle den Winkelgeschwindigkeitsplan ($\overline{\omega}$-Plan).

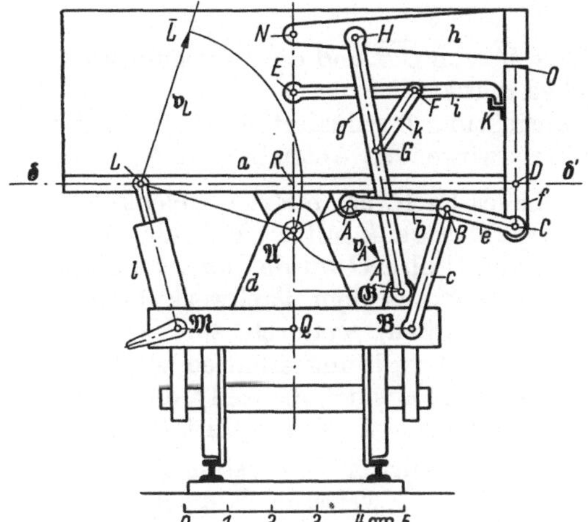

Abb. 130. Mehrkurbelgetriebe in einem Wagenkipper.

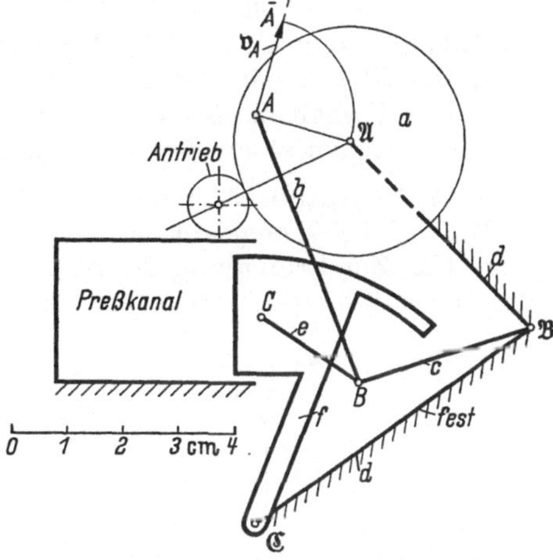

Abb. 131. Getriebeschema einer Kniehebelstrohpresse.

**Aufgabe 3.** In der *Glanzstoßmaschine für Lederbearbeitung* (Bauart Turner-A.-G.) von Abb. 132 sind aus der Geschwindigkeit $v_A = A\overline{A}$ der Antriebskurbel $a = \mathfrak{A}A$ die Geschwindigkeiten $v_D$, $v_C$, $v_B$ und $v_E$ zu ermitteln und für die Winkelgeschwindigkeiten ein Winkelgeschwindigkeitsplan aufzustellen.

*Gegeben.* $M_z = 5 \text{ cm/m}$, $n_a = 60 \text{ U/min}$.

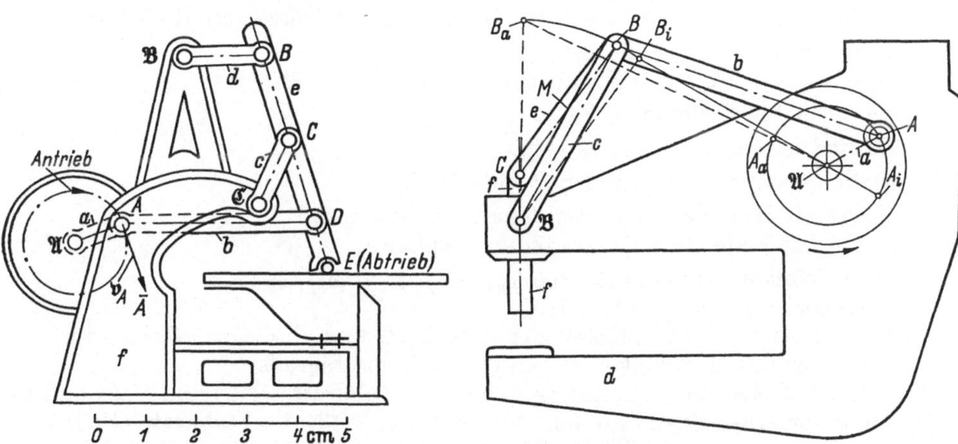

Abb. 132. Glanzstoßmaschine für Lederbearbeitung.          Abb. 133. Getriebeschema einer Nietmaschine.

**Aufgabe 4.** Bei dem in Abb. 133 gegebenen *Nietmaschinengetriebe*, zusammengesetzt aus der Kurbelschwinge mit den Gliedern $\overline{\mathfrak{A}A} = a = 100$ mm, der Koppel $\overline{AB} = b = 470$ mm, der Schwinge $c = \overline{\mathfrak{B}B} = 350$ mm und der zweiten Koppel

$e = \overline{CB} = 285$ mm umlaufe die Antriebskurbel im Gegensinn des Uhrzeigers mit $n = n_{ad} = 30$ U/min. $M_z = 20$ cm/m. Der Geschwindigkeitsmaßstab $M_v$ sei so gewählt, daß die Kurbelzapfengeschwindigkeit durch einen Pfeil von 8 cm Länge dargestellt wird.

Es sind zu ermitteln:

a) die Geschwindigkeiten der Gelenkzapfenmitten $(B, C)$,

b) die Winkelgeschwindigkeiten $\overline{\omega}_{ed}$, $\overline{\omega}_{cd}$ und $\overline{\omega}_{ec}$,

c) die Anordnung sämtlicher Pole $P_{ik}$,

d) Geschwindigkeit $v_M$ des Mittelpunktes $M$ von $\overline{CB}$ und die Bewegungsrichtung von $M$, beurteilt von dem Getriebeglied $a$ aus

e) das Verhältnis der nach $C$ in Schubrichtung $f$ reduzierten Kraft $P_C$ zu der in $A$ tangential an den Kurbelzapfenkreis wirkenden Antriebskraft $P_A$.

**Aufgabe 5.** Abb. 134 zeigt ein einfaches ebenes Fachwerk mit den Gelenken $\mathfrak{C}$, $C, D, F, E$, bei $\mathfrak{C}$ angelenkt an Gestell $f$ und geführt bei $E$ mittels Rollenlagerung längs $\mathfrak{C}x$. Zur Ermittlung der Stabkraft $(FC)$ im Stab $FC$ wurde dieser im Sinne der *kinematischen Methode von* MÜLLER-BRESLAU aus dem Fachwerk heraus-

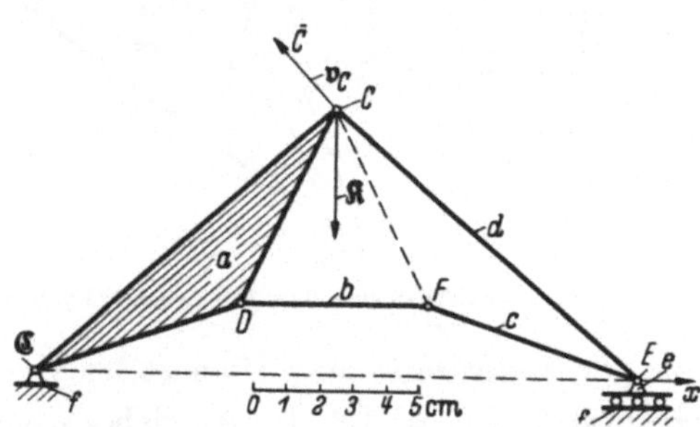

Abb. 134. **Ermitteln der Stabkräfte in einem Fachwerk nach dem Verfahren von** MÜLLER-**Breslau**

genommen, wodurch eine getriebliche Anordnung erhalten wird, bestehend aus dem Gestell $f$, dem Dreibinder $a = \mathfrak{C}CD$, der mittels $e$ längs $\mathfrak{C}x$ geführten Schubstange $d = \overline{CE}$ und den weiteren Koppelgliedern $\overline{EF} = c, \overline{DF} = b$.

Um für die Gleichgewichtsbedingungen das Prinzip der virtuellen Leistungen anwenden zu können, sei für den Gelenkpunkt $C$, in dem eine Kraft $\mathfrak{K}$ vom Betrag $K = 600$ kg senkrecht zu $\mathfrak{C}x$ angreift, die Geschwindigkeit $v_C = C\overline{C} = 0{,}3$ m/sek angenommen und durch einen Pfeil von 3 cm Länge dargestellt ($C$ um $\mathfrak{C}$ im Gegensinn des Uhrzeigers drehend).

*Zeichenmaßstab.* $M_z = 5$ cm/m.

*Abmessungen.* $\overline{\mathfrak{C}C} = \overline{CE} = 2{,}4$ m, $\overline{\mathfrak{C}D} = \overline{DC} = \overline{CF} = \overline{FE} = 1{,}2$ m, $\overline{\mathfrak{C}E}$ (in der gezeichneten Stellung) $= 3{,}6$ m.

*Es sind zu ermitteln.* Aus $v_C = C\overline{C}$

a) die Geschwindigkeiten der Punkte $D, E, F$

　aa) mit Hilfe der gedrehten Geschwindigkeiten,

　bb) mit Hilfe eines Geschwindigkeitsplanes,

b) die Winkelgeschwindigkeiten $\overline{\omega}_{af}$, $\overline{\omega}_{df}$, $\overline{\omega}_{ad}$, $\overline{\omega}_{cf}$, $\overline{\omega}_{cd}$,

c) die Leistung der Kraft $\mathfrak{K}$ in $C$,

d) die Relativgeschwindigkeit der Gelenke $C$ und $F$ in Form der vektoriellen Differenz der Geschwindigkeiten von $C$ und $F$ und hieraus

e) unter Beachtung, daß die Leistung der Stabkräfte $(FC)$ und $(CF)$ und die Leistung der Kraft $\mathfrak{K}$ die Summe Null ergeben muß, die Stabkraft $(FC)$; $(FC)$ bedeute die Stabkraft im Stab $\overline{FC}$ bei $F$, ferner $(CF) =$ Stabkraft in $\overline{FC}$ bei $C$. Anleitung: $\mathfrak{K}v_C + (CF)\,\mathfrak{v}_C + (FC)v_F = 0$ und $(FC) = -\,(CF)$.

**Aufgabe 6.** In dem mit dem Gestell $g$ fest verbundenen Hohlrad $g$ rollt das Planetenrad $a$ (Abb. 135). Das mit diesem auf gleicher Welle sitzende Rad $b$ kämmt mit dem bei $C$ im Steg $s$ gelagerten Stirnrad (Planetenrad) $c$.

*Gegeben.* Halbmesser: $g = 4$ cm, $a = 1$ cm, $b = 2$ cm, $c = 3$ cm.
*Zeichenmaßstab.* $M_z = 100$ cm/m.
*Geschwindigkeitsmaßstab.* $M_v = 5$ cm/msek$^{-1}$, $\bar{n}_{sg} = -191$ U/min.

*Es sind zu ermitteln*

a) $v_A$, $v_C$ und die absolute Geschwindigkeit $v_B$ des Eingriffspunktes $B$
der kämmenden Räder $b$ und $c$,

b) die Drehzahlen, die die Plane-
tenräder $a$ und $c$ gegenüber dem Gestell $g$ ausführen,

c) Bei welchen Abmessungen $g$, $a$,
$b$, $c$ führt Rad $c$ gegenüber dem Gestell $g$ nur eine „Kreisschiebung" aus
$(n_{cg} = 0)$?

**Aufgabe 7.** Abb.136 zeigt das Schema
des Hauptgetriebes einer *Strohpresse,*
bestehend aus zwei nacheinander ge-
schalteten Schubkurbelgetrieben. Das
Getriebe, gezeichnet in der Kurbelstel-
lung $\sphericalangle X\mathfrak{A}A = 30°$, besteht aus Kurbel $\overline{\mathfrak{A}A} = a = 0{,}30$ m, Koppel $b = \overline{AB}$
$= 1{,}20$ m, Koppel $e = \overline{BC} = 0{,}80$ m und
Stopfarm $f = \overline{C\mathfrak{C}} = 0{,}80$ m.
Ferner ist $\overline{E'\mathfrak{C}} = 1{,}20$ m und
$\overline{E'D} = 0{,}30$ m, $\sphericalangle DE'C = 90°$,
$\sphericalangle CB\mathfrak{C} = \sphericalangle C\mathfrak{C}B = 30°$. Das
Getriebe ist darzustellen im
Zeichenmaßstab: $M_z = 5$ cm/m.
Antriebsdrehzahl der Kurbel $a$
gegen Gestell $d$ sei $n_{ad} = +$

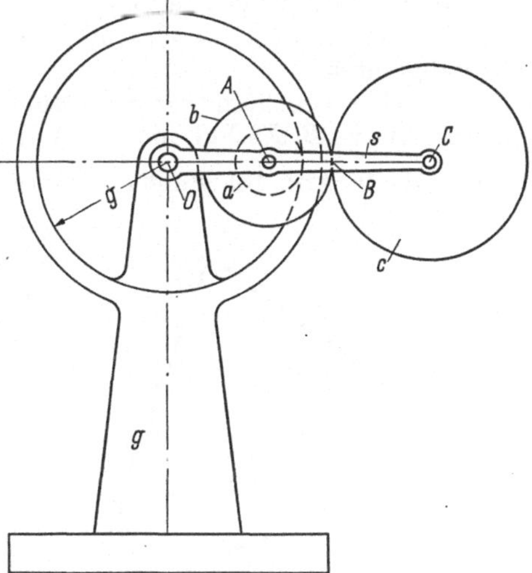

Abb. 135. Stirnradplanetengetriebe.

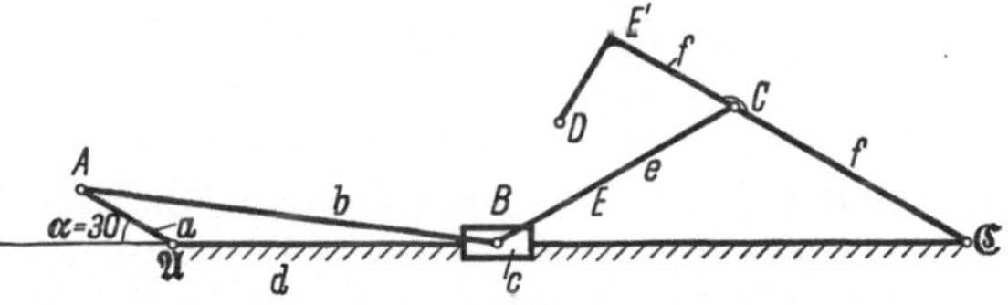

Abb. 136. Schema des Hauptgetriebes einer Strohpresse.

95,5 U/min (Uhrzeigersinn), und der Geschwindigkeitsmaßstab sei so gewählt, daß Kurbelzapfengeschwindigkeit $v_A$ in der Zeichnung die Länge von
3 cm besitzt. Ermittle den Geschwindigkeitszustand,
$\bar{\omega}_{ef}$ und $\bar{\omega}_{be}$.

**Aufgabe 8.** *Inversionsgetriebe* (*HARTscher Inver-
sor*). Abb.137 zeigt das Viergelenkgetriebe $\mathfrak{A}\mathfrak{B}BA$
mit der Kurbel $\overline{\mathfrak{B}B} = a = 20$ mm, der Koppel $\overline{AB}$
$= b = 50$ mm, der Schwinge $\overline{\mathfrak{A}A} = c = 30$ mm und
dem Gestell $\overline{\mathfrak{A}\mathfrak{B}} = d = 20$ mm, $\sphericalangle \mathfrak{A}\mathfrak{B}B = 120°$.
Schwinge $\overline{\mathfrak{A}A}$ wird über $\mathfrak{A}$ um sich selbst bis $D$ ver-

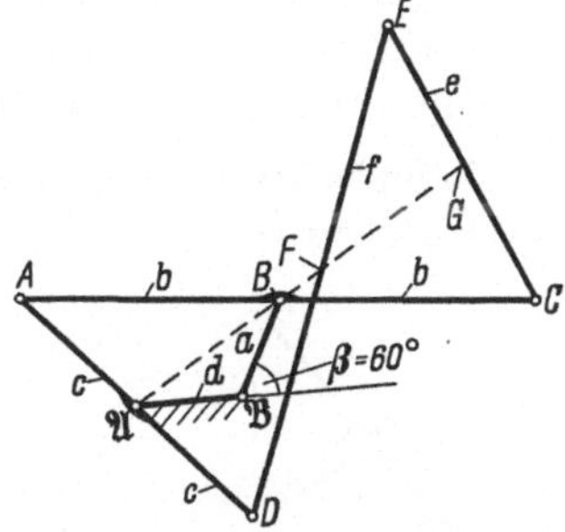

Abb. 137. **HARTscher** Inversor für
exakte Geradführung.

längert, desgleichen Koppel $\overline{AB}$ über $B$ hinaus um $b = 50$ mm bis $C$. In $D$ und $C$
werden die Glieder $f = 100$ mm und $e = 60$ mm angelenkt. $F$ sei Mittelpunkt
der Koppel $f = \overline{ED}$ und $G$ der Mittelpunkt der Koppel $e$.

*Zeichenmaßstab.* $M_z = 100$ cm/m.
*Geschwindigkeitsmaßstab.* $M_v = 10$ cm/msek$^{-1}$.
*Gegeben.* $v_B = 0{,}2$ msek$^{-1}$.
*Drehrichtung* von $a = \overline{\mathfrak{B}B}$. Gegensinn des Uhrzeigers.

*Es sind zu ermitteln* durch Geschwindigkeitsplan

a) Geschwindigkeiten der Gelenkzapfenmitten $A$, $D$, $C$, $E$,

b) Winkelgeschwindigkeiten $\overline{\omega}_{fd}$ und $\overline{\omega}_{ed}$ der Glieder $f$ bzw. $e$ gegenüber dem Gestell $d$,

c) Winkelgeschwindigkeit $\overline{\omega}_{fe}$.

d) Kontrolliere die Geschwindigkeiten nach der Methode der gedrehten Geschwindigkeiten.

e) Welcher beachtenswerte Zusammenhang besteht zwischen den Lagen der Gliedpunkte $\mathfrak{A}$, $B$, $F$? Vgl. hierzu ([2b], S. 167f.).

**Aufgabe 9.** Abb. 138 stellt ein Viergelenkgetriebe $\mathfrak{A}BC\mathfrak{D}$ dar, mit der Kurbel $\overline{\mathfrak{A}B} = a = 0,08$ m, der Koppel $\overline{BC} = b = 0,24$ m und der Schwinge $\overline{C\mathfrak{D}} = c = 0,3$ m. Die Lage der gestellfesten Punkte $\mathfrak{A}$ und $\mathfrak{D}$ ist aus der Abbildung ersichtlich. An der Schwinge $c$ ist in $E$ im Abstand $\overline{E\mathfrak{D}} = 0,16$ m das Glied $e = \overline{EG} = 0,125$ m angelenkt, das über das Glied $f = \overline{GF} = \overline{CE}$ mit der Koppel $b$ in $F\left(\overline{CF} = \overline{EG}\right)$ gelenkig verbunden ist.

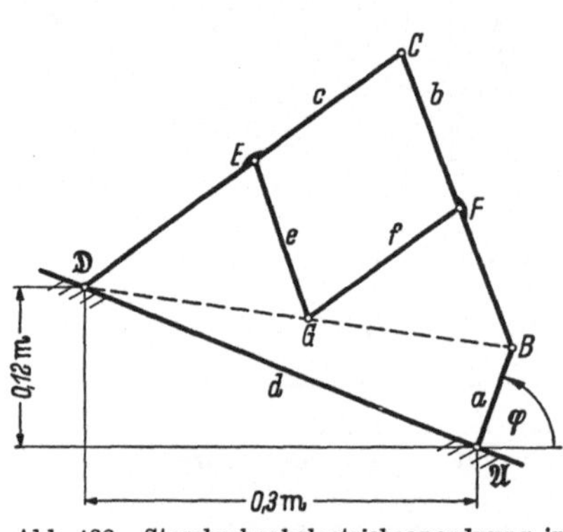

Abb. 138. Storchschnabelgetriebeanordnung in einem Viergelenkgetriebe. Ähnlichkeitstransformation.

Das Getriebe ist unter Verwendung von $M_z = 40$ cm/m für die Kurbelstellung $\varphi = 75°$ zu zeichnen.

Mit $\overline{\omega}_{ad} = -20$ sek$^{-1}$ und dem Geschwindigkeitsmaßstab, für den $v_B = \overline{\mathfrak{A}B}$ wird, sind zu ermitteln:

a) die Geschwindigkeiten der Gelenkpunkte $B$, $C$, $E$, $F$, $G$ sowohl nach der Methode der gedrehten Geschwindigkeiten, als auch mit Hilfe des Geschwindigkeitsplanes,

b) die Winkelgeschwindigkeiten $\overline{\omega}_{bd}$, $\overline{\omega}_{cd}$, $\overline{\omega}_{ed}$, $\overline{\omega}_{fd}$ der Glieder $b$, $c$, $e$, $f$ gegenüber dem Gestell,

c) die Winkelgeschwindigkeiten $\overline{\omega}_{ba}$, $\overline{\omega}_{bc}$, $\overline{\omega}_{ef}$,

d) welche Kurve beschreibt die Gelenkzapfenmitte $G$, wenn Kurbel $a$ voll umläuft? Vgl. ([2b], S. 170).

**Aufgabe 10.** Löse aus dem Getriebe von Abb. 138 die Kurbel $a = \overline{\mathfrak{A}B}$ und führe Zapfenmitte $B$ längs der Seiten eines beliebigen Dreiecks $KLM$. Welche Figur beschreibt dann $G$, und welche allgemeine Gesetzmäßigkeit ist nachweisbar (Pantograph!)?

Wähle $v_B$ beliebig und zeichne $v_G$. Was folgt?

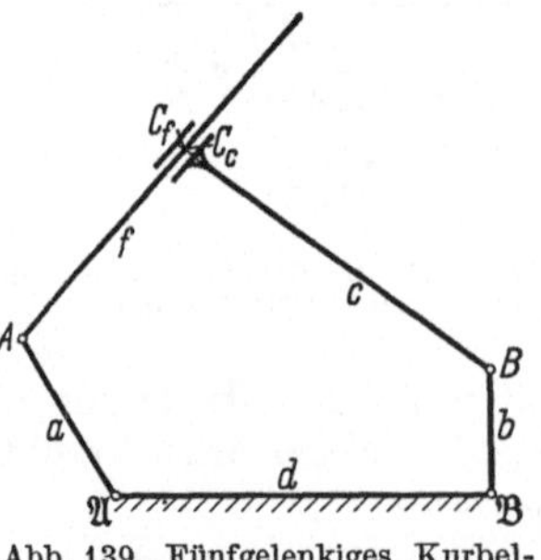

Abb. 139. Fünfgelenkiges Kurbelgetriebe mit Doppelantrieb.

**Aufgabe 11.** Abb. 139 zeigt ein *Fünfgelenkgetriebe* mit den Gliedern $a$, $b$, $c$, $d$ und $f$ und den Drehgelenken bei $\mathfrak{A}$, $\mathfrak{B}$, $A$, $B$, ferner dem Schubgelenk zwischen $c$ und $f$, gestellt auf $d$; das Getriebe wird an $a$ mit $\overline{\omega}_{ad} = +1$ sek$^{-1}$ und an $b$ mit $\overline{\omega}_{bd} = -2$ sek$^{-1}$ angetrieben.

Man ermittle die Relativgeschwindigkeit, mit welcher der Schieber $c$ in der gezeichneten Getriebestellung längs der Gleitstange $f$ gleitet. Der Schnittpunkt der Mittellinien von $c$ und $f$ sei bezeichnet mit $C_f$ oder $(C)$, wenn er als Punkt von $f$ gedeutet, dagegen mit $C_c$ oder $C$, wenn er als Punkt von $c$ gedacht wird. Anleitung: Beachte, daß die Glieder $f$ und $c$ gegenüber $d$ die gleiche Winkelgeschwindigkeit besitzen!

**Aufgabe 12.** In einer Siebengelenkgetriebeanordnung nach Art der Abb. 1 (WATTsches Getriebe) werden den Gelenkzapfenmitten $A$ und $B$ die Geschwindigkeiten $v_A = A\overline{A}$ bzw. $v_B = B\overline{B}$ erteilt (Abb. 140).

Es sind unter Benutzung des ROSENAUERschen Verfahrens zu ermitteln: $v_F$, $v_G$, $v_D$, $v_E$, $v_C$ mittels gedrehter Geschwindigkeiten und durch Zeichnen des Geschwindigkeitsplanes.

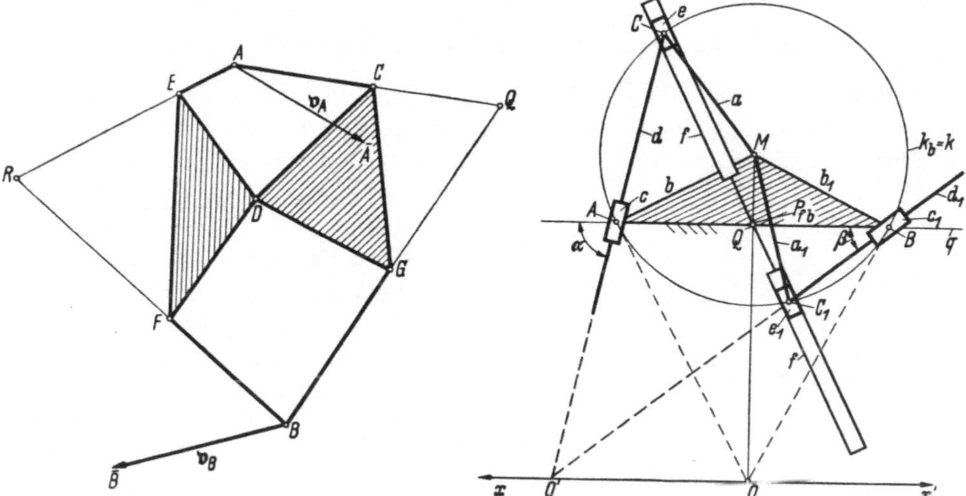

Abb. 140. Kinematische Siebengelenkkette der WATT-schen Bauform, bewegt gegenüber einem festen Bezugssystem (Gestell) und angetrieben in den Gelenkzapfenmitten $A$ und $B$ mit $v_A$ und $v_B$.

Abb. 141. Lenkgetriebe für Vorderradeinzellenkung nach DP 908703. Achsschenkellenkung.

**Aufgabe 13.** Das Getriebeschema von Abb. 141 entspricht einer *Fahrzeuglenkanordnung der Vorderräder nach DP 908703* zur exakten Erzeugung der Radeinschlagwinkel der sich stets in Punkten $0'$ der Querachse $xx'$ schneidenden Vorderradachsen $A$ und $B$. Dieser Lenkung liegt die Theorie der projektiven Polarentheorie am Kreis $k_b$ zugrunde mit $xx'$ als Polare zu $P_{fb}$. Der Aufbau zeigt zwei zentrisch-gleichschenklige Kurbelschleifen $b$, $a$, $c$, $d$ bzw. $b_1$, $a_1$, $c_1$, $d_1$, die durch das in $P_{fb}$ drehbar gelagerte Kulissenglied $f$ miteinander gekoppelt sind, so daß $a$, $e$, $f$, $b$ und $a_1$, $e_1$, $f$, $b_1$ je eine zentrische Kurbelschleife allgemeiner Art bilden. Der Antrieb durch Lenkrad geschieht am Glied $a$.

*Gegeben.* $M_z$ und $M_v = M_z/\omega$ für $\overline{\omega}_{ab} = \overline{\omega} = +1\ \mathrm{sek}^{-1}$.

*Gesucht.* $\overline{\omega}_{cb}$, $\overline{\omega}_{fb}$, $\overline{\omega}_{c_1 b}$ und die Polkurven für die Bewegung $d$ gegen $b$ sowie $d_1$ gegen $b_1 \equiv b$. Wie verhalten sich die bei $A$ und $B$ auftretenden Kraftmomente $\mathfrak{M}_A$, $\mathfrak{M}_B$ für die Lenkzapfensteuerung zu dem Antriebsmoment $\mathfrak{M}_a$ an Kurbel $a = \overline{MC}$?

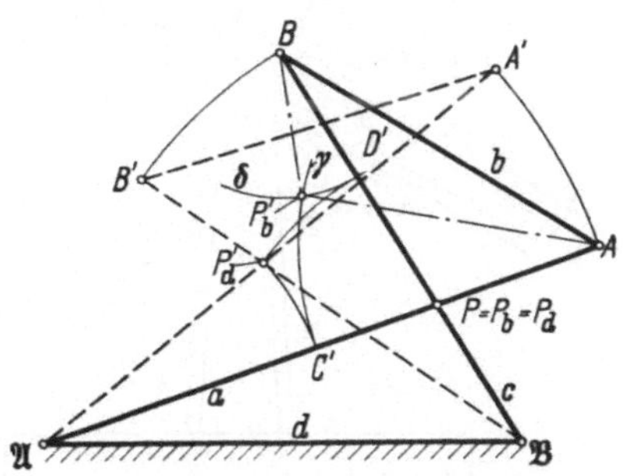

Abb. 142. Zeichnerische Ermittlung der bewegten Polkurve aus der ruhenden Polkurve.

**Aufgabe 14.** Beweise die von R. KREUTZINGER[1] angegebene Konstruktion für die Punkte $P_b'$ der mit der Koppel $b = \overline{AB}$ eines Viergelenkgetriebes $\mathfrak{A}AB\mathfrak{B}$ fest verbundenen Polkurve $k_b$ (Abb. 142).

---

[1] Mitt. Hauptverein Deutsch. Ing. (HDI) Tschechoslow. R. 5 (1927).

Zu $\mathfrak{A}AB\mathfrak{B}$ gehört der Pol $P$, zu $\mathfrak{A}A'B'\mathfrak{B}$ der Pol $P'_d$ der ruhenden Polkurve $k_d$. Zeichne $\overline{\mathfrak{A}P'_d} = \overline{\mathfrak{A}C'}$ und $\overline{\mathfrak{B}P'_d} = \overline{\mathfrak{B}D'}$. Die um $A$ und $B$ mit den Halbmessern $\overline{AC'}$ bzw $\overline{BD'}$ geschlagenen Kreisbögen $\gamma$, $\delta$ schneiden sich in $P'_b$ der bewegten Polkurve $k_b$.

Wie kann diese Konstruktion für die Koppel $b$ des Schubkurbelgetriebes abgewandelt werden?

## B. Krümmungs- und Beschleunigungsverhältnisse

**Aufgabe 15.** Beweise die Richtigkeit der durch Abb. 143 gegebenen Konstruktion[1] für die Beschleunigung $\mathfrak{b}_B = \overrightarrow{U\mathfrak{A}}$ von $B$ aus $\mathfrak{b}_A = \mathfrak{b}_{n_A} = \overrightarrow{A\mathfrak{A}}$. $M_v = M_z/\omega_{ad}$. Übertrage diese Konstruktion auf ein geschränktes Schubkurbelgetriebe.

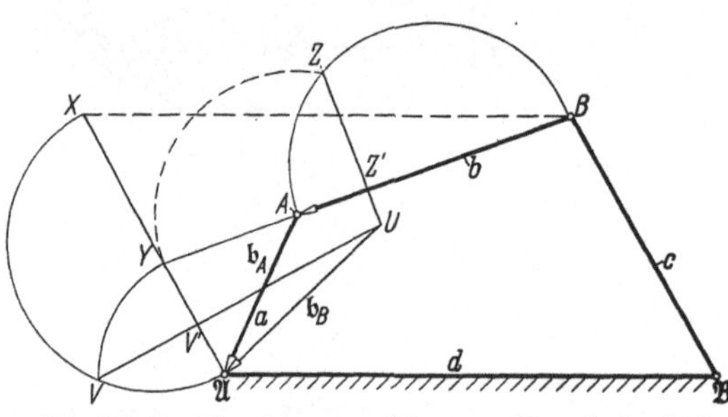

Abb. 143. Beschleunigungsermittlung am Viergelenkgetriebe nach R. LAND.

**Aufgabe 16.** Abb. 144 zeigt die Verwendung einer *gleichschenkligen umlaufenden Kurbelschleife*, bestehend aus den Gliedern $\mathfrak{A}\mathfrak{B} = d$ (Gestell!) und $\overline{\mathfrak{A}A} = a$ mit $\overline{\mathfrak{A}\mathfrak{B}} = \overline{\mathfrak{A}A} = 0{,}08\,\text{m}$ und $\sphericalangle\,\mathfrak{B}\mathfrak{A}A = 60°$, in Verbindung mit einer Kreuzschleifenanordnung der Kreuzschleife $c$, wobei ein Gleitstein $b$ längs der geradlinigen Kulisse $\mathfrak{B}y$ gleitet. Zur Vermeidung des Durchschlagens ist die Kurbel $\mathfrak{A}A$ über $\mathfrak{A}$ um sich selbst bis $B$ verlängert, und die Zapfenmitte $B$ gleitet längs $\mathfrak{B}x$; oder diese Führung kann in den Verzweigungslagen mit Hilfe des bekannten Kardankreispaares durch eine Hilfsverzahnung in den äußersten Lagen ersetzt werden.

Die Kurbel $a = \overline{\mathfrak{A}A}$ umlaufe mit $n = 191\,\text{U/min}$ im Gegensinn des Uhrzeigers und habe in der gezeichneten Getriebestellung die Winkelbeschleunigung $\bar{\varepsilon}_{ad} = -300\,\text{sek}^{-2}$.

*Maßstäbe.* $M_z = 40\,\text{cm/m}$. Geschwindigkeitsmaßstab so, daß die Kurbelzapfengeschwindigkeit $\mathfrak{v}_A$ von $A$ gleich der Kurbellänge $\overline{\mathfrak{A}A}$ wird.

Ferner ist gegeben ein Punkt $C$ des Gleitsteins $b$ mit $\overline{AC} = 0{,}05\,\text{m}$ und $\overline{AC}$ senkrecht $\overline{\mathfrak{B}A}$.

*Es sind zu ermitteln*

a) die mit dem Glied $d$ verbundene Polkurve $k_d$ für die Bewegung des Gleitsteins $b$ gegen $d$,

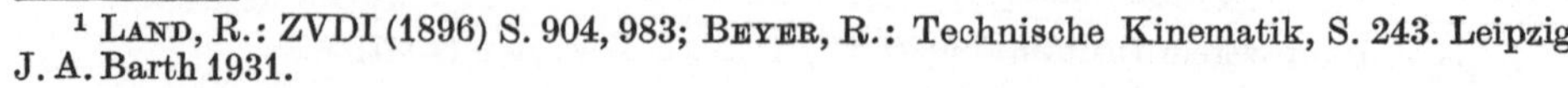

Abb. 144. Gleichschenklige umlaufende Kurbelschleife in Verbindung mit einer Kreuzschleifenanordnung. Hilfsverzahnung bei $\bar{c}$ der Kreuzschleife $c$.

b) die mit dem Gleitstein $b$ verbundene bewegte Polkurve $k_b$,

c) Wendekreis und Wendekreisdurchmesser $\delta$ für die Bewegung von $b$ gegen $d$,

---

[1] LAND, R.: ZVDI (1896) S. 904, 983; BEYER, R.: Technische Kinematik, S. 243. Leipzig J. A. Barth 1931.

d) Rückkehrkreis und Rückkehrkreisdurchmesser für die Bewegung von $b$ gegen $d$,

e) Polwechselgeschwindigkeit $\mathfrak{u} = \mathfrak{u}_{b\,d}$ und nach Konstruktion der Geschwindigkeit des Punktes $C$ mittels des HARTMANNschen Verfahrens der Krümmungsmittelpunkt $\mathfrak{C}$ von $C$ sowie Kontrolle dieser Konstruktion nach dem BOBILLIERschen Verfahren bzw. der daraus abgeleiteten einfachen Konstruktion für das Zeichnen der Krümmungsmittelpunkte zyklischer Kurven,

f) Ermittle nach dem Satz von CORIOLIS die Geschwindigkeit und die Beschleunigung des Punktes $(A)$ desjenigen Punktes des Gliedes $c$, der augenblicklich mit der Kurbelzapfenmitte $A$ von $a$ zusammenfällt und hieraus die Winkelgeschwindigkeit $\bar{\omega}_{c\,d}$ und die Winkelbeschleunigung $\bar{\varepsilon}_{c\,d}$ des Gliedes $c$ bei seiner Drehung um $\mathfrak{B}$.

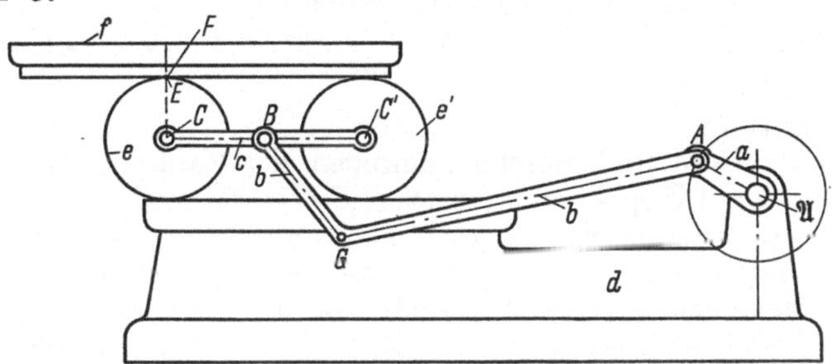

Abb. 145. Eisenbahnführung bei Plandruckmaschinen. Hubverdopplung.

**Aufgabe 17.** In Abb. 145 ist die *Eisenbahnführung* für die Bewegung des Drucksatzes in *Plandruckmaschinen* dargestellt: Schubkurbelgetriebe mit Schubglied $c$ auf in $C$ und $C'$ von $c$ gelagerten Zahnrädern $e$, $e'$, die die Platte $f$ mit dem „Drucksatz" bewegen.

*Gegeben.* Antriebskurbel $\overline{\mathfrak{A}A} = 105$ mm, Drehzahl $n_{a\,d} = +30$ U/min = konstant. $M_z = 20$ cm/m.

*Geschwindigkeitsmaßstab* so, daß die Kurbelzapfengeschwindigkeit $v_A$ in der Zeichnung die Länge von 3 cm besitzt.

*Es sind zu ermitteln*

a) Geschwindigkeiten der Punkte $B$, $G$, $C$, $E$, $F$, wobei $E$ dem Rad $e$ und $F$ der Platte $f$ angehören,

b) die Beschleunigung dieser Punkte $B$ bis $F$,

c) die Winkelbeschleunigung der Glieder $b$ gegen $d$ und $e$ gegen d,

d) Krümmungsmittelpunkt $\mathfrak{G}$ der von $G$ in $d$ beschriebenen Koppelkurve.

*Kontrolle.* Ermittle den dazugehörigen Krümmungshalbmesser auch aus der Normalbeschleunigung $\mathfrak{b}_{n\,G}$ und der Geschwindigkeit $v_G$.

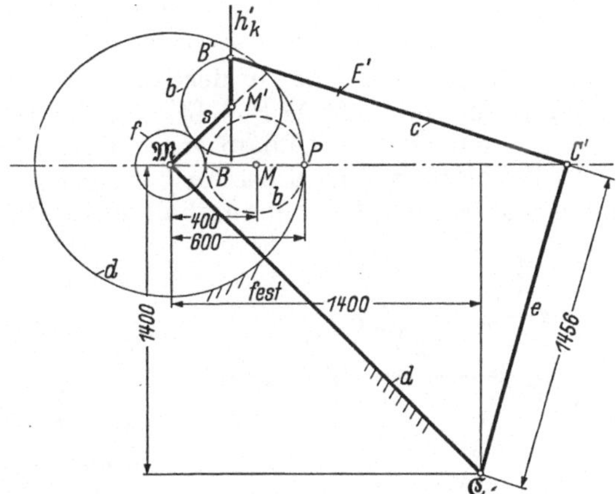

Abb. 146. Zahnradkurbelgetriebe.

**Aufgabe 18.** Das in Abb. 146 dargestellte *Zahnradkurbelgetriebe* besteht aus dem im Gestell $d$ fest angeordneten Zentralrad (Hohlrad) $d$ vom Halbmesser $\mathfrak{R} = \overline{\mathfrak{M}P}$

$= 600$ mm, dem mit ihm kämmenden Planetenrad $b$ vom Halbmesser $R = 200$ mm, angetrieben über den Steg $s = \overline{\mathfrak{M} M'} = 400$ mm. Es sind: $\sphericalangle\, M'\mathfrak{M}P = 45°$ und $\overline{M'B'} = R = 200$ mm, wobei $\overline{M'B'}$ senkrecht auf $\overline{\mathfrak{M}P}$.

Am Teilkreisumfang von $b$ ist der Zapfen $B'$ – als zu $b$ gehörig – angeordnet. In ihm ist die Koppel $c = \overline{B'C'} = 1600$ mm drehbar gelagert und treibt die in $\mathfrak{C}$ des Gestells $d$ drehbar angeordnete Schwinge $e = \overline{\mathfrak{C}C'} = 1456$ mm.

*Zeichenmaßstab.* $M_z = 10$ cm/m.

*Geschwindigkeitsmaßstab.* $M_v = 0{,}25$ cm/msek$^{-1}$.

Zeichne das Getriebe in derjenigen Getriebestellung, in der der Steg $s$ in die Lage $\mathfrak{M}M$ auf $\mathfrak{M}P$ zu liegen kommt. In dieser Lage sollen die betreffenden Gliedpunkte usw. mit $B$, $C$, $E$ usw. bezeichnet werden.

*Gegeben.* Winkelgeschwindigkeit $\overline{\omega}_{sd} = -\,20$ sek$^{-1}$, Winkelbeschleunigung $\overline{\varepsilon}_{sd} = -\,1600$ sek$^{-2}$.

*Es sind zu ermitteln*

a) Geschwindigkeiten und Beschleunigungen der Zapfenmitten bzw. Gliedpunkte $M$, $B$, $C$, $E$ auf Koppel $c$ im Abstand $BE = 500$ mm,

b) Winkelgeschwindigkeiten $\overline{\omega}_{bd}$, $\overline{\omega}_{cd}$, $\overline{\omega}_{ed}$ und Winkelbeschleunigungen $\overline{\varepsilon}_{bd}$, $\overline{\varepsilon}_{cd}$, $\overline{\varepsilon}_{ed}$ der Glieder $b$, $c$, $e$ gegenüber dem Gestell $d$, ferner die Winkelgeschwindigkeit und Winkelbeschleunigung von Planetenrad $b$ gegenüber der Koppel $c$,

c) Krümmungsmittelpunkt $\mathfrak{B}$ der von Zapfenmitte $B$ des Gliedes $b$ beschriebenen Hypozykloide nach Verfahren von Bobillier, Hartmann oder mit Hilfe der Euler-Savaryschen Gleichung,

d) Beschleunigungspol $Q_b$ des Planetenrades $b$,

e) Ermittle den Krümmungsmittelpunkt $\mathfrak{E}$ der von $E$ beschriebenen Koppelkurve aus der Normalbeschleunigung des Punktes $E$!

In $\mathfrak{M}$ sei zusätzlich das Zentral- oder Sonnenrad $f$ gegenüber $s$ und $d$ frei beweglich und mit dem Planetenrad $b$ kämmend angeordnet. Es sei $F$ derjenige Punkt des Teilkreises von $f$ (Punkt von Rad $f$), in dem $f$ das Rad $b$ berührt. Ermittle:

f) Drehzahl von $f$, wenn $s$ gegenüber $d$ mit $n_{sd} = -\,191$ U/min umläuft,

g) Beschleunigung dieses Punktes $F$ von $f$.

Das Planetenrad $b$ hat in der Ausgangslage nach Abb. 146, also in derjenigen Stellung, für die $\sphericalangle\, M'\mathfrak{M}P = 45°$ ist, die Hüllgerade $h_k'$ (Gerade durch $M'B'$); diese umhüllt bei dem Umlauf von $s$ die „Hüllbahn" $h_b$.

h) Wo berührt $h_k'$ in dieser Ausgangsgetriebestellung die von ihr erzeugte Hüllbahn, und welchen Krümmungshalbmesser besitzt $h_b$ an dieser Stelle?

i) Zeichne diese Hüllbahn für die Stegdrehwinkel $\sphericalangle\, P\mathfrak{M}M' = 45°$, $= 22{,}5°$ und $= 0°$.

**Aufgabe 19.** Im Gestell $f$ des Getriebes von Abb. 147 ist bei 0 das „Kreuzschleifenglied" $d$ drehbar angeordnet und besitzt die momentane Winkelgeschwindigkeit $\omega_{df} = -\,1$ sek$^{-1}$. Längs der Führungen $OX$, $OY$ des Gliedes $d$ und $OZ$ des Gestells $f$ werden die Gleitsteine $a$, $c$, $e$ mittels der Koppel $b$ geführt, die bei $A$, $B$ und $C$ an diese Gleitsteine angelenkt ist.

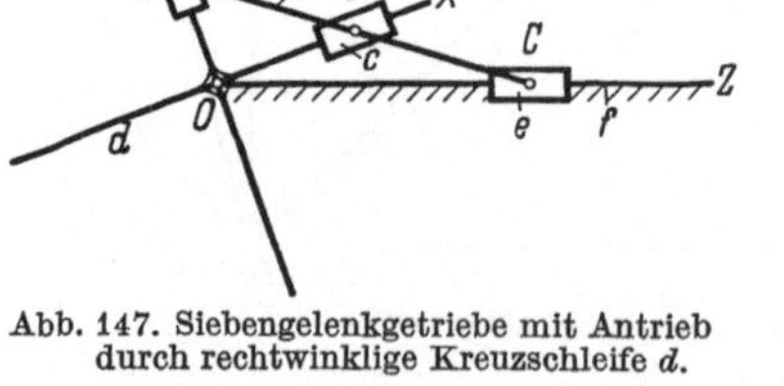

Abb. 147. Siebengelenkgetriebe mit Antrieb durch rechtwinklige Kreuzschleife $d$.

*Abmessungen.* $\overline{OA} = 0{,}06$ m, $\overline{OB} = 0{,}08$ m in der gezeichneten Getriebelage (Stange $A$–$B$–$C$ ist ein einziges starres Glied $b$). $\overline{AB} = \overline{BC} = 0{,}1$ m, $M_z = 50$ cm/m, Geschwindigkeitsmaßstab: $M_v = M_z/\omega_{df}$.

*Es sind zu ermitteln*

a) Geschwindigkeiten $v_A$, $v_B$, $v_C$ gegenüber dem Gestell $f$ und die Relativwinkelgeschwindigkeiten von $a$ und $c$ gegenüber $d$,

b) Beschleunigungen von $A$, $B$ und $C$, wenn $\varepsilon_{df} = 0$ angenommen wird,

c) In welcher Weise ließe sich das vorliegende Getriebe in ein Zahnradkurbelgetriebe umbauen?

**Aufgabe 20.** Eine *zentrische Schubkurbel* mit den Abmessungen $\overline{\mathfrak{A}A} = a = 125$ mm, $\overline{AB} = b = 375$ mm befindet sich in der äußeren Totlage und werde mit der Winkelgeschwindigkeit $\omega = \omega_{ad} = 10$ sek$^{-1}$ und der Winkelbeschleunigung $\varepsilon = \varepsilon_{ad} = 0$ angetrieben (Uhrzeigersinn).

*Zeichenmaßstab.* $M_z = 20$ cm/m. *Geschwindigkeitsmaßstab* so, daß $v_A$ in der Zeichnung die Länge der Kurbel besitzt.

In der Koppelebene von $b$ befindet sich außerdem ein Punkt $D$ mit $\overline{AD} = \overline{BD} = \overline{AB}$, so daß $A$, $B$, $D$ ein gleichseitiges Dreieck bilden.

*Es sind zu ermitteln*

a) Geschwindigkeiten und Beschleunigungen der Koppelpunkte $B$ und $D$,

b) Winkelgeschwindigkeit und Winkelbeschleunigung der Koppel $b$ gegen Gestell $d$ und Winkelgeschwindigkeit und Winkelbeschleunigung der Koppel $b$ gegen Kurbel $a$,

c) Polwechselgeschwindigkeit $\mathfrak{u}$ von $P = P_{bd}$ und hieraus durch Rechnung Durchmesser $\overline{PW} = \delta$ des Wendekreises $k_W$ für die Bewegung von $b$ gegen $d$,

d) Wendekreisdurchmesser gemäß Frage c) mit Hilfe der Formel von EULER-SAVARY,

e) Krümmungsmittelpunkt $\mathfrak{D}$ der von $D$ beschriebenen Koppelkurve

$\alpha$) mit Hilfe der EULER-SAVARYschen Gleichung,

$\beta$) nach Satz von BOBILLIER,

$\gamma$) durch Zerlegung des Beschleunigungsvektors $\mathfrak{b}_D$ in seine Normal- und Tangentialbeschleunigung und Berechnung des Krümmungshalbmessers $\varrho_D$ aus der Normalbeschleunigung $b_{nD}$ und der Geschwindigkeit $v_D$,

f) Polbeschleunigung $\mathfrak{b}_P$,

g) ruhende und bewegte Polkurve $k_d$ und $k_b$. Kontrolle: Polkurvenkrümmungshalbmesser stimmen mit Wendekreisdurchmesser und Wendekreishalbmesser überein. Erörtere den Zusammenhang mit dem kardanischen Problem!

h) Deute den über $\overline{AB}$ um $C$ als Durchmesser geschlagenen Kreis $h_k$ als „Hüllkurve". Zeichne die „Hüllbahn" $h_b$ (getrennte Figur), ermittle den Krümmungsmittelpunkt $\mathfrak{C}$ von $C$ und finde so den Krümmungsmittelpunkt der Hüllbahn!

i) Welcher Punkt der Koppelebene $b$ besitzt die Beschleunigung „Null" (Beschleunigungspol)?

**Aufgabe 21.** Zeichne die *Kurbelschwinge* (Abb.148) mit dem Gestell $\overline{\mathfrak{A}\mathfrak{B}} = d = 0,4$ m, der Kurbel $\overline{\mathfrak{A}A} = a = 0,15$ m, der Koppel $\overline{AB} = b = 0,35$ m und der Schwinge $c = \overline{\mathfrak{B}B} = 0,30$ m in der äußeren Strecklage von Kurbel und Koppel (Totlage der Schwinge) im Zeichenmaßstab: $M_z = 20$ cm/m. Die

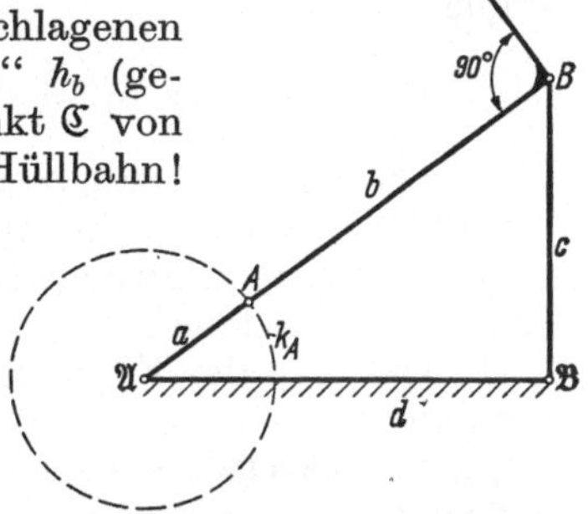

Abb. 148. Kurbelschwinge in äußerer Totlage.

Kurbel $a$ umlaufe mit der konstanten Winkelgeschwindigkeit von $\omega_{ad} = 10$ sek$^{-1}$ im Gegensinn des Uhrzeigers, und der Geschwindigkeitsmaßstab sei so gewählt,

10*

daß der Geschwindigkeitspfeil von $v_A$ in der Zeichnung die Länge von $\overline{\mathfrak{A}A}$ besitzt. Die Koppel $b$ ist als Winkelarm $ABC$ mit $\overline{BC} = \overline{AB}$ ausgebildet.

*Es sind zu ermitteln*

a) Beschleunigungen der Gliedpunkte $B$ und $C$,

b) Winkelgeschwindigkeit und Winkelbeschleunigung der Koppel $b$ gegenüber dem Gestell $d$ und der Schwinge $c$ gegenüber $d$,

c) Winkelgeschwindigkeit der Koppel $b$ gegenüber $a$,

d) Krümmungsmittelpunkt der Koppelkurve $k_C$ im Koppelpunkt $C$ aus der Normalbeschleunigung $\mathfrak{b}_{nC}$ von $C$,

e) Poltangente $PT$ für die Bewegung von $b$ gegenüber $d$ in der gezeichneten Totlagenstellung,

f) Polwechselgeschwindigkeit $\mathfrak{u}$ aus der Polbeschleunigung $\mathfrak{b}_p$ und der Winkelgeschwindigkeit von $b$ gegen $d$ auf eine zweite Art (zur Kontrolle),

g) der Durchmesser des Wendekreises,

h) Zeichne auf besonderem Blatt die ruhende und die bewegte Polkurve für die Bewegung von $b$ gegenüber $d$ in zwei beiderseitig benachbarten Koppelstellungen,

i) Löse die gleichen Aufgaben für die innere Totlage der Schwinge $c$ und für die Getriebestellung, bei der $\overline{\mathfrak{A}A} \parallel \overline{\mathfrak{B}B}$ ist (zwei Möglichkeiten!).

**Aufgabe 22.** Abb. 149 stellt die *Teilanordnung eines Fliehkraftreglers* dar mit den Abmessungen $\overline{C_0A_0} = 20$ mm, dem Hebel $\overline{A_0A} = a = 50$ mm, der Koppel $b = $ Winkelhebel $ABC$ mit $\overline{AB} = 50$ mm, $\overline{AC} = 28{,}9$ mm, $\sphericalangle CAB = 90°$.

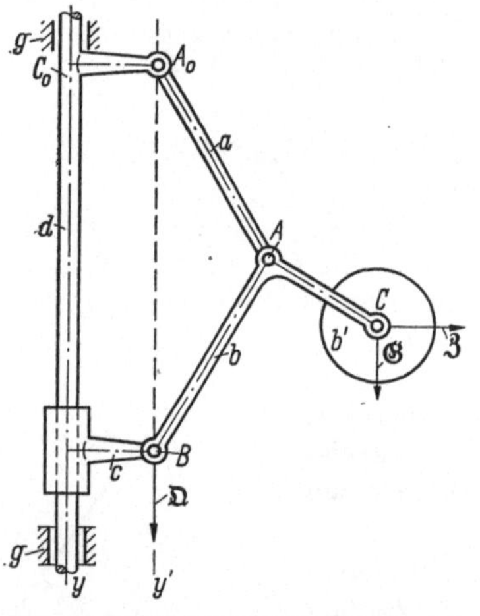

Der Koppelpunkt $B$ wird längs $A_0y'$ parallel $C_0y$ mittels des Gleitstückes $c$ geführt. Für die vorstehende Untersuchung kann Glied $d = A_0C_0y$ als feststehend angesehen werden, so daß die getriebliche Anordnung als Schubkurbelgetriebe anzusprechen ist, dessen Koppelpunkt $C$ eine Schwungkugel $b'$ trägt. Angenommen sei $v_A = A\overline{A} = 2{,}5$ cm, gleichbedeutend mit $0{,}1$ m/sek. Der Zeichenmaßstab sei $M_z = 100$ cm/m. Lenker $a$ drehe gegen $d$ im Gegensinn des Uhrzeigers.

*Es sind zu ermitteln:*

a) Geschwindigkeitsplan für die Koppelpunkte $A$, $B$, $C$,

Abb. 149. Teilschema eines Fliehkraftreglers.

b) Winkelgeschwindigkeit $\overline{\omega}_{ba}$ der Koppel $b$ gegenüber $a$,

c) ruhende und bewegte Polkurve $k_d$ bzw. $k_b$ der Koppelbewegung $b$ gegen $d$,

d) Polwechselgeschwindigkeit $\mathfrak{u}$,

e) Krümmungsmittelpunkt der von $C$ beschriebenen Koppelkurve an der vorliegenden Bahnstelle $C$,

f) Kontrolle des Ergebnisses mit Hilfe des HARTMANNschen Verfahrens aus $v_C$ und $\mathfrak{u}$,

g) Wendekreisdurchmesser $\delta$ aus den Halbmessern der Polkurven und Kontrolle mittels der Polwechselgeschwindigkeit und der Winkelgeschwindigkeit von $b$ gegen $d$.

h) Berechne mittels $\mathfrak{Q}v_B + \mathfrak{G}v_C + 3v_C = 0$ (Prinzip der virtuellen Leistungen) die Zentrifugalkraft $3 \perp \overline{A_0B}$, die dem anteiligen Muffengewicht $\mathfrak{Q} = 0{,}2$ kg und dem Schwunggewicht $\mathfrak{G} = 0{,}15$ kg das Gleichgewicht hält.

**Aufgabe 23.** Bei dem Getriebe von Abb. 150 wird das Planetenrad $b$ vom Halbmesser $\overline{\mathfrak{M}M} = R$ mittels des Steges $s = \overline{\mathfrak{M}M}$ im Hohlrad $d$ vom Halbmesser $2\overline{\mathfrak{M}M} = \mathfrak{R} = \overline{\mathfrak{M}P}$ abrollend bewegt, wobei der Steg $s$ die Winkelgeschwindigkeit $\overline{\omega}_{sd} = +10$ sek$^{-1}$ gegenüber dem Gestell $d$ besitzt mit der Winkelbeschleunigung $\overline{\varepsilon}_{sd} = 0$. Auf dem Umfang des Teilkreises des Planetenrades $b$ ist der Zapfen $B$ angeordnet ($\sphericalangle BMP = 90°$), in dem die Schubstange $c = \overline{BC}$ von der

Länge $c = 0,6$ m angelenkt ist und durch den Gleitstein $a$ längs der Geraden $\beta\beta'$ durch $\mathfrak{M}$ geführt wird.

Es sind zu ermitteln: Geschwindigkeit und Beschleunigung der Gelenkpunkte $B$ und $C$, des Mittelpunktes $D$ der Schubstange $BC$ $(\overline{BD} = \overline{DC})$, ferner:

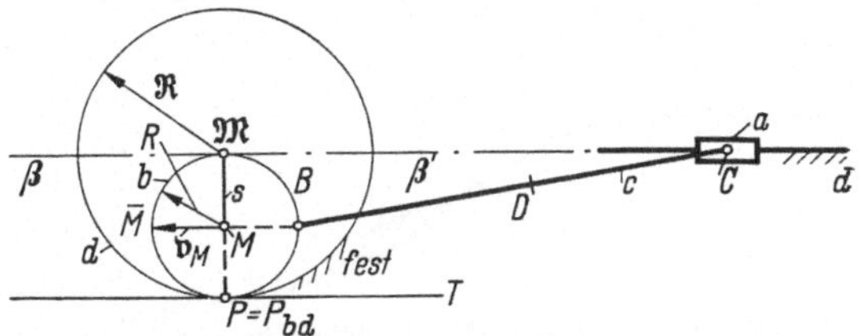

Abb. 150. Zahnradkurbelgetriebe mit Antrieb am Steg $s$ des Stirnradplanetengetriebes (Kardankreisräderpaar).

Winkelbeschleunigung der Glieder $b$ und $c$ gegenüber dem Gestell $(\overline{\varepsilon}_{bd}, \overline{\varepsilon}_{cd})$ und hieraus die Winkelbeschleunigung $\overline{\varepsilon}_{cb}$ des Gliedes $c$ gegen $b$ und die Beschleunigung desjenigen Punktes des Gliedes $b$, der in der gezeichneten Getriebestellung mit dem Momentanpol $b$ gegen $d$ zusammenfällt, d.h. $\mathfrak{b}_P$. Kontrolliere das Ergebnis durch Ermittlung der Polwechselgeschwindigkeit $\mathfrak{u}$ (für die Bewegung $b$ gegen $d$) und der Winkelgeschwindigkeit $\overline{\omega}_{bd}$.

Zusatzfrage: Läßt sich die Beschleunigung von $B$ auch aus der Relativbewegung von Glied $b$ gegenüber dem Steg $s$ ermitteln (Satz von CORIOLIS)? Berechne auch die CORIOLISbeschleunigung für die Bewegung des Punktes $B$ relativ zum Steg $s$.

**Aufgabe 24.** In Abb. 151 ist eine *gleichschenklige zentrische Schubkurbel* mit der Kurbel $\overline{\mathfrak{A}A} = a = 0,6$ m, der Koppel $\overline{AB} = b = 0,6$ m, dem Gleitstein $c$ und dem Kurbelwinkel $\sphericalangle B\mathfrak{A}A = \alpha = 30°$ dargestellt.

*Zeichenmaßstab.* $M_z = 10$ cm/m.

Mit der Koppel $b$ ist starr verbunden das Zahnrad $b'$ vom Teilkreishalbmesser $r = 0,4$ m. Im Lager $\mathfrak{A}$ ist außerdem das Zahnrad $f$ vom Teilkreishalbmesser $R = 0,2$ m gegenüber dem Gestell $d$ und der Kurbel $a$ frei drehbar angeordnet und kämmt mit dem Zahnrad $b'$. Es seien gegeben die Winkelgeschwindigkeit der Kurbel $a$ gegenüber dem Gestell $\overline{\omega}_{ad} = -2$ sek$^{-1}$ und der Geschwindigkeitsmaßstab

$$M_v = 2,5 \text{ cm/msek}^{-1}$$

*Es sind zu ermitteln.* $\mathfrak{v}_C$ und $\mathfrak{v}_D$, $C$ als Punkt von $b'$ und $D$ als Punkt von $f$, ferner die Winkelgeschwindigkeiten $\overline{\omega}_{fd}$, $\overline{\omega}_{fa}$ des Rades $f$ gegenüber $d$ und $a$.

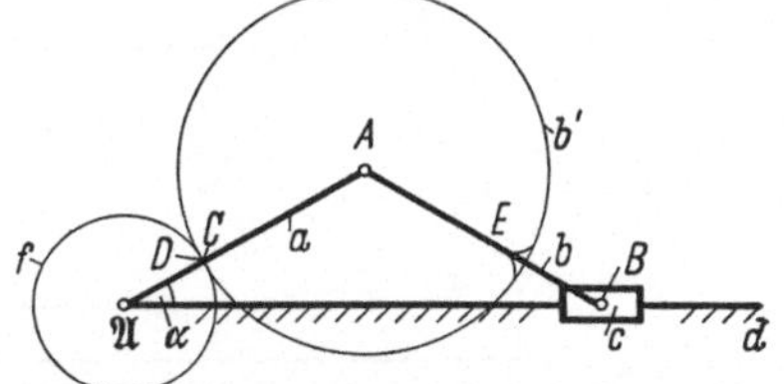

Abb. 151. Zahnradkurbelgetriebe. Zahnrad $b'$ fest an der Koppel $b$ des Schubkurbelgetriebes.

Gesucht werden ferner bei $\varepsilon_{ad} = 0$ die Beschleunigungen der Punkte $C$ und $D$ aus $\mathfrak{b}_A = \mathfrak{b}_{nA}$ sowie $\overline{\varepsilon}_{fd}$.

**Aufgabe 25.** In einer Arbeitsmaschine (Abb. 152) wird der Gleitstein $f$ längs der Gleitbahn $\mathfrak{B}X$ des Gestells $d$ geführt und mittels der Koppel $e = \overline{CD}$ von der Koppel $b = ABC$ der Kurbelschwinge $\mathfrak{A}AB\mathfrak{B}$ mit den Gliedern $\overline{\mathfrak{A}A} = a = 0,3$ m, der Koppel $b = \overline{AB} = 1,118$ m, der Schwinge $c = \overline{\mathfrak{B}B} = 0,8$ m und dem Gestell

$d = \overline{\mathfrak{A}\mathfrak{B}} = 1,0$ m angetrieben. Es sind ferner: $\sphericalangle \mathfrak{A}\mathfrak{B}X = 150°$, $\sphericalangle ABC = 90°$, $\overline{BC} = 0,5$ m, $e = \overline{CD} = 1,1$ m, $\sphericalangle A\mathfrak{A}\mathfrak{B} = 90°$ und deshalb bei den gegebenen Abmessungen $\sphericalangle \mathfrak{A}\mathfrak{B}B = 90°$ (Parallelstellung von Kurbel $a$ und Schwinge $c$). Kurbel $a$ umlaufe mit gleichbleibender Drehzahl $n_{ad} = -172$ U/min, Kurbel-

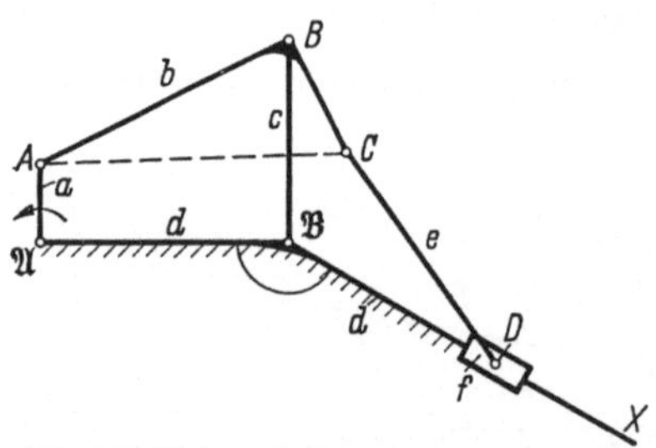

zapfengeschwindigkeit $v_A$ sei in der Zeichnung durch eine Strecke von 4,5 cm dargestellt und Zeichenmaßstab: $M_z = 10$ cm/m.

*Es sind zu ermitteln*

a) Geschwindigkeiten: $v_B$, $v_C$, $v_D$,

b) Winkelgeschwindigkeiten: $\overline{\omega}_{bd}$, $\overline{\omega}_{ed}$, $\overline{\omega}_{eb}$,

c) Beschleunigungen: $\mathfrak{b}_B$, $\mathfrak{b}_C$, $\mathfrak{b}_D$,

d) Winkelbeschleunigung: $\bar{\varepsilon}_{cd}$, $\bar{\varepsilon}_{ed}$, $\bar{\varepsilon}_{eb}$,

e) Lage des Beschleunigungspols $\Omega$ für Bewegung $b$ gegen $d$,

Abb. 152. Siebengelenkgetriebe der STEPHENSONschen Bauform. Antrieb an Kurbel $a$. Abtriebsschieber $f$ über Koppel $e$ an die Koppel $b$ der Kurbelschwinge $\mathfrak{A}AB\mathfrak{B}$ angelenkt.

f) Polbeschleunigung $\mathfrak{b}_P$ für Bewegung $e$ gegen $d$,

g) Krümmungshalbmesser der Koppelkurve von $C$ aus $\mathfrak{b}_{nC}$ und nach BOBILLIERS Satz,

h) Wendekreisdurchmesser und Polwechselgeschwindigkeit $\mathfrak{u}$ für die Koppelbewegung $e$ gegen $d$,

i) Poltangente, Polnormale, Polbeschleunigung, Polwechselgeschwindigkeit, Wendekreisdurchmesser für Koppelbewegung $b$ gegen $d$, wenn sich die Schwinge $c$ in der äußeren (rechten) Totlage befindet.

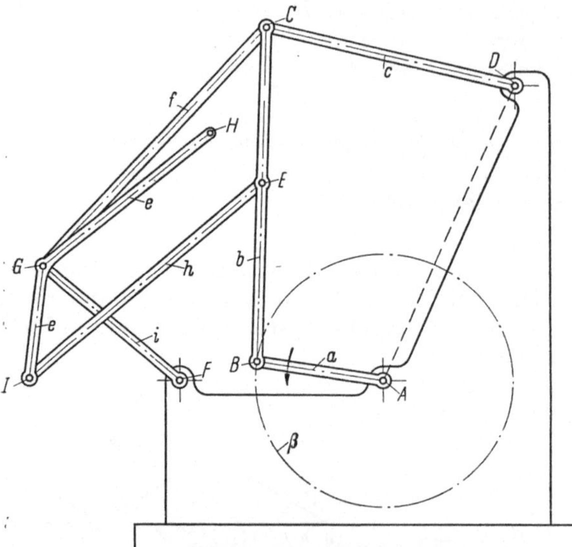

Abb. 153. Getriebeschema einer Fallschwingkolbenstrohpresse (Bauart RAUSSENDORF).

**Aufgabe 26.** Abb. 153 ist das Getriebeschema einer *Fallschwingkolbenstrohpresse* der Fa. „Raussendorf" für den Rechenantrieb, durch den das Stroh aus dem Zufuhrkanal in den Pressenkanal gefördert wird.

Das Getriebe besteht aus der Kurbelschwinge $ABCD$ mit den Gliedern $A\overline{D} = d$ als Gestell, $\overline{AB} = a$ als Antriebskurbel, $\overline{BC} = b$ als Koppel und $CD = c$ als Schwinge, ferner aus dem Doppelschwinggetriebe $DCGF$, gebildet aus den Gliedern $d = \overline{FD}$, den Schwingen $\overline{FG} = i$, $\overline{DC} = c$ und der Koppel $\overline{CG} = f$.

Glied $e$ (Rechen) ist in $G$ an den Schwingzapfen $G$ von Schwinge $i$ angelenkt und außerdem durch Koppel $h$ in $I$ von $e$ und im Koppelpunkt $E$ von $b$ angelenkt.

*Zeichenmaßstab.* $M_z = 20$ cm/m. $\overline{AF} = 335$ mm, $\overline{AD} = 535$ mm, $\overline{FD} = 735$ mm.

Kurbel $a$ wird mit $n_{ad} = -40$ U/min angetrieben.

Ausgangsstellung sei die innere Totlage der Schwinge $CD$ der Kurbelschwinge, wobei $a$ auf $b$ zu liegen kommt. Von diesem Punkt $B_i$ aus soll der Kurbelkreis $\beta$

von $B$ in 12 gleiche Teile geteilt werden (im Gegensinn des Uhrzeigers mit Numerierung $0 = B_i$, 1, 2, 3, . . . 12).

*Es sind die nachstehenden Untersuchungen durchzuführen.*

a) Aufstellung des $\psi$-$t$-Diagramms für die Bewegung des Schwingenzapfens $C$ mit $\sphericalangle CDC_i = \psi$.

*Maßstäbe.* $T =$ Umlaufszeit der Kurbel $a$ dargestellt durch 12 cm, Maßstab für Drehwinkel $\psi$ sei $M_\psi = 0{,}175$ cm/Winkelgrad der 360°-Teilung. Der Winkel vom Bogen 1 wird also veranschaulicht durch 10 cm.

b) Ermittlung von Winkelgeschwindigkeit $\omega_{cd}$ und Winkelbeschleunigung $\varepsilon_{cd}$ der Schwinge $c$ gegenüber dem Gestell $d$ durch graphische Differentiation mit dem Polabstand $a' = a'' = 3$ cm.

c) Zeichnung des „polaren" Hodographen $h_p$ für die Bewegung von $C$.

d) Zeichnung des „örtlichen" Hodographen $\bar{h}$ für die Bewegung von $C$.

e) Zeichnung der örtlichen „Orthogonalhodographen" $h'$, $h''$.

f) Zeichnung der Koppelkurven von $E$, $I$ und $H$.

g) Zeichnung des „Geschwindigkeitsplanes" für die gesamte Getriebeanordnung in Kurbelstellung Nr. 4.

h) Für Stellung Nr. 4 sind zu ermitteln (aus dem Geschwindigkeitsplan) die Winkelgeschwindigkeiten der Glieder $c$, $b$, $i$, $f$, $e$, $h$ gegenüber dem Gestell $d$ und die „relativen" Winkelgeschwindigkeiten von $b$ gegen $c$, $f$ gegen $b$ und $e$ gegen $i$.

i) Beschleunigungen $\mathfrak{b}_C$, $\mathfrak{b}_E$, $\mathfrak{b}_G$, $\mathfrak{b}_I$, $\mathfrak{b}_H$ und Winkelbeschleunigungen $\bar{\varepsilon}_{cd}$, $\bar{\varepsilon}_{id}$ für Getriebestellung Nr. 4.

k) Kontrolle von $\mathfrak{b}_C$ in Stellung 4 mit Hilfe von $h_p$, $\bar{h}$, $h'$, $h''$.

**Aufgabe 27.** Für die Koppel $b$ des in Abb. 154 dargestellten *Doppelschwinggetriebes* mit $\overline{\mathfrak{A}\mathfrak{B}} = 2\,s$, $\overline{\mathfrak{A}A} = \overline{AB} = \overline{\mathfrak{B}B} = s$ sind in der gezeichneten symmetrischen Vierecklage zu ermitteln ($s = 5$ cm):

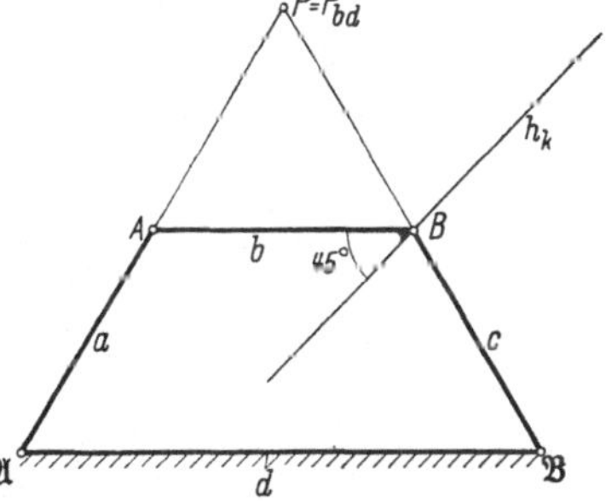

Abb. 154. Doppelschwinggetriebe in symmetrischer Vierecklage. Gerade $h_k$ als Hüllgerade.

a) Durchmesser $\delta$ des Wendekreises $k_W$.

b) Hüllbahn $h_b$, erzeugt durch die Gerade $h_k$ (Hüllkurve) des Gliedes $b$, die auf $b$ angeordnet mit $AB$ den Winkel von 45° bildet.

c) Der Krümmungsmittelpunkt der Hüllbahn $h_b$ von $h_k$ in der gezeichneten Ausgangsstellung?

## C. Kurvengetriebe

**Aufgabe 28.** Für ein ebenes Kurvenschwinggetriebe nach Abb. 111a oder Kurvenschubgetriebe nach Abb. 111b sei bezüglich Anlauf bzw. Ablauf der Schwing- bzw. Hubbewegung (maximaler Schwingwinkel $\psi$, maximaler Hub $H$, zu erzeugen in der Anlaufzeit $T$) ein Beschleunigungs-Zeit-Diagramm gemäß Abb. 155a vorgeschrieben.

Das Bewegungsgesetz soll den nachstehenden Anfangsbedingungen für die Geschwindigkeit $v$ und den Weg $s$ genügen:

Zur Zeit $t = 0$ seien $v = 0$ und $s = 0$.

Zur Zeit $t = T/2$ sei $s = H/2$ (Bedingung für die Ermittlung der zunächst beliebig angesetzten Konstanten $k$ der maximalen Beschleunigung).

*Es sind darzustellen.* $v$ und $s$ als Funktion der Zeit sowie in Form von Zahlentafeln die Hubwerte $s$ für den Hub $H = 100$ zu den Zeiten

$$t = v\,\frac{T}{12} \quad \text{für} \quad v = 0, 1, 2, 3, \ldots, 11, 12$$

*Ferner sind zu ermitteln:* $\xi_m$, $\eta_m$, $v_{\max}$, $b_{\max}$, ausgedrückt durch $H$ und $T$; Zahlenbeispiel: $H = 0{,}30$ m, $T = 0{,}2$ sek.

Gefordert:

Bereich I: $\qquad 0 \leq t \leq \dfrac{T}{4} \qquad b = \dfrac{4\,k}{T}\,t$

Bereich II und III: $\quad \dfrac{T}{4} \leq t \leq \dfrac{3}{4}\,T \qquad b = -\dfrac{4\,k}{T}\,t + 2\,k$

Bereich IV: $\qquad \dfrac{3}{4}\,T \leq t \leq T \qquad b = \dfrac{4\,k}{T}\,t - 4\,k$

**Aufgabe 29.** Für eine Arbeitsmaschine ist ein Kurvenschwinggetriebe nach Art von Abb. 111a zu entwerfen, das folgende Forderungen erfüllt. Nach dem Diagramm für einen Arbeitsgang (Abb. 112), entsprechend der Gesamtumlaufszeit $T_g = 60/n_{ac}$, sei vorgeschrieben: Anlaufzeit $T_1 = T_g/4$, obere Rast $T_2 = T_g/3$, Ablaufzeit $T_3 = T_g/6$, untere Rast $T_4 = T_g/4$, maximaler Schwingwinkel $\Psi = 25°$, Drehzahl der Kurvenscheibe gegen Gestell sei $n = n_{ac} = 300$ U/min, Halbmesser $r_u = 25$ mm, Wellenabstand $c = 80$ mm, Länge des Schwinghebels $\overline{\mathfrak{B}B} = 75$ mm.

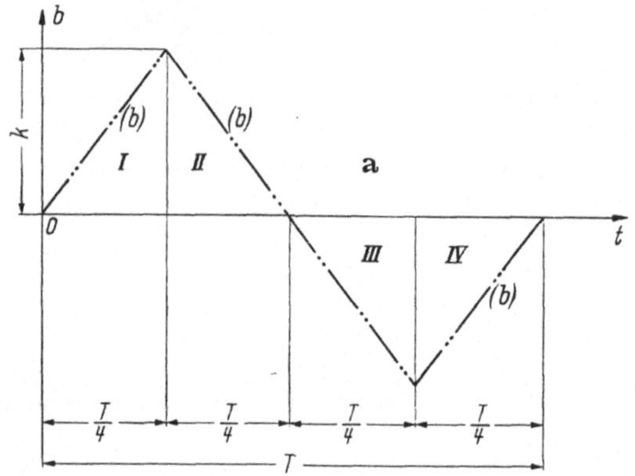

Für An- und Ablaufbewegung sei das Bewegungsgesetz der Gl. (311b) zugrunde gelegt.

Welche Werte ergeben sich dagegen für $r_u$ und die Schwinghebellänge, wenn für die Zeiten $t = T_1/2$ und $t = T_1 + T_2 + T_3/2$ die Übertragungswinkel $\mu_\mathrm{I} = 60°$ bzw. $\mu_\mathrm{II} = 45°$ vorgeschrieben sind ([2b], S. 201)?

**Aufgabe 30.** Nach dem gleichen Diagramm für einen Arbeitsgang gemäß Aufgabe 29 mit denselben Zeiten $T_i$ ist die Kurvenscheibe für ein Kurvenschubgetriebe nach Art von Abb. 111b zu entwerfen. Schubrichtung des Schiebers $b$ soll außermittig im Abstand $e = 8$ mm von der Wellenmitte 0 vorbeigeführt werden. Der Hub sei $H = 30$ mm. Für An- und Ablauf soll Bewegungsgesetz der Gl. (316c) benutzt werden. Gewählt $r_u = 25$ mm.

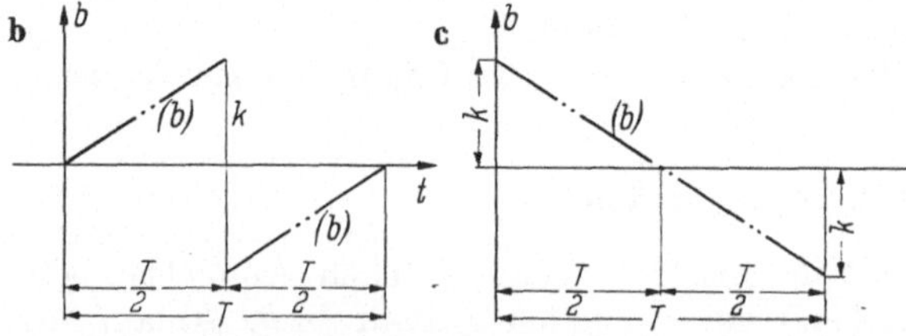

Abb. 155a—c. Bewegungsgesetze für den An- oder Ablauf von Kurvengetrieben. a), b), c) Beschleunigungsverlauf im $b$-$t$-Diagramm aus Teilen von Geraden zusammengesetzt.

Welche Exzentrizität $e'$ und welcher Grundkreishalbmesser $r'_u$ ergeben sich dagegen, wenn in den Getriebestellungen der maximalen Hubgeschwindigkeiten bei An- und Ablauf die Übertragungswinkel $\mu'_\mathrm{I} = 60°$ bzw. $\mu'_\mathrm{II} = 45°$ vorgeschrieben sind?

**Aufgabe 31.** a) Stelle die Bewegungsgesetze für den vorgeschriebenen Beschleunigungsverlauf nach den Abb. 155 b, 155 c auf und ermittle die Werte $\xi_m$, $\eta_m$.

b) Setze jedes dieser Gesetze zu einem kombinierten Bewegungsgesetz zusammen mit $n_1 = n_2 = 1/4$ durch Zwischenschaltung einer gleichförmigen Hubbewegung.

**Aufgabe 32.** Ein von einer ebenen Kurvenscheibe bewegter Schieber soll in $T_1 = 0,3$ sek einen Weg $H = 0,18$ m hin und in $T_3 = 0,6$ sek zurücklegen. Zwischen beiden Bewegungen sei eine Rast von $T_2 = 0,4$ sek bzw. $T_4 = 0,4$ sek.

Der Hinlauf soll mit der Beschleunigung Null beginnen und enden, wobei der Größtwert der Beschleunigung den Betrag 25 msek$^{-2}$ nicht überschreiten soll. Für den Rücklauf betrage die maximale Geschwindigkeit höchstens 60 % der maximalen Anlaufgeschwindigkeit. Für den Hinlauf sei Bewegungsgesetz Gl. (311 b) mit zwischengeschalteter gleichförmiger Bewegung zugrunde gelegt; der Rücklauf soll nach Bewegungsgesetz (Nr. 71, Beispiel 2) mit ebenfalls zwischengeschalteter gleichförmiger Hubbewegung geschehen ([2 b], S. 200).

## D. Verschiedenes

**Aufgabe 33.** Abb. 156 zeigt das Getriebeschema des *Nadelbarrenantriebs einer Flachkettenwirkmaschine* in einer Abwandlung nach DP Nr. 892 813. Das Getriebe besteht aus dem Viergelenkgetriebe $\mathfrak{A}AB\mathfrak{B}$ mit Antrieb an der Kurbel $\overline{\mathfrak{A}A} = a$, der Koppel $b = \overline{AB}$ und der Schwinge $c = \overline{\mathfrak{B}B}$. Die Schwinge $c$ trägt die an ihr fest angeordnete Gleitführung $c_1$, in der die Nadel $g$ schiebend bewegt wird (Schubgelenk!). Die Nadel $g$ erhält ihren Antrieb durch die Koppel $f$, die bei $D$ an die Nadel $g$ angelenkt ist und mit der zweiten Antriebskurbel $e = \overline{\mathfrak{E}E}$ durch das Drehgelenk $E$ verbunden ist.

Die gesamte getriebliche Anordnung hat mit $n = 7$ Gliedern und $g = 8$ Gelenken den Freiheitsgrad $F = 2$ und erfordert deshalb Doppelantrieb bei $a$ und $e$.

*Es sind zu ermitteln*

a) Geschwindigkeiten der Zapfenmitten von $B$, $(D)$ als Punkt von $c$, der momentan mit $D$ von $f$ zusammenfällt, $D$ und Nadelspitze $S$,

b) Winkelgeschwindigkeiten $\omega_{cd}$, $\omega_{fd}$ und $\omega_{gf}$,

c) Relativgeschwindigkeit der Nadel $g$ gegenüber $c$,

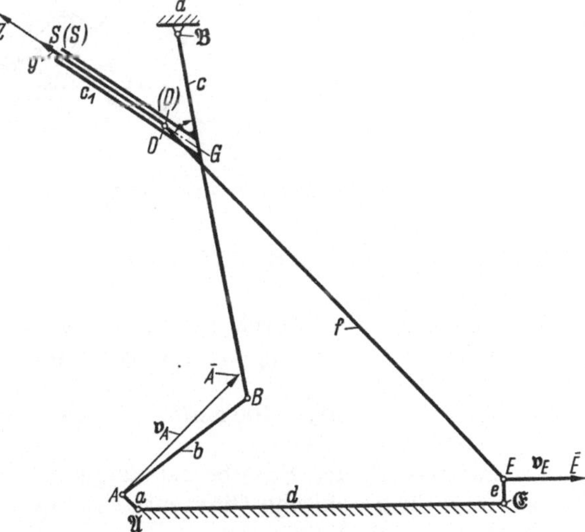


Abb. 156. Schema des Nadelbarrenantriebs einer Flachkettenwirkmaschine.

d) Beschleunigungen der Punkte $B$, $(D)$, $D$, $(S)$ und $S$, wobei $(S)$ ein Punkt von $c$,

e) Winkelbeschleunigung $\varepsilon_{bd}$ und $\varepsilon_{gd}$.

*Gegeben.* Zeichenmaßstab: $M_z = 100$ cm/m, Drehzahlen $n_{ad} = +\ 2400$ U/min $n_{ed} = +\ 1200$ U/min. Winkelbeschleunigung der beiden Antriebskurbeln je gleich Null.

Geschwindigkeitsmaßstab so, daß $v_A$ in der Zeichnung die Länge 5,6 cm besitzt.

*Abmessungen.* $\overline{\mathfrak{A}\mathfrak{E}} = 120$ mm, $\overline{\mathfrak{A}\mathfrak{B}} = 160$ mm, $\overline{\mathfrak{E}\mathfrak{B}} = 190$ mm, $\overline{\mathfrak{A}A} = a = 7$ mm, $\overline{\mathfrak{E}E} = e = 7$ mm, $\overline{AB} = b = 52$ mm, $\overline{\mathfrak{B}B} = c = 125$ mm, $\overline{\mathfrak{B}G} = 40$ mm, $\sphericalangle Z G \mathfrak{B} = 45°$, $\overline{ED} = f = 160$ mm, $\overline{SD} = 50$ mm.

*Anmerkung.* Normalbeschleunigungen, CORIOLISbeschleunigung sind im Getriebeplan mit dem Maßstab $M_b = M_v^2/M_z$ zeichnerisch zu ermitteln, der Beschleunigungsplan ist dagegen im Maßstab $M_b' = 0,5\,M_b$ zu entwerfen.

**Aufgabe 34.** Der Kurvenkörper $a$ des in Abb. 157 dargestellten Kurvenschubgetriebes hat die Form eines gleichseitigen Bogendreiecks mit den folgenden

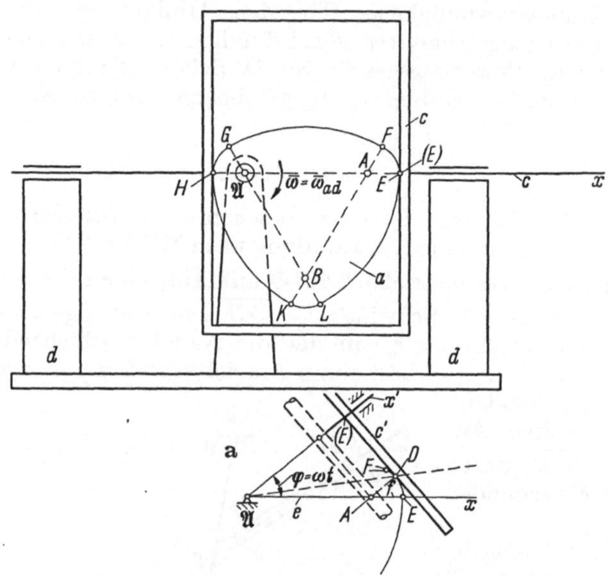


Abb. 157. Kurvenschubgetriebe mit Kurvenscheibe in Form eines gleichseitigen Bogendreiecks. $a$ = Ersatzgetriebe.

Abmessungen: $\overline{\mathfrak{A}A} = \overline{AB} = \overline{B\mathfrak{A}} = e = 80$ mm, $\overline{AE} = \overline{AF} = \overline{\mathfrak{A}G} = \overline{\mathfrak{A}H} = \overline{BK} = \overline{BL} = f = 20$ mm.

Der Schieber $c$ wird durch $a$ formschlüssig bewegt.

*Gegeben:* $\quad \bar{\omega} = \bar{\omega}_{ad} = +1\,\text{sek}^{-1}$ und $\quad \bar{\varepsilon} = \bar{\varepsilon}_{ad} = 0$

$$M_z = 100\,\text{cm/m} \qquad M_v = 0,5\,\frac{M_z}{\omega}$$

Umlaufszeit $T_g$ der Scheibe sei dargestellt durch eine Strecke von 12 cm; Konstante $a$ für graphische Differentiation sei $a = 2$ cm.

*Es ist zu ermitteln*

1. $s$-$t$-Diagramm für Schubbewegung des Schiebers $c$, Weg $s$ gerechnet von der in Abb. 157 gezeichneten Ausgangslage.

2. $v$-$t$-Diagramm der Schieberbewegung für den zeitlichen Ablauf $0 \leqq \varphi \leqq 180°$, wenn $\varphi$ den Drehwinkel bedeutet, gemessen von Ausgangslage $\mathfrak{A}A$.

3. Kontrolle der Ergebnisse von 1. und 2. durch Zeichnen der Schubgeschwindigkeit $v_c$ und der Schubbeschleunigung $b_c$ nach den bekannten Gesetzen der Relativbewegung, und zwar für die Stellung $\varphi = 30°$.

4. Aufstellung analytischer Formeln für $s$, $v$, $b$ als Funktion des Drehwinkels $\varphi = \omega t$ und Kontrolle der Ergebnisse unter 1. bis 3.

*Anleitung* (Abb. 157a): Mache $a$ zum Gestell, drehe $\mathfrak{A}x$ um $\mathfrak{A}$ um den Winkel $x'\mathfrak{A}x = \varphi$ und lege $(E)D$ senkrecht $\mathfrak{A}x'$ und tangential an den Kreisbogen $EF$ mit Berührungspunkt $D$.

Ersatzgetriebe ist eine umlaufende Kreuzschleifenkurbel. Beachte die Bereiche $EF$, $FG$, $GH$!

**Aufgabe 35.** In Abb. 158 ist das Kurvenschubgetriebe von Abb. 157 zu einem kraftschlüssigen Kurvenschwinggetriebe abgewandelt. Abmessungen wie dort. In der gezeichneten Ausgangslage sei $\overline{E\mathfrak{B}} = \overline{E\mathfrak{A}} = e + f = 100$ mm. Für $\overline{\omega} = \overline{\omega}_{ad} = +1$ sek$^{-1}$ und $\overline{\varepsilon} = \overline{\varepsilon}_{ad} = 0$ sind zu ermitteln: Winkelgeschwindigkeit $\overline{\omega}_{cd}$ und Winkelbeschleunigung $\overline{\varepsilon}_{cd}$.

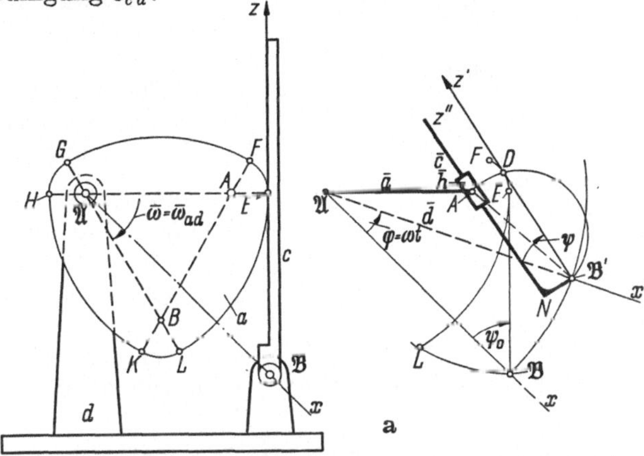

Abb. 158. Kurvenschwinggetriebe mit Kurvenscheibe in Form eines gleichseitigen Bogendreiecks. $a =$ Ersatzgetriebe.

*Anleitung.* Drehe nach Abb. 158a beim Festhalten der Kurvenscheibe $a$ das Gestell $d = \overline{\mathfrak{A}\mathfrak{B}}$ im Gegensinn des Uhrzeigers um $\varphi = \omega t$ nach $\mathfrak{A}\mathfrak{B}'$, ziehe von $\mathfrak{B}'$ die Tangente $\mathfrak{B}'Z'$ an den Bogen $EF$ des Kuppenkreises mit Berührungspunkt $D$ und zeichne $NZ'' \parallel \mathfrak{B}'Z'$. Solange $D$ in dem Bogenbereich $FE$ bleibt, ist die aus $\overline{a}$, $\overline{h}$, $\overline{c}$, $\overline{d}$ gebildete schwingende Kurbelschleife ein Ersatzgetriebe für die Geschwindigkeits- und Beschleunigungsermittlung. Für die Bereiche $FG$ und $GH$ der Kurvenscheibe $a$ sind entsprechende Ersatzgetriebe zu suchen.

**Aufgabe 36.** Abb. 159 zeigt das Schema eines Getriebependels mit den Abmessungen $\overline{\mathfrak{A}M'} = \overline{M'\mathfrak{B}} = 40$ mm, $\overline{\mathfrak{A}A} = a = 40$ mm, $\overline{\mathfrak{B}B} = c = 40$ mm, $\overline{AB} = b = 40$ mm, $\overline{EC} = \overline{AE} = \overline{EB} = 20$ mm, $\overline{EC}$ senkrecht auf $\overline{AB}$.

*Maßstäbe.* $M_z = 100$ cm/m, $M_v = M_z/\omega_{ad}$ mit $\omega = \omega_{ad} = 5$ sek$^{-1}$.

Zu dem angenommenen Bewegungszustand $\overline{\omega}_{ad} = +5$ sek$^{-1}$ und $\varepsilon_{ad} = 0$ sind zu ermitteln:

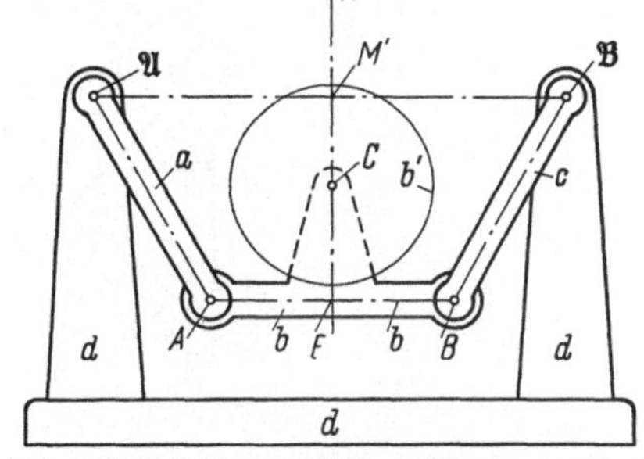

Abb. 159. Getriebependel. Pendellinse, angeordnet an der Koppel $b$ eines Viergelenkgetriebes.

1. Geschwindigkeit und Beschleunigung der Gelenkpunkte $B$, $C$, die Winkelgeschwindigkeiten und Winkelbeschleunigungen $\overline{\omega}_{bd}$, $\overline{\omega}_{bc}$, $\overline{\varepsilon}_{bd}$, $\overline{\varepsilon}_{bc}$, ferner die Polbeschleunigung $b_P$ für $P = P_{bd}$.

2. Wendepol $W$ für die Bewegung $b$ gegen $d$ aus $A$ und $\mathfrak{A}$, desgleichen Rückkehrpol $R$, Krümmungsmittelpunkt $\mathfrak{C}$ der Bahnkurve $k_C$ in $C$, Krümmungsmittelpunkt der Hüllbahn $h_b$, erzeugt von $b = \overline{AB}$ als Hüllkurve $h_k$.

3. Polkurve $k_d$ und Polkurve $k_b$ für die Koppelbewegung von $b$ gegen $d$ im Bewegungsgebiet zwischen der gezeichneten Ausgangsstellung und derjenigen, bei der sich $b$ und $c$ in Strecklage befinden.

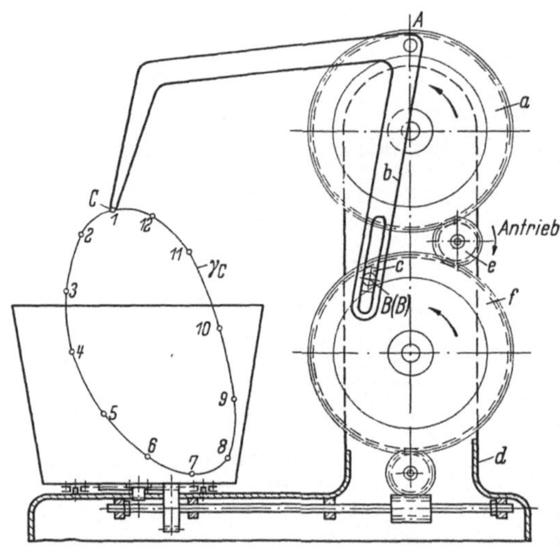

Abb. 160. Zahnradkurbelgetriebe in einer Teigknetmaschine.

**Aufgabe 37.** Für die in Abb. 160 dargestellte Teigknetmaschine (1 : 12,5) sind mit $\bar\omega = \bar\omega_{ad} = -1\ \text{sek}^{-1}$ und $\bar\varepsilon = \bar\varepsilon_{ad} = 0$ zu ermitteln:

a) Geschwindigkeit und Beschleunigung des Punktes $C$ des Knetarmes $b$,

b) Polkonfiguration der $P_{ik}$,

c) Krümmungsmittelpunkt $\mathfrak{C}$ der Koppelkurve $\gamma_C$ in $C$.

**Aufgabe 38.** Das Getriebe von Abb. 5 werde am Glied $a$ mit $\bar\omega_{af} = +10\ \text{sek}^{-1}$ und $\bar\varepsilon_{af} = 0$ angetrieben. $\overline{MA} = \overline{MB} = 115\ \text{mm}$; $M_z = 20\ \text{cm/m}$. Man zeichne die Geschwindigkeiten und Beschleunigungen sämtlicher Gelenkzapfenmitten.

**Aufgabe 39.** Konstruiere für die Rollenmitte $B$ der Nockengetriebe von Abb. 8 und 9 die Beschleunigung aus der gegebenen Winkelgeschwindigkeit $\omega_{ac}$ und der Winkelbeschleunigung $\varepsilon_{ac} = 0$, insbesondere auch an den Stellen wechselnder Krümmung, z. B. in $B_2$,

a) als Punkt des Bogens $B_1 B_2$,        b) als Punkt des Bogens $B_2 B_{\mathrm{II}}$.

**Aufgabe 40.** In einer Maschine zur Herstellung technischer Siebe ist in einem Teilarbeitsgang eine schwere Drahttrommel jeweils um 180° weiterzuschalten,

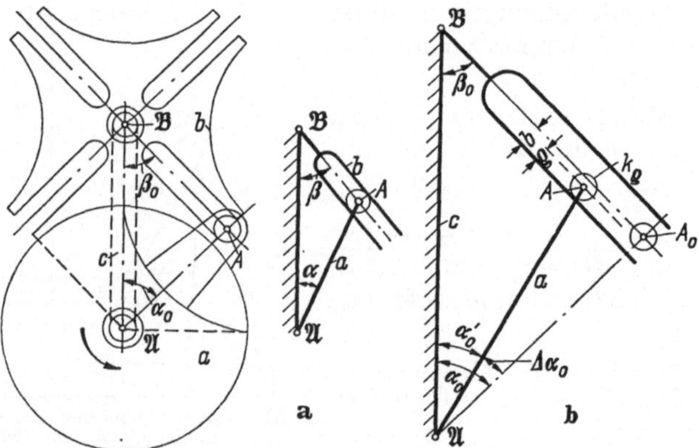

Abb. 161a u. b. Vierarmiges Malteserkreuzgetriebe in Getriebestellung zu Beginn des Schaltens.
a) Schwingende Kurbelschleife als Grundgetriebe. Treiber $a$ während des Schaltens, b) Getriebestellung zum Schaltbeginn bei Annahme eines Spiels $\zeta = b - \varrho$ zwischen der halben Schlitzbreite $b$ und dem Treiberrollenhalbmesser $\varrho$.

um an dem von ihr ablaufenden Draht in vorgeschriebenen Abständen Draht-
schlingen zu erzeugen.

Eine Lösung dieser Schaltaufgabe benutzt ein vierarmiges Außenmalteserkreuz-
getriebe nach Art von Abb. 161. In einem anderen Fall wurde ein Klinkenschaltwerk gemäß Abb. 162 mit zentrischer Kurbelschwinge und 90° Schwingwinkel
eingebaut. In beiden Fällen wurde zwischen dem Schaltstück (Malteserkreuz $b$, Schaltrad $f$) und der Drahttrommel ein Zahnradgetriebe mit dem Übersetzungsverhältnis 1 : 2 angeordnet.

Es lag Veranlassung vor, die beiden Lösungen bezüglich ihrer kinematischen
und dynamischen Wirkungsweise eingehend zu untersuchen und diese vergleichs-
weise gegenüberzustellen, die Erzeugung gleicher Stückzahlen, d.h. gleiche Antriebsdrehzahl vorausgesetzt.

Es ergeben sich dabei die folgenden Aufgaben:

1. *Zur Lösung* (Abb. 161)

a) Aufstellung des $\omega$-$t$- und $\varepsilon$-$t$-Diagramms für den gesamten Schaltvorgang,

b) Ermitteln der Größtwerte von $\omega_{bc}$ und $\varepsilon_{bc}$,

c) Werte von $\varepsilon_{bc}$ zu Beginn und am Ende des Schaltvorganges,

d) Ermitteln der maximalen Leistung $N_{\max}$ aus dem Massenträgheitsmoment $I$
der Drahttrommel durch Aufstellen des $N$-$t$-Diagramms mit $N = I\varepsilon\omega$, der Be-
schleunigungsarbeit $L_b$ und der mittleren Beschleunigungsleistung.

2. *Zur Lösung* (Abb. 162)

a) wie 1a,

b) Größtwerte von $\omega_{fd}$ und
$\varepsilon_{fd}$,

c) Werte von $\varepsilon_{fd}$ zu Beginn
und am Ende des Schaltvor-
ganges,

d) wie 1d.

Man beachte, daß die zen-
trische Kurbelschwinge $a$, $b$, $c$,
$d$ mit $\sphericalangle B_i \mathfrak{B} B_a = 90°$ auf vier-
fache Weise zur 90°-Schaltung
des Schaltrades $f$ dienen kann,
je nach dem Drehsinn der Antriebskurbel $a$ und der Wahl
des Drehsinns der Abtriebs-
schwinge (Schaltschwinge) $c$,
gekennzeichnet in Abb. 162a
durch $(\varphi_I, \psi_I)$, $(\varphi_{II}, \psi_{II})$, $(\varphi_{III}$,

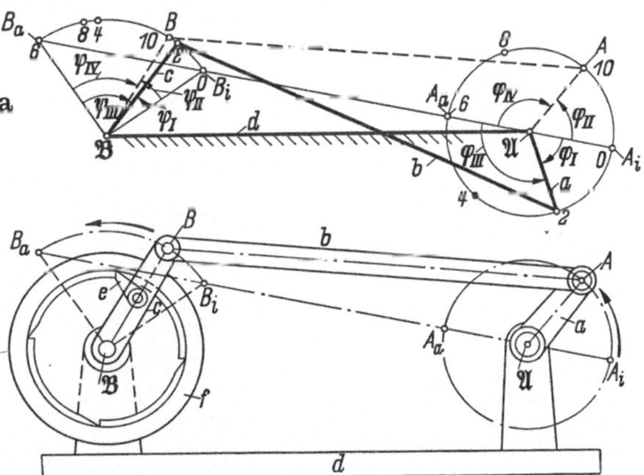

Abb. 162. Klinkenschaltwerk für 90°-Schaltung durch die Schwinge $c$
einer zentrischen Kurbelschwinge.
a) Vier Möglichkeiten, die Schwingbewegung der Kurbelschwinge
zum Schalten des Schaltrades $f$ zu benutzen (Fälle I bis IV).

$\psi_{III})$ und $(\varphi_{IV}, \psi_{IV})$. Die Ausführung gemäß Abb. 162 entspricht dem Fall II.

3. Die Ergebnisse von 1c und 2c sind bezüglich des Begriffes „Ruck" in den
Vergleich einzubeziehen[1], sowohl für den Beginn als auch für das Ende des
Schaltvorganges.

4. Unter Beachtung des Spiels zwischen $k_\varrho$, $b$ bzw. $e$, $f$ ist auch zu überprüfen, ob
beide Getriebe zu Beginn des Schaltens „stoßfrei" arbeiten, d.h. ob die Bewegung
mit der Winkelgeschwindigkeit $\omega_{bc} = 0$ bzw. $\omega_{fd} = 0$ beginnt.

a) Für das Malteserkreuzgetriebe ist nach Abb. 161b beispielsweise angenommen, daß sich die halbe Schlitzbreite $b$ vom Rollenhalbmesser $\varrho$ um den kleinen

---

[1] FINKELNBURG, H. H.: Der Ruck. Masch.-Bau/Betrieb (1935) S. 520/522. Vgl. a. Masch.-
Bau/Betrieb (1936) S. 220/222.

Betrag $\zeta$ unterscheidet $(b - \varrho = \zeta)$ und daß sich zu Beginn des Schaltens die Treiberrollenmitte $A_0$ in der Mittellinie des Schlitzes befindet.

*Zahlenbeispiel.* $R = \overline{A\mathfrak{A}} = c \sin \beta_0 = c \sin 45° = 200$ mm, $\zeta = 0{,}05$ mm.

Beweise nach Abb. 161b die Gleichung $\sin(\beta_0 + \alpha_0') = 1 - \zeta/R$, diskutiere das Ergebnis für $\beta_0 = 45°$, $\zeta = 0{,}05$ mm bzw. $\beta_0 = 45°$, $\zeta = 0{,}1$ mm und berechne die dazugehörigen Winkelgeschwindigkeiten $\omega_{bc}$ im Vergleich mit $\omega_{ac}$.

b) Um sicheres Einrasten der Schaltklinke $e$ in das Schaltrad $f$ zu gewährleisten, sei beim Klinkenschaltwerk (Abb. 162) für den Schaltwinkel 90° ein kleiner Überhubwinkel, z.B. $\nu = 15'$, also 90°15' als Schaltwinkel angenommen, dies unter Beibehaltung der Längen von $a$, $c$, $d$ durch Verstellen der Länge $b$ mittels eines Spannschlosses. Wie berechnet sich hieraus $\omega_{cd}$ beim Auftreffen von $e$ auf den Sperrzahn des Schaltrades $f$?

# Anhang

## A. Entwurfsunterlagen für Kurvengetriebe

### Zahlentafel I

*Bewegungsgesetze für Kurvengetriebe*

| Lfd. Nr. | Weg $s = f(t)$<br>Geschwindigkeit $v = f'(t)$<br>Beschleunigung $b = f''(t)$ | Geltungsbereich | Besondere Merkmale | Beiwerte für | |
|---|---|---|---|---|---|
| | | | | max. Geschwindigkeit $\xi_m$ | max. Beschleunigung $\eta_m$ |
| 1 | $s = H\left[\dfrac{t}{T} - \dfrac{1}{2\pi}\sin\left(\dfrac{2\pi}{T}t\right)\right]$<br>$v = \dfrac{H}{T}\left[1 - \cos\left(\dfrac{2\pi}{T}t\right)\right]$<br>$b = 2\pi\dfrac{H}{T^2}\sin\left(\dfrac{2\pi}{T}t\right)$ | $0 \leqq t \leqq T$ | Beschleunigung sinoidisch | 2 | $2\pi$ |
| 2 | $s = 2H\left(\dfrac{t}{T}\right)^2$<br>$v = 4\dfrac{H}{T}\left(\dfrac{t}{T}\right)$<br>$b = 4\dfrac{H}{T^2}$ | $0 \leqq t \leqq \dfrac{T}{2}$ | Beschleunigung und Verzögerung konstant. Wegkurve $= 2$ Parabeläste | 2 | 4 |
| 3 | $s = \dfrac{H}{2}\left[1 - \cos\left(\dfrac{\pi}{T}t\right)\right]$<br>$v = \dfrac{\pi}{2}\dfrac{H}{T}\sin\left(\dfrac{\pi}{T}t\right)$<br>$b = \dfrac{\pi^2}{2}\dfrac{H}{T^2}\cos\left(\dfrac{\pi}{T}t\right)$ | $0 \leqq t \leqq T$ | Wegkurve eine Sinoide | $\dfrac{\pi}{2}$ | $\dfrac{\pi^2}{2}$ |
| 4 | $s = H\left(\dfrac{t}{T}\right)^2\left(3 - 2\dfrac{t}{T}\right)$<br>$v = 6\dfrac{H}{T}\left(\dfrac{t}{T}\right)\left(1 - \dfrac{t}{T}\right)$<br>$b = 6\dfrac{H}{T^2}\left(1 - 2\dfrac{t}{T}\right)$ | $0 \leqq t \leqq T$ | Beschleunigung eine fallende Gerade | 1,5 | 6 |

Es bedeuten:

Für Kurvenschubgetriebe (Abb. 111 b)

$$T = \text{Anlaufs- bzw. Ablaufszeit [sek]},$$
$$H = \text{Gesamthub des Schiebers [m]},$$
$$v_{\max} = \xi_m \cdot H/T,$$
$$b_{\max} = \eta_m \cdot H/T^2.$$

Für Kurvenschwinggetriebe (Abb 111 a) treten an die Stelle von $s, v, b, H$

$$\psi = \text{Schwingwinkel (Bogenmaß)},$$
$$\omega_{bc} = \omega = \text{Winkelgeschwindigkeit des Schwinghebels},$$
$$\varepsilon_{bc} = \varepsilon = \text{Winkelbeschleunigung des Schwinghebels},$$
$$\Psi = \text{maximaler Schwingwinkel (Bogenmaß)},$$

$$\omega_{\max} = \xi_m \frac{\Psi}{T} \qquad \varepsilon_{\max} = \eta_m \frac{\Psi}{T^2}$$

## Zahlentafel II

Hubwege $s$ für die Zeiten $t = v\, T/10$ mit $v = 0, 1, 2, \ldots 10$. Gesamthub $H = 100$ mm

| Lfd. Werte $v$ | Bewegungsgesetz | | | |
|---|---|---|---|---|
| | 1 | 2 | 3 | 4 |
| 0 | 0,000 | 0 | 0,000 | 0,0 |
| 1 | 0,645 | 2 | 2,447 | 2,8 |
| 2 | 4,863 | 8 | 9,549 | 10,4 |
| 3 | 14,863 | 18 | 20,611 | 21,6 |
| 4 | 30,645 | 32 | 34,549 | 35,2 |
| 5 | 50,000 | 50 | 50,000 | 50,0 |
| 6 | 69,355 | 68 | 65,451 | 64,8 |
| 7 | 85,137 | 82 | 79,389 | 78,4 |
| 8 | 95,137 | 92 | 90,451 | 89,6 |
| 9 | 99,355 | 98 | 97,553 | 97,2 |
| 10 | 100,000 | 100 | 100,000 | 100,0 |

## Zahlentafel III

*Bewegungsgesetze, kombiniert aus Gesetz i und Gesetz k; d.h. i/k, z.B. 2/3*

| Hubweg $s$ für $t = v\,\dfrac{T}{10}$ | 1/1 | 2/3 | 2/3 | 2/3 | 2/4 | 2/4 | 3/4 | 3/4 |
|---|---|---|---|---|---|---|---|---|
| $v = 0$ | 0,00 | 0,00 | 0,00 | 0,00 | 0,00 | 0,00 | 0,00 | 0,00 |
| 1 | 0,83 | 2,15 | 3,31 | 1,91 | 2,08 | 3,25 | 2,96 | 2,69 |
| 2 | 6,05 | 8,60 | 13,24 | 7,64 | 8,32 | 13,00 | 11,01 | 10,33 |
| 3 | 17,50 | 19,35 | 26,50 | 17,19 | 18,72 | 26,06 | 24,00 | 21,80 |
| 4 | 33,33 | 34,40 | 39,75 | 30,56 | 33,28 | 39,10 | 38,90 | 35,30 |
| 5 | 50,00 | 51,35 | 53,00 | 45,82 | 49,80 | 52,14 | 54,00 | 49,15 |
| 6 | 66,67 | 67,18 | 66,25 | 61,10 | 65,50 | 65,18 | 68,32 | 63,00 |
| 7 | 82,50 | 80,78 | 79,20 | 76,00 | 79,17 | 77,98 | 80,90 | 76,85 |
| 8 | 93,95 | 91,21 | 90,11 | 88,60 | 90,12 | 89,12 | 90,95 | 88,44 |
| 9 | 99,17 | 97,76 | 97,43 | 97,04 | 97,38 | 97,01 | 97,59 | 96,82 |
| 10 | 100,00 | 100,00 | 100,00 | 100,00 | 100,00 | 100,00 | 100,00 | 100,00 |
| Zeitliche Aufteilung von $T$ | | | | | | | | |
| $n_1$ | 0,4 | 0,4 | 0,2 | 0,4 | 0,4 | 0,2 | 0,4 | 0,4 |
| $n_z$ | 0,2 | — | 0,4 | 0,2 | — | 0,4 | — | 0,2 |
| $n_2$ | 0,4 | 0,6 | 0,4 | 0,4 | 0,6 | 0,4 | 0,6 | 0,4 |
| $\xi_m = \xi_{12}$ | 1,67 | 1,72 | 1,33 | 1,53 | 1,67 | 1,30 | 1,53 | 1,39 |
| $+\,\eta_m = \eta_{12,1}$ | 6,55 | 4,3 | 6,62 | 3,82 | 4,17 | 6,50 | 6,00 | 5,45 |
| $-\,\eta'_m = -\,\eta_{12,2}$ | 6,55 | 4,5 | 5,21 | 6,00 | 5,57 | 6,50 | 5,10 | 6,95 |

## B. Einige Grundlagen des Matrizenkalküls

Zu dem linearen Gleichungssystem

$$\left.\begin{aligned}
t_1 &= a_{11} t_2 + a_{12} x_2 + a_{13} y_2 \\
x_1 &= a_{21} t_2 + a_{22} x_2 + a_{23} y_2 \\
y_1 &= a_{31} t_2 + a_{32} x_2 + a_{33} y_2
\end{aligned}\right\} \tag{I}$$

gehören die Determinante

$$D = \begin{vmatrix} a_{11} & a_{12} & a_{13} \\ a_{21} & a_{22} & a_{23} \\ a_{31} & a_{32} & a_{33} \end{vmatrix} \tag{II}$$

und die Matrix

$$M = \begin{bmatrix} a_{11} & a_{12} & a_{13} \\ a_{21} & a_{22} & a_{23} \\ a_{31} & a_{32} & a_{33} \end{bmatrix} \tag{III}$$

Setzt man

$$A_{ik} = (-1)^{i+k} D_{ik} \tag{IV}$$

z. B.

$$A_{23} = (-1)^{2+3} \begin{vmatrix} a_{11} & a_{12} \\ a_{31} & a_{32} \end{vmatrix} = - \begin{vmatrix} a_{11} & a_{12} \\ a_{31} & a_{32} \end{vmatrix}$$

wobei $D_{ik}$ die 2-reihige Determinante bedeutet, die aus $D$ durch Streichen der $i$-ten Zeile und der $k$-ten Spalte entsteht, so bildet man die

*adjungierte Determinante* $\qquad \bar{D} = \begin{vmatrix} A_{11} & A_{12} & A_{13} \\ A_{21} & A_{22} & A_{23} \\ A_{31} & A_{32} & A_{33} \end{vmatrix} \tag{V}$

die dazugehörige

*adjungierte Matrix* $\qquad \bar{M} = \begin{bmatrix} A_{11} & A_{12} & A_{13} \\ A_{21} & A_{22} & A_{23} \\ A_{31} & A_{32} & A_{33} \end{bmatrix} \tag{VI}$

die aus Gl. (VI) gebildete

*gestürzte Matrix* $\qquad \bar{M}_g = \begin{bmatrix} A_{11} & A_{21} & A_{31} \\ A_{12} & A_{22} & A_{32} \\ A_{13} & A_{23} & A_{33} \end{bmatrix} \tag{VII}$

und aus Gl. (VII) die

*reziproke Matrix* $\qquad M^{-1} = \dfrac{\bar{M}_g}{D} \tag{VIII}$

Als *Einheitsmatrix* wird definiert

$$E = \begin{bmatrix} 1 & 0 & 0 \\ 0 & 1 & 0 \\ 0 & 0 & 1 \end{bmatrix} \tag{IX}$$

mit der dazugehörigen Determinante

$$|E| = \begin{vmatrix} 1 & 0 & 0 \\ 0 & 1 & 0 \\ 0 & 0 & 1 \end{vmatrix} = 1 \tag{IX a}$$

*Gleichheit zweier Matrizen*

$$M_a = \begin{bmatrix} a_{11} & a_{12} & a_{13} \\ a_{21} & a_{22} & a_{23} \\ a_{31} & a_{32} & a_{33} \end{bmatrix} \qquad M_b = \begin{bmatrix} b_{11} & b_{12} & b_{13} \\ b_{21} & b_{22} & b_{23} \\ b_{31} & b_{32} & b_{33} \end{bmatrix}$$

dann und nur dann, wenn die an entsprechenden Stellen stehenden Elemente gleich sind, d.h. $a_{ik} = b_{ik}$, z.B. $a_{21} = b_{21}$, $a_{23} = b_{23}$ usw.

11 U  Beyer, Praktikum

Unter dem *Produkt zweier Zahlenreihen*

$$p_1, p_2, p_3, p_4, \ldots \quad \text{und} \quad q_1, q_2, q_3, q_4, \ldots$$

versteht man den Ausdruck

$$\sum p_i q_i = p_1 q_1 + p_2 q_2 + p_3 q_3 + p_4 q_4 + \cdots \tag{XI}$$

Für das *Produkt $M_a M_b$ zweier Matrizen $M_a$, $M_b$* gilt die nachstehende Rechenvorschrift:

$$M_a M_b = \begin{bmatrix} a_{11}b_{11} + a_{12}b_{21} + a_{13}b_{31} & a_{11}b_{12} + a_{12}b_{22} + a_{13}b_{32} & a_{11}b_{13} + a_{12}b_{23} + a_{13}b_{33} \\ a_{21}b_{11} + a_{22}b_{21} + a_{23}b_{31} & a_{21}b_{12} + a_{22}b_{22} + a_{23}b_{32} & a_{21}b_{13} + a_{22}b_{23} + a_{23}b_{33} \\ a_{31}b_{11} + a_{32}b_{21} + a_{33}b_{31} & a_{31}b_{12} + a_{32}b_{22} + a_{33}b_{32} & a_{31}b_{13} + a_{32}b_{23} + a_{33}b_{33} \end{bmatrix} \tag{XII}$$

**Merkregel für das Produkt zweier Matrizen.** Das gemäß Vorschrift Gl. (XI) gebildete Produkt aus Zeile $n$ der ersten Matrix $M_a$ und Spalte $i$ der zweiten Matrix $M_b$ steht in der Produktmatrix im Kreuzungspunkt der Zeile $n$ mit der Spalte $i$.

**Beispiel.** Zeile $n = 2$ von $M_a$ hat Zahlenfolge $a_{21}$, $a_{22}$, $a_{23}$, Spalte $i = 3$ von $M_b$ hat Zahlenfolge $b_{13}$, $b_{23}$, $b_{33}$.

Produkt aus beiden Zahlenfolgen

$$a_{21}b_{13} + a_{22}b_{23} + a_{23}b_{33}$$

steht in der 2. Zeile und 3. Spalte von $M_a M_b$.

**Beispiel 1**

$$\left. \begin{aligned} t_1 &= 1\,t_2 + 2\,x_2 \\ x_1 &= 3\,t_2 - 4\,x_2 \end{aligned} \right\} \tag{I'}$$

$$D = \begin{vmatrix} 1 & 2 \\ 3 & -4 \end{vmatrix} = -10 \qquad M = \begin{bmatrix} 1 & 2 \\ 3 & -4 \end{bmatrix} \qquad \overline{M} = \begin{bmatrix} -4 & -3 \\ -2 & +1 \end{bmatrix} \qquad \overline{M}_g = \begin{bmatrix} -4 & -2 \\ -3 & +1 \end{bmatrix}$$

$$M^{-1} = \frac{\overline{M}_g}{D} = \frac{\begin{bmatrix} -4 & -2 \\ -3 & +1 \end{bmatrix}}{-10} = \begin{bmatrix} 0{,}4 & 0{,}2 \\ 0{,}3 & -0{,}1 \end{bmatrix}$$

$M^{-1}$ ist die Matrix für

$$\left. \begin{aligned} t_2 &= 0{,}4\,t_1 + 0{,}2\,x_1 \\ x_2 &= 0{,}3\,t_1 - 0{,}1\,x_1 \end{aligned} \right\} \tag{II'}$$

d.h. für die Auflösung des gegebenen linearen Gleichungssystems (I') nach $t_2$ und $x_2$.

**Beispiel 2**

$$\left. \begin{aligned} t_1 &= 1\,t_2 + 2\,x_2 \qquad \text{und} \qquad & t_2 &= 5\,t_3 + 6\,x_3 \\ x_1 &= 3\,t_2 - 4\,x_2 \qquad & x_2 &= 7\,t_3 + 8\,x_3 \end{aligned} \right\} \tag{I'), (III'}$$

$$M_{12} = \begin{bmatrix} 1 & 2 \\ 3 & -4 \end{bmatrix} \qquad\qquad M_{23} = \begin{bmatrix} 5 & 6 \\ 7 & 8 \end{bmatrix}$$

$$M_{12} M_{23} = \begin{bmatrix} 1 & 2 \\ 3 & -4 \end{bmatrix}\begin{bmatrix} 5 & 6 \\ 7 & 8 \end{bmatrix} = \begin{bmatrix} 1 \cdot 5 + 2 \cdot 7 & 1 \cdot 6 + 2 \cdot 8 \\ 3 \cdot 5 + (-4)\,7 & 3 \cdot 6 + (-4)\,8 \end{bmatrix} = \begin{bmatrix} 19 & 22 \\ -13 & -14 \end{bmatrix} \tag{IV'}$$

Aus den beiden gegebenen Gleichungssystemen (I'), (III') folgt nach Elimination
von $t_2$, $x_2$

$$t_1 = \quad 19\,t_3 + 22\,x_3$$
$$x_1 = -\,13\,t_3 - 14\,x_3$$

mit der Matrix

$$M_{13} = \begin{bmatrix} 19 & 22 \\ -\,13 & -\,14 \end{bmatrix} \tag{V'}$$

Der Vergleich von Gl. (V') mit Gl. (IV') ergibt

$$M_{12}\,M_{23} = M_{13}$$

*Hinweis.* Die Bedeutung des Matrizenkalküls für die Getriebeanalyse ist aus
den Arbeiten von J. DENAVIT [25], [24], und R. S. HARTENBERG [24] ersichtlich.
Für die Analyse räumlicher Getriebe ergeben sich bei Einführung der sog. ,,EULER-
schen Winkel" nach J. DENAVIT besondere Vereinfachungen mittels (2 × 2)
Matrizen ,,dualer" Zahlen.

Eine leicht verständliche Einführung in das Matrizenkalkül unter besonderer
Betonung der kinematisch-getrieblichen Anwendung wurde vom Verfasser [221]
gegeben.

# Schrifttum[1]

## I. Lehrbücher

*1.* Beggs, J. St.: Mechanisms. New York/Toronto/London: Mac Graw-Hill 1955.
*2.* Beyer, R.: [a] Technische Kinematik. Leipzig: Barth 1931, Ann. Arbor, Mich. USA, Mssrs Edwards 1948.
— : [b] Kinematische Getriebesynthese. Berlin/Göttingen/Heidelberg: Springer 1953.
—: [c] Hütte, Bd. II B. 28. Aufl. 1/I–III. Bewegungslehre der Getriebe. Berlin: 1958.
*3.* Blaschke, W., u. H. R. Müller: Ebene Kinematik. München: R. Oldenbourg 1956.
*4.* Burmester, L.: Lehrbuch der Kinematik. Leipzig: Felix 1888.
*5.* Federhofer, K.: Prüfungs- und Übungsaufgaben aus der Mechanik des Punktes und des starren Körpers. III. Teil: Kinematik und Kinetik starrer Systeme. Wien: Springer 1951.
*6.* Franke, R.: Vom Aufbau der Getriebe. Bd. I (1948), Bd. II (1951). Düsseldorf: VDI-Verlag.
*7.* Hain, K.: Angewandte Getriebelehre. Hannover/Darmstadt: Schrödel 1952.
*8.* Hrones, J. A., u. G. L. Nelson: Analysis of the four bar linkage (Koppelkurven-Atlas, d.V.). London: Chapman u. Hall. 1951, ferner: The technology Press of the Massachusetts Inst. of Technology.
*9.* Kraemer, O.: Getriebelehre. Karlsruhe: Braun 1950.
*10.* Kraus, R.: Grundlagen des systematischen Getriebeaufbaus. Berlin: Verlag Technik 1952.
*11.* Lewenson, L. B.: Kinematik und Dynamik der Getriebe. Berlin: Verlag Technik 1952.
*12.* Lichtwitz, O.: Getriebe für aussetzende Bewegungen. Berlin/Göttingen/Heidelberg: Springer 1953.
*13.* Poppinga, R.: Stirnradplanetengetriebe. Stuttgart: Francksche Vlgsbuchh. 1949.
*14.* Rauh, K.: Praktische Getriebelehre. Bd. 1 (2. Aufl.) und Bd. 2 (2. Aufl.). Berlin/Göttingen/Heidelberg: Springer 1951 u. 1954.
*15.* Reuleaux, F.: Theoretische Kinematik. Teil I und II. Braunschweig: Vieweg & Sohn 1875 u. 1900.
*16.* Rosenauer, N., u. A. H. Willis: Kinematics of Mechanisms. Sydney: Associated General Publications 1953.
*17.* Sieker, K. H.: [a] Einfache Getriebe. Leipzig: Akad. Verl.-Ges. 1950.
— : [b] Getriebe mit Energiespeichern. Leipzig: Akad. Verl.-Ges. 1952.
*18.* Wittenbauer, F.: Graphische Dynamik. Berlin: Springer 1923.
*19.* Wolf, A.: Die Grundgesetze der Umlaufgetriebe. Braunschweig: Vieweg & Sohn 1954.

## II. Zeitschriften-Abhandlungen

*20.* Altmann, F. G.: [a] Koppelgetriebe für gleichförmige Übersetzung. Z. VDI Bd. 92 (1950) S. 909–16.
— : [b] Mechanische Übersetzungsgetriebe und Wellenkupplungen. Z. VDI Bd. 94 (1952) S. 545–50.
— : [c] Antriebselemente und mechanische Getriebe. Z. VDI Bd. 95 (1953) S. 543–50.
— : [d] Mechanische Getriebe, Wellenverbindungen und Wellenschalter. Z. VDI Bd. 96 (1954) S. 565–72.
— : [e] Zahnradgetriebe, Reibgetriebe und Kupplungen. Z. VDI Bd. 97 (1955) S. 631–638.
*21.* Beggs, J. St.: Planeten-Kurven-Getriebe. Z. VDI 99. Jg. (1957) S. 839/40.
*22.* Beyer, R.: [a] Drehzahlvektorenpläne ebener Getriebe. Z. Instrumentenkde (1933) S. 164–172.
— : [b] Winkelbeschleunigungspläne ebener Getriebe. Masch.-Bau Betrieb (Getriebetechnik). 1941. S. 357–59, 445–447.
— : [c] Übersetzungsverhältnisse von Rädergetrieben und Räderkurbelgetrieben in neuer Behandlungsweise. Werkst. u. Betr. 83. Jg. (1950) S. 389–93.

---

[1] Das Verzeichnis bringt im allgemeinen nur neueres Schrifttum seit 1953. Frühere Arbeiten sind insoweit genannt, als auf sie im Buch hingewiesen wird. Weitere umfassende Angaben (vor 1953) sind in R. Beyer: Kinematische Getriebesynthese, Berlin/Göttingen/Heidelberg: Springer 1953, S. 206–212, zu finden.

Beyer, R.: [d] Zur Synthese ebener Kurvenscheibengetriebe. Z. Konstruktion. 4. Jg. (1952) S. 208–10.

—: [e] Geometrisch-kinematische Grundlagen für das Schleifen von Kurvennutteilen und das Erzeugen archimedischer Spiralen. Ind. Anz. 74. Jg. (1952) S. 1221–23.

—: [f] Zur Synthese der Bewegungsgesetze ebener und räumlicher Getriebe. Z. Konstruktion 5. Jg. (1953) S. 188–92.

—: [g] Krümmungsverhältnisse der Kurven ebener Kurvengetriebe und Möglichkeiten ihrer werkstattmäßigen und fertigungstechnischen Auswertung. Ind. Anz. 76. Jg. (1954) S. 853–58.

—: [h] Method of curvature determination for curvilinear cams. The Engineers' Digest, vol. 15 (1954) S. 420–25.

—: [i] Einfache getriebesynthetische Hilfsmittel zur angenäherten getrieblichen Erzeugung vorgeschriebener Bewegungen. Z. Konstruktion. 7. Jg. (1955) S. 293–98.

—: [k] Hubverstellgetriebe unstetiger Hubänderung bei Arbeitsmaschinen. Z. Konstruktion. 9. Jg. (1957) S. 337–41.

—: [l] Das Matrizenkalkül als Hilfsmittel zur Untersuchung räumlicher Getriebe. Feinwerktechn. 61. Jg. (1957) S. 318–27.

—: [m] Räumliche Malteserkreuzgetriebe. VDI-Forsch.-Heft 461, S. 32–36.

—: [n] Wissenschaftliche Hilfsmittel und Verfahren zur Untersuchung räumlicher Gelenkgetriebe. Z. VDI Bd. 99 (1957) S. 224–30, 285–90.

—: [o] Bewegungsverhältnisse und Kraftwirkungen im dreigliedrigen gleichachsigen Schraubengetriebe mit drei Schraubenpaaren. Z. Konstruktion. 3. Jg. (1951) S. 174 bis 78.

—: [p] Zur Geometrie und Statik des Differentialschraubengetriebes. Feinwerktechn. Jg. (1950) S. 200–02.

23. Boerner, E. H.: Constant force compression springs. Product Engng. (1954) S. 129–35.

24. Denavit, J., u. R. S. Hartenberg: A kinematic notation for lower-pair mechanisms, based on matrices. J. Applied Mech. Bd. 22 (1955).

25. Denavit, J.: Kinematic notation and displacement analysis of mechanisms based on matrices and dual numbers. Diss. Northwestern University (Evanston USA) (1956).

26. Dizioglu, B.: Zur Dynamik des einfachen Bandgetriebes mit Anwendung auf die Synthese der Schlagmechanismen der Webstühle. VDI-Ber. Bd. 12 (1956) S. 55–62.

27. Freudenstein, F.: [a] An analytical approach to the design of four-link mechanisms. Transact. ASME (1954) S. 483–92.

—: [b] On the maximum and minimum velocities and the accelerations in four-link mechanisms. Trans. Amer. Soc. Mech. Engrs. Bd. 78 (1956) S. 779–87.

—: [c] Ungleichförmigkeitsanalyse der Grundtypen ebener Getriebe. VDI-Forsch.-Heft Nr. 461 (1957) S. 5–10.

28. Grodzinski, P.: [a] Eccentric gear mechanisms. Machine Design Bd. 25 (1953) S. 141–50.

—: [b] Applying eccentric gearing. Machine Design Bd. 26 (1954) S. 147–51.

—: [c] Planetary gear mechanisms with eccentric gears. Machinery (Lond.) Bd. 84 (1954) S. 645–49.

—: [d] Räderkurbelgetriebe – Vergleich mit Gelenkgetrieben. VDI-Ber. Bd. 12 (1956) S. 29–36.

29. Hagedorn, L.: [a] Die natürlichen Relativlagen des Gelenkvierecks als Ausgangsstellungen bei der Untersuchung umlaufender Doppelkurbelgetriebe. Z. Konstruktion 9. Jg. (1957) S. 351–58.

—: [b] Abtriebswinkelgeschwindigkeit umlaufender Doppelkurbelgetriebe. VDI-Forsch.-Heft 461 (1957) S. 26–29.

30. Hain, K.: [a] Zur Weiterentwicklung der Schaltwerke. Z. VDI Bd. 91 (1949) S. 589–96.

—: [b] Die zeichnerische Behandlung der Schleppkurven. Ing. Arch. Bd. 18 (1950) S. 302–09.

—: [c] Schleppkurvenbestimmung mit Hilfe von Kurventafeln. Autom.-techn. Z. 54. Jg. (1952) S. 248–51.

—: [d] Periodische Bandgetriebe. Z. VDI Bd. 95 (1953) S. 192–96.

—: [e] Winkelzuordnungen in Rädergetrieben der Viergelenkkette. Z. Konstruktion 5. Jg.(1953) S. 257–63.

—: [f] Das Übersetzungsverhältnis in Räderkurbelgetrieben. Werkst. u. Betr. 87. Jg. (1954) S. 625–28.

—: [g] Sechsgliedrige periodische Bandgetriebe (Zugmittelgetriebe). Z. Konstruktion 6. Jg. (1954) S. 145–50.

—: [h] Konstruktion des Krafthebergetriebes für konstante Kolbenkraft. Grundl. d. Landtechn. (1955) S. 69–83.

—: [i] Die Analyse und Synthese der achtgliedrigen Gelenkgetriebe. VDI-Ber. Bd. 5 (1955) S. 81–93.

HAIN, K.: [k] Entwurf von Feder-Bandgetrieben mit einfachen Getriebeelementen. Der Maschinenmarkt Bd. 61 (1955) S. 19–25.

—: [l] Die Weiterleitung von Bewegungen und Kräften durch Gewindespindeln. Landtechn. Forschung 6. Jg. (1956) H. 1, S. 1–14.

—: [m] Kräfte und Bewegungen in Krafthebergetrieben. Grundl. d. Landtechn. (1955) S. 45–68.

—: [n] Selbsteinstellende Getriebe. Grundl. d. Landtechn. (1956) S. 55–71.

—: [o] Einbau von Federn in ungleichförmig übersetzende Getriebe. VDI-Ber. Bd. 12 (1956) S. 185–91.

—: [p] Die umlaufende Kurbelschleife. VDI-Forsch.-Heft 461 (1927) S. 30/31.

—: [q] Einfache Bandgetriebe. VDI-Forsch.-Heft 461 (1937) S. 40–42.

31. HARTENBERG, R. S.: Die Darstellung und Handhabung der niederen Elementenpaare in einer auf Matrizenrechnung gegründeten Zeichensprache. VDI-Ber. Bd. 12 (1956) S. 145 bis 155.

32. HILDEBRAND, S.: Moderne Schreibmaschinengetriebe und ihre Bewegungsvorgänge. VDI-Ber. Bd. 5 (1955) S. 11–29.

33. JOHNSON, R. C.: Method of finite differences provides simple but flexible arithmetical techniques for cam design. Machine Design (1955) S. 195–204.

34. KIPER, G.: [a] Synthese der ebenen Gelenkgetriebe. VDI-Forsch.-Heft 433. Düsseldorf 1952.

—: [b] Das Hilfsmittel der Gegenpunkte und seine Anwendung beim Konstruieren von Gelenkvierecken. Z. Konstruktion 6. Jg. (1954) S. 300–08.

—: [c] Die Bedeutung der Relativbewegungen für das Konstruieren periodischer Getriebe. VDI-Ber. Bd. 5 (1955) S. 115–18.

—: [d] Die Konstruktion von Zweistandgetrieben mit Hilfe von Gegenpunkten. Z. Konstruktion. 7. Jg. (1955) S. 348–55.

—: [e] Möglichkeiten und Grenzen des einfachen Kurvengetriebes mit umlaufenden Gliedern für Antrieb und Abtrieb. Maschinenbautechnik Bd. 5 (1956) S. 575–82.

—: [f] Graphische Ermittlung von Doppelkurbeln für vorgegebene Extremwerte des Übersetzungsverhältnisses. VDI-Forsch.-Heft 461 (1957) S. 18–22.

—: [g] Zur Ungleichförmigkeit periodischer Umlaufgetriebe. VDI-Forsch.-Heft 461 (1957) S. 10/11.

35. KIST, K. E.: Designing for intermittent motion. Machine Design (1956) S. 100–04.

36. KLOOMOK, M., u. R. V. MUFFLEY: [a] Determination of radius of curvature for radial and swinging-follower cam systems. Transactions of the ASME (1956) S. 795–802.

—: [b] Determination of pressure angles for swinging-follower cam systems. Transact. of the ASME (1956) S. 803–06.

37. KRAUS, R.: Ein Beitrag zur Verwendung der Mittelpunktkurve. VDI-Ber. Bd. 5 (1955) S. 35–38.

38. LICHTENHELDT, W.: [a] Zur Geometrie des Wippkranes. Wiss. Zeitschr. d. T. H. Dresden. Bd. 3 (1953/54), H. 4 S. 555–58.

—: [b] Konstruktionstafeln für die Bestimmung der Abmessungen von Gelenkgetrieben. VDI-Ber. Bd. 5 (1955) S. 31–34.

—: [c] Konstruktionstafeln für Gelenkmechanismen. VDI-Ber. Bd. 12 (1956) S. 37–39.

39. LOHSE, P.: [a] Zur Konstruktion von im Lauf verstellbaren Gelenkgetrieben. Z. Konstruktion. Bd. 6 (1954) S. 392–99.

—: [b] Zwei neue Verfahren zur Konstruktion von Gelenkgetrieben. Feinwerktechn. Jg. 61 (1957) S. 330–35.

40. LUDWIG, F.: [a] Über den Entwurf von Kurbelschwinggetrieben unter Berücksichtigung des Übertragungswinkels. VDI-Ber. Bd. 5 (1955) S. 43–49.

—: [b] Verwendung eines Koppelgetriebes zur Herstellung wälzverzahnter Ellipsenräder. VDI-Ber. Bd. 12 (1956) S. 139/40.

41. MARTIN, G. H., u. M. F. SPOTTS: An application of complex geometry to relative velocities and accelerations in mechanisms. Diss. Northwestern University, Evanston/Ill. USA.

42. MEYER ZUR CAPELLEN, W.: [a] Über die Koppelkurven des Zwillingskurbelgetriebes (Antiparallelkurbelgetriebe, d. V.). Z. angew. Math. Physik (ZAMP), Bd. II (1951) S. 189–207.

—: [b] Der Zykloidenlenker und seine Weiterentwicklung. Z. Konstruktion. 8. Jg. (1956) S. 510–18.

—: [c] Kinematik des einfachen Koppelrädertriebes. Werkst. u. Betr. Bd. 89 (1956) S. 263–66.

—: [d] Der einfache Zahnstangen-Kurbeltrieb und das entsprechende Bandgetriebe. Werkst. u. Betr. Bd. 89 (1956) S. 67–74.

—: [e] Extremale Geschwindigkeiten in Kurbeltrieben. Ing. Arch. 25. Jg. (1957) S. 140 bis 154.

—: [f] Konstruktion von fünf- und sechspunktigen Geradführungen in Sonderlagen des Gelenkvierecks. Z. Konstruktion. 9. Jg. (1957) S. 344–51.

43. Müller, J.: [a] Zur Analyse und Synthese achtgliedriger Gelenkgetriebe ohne Gelenkvierecke. Wiss. Z. d. T. H. Dresden. Bd. 3 (1953/54) H. 3, S. 427—31.
—: [b] Zur Synthese acht- und zehngliedriger Gelenkgetriebe. Wiss. Z. d. T. H. Dresden. Bd. 3 (1953/54) H. 2, S. 215—23.
—: [c] Konstruktionsverfahren zur Ermittlung der Abmessungen von acht- und zehngliedrigen Gelenkgetrieben. Masch.-Bau-Techn. 3. Jg. (1954) S. 229—47.
—: [d] Zur Konstruktion des achtgliedrigen Zweistandgetriebes ohne Gelenkvierecke. Masch.-Bau-Techn. (Getriebetechnik). 3. Jg. (1956) S. 19—21.
44. Murro, H.: Half-revolution geneva-mechanisms. Machinery, N. Y. Bd. 59 (1953) S. 193 bis 197.
45. Possner, L.: [a] Das Poldreieck bei einfachsten Konstruktionen von Gelenkvierecken. Wiss. Ztschr. d. Hochsch. f. Verkehrswesen. Bd. 4 (1954) H. 2.
—: [b] Konstruktionstafel zur Viergelenkkette. Wiss. Ztschr. d. Hochsch. f. Elektrot. Ilmenau. Bd. 1 (1954/55) H. 1, S. 39—49.
—: [c] Der Maßstab bei zeichnerischen Methoden. Z. Konstruktion. Bd. 7 (1955) S. 196 bis 202.
46. Rössner, W.: [a] Ermittlung der Burmesterschen Punkte in Sonderfällen und getriebesynthetische Anwendungen. Getriebetechnik. (Beilage d. Z. Masch.-Bau-Techn.) 4. Jg. (1955) S. 228—59.
—: [b] Viergliedrige Gelenkgetriebe in Stellungen mit extremen Werten der Abtriebswinkelgeschwindigkeit. VDI-Forsch.-Heft 461 (1957) S. 11-14.
47. Rosenauer, N.: [a] Anwendung der komplexen Veränderlichen zur Synthese einer geschränkten Schubkurbel. Z. Konstruktion. 9. Jg. (1957) S. 10—13.
—: [b] Eine kurze Übersicht über die russische Literatur in der Getriebetechnik. Z. Konstruktion. 9. Jg. (1957) S. 359—61.
—: [c] Komplexe Synthese einer Doppelkurbel für vorgegebene Übersetzungsgrenzen. VDI-Forsch.-Heft 461 (1957) S. 14—16.
—: [d] Zur Synthese einer Doppelkurbel mit gegebenem Ungleichförmigkeitsgrad. VDI-Forsch.-Heft 461 (1957) S. 16—18.
—: [e] Ein direktes Verfahren zur Geschwindigkeitskonstruktion kinematischer Ketten. Schweiz. Bauztg Bd. 106 (1935) Nr. 26.
48. Schnarbach, K.: [a] Getriebe mit ungleichförmig umlaufendem Abtrieb. Z. VDI Bd. 98 (1956) S. 425—27.
—: [b] Zweistandgetriebe mit Stillständen im Hin- und Rückhub. VDI-Ber. Bd. 12 (1956) S. 101—06.
—: [c] Über die Gestaltung der Kurventriebe und die Fertigung der Steuerkurven. VDI-Ber. Bd. 12 (1956) S. 107—19.
—: [d] Zahnradgetriebe mit ungleichförmig umlaufendem Abtrieb. VDI-Forsch.-Heft 461 (1957) S. 43—52.
49. Sieker, K. H.: [a] Analytische Betrachtung des Gelenkvierecks, insbesondere der Burmesterschen Punkte. VDI-Ber. Bd. 5 (1955) S. 55—60.
—: [b] Neue Erkenntnisse in der Maßsynthese ebener Kurbelgetriebe durch Anwendung der algebraischen Methode. (Komplexe Methode. d. V.) VDI-Ber. Bd. 12 (1956) S. 157 bis 63.
—: [c] Zur algebraischen Maßsynthese ebener Kurbelgetriebe. Ing.-Arch. Bd. 24 (1956) S. 188—215, 234—57.
—: [d] Das Gelenkviereck als Funktionsgetriebe hoher Genauigkeit. Z. VDI Bd. 99 (1957) S. 213—17.
50. Stewart, H. L., u. J. M. Moritz: Synchronizing motions with hydraulic cylinders. Machine Design (1957) S. 94—97.
51. Tränkner, G.: Kurvengetriebe oder Kurbelgetriebe. VDI-Ber. Bd. 12 (1956) S. 49—53.
52. Volmer, J.: [a] Die Konstruktion einfacher Räderkurbelgetriebe. Maschinenbautechn. Bd. 4 (1955) S. 585—88.
—: [b] Systematik, Kinematik und Synthese des Zweiradgetriebes. Masch.-Bau-Techn. Bd. 5 (1956) S. 583—89.
—: [c] Konstruktion eines Gelenkgetriebes für eine Geradführung. VDI-Ber. Bd. 12 (1956) S. 175—83.
—: [d] Räderkurbelgetriebe. VDI-Forsch.-Heft 461 (1957) S. 52—55.
53. Weise, H.: [a] Bauformen von Normalfilmschaltwerken. Feinwerktechn. (1953) S. 46 bis 52.
—: [b] Bewegungsverhältnisse an Filmschaltgetrieben. VDI-Ber. Bd. 5 (1955) S. 99—106.
—: [c] Getriebe in photographischen und kinematographischen Geräten. VDI-Ber. Bd. 12 (1956) S. 131—37.
54. Wildt, P.: Zwangsläufige Triebkurvenherstellung. VDI-Tagungsheft 1 (Getriebetechnik). (1953) S. 11.

### III. Tagungsberichtshefte. Verschiedenes


*55.* VDI-Tagungsheft 1: Getriebetechnik. Düsseldorf: VDI-Verl. 1953.
*56.* VDI-Berichte Bd. 5 (1955) u. Bd. 12 (1956). Düsseldorf: VDI-Verl.
*57.* VDI-Forschungsheft 461: Erzeugung ungleichförmiger Umlaufbewegungen. Düsseldorf: VDI-Verl. 1957.
*58.* Purdue University, West Lafayette, Ind. USA: [a] Transactions of the first conference on mechanisms. October 1953. Machine Design, 1953, S. 174–220.
—: [b] Transactions of the second conference on mechanisms. December 1954. The Penton Publishing Co., Cleveland.
—: [c] Transactions of the third conference on mechanisms. May 1956. The Penton Publishing Co., Cleveland.
*59.* AWF-, VDMA-, VDI-Getriebehefte. Berlin. Frankfurt a. M.: AWF. Berlin 1955–57. Getriebehefte: H. 1. Gesperre, H. 2. Schaltwerke, H. 3. Hemmwerke, H. 5. Sprungwerke. Begriffsbestimmungen: H. 1. Ebene Kurbelgetriebe, H. 4. Zugmittelgetriebe, H. 6. Sperrgetriebe, H. 7 Schraubgetriebe.
*60.* TOLLE, M.: Regelung und Gleichgang der Kraftmaschinen. 3. Aufl. Berlin: Springer.
*61.* HÜTTE: Bd. IIA Maschinenbau. 28. Aufl. Berlin: W. Ernst & Sohn. 1954. S. 269–325
*62.* HARTMANN, W.: Ein neues Verfahren zur Aufsuchung des Krümmungskreises. Z. VDI (1893) S. 95.
*63.* MEYER ZUR CAPELLEN, W.: Erzeugung des $n$-Ecks mit abgerundeten Ecken. Masch.-Bau/ Betr. (Getriebetechnik) (1936) S. 44–47.
*64.* ALT, H.: [a] Koppelgetriebe als Rastgetriebe. Z. VDI Bd. 76 (1932) S. 456–62, 533–37.
—: [b] Zur Geometrie der Koppelrastgetriebe. Ing.-Arch. Bd. III (1932) S. 394–411.
*65.* GRÜBLER, M.: Getriebelehre. Berlin: Springer 1932.
*66.* BEYER, R., u. TH. GOODMAN: Beschleunigungskonstruktion in Bandgetrieben und Zahnstangen-Kurbelgetrieben. Z. Konstruktion 10. Jg. (1958) S. 10–16.
*67.* BLOCH, S.: Zur Synthese der viergliedrigen Mechanismen. Bull. Acad. Sci. UdSSR. Cl. sci. techn. 1940. Nr. 1.
*68.* ROSENAUER, N.: Beschleunigungskonstruktionen kinematischer Ketten mit Hilfe von Plänen relativer Normalbeschleunigungen. Masch.-Bau/Betr. (Getriebetechnik) (1938) S. 543–46.


### IV. Nachtrag

#### Lehrbücher, Dissertationen


HUCKERT, J.: Analytical kinematics of plane motion mechanisms. New York: Macmillan 1958.
LOHSE, P.: Neue Verfahren zur Konstruktion von ebenen Gelenkgetrieben unter besonderer Berücksichtigung eines Zehngelenkgetriebes. Diss. T. H. München. 1955.


#### Zeitschriften-Abhandlungen


FREUDENSTEIN, F.: Approximate synthesis of four-bar linkages. Transact. of the ASME (1955). S. 854–61.
LOHSE, P.: Polortkurven als Hilfsmittel zur Konstruktion von Gelenkgetrieben. Z. angew. Math. Mech. Bd. 38 (1958). S. 20–28.
MEYER ZUR CAPELLEN, W.: Die harmonische Analyse bei elliptischen Kurbelschleifen. Z. angew. Math. Mech. Bd. 38 (1958). S. 43–55.
–: Die elliptischen Zahnräder und die Kurbelschleife. Z. Maschinenbau u. Fertigung. 91. Jg. (1958). S. 41–45.
–: Über gleichwertige periodische Getriebe. Z. Die Ernährungsindustrie (1957). S. 257–266.
TOLLE, O.: Verschiedene Konstruktionen zur Geschwindigkeitsermittlung im Römer-Getriebe. Z. Feinwerktechn. Jg. 61 (1957), H. 3.

# Namenverzeichnis